KB144789

글쓰기의
감각

글쓰기의 감각

스티븐 핑커

**21세기 지성인들을 위한
영어 글쓰기의 정석**

The Sense of Style

김명남 옮김

사이언스
북스
SCIENCE
BOOKS

언어를 제대로 다룰 줄 아는,

수전 핑커와 로버트 핑커에게

서론

나는 글쓰기 지침서를 좋아한다. 대학 때 심리학 입문 수업에서 숙제로 윌리엄 스트렁크 주니어(William Strunk Jr.)와 엘윈 브룩스 화이트(Elwyn Brooks White)의 『영어 글쓰기의 기본(*The Elements of Style*)』을 읽은 이래 글쓰기 지침서는 늘 내가 제일 좋아하는 장르였다. 글쓰기 기술을 연마하는 것은 평생의 과제이니 조언이라면 늘 반갑지만, 꼭 그 때문만은 아니다. 글 잘 쓰는 법을 알려주는 믿음직한 지침서라면 그 자체로 잘 씌어진 글이어야 하고, 실제로 최고의 지침서들은 스스로의 조언을 잘 따르는 훌륭한 본보기이다. 윌리엄 스트렁크의 강의 노트를 그의 학생이었던 화이트가 "작은 책"으로 출간해 유명해진 『영어 글쓰기의 기본』에는 자기 예시의 모범인 보석 같은 문장이 군데군데 박혀 있다. "명사와 동사로만 쓰라.", "문장에서 강조할 단어를 맨 끝에 두라.", 그중에서도 가장 멋진 데다가 스트렁크의 최우선 명령이었던 "불필요한 말은 삭제하라." 등등. 많은 저명 문장가가 글쓰기의 기술을 설명하는 데 자신의 재능을 쏟았다. 킹즐리 에이미스(Kingsley Amis), 자크 바전(Jacques Barzun), 앰브로스 비어스(Ambrose Bierce), 빌 브라이슨(Bill Bryson), 로버트 그레이브스(Robert Graves), 트레이시 키더(Tracy Kidder), 스티븐 킹(Stephen King), 엘모어 레너드(Elmore Leonard), 프랭크 로런스 루커스(Frank Laurence Lucas), 조지 오웰(George Orwell), 윌리엄 새파이어(William Safire)가 그랬고, 『샬롯의 거미줄(*Charlotte's Web*)』과 『스튜어트 리틀(*Stuart Little*)』의 작가로 사랑받는 화이트도 물론 그랬다. 이 훌륭한 에세이스트는 옛 스승을 회상하면서 이렇게 말했다.

내가 그의 수업을 듣던 시절, 그는 불필요한 말을 많이 삭제했다. 그것도 어찌나 단호하게, 또한 즐기는 기색을 숨기지도 않고 어찌나 열심히 삭제했던지, 종종 스스로 난처한 상황에 빠지고는 했다. 아직 때울 시간이 남았는데도 할 말이 다 떨어진 처지, 종료 시간보다 이르게 할 말을 다 해 버린 라디오 설교자와 같은 처지가 되었던 것이다. 윌리엄 스트렁크는 이 난국을 간단한 수법으로 타개했다. 모든 문장을 세 번씩 말하는 것이었다. 학생들에게 간결함을 강조할 때면, 그는 두 손으로 옷깃을 쥐고 탁자 너머로 몸을 쑥 내민 채 마치 공모하는 듯한 허스키한 목소리로 이렇게 말했다. "규칙 17번. 불필요한 말은 삭제하라! 불필요한 말은 삭제하라! 불필요한 말은 삭제하라!"[1]

나는 글쓰기 지침서를 다른 이유로도 좋아한다. 식물학자가 정원을 찾는 이유, 화학자가 부엌을 찾는 이유와도 비슷한 그 이유란 글쓰기 지침서가 내가 연구하는 과학을 실용적으로 적용한 영역이라는 점이다. 나는 심리 언어학자이자 인지 과학자이다. 그런데 글쓰기란 결국 언어를 효과적으로 사용해 다른 사람의 마음을 사로잡는 일이 아니겠는가? 그리고 내가 연구하는 이런 분야들을 더 많은 독자에게 설명하고 싶은 사람에게는 글쓰기 지침서가 더 매력적인 법이다. 나는 언어가 어떻게 작동하는지를 사람들에게 설명하기 위해서 언어가 어떻게 작동하는지를 생각해 본다.

그런데 이렇게 직업상 나름대로 언어에 대해서 아는 바가 있다 보니, 기존의 글쓰기 지침서들을 읽을 때 차츰 불편한 기분이 들기 시작했다. 스트렁크와 화이트는, 문체에 대해서는 직관적인 감각이 있었지만, 문법에 대해서는 아는 바가 적었다.[2] 그들은 **구**(phrase), **분사**(particle), **관계절**(relative clause) 같은 용어를 잘못 정의했고, 독자에게 동사를 수동태로 쓰지 말고 타동사의 능동태를 쓰라고 권하면서 예시를 들어 보여 줄 때 수동태와 타동사 양쪽 모두에서 실수했다. 그들의 말과는 달리 There were a great number of dead leaves lying on the ground(죽은 나뭇잎이 땅바닥에 잔뜩 나뒹굴고 있었다)는 수동태가 아니고, The cock's crow came with dawn(새벽이 되자 수탉 울음소리가 들렸다)에는 타동사가 들어 있지 않다. 언어를 분석할 때 쓸 도구가 없었던 탓에, 그들은 자신들의 직관을 조언으로 바꾸는 데 어려움을 겪었다. 그래서 부질없게도 글 쓰는 사람의 "귀"에 호소하고는 했다. 그들은 또 자신들이 주는 조언의 몇몇 문장이 자기 모순이라는 사실을 몰랐던 것 같다. "Many a tame sentence …… can be made lively and emphatic by substituting a transitive in the active voice.", 즉 "맥 빠진 문장은 …… 타동사를 능동태로 바꾸면 활기차고 힘차게 만들어질 수 있다."라는 조언은 수동태 문장으로 수동태를 경고하고 있다. 조지 오웰도 널리 칭송받는 에세이 「정치와 영어(Politics and the English Language)」에서 똑같은 함정에 빠졌다. "가급적 능동태보다 수동태가 선호된(the passive voice is wherever possible used in preference to the active)" 문장을 비웃으면서 수동태 문장을 썼는데, 오웰이 일부러 아이러니를 의도했다는 기색도 없다.[3]

자기 모순은 제쳐두더라도, 우리는 이제 수동태를 삼가라는 말이 나쁜 조언이라는 사실을 안다. 언어학 연구에 따르면, 수동태 구조는 독자의 주의와 기억을 특별한 방식으로 끌어들이는 특징이 있기 때문에 여러 필수적인 기능을 수행한다. 능숙한 작가라면 그 기능을 잘 알아야 하고, 문법적으로 순진한 글쓰기 지침서에게 감화된 탓에 수동태를 보았다 하면 재깍 능동태로 수정하는 교정자에 맞서서 가끔은 수동태를 지켜낼 줄도 알아야 한다.

언어학에 무지한 글쓰기 지침서는 글쓰기의 여러 측면 중에서도 가장 격렬한 감정을 일으키는 측면, 즉 정확하거나 부정확한 단어 사용법의 문제를 다룰 때도 무능력하다. 여느 글쓰기 지침서가 전통적인 어법 규칙을 다루는 태도는 흡사 종교 원리주의자가 십계명을 다루는 태도와 같다. 그것은 사파이어에 새겨진 고정 불변의 규칙이니 우리 평범한 인간들은 고분고분 따라야 하고, 혹 어긴다면 영원한 지옥행을 각오해야 하는 것처럼 말한다. 그러나 회의주의자들과 교리에 얽매이지 않는 학자들이 그런 규칙의 역사를 캐 보면, 그것은 사실 구전된 전설에 지나지 않는 경우가 많다. 전통적 규칙의 무오류성을 믿는 지침서는 여러 이유에서 작가에게 도움이 못 된다. 그런 규칙 중에는 물론 글을 더 낫게 해 주는 규칙도 있지만, 그것보다 더 많은 규칙이 오히려 글을 망친다. 그런 규칙이라면 작가는 차라리 어기는 편이 낫다. 그런 규칙은 곧잘 문법의 정확성, 논리의 일관성, 격식 있는 문체, 표준 방언의 문제 등을 뒤섞어 혼동하지만, 능숙한 작가는 이런 문제들을 혼동하지 말아야 한다. 기존의 글쓰기 지침서들은 또 언어가 결코 벗어날 수 없는 사실, 즉 언어는 시간이 흐르면 변하기 마련이라는 사실에 제대로 대응하지 못한다. 언어란 어느 한 사람의 권위자가 제정한 규약 같은 게 아니다. 그것보다는 글을 쓰고 말을 하는 수많은 사람이 저마다 조금씩 기여해서 공동으로 작성하는 위키(wiki, 불특정 다수가 협업을 통해 직접 내용과 구조를 수정할 수 있는 웹사이트. ─ 옮긴이)와 비슷하다. 그 사람들은 자신의 필요에 맞추어 언어를 쉴 없이 바꿔 나가고, 그러면서 계속 나이 들다가 이윽고 죽는데, 그러면 그들의 아이들이 그들을 대체해 자신의 필요에 맞게 또다시 언어를 조정한다.

상황이 이런데도, 옛 글쓰기 지침서의 저자들은 자신이 어릴 때 배웠던 언어가 영원불멸할 것처럼 말했다. 그들은 지속적인 변화를 감지할 줄 아는 귀를 가지지 못했다. 20세기 초중반에 글을 썼던 스트렁크와 화이트는 당시에는 새로운 동사였던 personalize(개인화하다), finalize(완결하다), host(주최하다), chair(주재하다), debut(데뷔하다) 등을 비난했고, 독자들에게 fix(고정하다)를 '고치다.'라는 뜻으로 쓰거나 claim(주장하다)을 '선언하다.'라는 뜻으로 쓰는 일은 결코 없어야 한다고 엄명했다. 그러나 이것보다 더 나쁜 것은 그들이 자신의 불만을 우스꽝스러운 논리로 정당화한 점이었다. 가령 그들은 contact(접촉)를 동사로 쓰면 "모호하고 젠체하는" 표현이 된다며, 따라서 "사람들과 contact(접촉)하지 말고 get in touch with(연락을 취하다)하거나, look up(방문하다)하거나, phone(전화하다)하거나, find(찾아보다)하거나, meet(만나다)하라."라고 말했다. 하지만 바로 그 모호함이야말로 동사 to contact(접촉하다)가 인기를 얻은 이유였다. 우리는 이따금 어떤 사람이 다른 사람과 연락을 취했다는 사실만 알면 될 뿐 정확히 어떻게 연락했는지는 몰라도 되니까 말이다. 혹은 스트렁크와 화이트가 수를 지칭하는 단어는 people(사람들)과 함께 써서는 안 되고 persons(사람들)하고만 함께 써야 한다는 주장을 설명하고자 지어낸 이 알쏭달쏭한 수수께끼를 생각해 보자. "만약 'six people(여섯 사람들)' 중 5명이 가 버리면, 남은 사람은 몇 명일까? 답: one people(한 사람들)이다." 그러나 이 논리에 따르자면, 우리는 men(남자들), children(아이들), teeth(치아들) 같은 불규칙 명사 복수형과도 수 단어를 함께 써서는 안 되는 것 아닌가. ("만약 'six children(여섯 아이들) 중 5명이 가 버리면…….")

화이트 자신도 생전에 마지막으로 출간된 개정판에서 그동안 영어가 변했다는 사실을 인정했다. 그는 그런 변화를 일으키는 것은 "젊은이들"이라며, "젊은이들은 자기들끼리 지어낸 언어로 대화하면서 마치 지하실을 개조하는 것처럼 언어도 마구 개조한다."라고 말했다. 그 젊은이들(물론 지금은 은퇴할 나이가 된 이들이다.)을 낮잡아 보았던 화이트는 nerd(샌님), psyched(흥분한), ripoff(사기), dude(놈), geek(~광, 괴짜), funky(펑키한) 같은 단어들이 결국에는 사멸하리라고 예측했지만, 우리가 알다시피 이 단어들은 이제 영어에 굳건히 자리 잡았다.

이른바 글쓰기 전문가들의 낡은 감수성은 그들이 언어의 필연적 변화를 이해하지 못한 탓만은 아니고 그들이 자기 심리를 충분히 반추해 보지 않은 탓이기도 하다. 사람이 나이가 들면 자신의 변화를 세상의 변화로 착각하고 세상의 변화를 도덕적 타락으로 착각하기 쉬워서, 옛날은 참 좋았다는 망상을 품고는 한다.[4] 그러다 보니 어느 세대이든 당대의 아이들이 언어를 타락시키고 있으며 그와 더불어 문명도 타락시키고 있다고 믿기 마련이다.[5]

공통의 언어가 사라지고 있다. 가식적이고 허약한 사이비 언어에 지나지 않는 말들의 집합체, 문법과 구문과 관용구와 은유와 논리와 상식 면에서

의 수많은 실수와 오류가 매일같이 만들어 내는 거짓 언어의 무게에 짓눌려서 서서히 죽어 가고 있다. …… 현대 영어의 역사에서 그런 사이비 언어가 사려 깊은 언어를 누르고 이토록 폭넓게 승리를 거둔 시기는 또 없었다. —1978년

종합 대학에서 학위를 받은 사람들까지 포함해, 요즘 대학 졸업생들은 영어를 전혀 익히지 못한 것 같다. 말로든 글로든 단순한 평서문조차 제대로 지을 줄 모른다. 평범하고 일상적인 단어도 철자를 제대로 쓸 줄 모른다. 구두법은 더 이상 배우지도 않는 모양이다. 최근의 거의 모든 졸업생에게 문법이란 수수께끼일 따름이다. —1961년

전국의 모든 대학에서 탄식이 울려 퍼진다. "우리 신입생들은 철자도 구두법도 모른다네." 모든 고등학교는 기본 중의 기본조차 모르는 학생들 때문에 황폐해진 상태이다. —1917년

고등학생 대다수의 어휘는 놀랍도록 빈약하다. 나는 수업에서 늘 쉬운 영어를 쓰려고 하는데도, 비록 소수이지만 적잖은 수의 학생들은 내 말의 절반도 알아듣지 못한다. —1889년

우리가 현재의 변화를 저지하지 않는다면 …… 보나 마나 다음 세기에는 영국인이 미국 영어를 한 마디도 알아듣지 못할 것이다. —1833년

우리 언어는 (즉 영어는) 빠르게 퇴화하고 있다. …… 이 추세를 저지하기란 불가능하지 않을까 하는 걱정마저 든다. ─ 1785년

언어의 퇴보를 근심하는 논평의 역사는 아무리 늦어도 인쇄기가 발명된 시점까지 거슬러 올라간다. 1478년 영국 최초로 인쇄기를 설치했던 윌리엄 캑스턴(William Caxton)은 "요즘 우리가 언어를 사용하고 말하는 방식은 내가 태어났을 때와는 분명 크게 달라졌다."라고 한탄했다. 어쩌면 글쓰기의 퇴보에 불안을 느끼는 태도는 글쓰기 자체만큼 오래되었을 수도 있다.

아래 만화는 과히 과장이 아니다. 영어학자 리처드 로이드존스(Richard Lloyd-Jones)에 따르면, 지금까지 남은 고대 수메르 점토판 중에는 당시 젊은이들의 작문 실력 퇴보를 불평하는 말이 적힌 점토판이 있다고 한다.[6]

이처럼 고전적 글쓰기 지침서에서 불만을 느끼게 된 나머지,

"맙소사……, 문장을 ✏ 로 끝내면
절대 안 된다고!"

고대의 문법 경찰

나는 21세기에 맞는 글쓰기 지침서가 필요하다고 생각하게 되었다. 내가 야심만만하게도 『영어 글쓰기의 기본』을 대체할 책을 쓰고 싶다는 말은 아니고, 하물며 내게 그럴 능력이 있다는 말은 더욱더 아니다. 어차피 독자들이 글쓰기 지침서를 딱 한 권만이 아니라 더 많이 읽는다면 더 좋을 테고, 스트렁크와 화이트(보통 두 사람을 공저자로 여겨서 이렇게 함께 부른다.)의 조언은 여전히 매력적인 만큼 시대를 초월해 여전히 유효한 것도 많다. 하지만 그중에는 유효하지 않은 것도 많다. 스트렁크는 1869년에 태어났다. 오늘날의 작가들이 전화(인터넷은 말할 것도 없다.)가 발명되기 전, 현대 언어학과 인지 과학이 탄생하기 전, 20세기 후반 세계를 휩쓴 탈격식화(informalization)의 물결을 경험하기 전에 글쓰기 감각을 발달시켰던 사람의 조언에만 의지해 기술을 닦을 수는 없는 노릇이다.

또한 21세기의 글쓰기 지침서는 옛 지침서들처럼 무턱대고 강권하는 태도를 취할 수가 없다. 요즘 작가들은 과학적 회의주의 정신과 권위를 의심하는 정서를 품고 있다. 요즘 작가들은 "죽 그렇게 해 왔으니까."나 "내가 그렇다고 말하면 그런 거야." 같은 말로는 만족하지 않을 것이고, 나이가 아무리 어린들 조언자에게 얕잡아 보일 이유가 없다. 이들은 남들이 자신에게 떠안기는 모든 조언에 마땅히 합당한 **이유**가 있기를 기대한다.

그리고 오늘날 우리는 그 이유를 제공할 수 있다. 이제 우리는 라틴 어와의 엉성한 비유에 의존했던 전통 분류학이 제대로 이해하지 못했던 문법 현상을 제대로 이해하고 있다. 사람이 독서를 할 때 그 머릿속이 어떻게 활동하는가에 관한 연구 결과를 많이 갖고 있다. 독자가 문장의 한 구절을 파악할 때 그의 기억력에 가해지는 부담이 어떻게 늘었다 줄었다 하는지, 그가 그 구절의 의미를 이해할 때 그의 지식이 어떻게 늘어나는지, 그가 잠깐 갈피를 잃도록 만드는 문장 속 막다른 골목들로는 어떤 것이 있는지 안다. 그리고 언어 역사 연구와 비평 연구도 잔뜩 갖고 있으므로, 이제 명료함과 우아함과 감정적 효과를 높여 주는 좋은 규칙들과 신화나 오해에 기반한 거짓 규칙들을 구별할 수 있다. 나는 어법에 관한 교조적 원칙을 합리성과 증거로 대체함으로써, 비단 서투른 조언을 제공하지 않는 데 그칠 뿐 아니라 내 조언이 그냥해도 되는 일과 안 되는 일을 무턱대고 나열한 목록보다는 여러분이 기억하기에도 더 쉽게 만들고 싶다. 규칙의 근거를 알려주는 것은 작가나 편집자가 그 규칙을 분별해 적용하도록, 즉 기계적으로 적용하는 것이 아니라 그것이 어떤 효과를 달성하기 위한 규칙인지 유념하며 적용하도록 하는 데도 도움이 될 것이다.

『글쓰기의 감각(*The Sense of Style*)』이라는 이 책의 제목에는 이중 의미가 있다. **감각(sense)**이라는 단어는 '시각'이나 '유머 감각'처럼 인간의 어떤 정신 능력을 가리키는 뜻으로 쓰이는데, 이 책의 경우에는 잘 씌어진 글을 이해할 줄 아는 능력을 가리키는 셈이다. 한편 이 단어는 '난센스(nonsense)'와 반대되는 의미에서 '상식'을 뜻할 수도 있는데, 이 책의 경우에는 글의 품질을 높여 주는 타당한 원칙들과 전통으로 전수되었지만 미신이나 집착이나 헛소리에 지나지 않는 어법들, 글쓰기 세계의 입문 심사에 지나지 않는 시시콜콜한 규칙들을 구별하는 능력을 가리키는 셈이다.

『글쓰기의 감각』은 붙임표 사용이나 대문자 표기 따위의 시시콜콜한 질문에 대한 답을 모두 알려주는 참고서가 아니다. 아직 문장 작성의 기본조차 익히지 못한 학생들을 위한 학습서도 아니다. 여느 고전적 글쓰기 지침서처럼, 이 책은 영어로 글을 쓸 줄은 알지만 더 잘 쓰고 싶은 사람을 위한 책이다. 과제 보고서의 질을 높이고 싶은 학생, 블로그나 칼럼이나 리뷰를 쓰고 싶은 비평가 혹은 기자 지망생, 자신이 구사하는 잘못된 학계 언어, 관료 언어, 기업 언어, 법조계 언어, 의학계 언어, 관공서 언어를 치료하고 싶은 전문가가 그런 사람들이다. 또한 이 책은 글쓰기에 관한 조언을 구하지는 않지만 언어와 문학에 관심이 있는 독자, 언어는 어떤 상황에서 최선으로 기능하는가를 이해하고자 할 때 인간 정신을 연구하는 과학들이 어떤 도움을 주는가 하는 문제에 흥미가 있는 독자를 위한 책이기도 하다.

나는 논픽션, 그중에서도 특히 명료함과 일관성을 최우선으로 중시하는 장르에 초점을 맞출 것이다. 하지만 고전 지침서의 저자들과는 달리, 이런 덕목이 곧 평범한 단어, 간소한 표현, 격식 있는 문체와 동일하다고 보지는 않는다.[7] 명료하되 화려하게 쓸 수도 있으니까. 그리고 비록 논픽션에 집중한 이야기이기는 해도 내 설명은 픽션을 쓰는 작가들에게도 유용할 텐데, 왜냐하면 많은 글쓰기 원칙은 글이 다루는 세계가 현실 세계이든 가상 세계이든 똑같이 적용되기 때문이다. 나는 또 시인이나 웅변가처럼 평범한 산문의 규범을 어겨서 수사적 효과를 내기 위해서라도 일단 규범을 알아야 하는 그 밖의 창조적 문장가들에게도 내 설명이 도움이 되면 좋겠다.

사람들은 종종 내게 묻는다. 요즘 누가 글쓰기를 신경이라도 쓰느냐고. 그런 사람들은 오늘날의 인터넷, 그러니까 문자 메시지와 트위터(Twitter, 단문형 소셜 네트워크 서비스 플랫폼, 2023년 7월 이후 X로 명칭이 변경되었다. ―옮긴이)가, 이메일과 채팅방이 영어에 새로운 위협이 되고 있다고 여긴다. 그야 물론 글쓰기의 기술은 스마트폰과 웹이 등장하기 전부터도 쇠퇴해 왔다. 다들 그 시절을 기억하지 않나? 청소년들이 유창하게 이어지는 단락으로 말하고, 관료들이 쉬운 영어로 문서를 쓰고, 모든 학술 논문이 에세이라는 예술 형식의 걸작이었던 1980년대를? (아니면 그게 1970년대였던가?) 인터넷이 글을 망친다는 이론의 허점은, 당연하게도, 나쁜 글은 과거 모든 시대에 독자를 괴롭혔다는 점이다. 스트렁크 교수만 해도 젊은 엘윈 브룩스 화이트가 코넬 대학교에서 자신의 영어 수업을 듣던 1918년에 진작 이 문제에 어떻게든 대처해 보려고 애쓰지 않았던가.

오늘날의 종말론자들이 간과하는 점이 하나 있다. 그들이 개탄하는 경향성이란 사실 라디오, 전화, 텔레비전 같은 구어 매체가 문어 매체에 밀려나는 현상이라는 점이다. 그러나 불과 얼마 전만 해도 사람들은 거꾸로 라디오와 텔레비전이 언어를 망친다고 한탄했다. 현재 우리의 사회 생활과 문화 생활에서 기본 통화로 유통되는 언어는, 과거 어느 때와도 비교가 안 되는 수준으로, 글 말(written word)이다. 그리고 그 글이 전부 인터넷의 문맹에 가까운 트롤들이 지르는 큰소리인가 하면, 그렇지 않다. 서핑을 조금만 해 봐도 알 수 있다. 많은 인터넷 사용자가 명료하고, 문법에 맞고, 철자와 문장 부호가 제대로 적힌 언어를 귀하게 여긴다. 비단 종이책이나 기존 매체에서만 그런 게 아니라 온라인 잡지, 블로그, 위키피디아 항목, 구매자 평가, 심지어 적잖은 비율의 이메일에서도 그렇다. 조사에 따르면, 요즘 대학생들은 이전 세대 대학생들보다 글을 오히려 더 많이 쓰고 한 쪽당 저지르는 실수도 옛날보다 더 많지 않다고 한다.[8] 도시 전설과는 달리, 학생들이 보고서에 스마일리(Smiley) 이모티콘이나 IMHO(In My Humble Opinion, 사견으로)나 L8TR(Later, 나중에 봐) 같은 문자 메시지용 약어를 남발하지도 않는다. 최소한 이전 세대가 전보문을 작성할 때 손에 익은 버릇 탓에 다른 글에서도 전치사나 관사를 빠뜨렸던 것보다 더 자주 그러지는 않는다. 인터넷 세대 사람들도 여느 언어 사용자들처럼 상황과 청중에 맞게 표현을 고를 줄 알며, 격식 있는 글에서는 어떤 표현이 적절한가 하는 감각을 갖추고 있다.

글쓰기는 여전히 중요하다. 그 이유는 적어도 세 가지이다. 첫째, 잘 쓴 글은 작성자가 자신의 메시지를 제대로 전달하도록 해 주고, 독자가 인생의 귀중한 시간을 흐리멍덩한 글을 해독하는

데 낭비하지 않도록 해 준다. 독자의 그런 노력이 실패할 경우, 결과가 자칫 참담할 수도 있다. 스트렁크와 화이트의 말을 떠올려 보라. "고속 도로 표지판의 허술한 표현 때문에 벌어진 사망 사고, 좋은 의도로 쓴 편지에서 잘못 배치된 한 구절 때문에 마음이 산산이 부서진 연인, 전보의 애매한 문구 때문에 기차역에서 만나리라고 예상했던 사람을 만나지 못한 여행자의 곤혹스러움." 정부와 기업은 각종 문서의 문장을 조금만 더 명료하게 만들면 실수와 좌절과 낭비를 크게 예방할 수 있다는 것을 확인했으며,[9] 최근에는 명료한 언어 사용을 법으로 정해 둔 나라도 많이 생겼다.[10]

둘째, 잘 쓴 글은 신뢰를 얻는다. 글쓴이가 문장의 일관성과 정확성에 신경 썼다고 느낀 독자는 글로써 확인하기가 그것보다 어려운 다른 측면들에서도 글쓴이가 똑같은 미덕을 존중할 것이라고 믿게 된다. 어느 회사의 기술 담당 임원은 지원서에 문법 및 구두법 실수가 많은 구직자를 퇴짜 놓는 이유를 이렇게 밝혔다. "It's를 제대로 쓰는 법을 배우는 데 20년 넘게 걸리는 사람이라면, 글쎄요, 전 그런 학습 곡선은 성에 차지 않습니다."[11] 이런데도 문장 공부를 다시 할 마음이 들지 않는다면, 데이트 상대를 찾아 주는 웹사이트 오케이큐피드(OkCupid)에서 회원 자기 소개 글의 문법과 철자가 엉망인 것은 "큰 매력 감소 요인"으로 작용한다는 사실이 확인되었다는 뉴스를 떠올려 보라. 한 회원은 이렇게 말했다. "여자와 데이트하고 싶다고 해서 제인 오스틴(Jane

Austen)급으로 잘 써야 할 필요는 없겠죠. 하지만 되도록 좋은 인상을 주려고 노력해야 하지 않겠어요?"[12]

마지막으로, 잘 쓴 글은 세상에 아름다움을 더한다. 읽고 쓰기를 즐기는 독자에게 명쾌한 문장, 매혹적인 비유, 재치 있는 여담, 절묘한 표현은 인생의 가장 큰 즐거움이라고 할 만하다. 그리고 1장에서 보겠지만, 실용성과는 거리가 먼 이 미덕이야말로 우리가 글쓰기 연습이라는 실용적 노력을 기울일 때 그 출발점으로 삼아야 할 지점이다.

차례

1장
잘쓴글

———

잘 쓴 글을 역분석해 작가다운 감각을 발달시키기

"교육은 칭찬할 만한 일이다." 오스카 와일드(Oscar Wilde)는 말했다. "하지만 우리는 알 가치가 있는 일치고 가르쳐질 수 있는 일은 없다는 사실을 이따금 상기하는 게 좋다."[1] 나는 이 책을 쓰다가 문득 우울해질 때면 와일드의 저 말이 옳을지도 모른다는 생각에 빠지고는 했다. 내가 몇몇 뛰어난 작가들에게 습작 시절에 어떤 글쓰기 지침서를 참고했느냐고 물었을 때 돌아온 대답 중 가장 흔한 것은 "없었다."였다. 자신에게 글쓰기는 자연스럽게 나오는 것이었다고 그들은 말했다.

훌륭한 작가는 유창한 문장력과 풍성한 어휘력을 어느 정도 타고나는 행운아라는 사실을 세상에 나만큼 굳게 믿는 사람도 또 없을 것이다. 아무리 그래도, 날 때부터 영어 작문 기술을 온전하게 갖추고 있는 사람은 아무도 없다. 그 기술이 글쓰기 지침서에서 오지는 않았을지언정 아무튼 어딘가로부터는 왔을 것이다.

그 어딘가는 다른 작가들의 글이다. 좋은 작가는 열성적인 독자이다. 그들은 독서를 통해 방대한 양의 단어, 관용구, 문장 구조, 비유, 수사적 기법을 흡수하고 더불어 그런 요소들이 어떻게 서로 어울리거나 충돌하는지를 느끼는 감각도 습득한다. 그것이 바로 능숙한 작가가 가졌다고 일컬어지는 작가다운 '귀'이다. 글쓰기에 대한 암묵적 감각, 모든 정직한 글쓰기 지침서가 와일드에게 공감하면서 솔직히 명시적으로 가르치기는 불가능하다고 고백하는 그 감각 말이다. 훌륭한 작가들의 전기를 쓰는 사람은 작가가 젊었을 때 어떤 책을 읽었는가를 반드시 추적하는데, 그 것은 그 인물이 작가로 발달한 과정을 해독할 열쇠가 그 자료에 들어 있다는 사실을 알기 때문이다.

와일드와 달리 나는 글쓰기의 많은 원칙은 충분히 가르쳐질 수 있다고 믿는다. 그렇게 믿지 않는다면 애초에 이 책을 쓰지도 않았을 것이다. 하지만 좋은 작가가 되는 출발점은 일단 좋은 독 자가 되는 것이다. 작가는 잘 쓴 글을 알아보고 음미하고 역분석 하는 과정에서 작가의 기술을 익힌다. 이 장의 목표는 어떻게 그 일을 하는지를 여러분에게 살짝 보여 주는 것이다. 나는 21세기 에 씌어진 글 가운데 문체와 내용이 다채로운 4편을 골랐다. 지 금부터는 이 글들이 왜 훌륭한지 이해하려고 노력했던 내 머릿속 생각을 글로 풀어 보겠다. 마치 내가 무슨 상이라도 주는 것처럼 이 글들을 떠받들려는 의도는 아니고, 이 글들을 여러분이 모방 해야 할 모범으로 내세우려는 것도 아니다. 여러분에게 내 의식 의 흐름을 엿보여 줌으로써, 우리가 좋은 글을 발견했을 때 그것 을 오래 붙들고 왜 좋은지 생각해 보는 습관을 갖는다는 게 구체 적으로 어떤 일인지 예로써 보여 주기 위해서이다.

좋은 글을 음미하는 것은 무턱대고 어떤 규칙들을 따르는 것 보다 작가의 감각을 키우는 데 더 효과적일뿐더러 더 솔깃한 방 법이다. 글쓰기에 관한 조언들은 대개 엄격하고 비판적이다. 최근 한 베스트셀러는 문법 실수에 "조금도 관용을 보여서는 안 된다."라고 주장하면서 첫 쪽에서만도 벌써 끔찍함(horror), 악마적인(satanic), 섬뜩한(ghastly), 추락하는 표준(plummeting standards) 같은 표현들을 휘둘렀다. 고루한 영국인이나 완고한 미국인이 쓴 옛 지침서들은 글쓰기에서 모든 재미를 제거하려고 하며, 작가에게 색다른 단어나 수사적 표현이나 재미난 두운을 무조건 피하라고 명령한다. 이런 학파의 유명한 조언 중 하나는 엄하다 못해 유아 살해 수준이다. "탁월하게 잘 쓴 글을 범하고 싶은 충동이 든다면, 반드시 그 충동을 — 적극 — 따르라. 원고를 넘기기 전에 그것을 삭제하라. **당신이 사랑하는 것을 죽여라.**"[2]

이러니, 작가 지망생들이 글쓰기 연습을 훈련소에서 신병이 발을 헛디딜 때마다 고함을 질러대는 부사관을 곁에 두고 장애물 코스를 통과하는 일과 비슷하다고 여기는 것도 무리가 아니다. 그러나 우리는 그 대신 요리나 사진처럼 즐겁게 익힐 수 있는 기술이라고 여기는 것이 어떨까? 글쓰기의 기술을 완성하는 것은 평생의 숙제이고, 실수도 그 과정의 한 부분이다. 더 나은 글을 쓰려고 노력하는 과정에서 우리는 물론 공부의 도움을 받아야 할 테고 연습으로 갈고닦아야 할 테지만, 우선은 대가들의 훌륭한 글을 읽으면서 즐거움을 느끼고 그들의 탁월한 수준에 다가가고 싶다는 열망을 품음으로써 의욕을 북돋아야 한다.

우리는 모두 언젠가 죽을 것이고, 그렇기 때문에 행운아들이다. 대부분의

사람은 죽을 수도 없는데, 왜냐하면 태어날 수도 없기 때문이다. 나 대신 이 자리에 존재할 수 있었지만 실제로는 영영 세상 빛을 보지 못할 잠재적 사람의 수는 아라비아의 모래알보다 더 많다. 태어나지 못한 그 유령 중에는 키츠보다 위대한 시인도, 위대하기가 뉴턴을 넘는 과학자도 있었을 것이다. 우리가 그렇게 확신할 수 있는 것은 DNA 조합으로 가능한 사람의 수가 실제 존재하는 사람의 수보다 어마어마하게 더 많기 때문이다. 이 망연자실한 확률의 맹위에도 불구하고, 다름 아닌 여러분과 내가, 이렇게 평범한 우리가, 여기 존재하는 것이다.

(We are going to die, and that makes us the lucky ones. Most people are never going to die because they are never going to be born. The potential people who could have been here in my place but who will in fact never see the light of day outnumber the sand grains of Arabia. Certainly those unborn ghosts include greater poets than Keats, scientists greater than Newton. We know this because the set of possible people allowed by our DNA so massively exceeds the set of actual people. In the teeth of these stupefying odds it is you and I, in our ordinariness, that are here.)

리처드 도킨스(Richard Dawkins)가 지은 『무지개를 풀며 (*Unweaving the Rainbow*)』의 첫 문장에서, 타협을 모르는 무신론자이자 지칠 줄 모르는 과학의 옹호자인 저자는 자신의 세계관이 낭만주의자나 종교인의 염려와는 달리 세상에 대한 경이감이나 삶에 대한 감사를 줄이지 않는 이유를 이렇게 설명했다.[3]

우리는 모두 언젠가 죽을 것이고, 그렇기 때문에 행운아들이다. 좋은 글은 강하게 시작한다. 클리셰로 시작하지 않고("시간의 여명 이래"), 진부한 말로 시작하지도 않으며("최근 학자들은 다음 문제를 고민하기 시작했다. ……"), 내용이 있으면서도 호기심을 자극하는 의견으로 시작한다. 『무지개를 풀며』를 펼친 독자는 우리가 아는 가장 두려운 사실을 떠올리게 하는 말을 대뜸 맞닥뜨리고, 곧바로 이어진 역설적 해설을 듣는다. 우리가 언젠가 죽기 때문에 행운아라고? 이 수수께끼가 어떻게 풀릴지 알고 싶지 않을 사람이 어디 있겠는가? 단어 선택과 율격은 이 역설의 냉엄함을 강화한다. 짧고 단순한 단어들이 쓰였고, 강세가 있는 단음절어 뒤로 6개의 약강격 율격이 이어진다.*

대부분의 사람은 죽을 수도 없는데. 역설의 해소는 ─ 죽는다는 나쁜 일 속에는 한때 살아 있었다는 좋은 일이 내포되어 있다는 사실은 ─ 대구를 이룬 문장으로 표현된다. "죽을 수도 없는데 …… 태어날 수도 없기 때문이다." 그다음 문장도 역시 대구로 다시 한번 대비를 말하지만, 같은 단어를 지루하게 반복하지 않기 위해서 이번에는 모두에게 익숙하지만 리듬이 같은 두 관용구를 병치했다. "나 대신 이 자리에 존재할 수 있었지만 실제로는 영영 세상 빛을 보지 못할……."

아라비아의 모래알보다 더 많다. 이 시적인 표현은 가령 방대하다

---

* 전문 용어의 정의는 「용어 해설」에 적어 두었다.

(massive)나 엄청나다(enormous)처럼 특색 없는 형용사보다도 도 킨스가 그려 내고자 하는 장엄한 이미지에 잘 어울린다. 자칫 진부할 수도 있는 이 표현은 살짝 바꾼 단어 덕분에(보통은 모래 (sands)라고만 하지만 여기서는 모래알(sand grains)이라고 썼다.), 그리고 어 쩐지 이국적인 정취 덕분에 가까스로 그런 느낌을 면했다. "아라 비아의 모래"라는 표현은 19세기 초에 널리 쓰였지만 이후 인기 가 추락했고, 오늘날은 일반적으로 아라비아라고 불리는 장소마 저 없다. 요즘은 그곳을 사우디아라비아 혹은 아라비아 반도라고 부른다.[4]

태어나지 못한 그 유령들. 수학적으로 가능한 유전자 조합의 수라 는 추상적 개념을 이토록 생생한 이미지로 전달했다. 게다가 약 삭빠르게도 도킨스는 초자연적 개념을 가져와서는 그 용도를 바 꿔 자연주의적 논증을 전개하는 데 썼다.

키츠보다 위대한 시인도, 위대하기가 뉴턴을 넘는 과학자도. 대구를 이 룬 표현은 강력한 수사법이다. 하지만 앞에서 이미 죽고 태어나 고, 나 대신 존재하고 세상 빛을 보고 하는 데도 대구를 썼으므 로, 더 이상은 곤란하다. 단조로움을 피하기 위해서, 도킨스는 대구를 이루는 두 행 중 하나의 구조를 뒤집었다. 또한 이 구절 은 토머스 그레이(Thomas Gray)의 「시골 교회 묘지에서 쓴 애가 (Elegy Written in a Country Churchyard)」 중 한 구절, "어떤 이름 못 낸 밀턴이 말없이 쉬고 있을지"를 넌지시 암시한다.

이 망연자실한 확률의 맹위에도 불구하고. 이 관용구는 쩍 벌린 입으로 무시무시하게 덮치는 야수를 떠올리게 함으로써, 우리가 살아 있어서 고맙다는 기분을 더 한층 강화한다. 우리는 엄청나게 불리한 확률이라는 치명적 위험으로부터 가까스로 벗어나고서야 비로소 존재할 수 있게 된 것이다. 그 확률이 대체 얼마나 불리하기에? 모든 작가는 과장이나 남용으로 부풀려지지 않은 최상급 표현을 어휘 창고에서 찾아내야 하는 과제를 겪기 마련이다. "이 믿을 수 없는(incredible) 확률에도 불구하고"는 어떨까? "이 굉장한(awesome) 확률에도 불구하고"는? 에이. 도킨스는 독자에게 여전히 강한 인상을 줄 수 있는 최상급 표현 — 망연자실한(stupefying)은 너무 놀라서 멍해질 정도라는 뜻이다. — 을 찾아냈다.

좋은 글은 우리가 세상을 인식하는 방식을 뒤집어놓는다. 심리학 교과서에 실린 유명한 그림, 이렇게 보면 술잔이지만 저렇게 보면 마주 본 두 사람의 얼굴 윤곽인 그림처럼 말이다. 도킨스는 여섯 문장만으로 우리가 죽음을 보는 방식을 뒤집었고, 합리주의자의 관점으로도 삶을 얼마든지 찬미할 수 있음을 보여 주었다. 게다가 그 언어가 어찌나 마음을 뒤흔드는지, 내가 아는 많은 휴머니스트가 자기 장례식에서 이 글을 읽어 달라고 부탁했다.

/

한 사람을 바로 그 사람으로, 다른 사람이 아닌 오직 그 사람으로, 시간이 흐르면 변화를 겪지만 그럼에도 불구하고 계속 존재하는 통일된 정체성으로 만드는 것은 무엇일까. — 마침내 그의 존재가 더 이상 계속될 수 없을

때까지, 최소한 문제적이지 않게 계속될 수는 없을 때까지?

나는 지금 여름 소풍날 찍은 어린아이의 사진을 들여다보고 있는데, 아이는 작은 한쪽 손으로는 언니의 손을 붙들고 반대쪽 손으로는 큼직하게 자른 수박 조각을 위태롭게 든 채 그것을 작은 ○ 같은 제 입과 교차시키려고 애쓰는 모습이다. 그 아이는 나다. 하지만 왜 그녀가 나일까? 나는 저 여름날에 대한 기억이 전혀 없고, 아이가 수박을 입에 넣는 데 성공했는가 못했는가 하는 사실을 남들과는 달리 알고 있지도 않다. 매끄럽게 이어진 일련의 물리적 사건들이 그녀의 몸을 내 몸으로 바꾼 것은 사실이고, 그러므로 그녀의 몸이 곧 내 몸이라고 말하고 싶기도 하며, 어쩌면 정말 신체적 정체성이야말로 개인의 정체성의 전부일지도 모른다. 하지만 시간이 흘러도 지속되는 신체라는 사실에도 철학적 딜레마가 있다. 일련의 물리적 사건들을 거친 탓에 저 아이의 몸은 지금 내가 내려다보는 내 몸과는 다르고, 그녀의 몸을 구성했던 원자들은 지금 내 몸 속에는 없다. 우리 둘의 몸이 비슷하지 않은 정도라고 한다면, 우리 둘의 시각의 차이는 그보다 더 클 것이다. 그녀는 내 시각을 이해하지 못할 것이고 — 그녀에게 (스피노자의) 『에티카』를 이해해 보라고 한다면 어떻겠는가. — 지금 나도 그녀의 시각을 이해할 수 없기는 마찬가지이다. 지금 나로서는 언어 습득 이전 단계였던 그녀의 사고 과정을 대체로 헤아릴 수 없을 것이다.

그래도 그녀는, 주름 달린 흰 피나포어를 입은 저 작고 결연한 존재는, 나다. 그녀는 유년기의 질병을 이겨 내고, 열두 살에 로커웨이 해변에서 격류에 휩쓸려 익사할 뻔했던 사고를 견뎌 내고, 그 밖의 드라마들도 겪어 내어, 계속 존재했다. 만약 그녀가 — 즉 내가 — 겪었다면 계속 그녀 자신으로 존재하는 것이 불가능한 모험들도 있었을 것이다. 만약 그런 것을 겪었다면, 지금 나는 다른 사람으로 존재할까, 아니면 더 이상 내가 존재하지 않게 되었을까? 만약 내가 자아 감각을 모두 잃는다면 — 조현병에 걸리든 귀신에 쓰이든, 코마에 빠지든 진행성 치매에 걸리든, 아무튼 그래서 나로부터 내가 없어진다면 — 그때의 나는 그런 시련을 겪는 나일까, 아니면 애초에 나라는 전제가 존재하기를 그친 것일까? 그렇다면 그곳에 존재하는 것은 다른 사람일까, 아니면 아무도 존재하지 않는 것일까?

죽음은 내가 그것을 겪은 뒤 나 자신을 간직할 수 없는 저런 모험들 중 하나인 셈일까? 사진에서 내가 손을 잡고 있는 언니는 죽었다. 요즘도 나는 매일 그녀가 아직 존재할까 존재하지 않을까 생각해 본다. 누군가가 무척 사랑했던 사람이란 너무나 중요한 존재이기에, 세상으로부터 그렇게 깡그리 사라질 수는 없을 것만 같다. 우리가 자기 자신이 하나의 세상임을 아는 것처럼, 우리가 사랑하는 사람도 분명 하나의 세상이다. 그런 세상이 어떻게 단숨에 존재하기를 그칠 수 있단 말인가? 하지만 만약 내 언니가 아직도 존재한다면, 지금 그녀는 과연 무엇일까, 그리고 과연 무엇이 지금의 그녀를 기억에서 잊힌 저 여름날 어린 동생에게 웃어 보이는 아름다운 소녀와 동일한 사람으로 만들어 주는 것일까?

(What is it that makes a person the very person that she is, herself alone and not another, an integrity of identity that persists over time, undergoing changes and yet still continuing to be — until she does not continue any longer, at least not unproblematically?

I stare at the picture of a small child at a summer's picnic, clutching her big sister's hand with one tiny hand while in the other she has a precarious hold on a big slice of watermelon that she appears to be struggling to have intersect with the small *o* of her mouth. That child is me. But why is she me? I have no memory at all of that summer's day, no privileged knowledge of whether that child succeeded in getting the watermelon into her mouth. It's true that a smooth series of contiguous physical events can be traced from her body to mine, so that we would want to say that her body *is* mine; and perhaps bodily identity is all that our personal identity consists in. But bodily persistence over time, too, presents philosophical dilemmas. The series of contiguous physical events has rendered the child's body so different from the one I glance down on at this moment; the very atoms that composed her body no longer compose mine. And if our bodies are dissimilar, our points of view are even more so. Mine would be as inaccessible to her — just let *her* try to figure out [Spinoza's] *Ethics* — as hers is now to me. Her thought processes, prelinguistic, would largely elude me.

Yet she is me, that tiny determined thing in the frilly white pinafore. She has continued to exist, survived her childhood illnesses, the near-drowning in a rip current on Rockaway Beach at the age of twelve, other dramas. There are presumably adventures that she — that is that I — can't undergo and still continue to be herself. Would I then be someone else or would I just no longer be? Were I to lose all sense of myself — were schizophrenia or demonic possession, a coma or progressive dementia to remove me from myself — would it be I who would be undergoing those trials, or would I have quit the premises? Would there then be someone else, or would there be no one?

   Is death one of those adventures from which I can't emerge as myself? The sister whose hand I am clutching in the picture is dead. I wonder every day whether she still exists. A person whom one has loved seems altogether too significant a thing to simply vanish altogether from the world. A person whom one loves *is* a world, just as one knows oneself to be a world. How can worlds like these simply cease altogether? But if my sister does exist, then *what* is she, and what makes that thing that she now is identical with the beautiful girl laughing at her little sister on that forgotten day?)

『스피노자 배신하기(*Betraying Spinoza*)』의 한 대목에서 철학자이자 소설가인(또한 내 아내인) 리베카 뉴버거 골드스타인(Rebecca Newberger Goldstein)은 개인의 정체성이라는 철학적 문제를 설명한다. 정체성 문제는 책의 주제인 유대계 네덜란드 사상가가 골몰했던 여러 문제 중 하나였다.[5] 동료 휴머니스트 도킨스처럼 골드스타인도 존재와 죽음이라는 혼란한 수수께끼를 분석하지만, 둘의 글쓰기 스타일은 서로 달라도 한참 다르다. 이 점은 우리가 하나의 주제를 말하기 위해서 언어 자원을 동원하는 방식은 실로 다양할 수 있음을 잘 보여 준다. 도킨스의 문체는 이른바 남성적이라고 말해도 무방하다. 독자에게 대뜸 맞서는 첫머리, 차가운 추상화, 공격적인 이미지, 으뜸 수컷을 칭송하는 듯한 분위기.

반면 골드스타인의 문체는 개인적이고, 암시적이고, 사색적이다. 하지만 지적으로는 도킨스 못지않게 엄밀하다.

최소한 문제적이지 않게 계속될 수는 없을 때까지(at least not unproble-matically). 문법의 여러 범주는 사고를 구성하는 기본 단위를 ― 시간, 공간, 인과, 사건 등을 ― 반영하는데, 철학적인 문장가는 그 것들을 교묘하게 활용해 독자로 하여금 형이상학적 난제에 눈뜨게 만든다. 이 구절에서 부사 unproblematically(문제적이지 않게)는 동사 continue(계속되다)를 수식하는데, 이 동사는 continue to be(계속 존재하다)에서 뒷부분이 생략된 말이다. 일반적으로 to be(존재하다)는 부사의 수식을 받는 동사가 아니다. 존재란 존재하거나 존재하지 않거나 둘 중 하나일 뿐, 그 사이에 여러 단계가 있다고 보기는 어렵기 때문이다. 그럼에도 불구하고 지금 생뚱맞게 붙어 있는 부사는 우리 눈앞에 형이상학적, 신학적, 개인적 질문들을 좌르륵 펼쳐 놓는 역할을 한다.

큼직하게 자른 수박 조각을 위태롭게 든 채 그것을 작은 o 같은 제 입과 교차시키려고 애쓰는 듯한 모습이다(a big slice of watermelon that she appears to be struggling to have intersect with the small o of her mouth). 좋은 글은 마음의 눈으로 이해된다.[6] 이 구절은 먹는 행위라는 친숙한 동작을 기하학적으로 특이하게 묘사한 덕분에 ― 과일 조각이 o와 교차한다고 표현했다. ― 독자는 언어적 요약을 쓱 훑고 지나가는 대신 잠깐 멈춰서 머릿속에 이미지를 떠올려 보게 된다. 우리는 사진 속 여자아이가 사랑스럽다고 느낀다. 하지만 저자가 귀엽다(cute), 사랑스럽다(adorable) 따위의 단어로 그렇다고 말해 주기 때문이 아니라, 아이의 아이 같은 태도를 우리가 직접 볼 수 있기 때문이다. 그리고 저자 자신도 왜인지 이해는 가지 않지만 자신과 같은 인간인 게 분명한 저 작고 낯선 존재를 지금 그렇게 바라보고 있다. 우리는 아이의 작은 손이 어른 크기의 물체를 서툴게 다루는 모습을 본다. 어른이라면 식은 죽 먹기로 여기는 일을 해내고야 말겠다고 결심한 듯한 표정을 본다. 아직 수박과의 정렬이 어긋난 채, 그 달고 시원한 보상을 기대하는 입을 본다. 기하학적 언어는 골드스타인이 다음 단락에서 언급할 "언어 습득 이전" 사고를 예상케 하는 역할도 한다. 덕분에 우리는 '먹는다.'는 표현은 물론이거니와 '입에 넣는다.'는 표현조차 추상적 개념에 불과했던 나이로, 그런 표현들은 내 몸의 일부와 물체를 교차시키는 물리적 과제와는 몇 차원이나 떨어져 있었던 나이로 돌아가는 것이다.

그 아이는 나다. 하지만 왜 그녀가 나일까? …… 그녀는 내 시각을 이해하지 못할 것이고 …… 지금 나도 그녀의 시각을 이해할 수 없기는 마찬가지이다. …… 만약 그녀가 ─ 즉 내가 ─ 겪었다면 계속 그녀 자신으로 존재하는 것이 불가능한 모험들도 있었을 것이다. …… 지금 나는 다른 사람으로 존재할까?(That child is me. But why is she me? …… (My point of view) would be as inaccessible to her …… as hers is now to me …… There are presumably adventures that she ─ that is that I ─ can't undergo and still continue to be herself …… Would I then be someone else?). 골드스타인은 명사와 대

명사를 일인칭과 삼인칭으로 거듭 병치한다. "그 아이는 …… 나다. 그녀는 …… 나는 …… 그녀 자신으로, 나는 …… 다른 사람이(that child …… me …… she …… I …… herself …… I …… someone else)" 어떤 인칭이 어떤 구절에 속하는지 혼란스러운 이런 구문은 우리가 '인칭/사람(person)'이라는 개념 자체에 대해서 느끼는 혼란을 반영한다. 골드스타인은 또 사실상 존재문 동사인 to be(존재하다)를 가지고 놂으로써 우리의 존재론적 혼란을 끌어들인다. "지금 나는 다른 사람으로 존재할까, 아니면 더 이상 내가 존재하지 않게 되었을까? …… 그렇다면 그곳에 존재하는 것은 다른 사람일까, 아니면 아무도 존재하지 않는 것일까? (Would I then be someone else or would I just no longer be? …… Would there then be someone else, or would there be no one?)"

주름 달린 흰 피나포어(frilly white pinafore). 구식 옷 종류를 구식 단어로 묘사함으로써 가령 faded photograph(색 바랜 사진) 같은 진부한 표현을 쓰지 않고도 사진의 나이를 짐작할 수 있게 해 준다.

사진에서 내가 손을 잡고 있는 언니는 죽었다(The sister whose hand I am clutching in the picture is dead). 우수 어린 노스탤지어와 추상적 철학이 섞인 문장이 18개 이어진 뒤 돌연 나타난 이 냉혹한 사실은 우리의 몽상을 중단시킨다. 사랑하는 언니에게 dead(죽었다)라는 가혹한 단어를 쓰는 것이 아무리 고통스럽더라도, 다른 완곡한 어휘 —가령 has passed away(세상을 떠났다), is no longer with us(더 이상 우리 곁에 없다) —로는 저 문장을 맺을 수 없었을 것이다. 저 글의 주제는 우리가 어떻게 죽음이라는 엄연한 사실과 한 인간이 더 이상 존재하지 않을 수도 있다는 믿기 힘든 가능성을 조화시키려고 애쓰는가 하는 것이다. 죽음이란 이렇게 도무지 이해할 수 없는 것이기에, 우리의 언어학적 선조들은 죽음을 가리키는 여러 완곡 어법을 만들어 냈다. 이를테면, passed on(저세상으로 가다)처럼, 죽음을 머나먼 다른 장소로 떠나는 일로 에둘러 표현했다. 하지만 만약 골드스타인이 이런 교묘한 표현을 선택했다면, 분석이 채 시작되기도 전에 효과가 약화되는 결과를 낳았을 것이다.

요즘도 나는 매일 그녀가 아직 존재할까 존재하지 않을까 생각해 본다. 누군가가 무척 사랑했던 사람이란 너무나 중요한 존재이기에, 세상으로부터 그렇게 깡그리 사라질 수는 없을 것만 같다. 우리가 자기 자신이 하나의 세상임을 아는 것처럼, 우리가 사랑하는 사람도 분명 하나의 세상이다. 그런 세상이 어떻게 단숨에 존재하기를 그칠 수 있단 말인가? (I wonder every day whether she still exists. A person whom one has loved seems altogether too significant a thing to simply vanish altogether from the world. A person whom one loves *is* a world, just as one know oneself to be a world. How can worlds like these simply cease altogether?) 나는 이 구절을 읽을 때마다 매번 눈시울이 젖는다. 내가 영영 만나지 못할 처형 이야기라서만은 아니다. 골드스타인은 철학자들이 "의식이라는 난제"라고 부르는 문제를 다시 한번 언급하면서("우리가 자기 자신이 하나의 세상임을 아는 것처럼, 우리가 사랑하는 사람도 분명 하나의 세상이다.")

이 대목에서 감정적으로 북받치는 분위기를 조성한다. 추상적이고 철학적인 수수께끼가 안기는 혼란이 우리가 사랑하는 사람을 잃은 사실을 받아들여야 할 때 느끼는 가슴 저밈과 뒤섞인다. 게다가 이것은 우리가 우리에 대해서 삼인칭인 어떤 존재를 빼앗겼다고 느끼는 이기적인 실감이 아니라, 그 존재가 그 자신에 대해서 일인칭에 해당하는 경험을 빼앗겼다고 깨닫는 이기적이지 않은 실감이다.

앞의 글은 또 픽션과 논픽션 쓰기의 기술이 겹친다는 사실을 보여 준다. 앞의 발췌문에서 개인적인 것과 철학적인 것을 하나로 엮은 기법은 바뤼흐 스피노자(Baruch Spinoza)가 어떤 주제의 글을 썼는가를 설명하기 위한 해설 장치로 쓰였지만, 이것은 또한 골드스타인의 모든 픽션을 관통하는 주제이기도 하다. 그 주제란, 강단 철학이 몰두하는 문제들—개인의 정체성, 의식, 진리, 의지, 의미, 도덕성—이 우리 평범한 인간들이 자기 삶을 이해하려고 애쓸 때 몰두하는 문제들과 그 종류가 다르지 않다는 것이다.

/

근사한 악몽을 그렸던 작가 모리스 센닥, 83세로 사망

20세기 가장 중요한 어린이 책 작가로 인정받는 모리스 센닥은 그림책을 안전하고 위생적인 놀이방에서 떼어내어 어둡고 무서우면서도 뇌리에서 지워지지 않을 만큼 아름다운 인간 심리의 구석으로 던져 넣었다. 그런 그가 화요일 코네티컷 댄버리에서 사망했다. ……

센닥의 책은 열렬히 칭송을 받았고, 간간이 검열을 당했고, 이따금 입으로 먹혔다. 1960년 이후 무렵 태어난 세대에게 센닥의 책은 유년기의 필수 요소였고, 그 뒤에는 그들의 자녀들에게 그렇게 되었다.

「친애하는 애비에게(Dear Abby)」로 수많은 독자에게 냉철한 조언을 주었던 폴린 필립스, 94세로 사망

친애하는 애비에게: 제 처는 발가벗고 잡니다. 깨면 샤워를 하고, 이를 닦고, 아침을 차립니다. 여전히 알몸으로요. 우리는 신혼이고 집에는 우리 둘밖에 없으니까 잘못된 행동이라고 할 수는 없을 것 같습니다. 어떻게 생각하세요? 에드로부터.

친애하는 에드에게: 저도 괜찮습니다. 하지만 아내에게 베이컨을 구울 때는 꼭 앞치마를 두르라고 전해 주세요.

지금으로부터 거의 60년 전 캘리포니아의 전업 주부였던 폴린 필립스는 마작보다 더 의미 있는 일을 하기를 원했다. 그래서 신문 칼럼니스트 애비로 변신했고, 이후 수천만 독자에게 믿음직하면서도 신랄한 말을 아끼지 않는 조언자가 되었다. 그런 그가 수요일 미니애폴리스에서 사망했다. ……

웃기고 냉철하면서도 기본적으로는 공감하는 목소리로, 필립스는 고민 상담 칼럼이 빅토리아 시대의 질질 짜는 과거에서 벗어나 20세기의 비정한 현재로 넘어오도록 거들었다. ……

친애하는 애비에게: 우리 아들은 군 복무 중 결혼했습니다. 둘은 2월에 결혼했는데, 며느리는 8월에 3.9킬로그램 나가는 여자 아기를 낳았습

니다. 며느리 말로는 조산이랍니다. 3.9킬로그램 아기가 이렇게 일찍 나올 수도 있나요? 궁금한 사람으로부터.

친애하는 궁금한 사람에게: 아기는 제때 나왔습니다. 결혼식이 늦었던 겁니다. 잊어버리세요.

필립스 부인이 칼럼니스트 애비게일 밴 뷰런으로 새 인생을 시작한 것은 1956년이었다. 그녀는 결혼 문제, 의료 문제, 가끔은 둘 다인 문제를 비롯한 수많은 질문에 따끔하면서도 종종 고상하게 상스러운 답변을 줌으로써 금세 유명해졌다.

'싱글 걸'에게 충만한 삶을 주었던 헬렌 걸리 브라운, 90세로 사망

『섹스 그리고 싱글 걸(Sex and the Single Girl)』의 저자 헬렌 걸리 브라운은 결혼하지 않은 여자도 섹스할뿐더러 진심으로 즐기기까지 한다는 놀라운 소식을 들려줌으로써 1960년대 초 미국을 충격에 빠뜨린 사람이었다. 또 이후 30년간 잡지 《코스모폴리탄》 편집자로 일하면서 여자들에게 그것을 어떻게 더 즐길 수 있는지를 알려준 사람이었다. 그런 그가 월요일 맨해튼에서 사망했다. 향년 90세였지만, 육신의 일부는 그보다 훨씬 더 젊었다. ……

1965년부터 1997년까지 《코스모폴리탄》 편집자로 일했던 브라운은 최초로 여성 잡지에 솔직한 섹스 이야기를 실었던 이로 인정된다. 오늘날 여성 잡지의 ─풍만한 모델들과 간질간질한 기사 제목들이 가득한─ 모습은 브라운의 영향이 적잖이 미친 결과이다.

(Maurice Sendak, Author of Splendid Nightmares, Dies at 83

Maurice Sendak, widely considered the most important children's book artist of the 20th century, who wrenched the picture book out of the safe, sanitized world of the nursery and plunged it into the dark, terrifying and hauntingly beautiful recesses of the human psyche, died on Tuesday in Danbury, Conn. ......

Roundly praised, intermittently censored, and occasionally eaten, Mr. Sendak's books were essential ingredients of childhood for the generation born after 1960 or thereabouts, and in turn for their children.

Pauline Phillips, Flinty Adviser to Millions as Dear Abby, Dies at 94

Dear Abby: My wife sleeps in the raw. Then she showers, brushes her teeth and fixes our breakfast — still in the buff. We're newlyweds and there are just the two of us, so I suppose there's really nothing wrong with it. What do you think? — Ed

Dear Ed: It's O. K. with me. But tell her to put on an apron when she's frying bacon.

Pauline Phillips, a California housewife who nearly 60 years ago, seeking something more meaningful than mah-jongg, transformed herself into the syndicated columnist Dear Abby — and in so doing became a trusted, tart-tongued adviser to tens of millions — died on Wednesday in Minneapolis. ......

With her comic and flinty yet fundamentally sympathetic voice, Mrs. Phillips helped wrestle the advice column from its weepy Victorian past into a hard-nosed 20th-century present. ......

Dear Abby: Our son married a girl when he was in the service. They were married in February and she had an 8 1/ 2-pound baby girl in August. She said the baby was premature. Can an 8 1/ 2-pound baby be this premature? — Wanting to Know

Dear Wanting: The baby was on time. The wedding was late. Forget it.

Mrs. Phillips began her life as the columnist Abigail Van Buren in 1956. She quickly became known for her astringent, often genteelly risqué, replies to queries that included the marital, the medical, and sometimes both at once.

Helen Gurley Brown, Who Gave "Single Girl" a Life in Full, Dies at 90

Helen Gurley Brown, who as the author of *Sex and the Single Girl* shocked early-1960s America with the news that unmarried women not only had sex but thoroughly enjoyed it — and who as the editor of *Cosmopolitan* magazine spent the next three decades telling those women precisely how to enjoy it even more — died on Monday in Manhattan. She was 90, though parts of her were considerably younger. ......

As *Cosmopolitan's* editor from 1965 until 1997, Ms. Brown was widely credited with being the first to introduce frank discussions of sex into magazines for women. The look of women's magazines today — a sea of voluptuous models and titillating cover lines — is due in no small part to her influence.)

내가 세 번째로 고른 글은, 역시 죽음에 관한 글이지만, 또 다른 분위기와 스타일을 보여 준다. 잘 쓴 글이 딱 하나의 공식에만 들어맞는 건 아니라는 사실을 새삼 보여 주는 증거이기도 하다. 언어학자 겸 기자인 마걸릿 폭스(Margalit Fox)는 정색한 유머, 괴짜스러운 것에 대한 애정, 솜씨 좋은 어휘 사용으로 부고를 예술로 만들어 냈다.[7]

어둡고 무서우면서도 뇌리에서 지워지지 않을 만큼 아름다운 인간 심리의 구석으로 던져 넣었다(plunged (the picture book) into the dark, terrifying, and hauntingly beautiful recesses of the human psyche), 수천만 독자에게 믿음직하면서도 신랄한 말을 아끼지 않는 조언자가 되었다(a trusted, tart-tongued adviser to tens of millions), 풍만한 모델들과 간질간질한 기사 제목들이 가득한(a sea of voluptuous models and titillating cover lines). 한 사람의 인생을 겨우 800단어 안에 담아내려면, 단어를 신중하게 골라야 한다. 폭스는 딱 알맞은 단어들을 골라서 잘 읽히는 문장으로 엮어냄으로써 복잡한 소재 — 이 경우에는 한 사람이 평생 이룬 성취 — 를 몇 마디 말로 요약하기란 불가능하다는 게으른 변명이 거짓말임을 보여 주었다.

열렬히 칭송을 받았고, 간간이 검열을 당했고, 이따금 입으로 먹혔다(Roundly praised, intermittently censored, and occasionally eaten). 여기에는 액어법(軛語法, zeugma)이 쓰였다. 한 단어의 서로 다른 의미들을 일부러 나란히 놓는 기법이다. 여기서 "책들(books)"이라는 단어는 책 속의 내용을 가리키는 의미(그러니까 "칭송"을 받거나 "검열"을 당했다.)로도 쓰였지만, 물체 자체를 뜻하는 의미(그러니까 "먹혔다.")로도 쓰였다. 이 액어법은 독자의 얼굴에 미소를 띄울 뿐만 아니라, 센닥의 그림 속 신체 노출에 반대했던 도덕 군자들의 검열과 실제 그 책을 즐겼던 독자들의 순수함을 나란히 놓음으로써 도덕 군자들을 은근히 놀리는 역할도 한다.

그 뒤에는 그들의 자녀들에게 그렇게 되었다(and in turn for their children). 단순하기 그지없는 이 구절이 독자에게 하나의 이야기를 들려준다. 센닥의 책에 따뜻한 기억을 품고 자랐던 세대가 커서는 자기 자녀들에게 그 책을 읽어 주었다는 이야기이다. 그러니 이 구절은 위대한 예술가에게 바치는 절제된 찬사인 셈이다.

친애하는 애비에게: 제 처는 발가벗고 잡니다(Dear Abby: My wife sleeps in the raw). 부고를 이런 충격적인 문장으로 시작함으로써, 이 글은 「친애하는 애비에게」를 읽으면서 자란 수많은 독자에게는 단숨에 아릿한 향수를 불러일으키고 그러지 않은 독자들에게는 고인의 일이 무엇이었는지를 시각적으로 소개한다. 독자는 「친애하는 애비에게」 칼럼이 다뤘던 엉뚱한 질문, 익살스러운 답변, (그 시절로서는) 개방적인 감수성을 폭스의 말로 전해 듣는 것이 아니라 직접 우리 눈으로 본다.

친애하는 애비에게: 우리 아들은 군 복무 중 결혼했습니다(Dear Abby: Our son married a girl when he was in the service). 놀라운 전환을 의도적으로 사용하는 것 ― 콜론, 줄표, 인용 단락 등의 사용 ― 은 활기찬 글의 한 특징이다.[8] 시시한 작가라면 이 대목에서 "필립스 부인이 쓴

칼럼을 하나 더 보자." 같은 지루한 문장으로 소개했겠지만, 폭스는 사전 경고 없이 말을 뚝 끊고는 독자의 시선을 필립스의 전성기로 돌려놓는다. 꼭 촬영 기사처럼, 작가는 카메라 앵글이나 화면 전환에 해당하는 언어 요소들을 활용함으로써 눈앞에서 진행되는 이야기를 바라보는 독자의 시선을 자유자재로 조작할 수 있다.

결혼 문제, 의료 문제, 가끔은 둘 다인 문제(the marital, the medical, and sometimes both at once). 근엄한 글쓰기 지침서들은 작가에게 두운법을 피하라고 조언한다. 하지만 좋은 산문이란 간간이 끼어드는 시적인 순간으로 생기를 띠는 법이다. 이 구절이 그렇다. 듣기 좋은 율격에다가 발음이 비슷한 marital(결혼)과 medical(의료)를 짓궂게 짝지은 것을 보라.

향년 90세였지만, 육신의 일부는 그보다 훨씬 더 젊었다(She was 90, though parts of her were considerably younger). 여느 부고들의 정형화된 보도 방식과 엄숙한 말투에 슬쩍 변화를 주었다. 독자는 곧 브라운이 여성의 성적 자기 결정권을 옹호했다는 사실을 알게 되므로, 성형 수술을 암시한 이 구절도 심술궂은 말이 아니라 호의적인 말로 이해하게 된다. 브라운 자신이 읽었더라도 재미있어 했을 것 같은 농담이다.

뇌리에서 지워지지 않는(hauntingly), 냉철한(flinty), 신랄한 말을 하는(tart-tongued), 질질 짜는(weepy), 비정한(hard-nosed), 따끔한(astringent), 고상하게(genteelly), 상스러운(risqué), 풍만한(voluptuous), 간질간질한(titillating). 폭스는 이런 특이한 형용사나 부사를 고름으로써 글쓰

기 지침서들에 제일 자주 등장하는 두 가지 경고를 어긴 셈이다. 형용사와 부사를 쓰지 말고 명사와 동사로만 쓰라는 경고, 그리고 자주 쓰이는 평범한 단어가 있는 한 구태여 특이하고 별난 단어를 쓰지 말라는 경고 말이다.

그러나 이 규칙들은 표현이 좀 잘못되었다. 쓸데없이 거창한 글이 흔히 라틴 어풍 다음절 단어(end(끝) 대신 cessation(종결)을, cause(일으키다) 대신 eventuate in(야기하다)을 쓰는 식이다.)나 맥없는 형용사(contributes to(기여하다) 대신 is contributive to(기여하는 바 있다)를, determines(결정하다) 대신 is determinative of(결정하는 요소이다)를 쓰는 식이다.)를 많이 쓰는 것은 사실이다. 스스로도 잘 알지 못하는 특이한 단어를 과시하는 것은 작가를 잘난 체하는 사람으로 보이게 만들뿐더러 가끔은 우스꽝스러워 보이게 만드는 것도 사실이다. 하지만 능숙한 작가는 간간이 놀라운 단어를 신중하게 끼워 넣음으로써 글을 더 활기차게 만들고, 심지어 더 짜릿하게 만든다. 글의 품질을 조사한 여러 연구에 따르면, 다채로운 어휘와 특이한 단어 사용은 활기찬 글과 맥없는 글을 판가름하는 여러 특징 중 두 가지라고 한다.[9]

최선의 단어는 대안 단어보다 뜻을 더 정확하게 전달하는 것은 물론이거니와 단어의 발음과 조음에서도 설핏 뜻이 느껴지게 만든다. 이처럼 우리가 단어의 소리에서 어떤 느낌을 받는 현상을 가리켜 음성 상징(phonesthetics)이라고 한다.[10] 가령 haunting이 '뇌리에 남는'을 뜻하고 tart가 '신랄한'을 뜻하는 것은, 두 뜻이 그 반대가 아닌 것은 결코 우연이 아니다. 여러분도 한번 직접 발음하면서 소리를 잘 들어보고 입에서 움직이는 근육을 느껴 보라. 우리가 voluptuous를 발음할 때는 입술과 혀가 관능적으로 협조해야 하고, titillating을 발음할 때는 거의 동시이기는 하지만 무시할 수는 없는 중복된 소리로 귀를 간지럽히는 이 장난스러운 단어를 말하느라 혀가 부지런히 움직여야 한다. 그리고 바로 이런 연상 덕분에, a sea of voluptuous models and titillating cover lines(풍만한 모델들과 간질간질한 기사 제목들)이라는 표현이 a sea of sexy models and provocative cover lines(섹시한 모델들과 자극적인 기사 제목들)이라는 표현보다 우리에게 더 생생하게 느껴진다. 한편 pulchritudinous models(육체미 있는 모델)이라는 표현은 어떤 단어를 고르면 안 되는지를 보여주는 좋은 예일 것이다. 이 단어의 못생긴 발음은 아리따운 육체미를 뜻하는 단어의 의미와는 상반되기 때문이다. 어휘를 과시하고 싶은 사람이 아니고서는 아무도 쓸 일이 없는 단어일 것이다.

그러나 가끔은 과시적인 단어라도 유효할 수 있다. 1969년 의도적으로 형편없는 로맨스 소설을 써서 세계적 베스트셀러로 만드는 장난을 주동했던 기자 마이크 맥그레이디(Mike McGrady)의 부고에서 폭스는 이렇게 썼다. "「낯선 이는 나체로 왔다(Naked Came the Stranger)」를 쓴 것은 요즘보다 편집국이 아마 더 여유로웠고 분명 더 애음(愛飮)했던(bibulous) 시절의 《뉴스데이》 기자들이었다."[11] '애음하는' 혹은 '지나치게 술을 마시는 경향이 있는'이라는 뜻의 bibulous는 beverage(음료), imbibe(마시다)와 관련된 단어인 데다가, 독자의 머릿속에 babbling(졸졸거리는), bobbling(통통거리는), bubbling(보글거리는), burbling(부글거리는) 같은 단어들을 연상시킨다. 독자 중에서 혹 작가가 되고 싶은 사람이 있다면, 손 닿는 곳에 늘 사전을 두고 읽어야 한다. (스마트폰 앱으로 나온 사전도 많다.) 그리고 작가는 **만약** 어떤 단어가 뜻이 정확히 맞고, 발음이 그 뜻을 연상시키고, 독자가 그 단어를 평생 두 번 볼 일은 없을 만큼 낯선 단어가 아닌 한, 독자를 사전으로 보내기를 주저하지 말아야 한다. (그러나 가령 maieutic(산파술의), propaedeutic(초보적인), subdoxastic(의견 아래에 깔린) 같은 단어들은 평생 안 써도 괜찮을 것이다.) 나는 늘 유의어 사전을 곁에 두고 쓴다. 그러나 언젠가 자전거 수리 안내문에서 바이스그립 플라이어(Vise-Grip plier)로 우그러진 바퀴 테를 펴는 방법을 읽었을 때 얻은 교훈을 늘 명심하고 있다. "이 도구의 파괴적인 잠재력에 흥분해서 자제력을 잃지는 **마십시오.**"

/

20세기가 초년을 지나 중년에 한참 접어들 때까지, 미국 남부의 거의 모든 흑인 가정에는, 그러니까 곧 미국의 거의 모든 흑인 가정에는 어느 쪽으로든 선택해야만 하는 문제가 있었다. 소작농들은 점차 땅을 잃고 있었다. 타자수들은 일할 사무실이 없었다. 막노동꾼 청년들은 농장주의 아내 근처에서 무슨 손짓이라도 했다가는 참나무에 목이 매달릴지도 모른다고 두려워했다. 그들 모두는 조지아의 붉은 흙처럼 딱딱하고 단단한 계급 제도에 갇혀 있었고, 그들 각자의 눈앞에는 어떻게든 정해야 할 결정이 놓여 있었다. 이 점에서 그들은 대서양이나 리오그란데 강을 건너고 싶어 했던 사람들과 다르지 않았다.

이 나라의 국경 내에서 침묵의 이주자들이 첫발을 뗀 것은 제1차 세계 대전 중이었다. 그 열기는 아무런 경고 없이, 통지 없이, 그 영역 밖에 있는 사람들은 거의 깨닫지 못하는 채 고조되었다. 그 움직임은 1970년대에야 끝날 것이었고, 그럼으로써 누구도, 심지어 떠나는 사람들마저도 처음에는 미처 예상하지 못했으며 더구나 그 과정이 한 생애에 걸쳐 펼쳐지리라고는 상상조차 하지 못했던 변화를 북부와 남부에 두루 일으켰다.

훗날 역사가들은 이 사건을 흑인 대이동이라고 부를 것이었다. 이 사건은 20세기에 가장 드물게 이야기된 사연이 될 것이었다. ……

이 책에 등장하는 사람들의 행동은 보편적이면서도 명백히 미국적이었다. 그들의 이동은 그들이 스스로 만들지 않은 경제, 사회 구조에 대한 대응이었다. 그들이 한 일은 과거 수백 년 동안 더 이상 삶을 견딜 수 없게 된 사람들이 똑같이 해 온 일이었다. 영국에서 압제에 시달리던 청교도들이 한 일, 오클라호마에서 땅이 흙먼지로 변했을 때 스코틀랜드 인과 아일랜드 인들이 한 일, 아일랜드에서 먹을 것이 동났을 때 그곳 사람들이 한 일, 유럽에서 나치가 세력을 뻗었을 때 그곳 유대 인들이 한 일, 러시아나 이탈리아나 중국이나 그 밖의 지역에서 땅 없는 사람들이 바다 건너 그보다 나은 환경이 부르는 소리를 들었을 때 한 일. 이런 사연들의 공통점은 막다른 궁지에 몰린 사람들이 썩 내키진 않아도 희망을 품고서 뭔가 더 나은 것을 찾아, 그들이 있던 곳이 아니라면 어디든 좋으니 다른 곳을 찾아 나섰다는 점이었다. 그들은 인류 역사 내내 자유를 바라는 사람들이 종종 해 온 일을 했다.

그들은 떠났다.

(From the early years of the twentieth century to well past its middle age, nearly every black family in the American South, which meant nearly every black family in America, had a decision to make. There were sharecroppers losing at settlement. Typists wanting to work in an office. Yard boys scared that a single gesture near the planter's wife could leave them hanging from an oak tree. They were all stuck in a caste system as hard and unyielding as the red Georgia clay, and they each had a decision before them. In this, they were not unlike anyone who ever longed to cross the Atlantic or the Rio Grande.

It was during the First World War that a silent pilgrimage took its first steps within the borders of this country. The fever rose without warning or notice or much in the way of understanding by those outside its reach. It would not end until the 1970s and would set into motion changes in the North and South that no one, not even the people doing the leaving, could have imagined at the start of it or dreamed would take a lifetime to play out.

Historians would come to call it the Great Migration. It would become perhaps the biggest underreported story of the twentieth century. ⋯⋯

The actions of the people in this book were both universal and distinctly American. Their migration was a response to an economic and social structure not of their making. They did what humans have done for centuries when life became untenable — what the pilgrims did under the tyranny of British rule, what the Scotch-Irish did in Oklahoma when the land turned to dust, what the Irish did when there was nothing to eat, what the European Jews did during the spread of Nazism, what the landless in Russia, Italy, China, and elsewhere did when something better across the ocean called to them. What binds these stories together was the back-against-the-wall, reluctant yet hopeful search for something better, any place but where they were. They did what human beings looking for freedom, throughout history, have often done.

They left.)

『다른 태양들의 온기(*The Warmth of Other Suns*)』에서, 저널리스트 이저벨 윌커슨(Isabel Wilkerson)은 흑인 대이동의 사연이 더 이상 드물게 이야기되지 않도록 만든다.[12] 그 사건을 "대이동(Great Migration)"이라고 부르는 것은 과장이 아니다. 아프리카계 미국인 수백만 명이 미국 최남단에서 북부 도시로 이동한 사건 덕분에 시민권 운동이 시작되었고, 도시 경관이 새로이 그려졌고, 정치와 교육의 의제가 재설정되었으며, 미국 문화와 더불어 세계 문화까지 바뀌었다.

윌커슨은 비단 흑인 대이동에 관한 세상의 무지를 바로잡을 뿐 아니라 1,200건의 인터뷰와 명징한 글로써 독자가 그 사건의 진정한 인간적 면모를 이해하도록 만든다. 사회 과학의 시대를 사는 우리는 '힘', '압력', '과정', '발달' 같은 용어로 사회를 이해하는 데 익숙하다. 그래서 사실 그 '힘'이란 자신의 욕망을 좇아서 자신의 의지로 행동했던 수많은 남녀 개인의 행동을 통계적으로 요약한 것이라는 사실을 잊고는 한다. 개인을 추상으로 합병하는 습관은 나쁜 과학으로 이어질 뿐 아니라('사회적 힘'은 뉴턴의 법칙을 따르는 물리학적 힘 같은 게 아닌데 말이다.) 인간성을 말살하는 결과로도 이어진다. 우리가 '나는 (그리고 나와 비슷한 사람들은) 어떤 이유에 입각해서 무슨 행동을 하지만, 그는 (그리고 그와 비슷한 사람들은) 사회적 과정의 일부야.'라고 생각하기 쉬운 것이다. 조지 오웰이 에세이 「정치와 영어」에서 추상적 언어의 비인간화를 경고하면서 준 교훈이 바로 이것이었다. "수백만의 농민이 농지를 강탈당한 뒤 지고 갈 수 있는 것들만을 가지고 걸어서 길을 떠나도록 내몰리는 것을 '인구 이동'이나 '전선 조정'이라 부른다." 그러나 윌커슨은 추상화에 대한 알레르기와 진부한 표현에 대한 공포증을 가진지라, 그저 "흑인 대이동"이라고만 뭉뚱그려 불리는 역사적 사건에 확대경을 들이댐으로써 그 덩어리를 구성하는 사람들의 인간다운 면모를 만천하에 드러낸다.

20세기가 초년을 지나 중년에 한참 접어들 때까지(From the early years of the twentieth century to well past its middle age). 연대조차 통상적인 언어로 묘사되지 않는다. 세기가 이야기의 주인공들과 동시대를 살아가며 나이 먹는 사람으로 그려졌다.

타자수들은 일할 사무실이 없었다(Typists wanting to work in an office). "경제 활동의 기회를 거부당했다."가 아니다. 과거에 어느 정도 전문직으로 통했던 직종을 언급함으로써, 윌커슨은 우리로 하여금 목화밭에서 사무실로 신분 상승하는 데 필요한 능력을 익혔음에도 피부색 탓에 일할 기회를 박탈당한 여성의 좌절감을 상상해 보도록 만든다.

막노동꾼 청년들은 농장주의 아내 근처에서 무슨 손짓이라도 했다가는 참나무에 목이 매달릴지도 모른다고 두려워했다(Yard boys scared that a single gesture near the planter's wife could leave them hanging from an oak tree). '억압'이 아니고, '폭력의 위협'도 아니고, 심지어 '린치'도 아니다. 끔찍한 물리적 이미지이다. 우리는 목 매달리는 나무가 어떤 종류인가까지도 눈으로 본다.

조지아의 붉은 흙처럼 딱딱하고 단단한(as hard and unyielding as the red Georgia clay). 여기서도 약간의 시적 표현이 산문에 생기를 불어넣는다. 이 경우에는 감각적 이미지를 연상시키는 직유와 무언가를 암시하는 듯한 분위기(나는 마틴 루서 킹의 연설 중 한 대목인 "조지아의 붉은 언덕"이 떠올랐다.)와 시적인 약약강격 율격이 그렇다.

대서양이나 리오그란데 강을 건너고 싶어 했던 사람들과(anyone who ever longed to cross the Atlantic or the Rio Grande). '유럽이나 멕시코에서 온 이주자들'이 아니다. 이번에도 사람들은 사회학적 범주로 묘사되지 않는다. 윌커슨은 우리에게 살아 움직이는 몸뚱어리들을 눈앞에 그려 보라고, 그들을 움직인 동기가 무엇이었는지를 기억해 보라고 강제한다.

청교도들이 한 일 …… 스코틀랜드 인과 아일랜드 인들이 한 일 …… 유럽 유대 인들이 한 일 …… 러시아나 이탈리아나 중국이나 그 밖의 지역에서 땅 없는 사람들이 한 일(what the pilgrims did …… what the Scotch-Irish did …… what the European Jews did …… what the landless in Russia, Italy, China, and elsewhere did). 윌커슨은 이 단락 첫머리에서 이 책 주인공들의 행동은 보편적 행동이었다고 말했지만, 그냥 그 일반화에 머물지는 않는다. 흑인 대이동을 더 유명한 다른 이주 사건들의 목록에 포함시키자고 제안하는 것이다. (그리고 듣기 좋은 병렬적 구문으로 그 목록을 나열했다.) 윌커슨의 책을 읽는 독자 중에는 당연히 저 이주자들의 후손도 많을 것이다. 윌커슨은 그 독자들에게 그들 선조의 용기와 희생에 대한 존경심을 흑인 대이동의 잊힌 순례자들에게도 적용해 보라는 요청을 암묵적으로 하는 셈이다.

땅이 흙먼지로 변했을 때(when the land turned to dust)이지, '황진(the Dust Bowl)'이 아니다. **먹을 것이 동났을 때**(when there was nothing to eat)이지, '감자 기근'이 아니다. **땅 없는 사람들**(the landless)이지, '소작농들'이 아니다. 윌커슨은 독자가 거의 졸면서 익숙한 용어들을 훑어 내려가도록 허락하지 않는다. 참신한 표현과 구체적인 이미지로, 독자가 머릿속에 떠오른 가상 현실 화면을 계속 업데이트하도록 만든다.

그들은 떠났다(They left). 보통의 작문 수업에서 학생들에게 가르치는 한심한 단락 나누기 규칙 중 하나는 한 문장으로 한 단락을 구성해서는 안 된다는 것이다. 그러나 윌커슨은 풍성하고 묘사적인 서장의 끝을 단 두 음절로 구성된 단락으로 맺는다. 갑작스러운 종결, 그리고 페이지 하단에 남은 널찍한 여백은 이제 그만 떠나기로 마음먹은 사람들의 결단과 그들 앞에 펼쳐진 삶의 불확실성을 반영한 것처럼 느껴진다. 좋은 글은 강하게 맺는다.

/

네 예문의 저자들에게는 공통된 습관이 많다. 낯익은 어휘와 추상적 요약보다 참신한 단어와 구체적 이미지를 선호한다는 점, 독자의 시선과 독자가 응시하는 대상에 늘 신경 쓴다는 점, 단순한 명사와 동사를 바탕에 깔되 간간이 특이한 단어나 관용구를 적절히 배치한다는 점, 대구를 이루는 문장 구조를 즐겨 쓴다는 점, 가끔 계산된 놀라움을 안긴다는 점, 상황을 세세히 알리는 묘사를 보여 줌으로써 노골적인 설명문을 늘어놓을 필요를 사전에 없앤다는 점, 뜻과 분위기에 잘 어울리는 율격과 소리를 쓴다는 점.

이 저자들이 공유하는 어떤 태도도 있다. 애초에 각자의 주제를 글로써 독자에게 말하도록 부추겼던 자기 내면의 열정과 즐거움을 숨기지 않는다는 점이다. 이 저자들은 마치 우리에게 꼭 해야 할 말이 있는 것처럼 쓴다. 아니, 아니다. 이 표현으로는 부족하다. 이 저자들은 마치 우리에게 꼭 **보여 주고 싶은** 장면이 있는 것처럼 쓴다. 그리고 바로 이 점이, 다음 장에서 살펴보겠지만, 글쓰기의 감각에서 가장 중요한 요소이다.

2장
세상으로 난 창

학계 언어, 관료 언어, 기업 언어, 법조계 언어, 관공서 언어,

그 밖의 고루한 글에 대한 해독제로서 고전적 글쓰기 스타일

글쓰기는 부자연스러운 행위이다.[1] 찰스 다윈(Charles Darwin)이 말했듯이, "어린아이들이 재잘거리는 것을 보면 알 수 있듯이 인간은 말하려는 본능을 타고나지만, 어떤 아이도 빵을 굽거나 음식을 발효시키거나 글을 쓰려는 본능을 타고나지는 않는다." 입말의 역사는 우리 종의 역사보다 깊다. 인간 아이들은 언어 본능을 타고나기 때문에, 통학 버스에 타기 한참 전부터 또렷한 문장으로 대화할 줄 안다. 반면 글말은 최근에 발명된 것이라서 아직 인간의 유전체에 자취를 남기지 못했다. 그래서 우리는 유년기부터 시작해 한참 후까지 글말을 힘들여 배워야 한다.

말과 글은 기본적인 기법이 다르다. 아이들이 글쓰기를 어려워하는 데는 여러 이유가 있지만 이것도 한 이유이다. 입말의 소리를 연필이나 키보드로 재현하는 법을 익히려면 연습이 필요한 것이다. 그러나 말과 글은 다른 측면에서도 차이가 있는데, 바로 이 차이 때문에 우리는 일단 글쓰기의 기본을 터득하고 나서도 글쓰기 기술 습득을 평생의 숙제로 여기게 된다. 그 차이란 무엇인가 하면, 말과 글에 관련된 인간 관계가 서로 다르다는 점, 그중 우리가 자연스럽게 느끼는 인간 관계는 말에 관련된 관계라는 점이다. 말로 나누는 대화가 본능적인 것은 인간에게 사회적 상호 작용이 본능이기 때문이다. 우리는 인사를 주고받을 만한 사이의 타인하고는 늘 말을 나눈다. 그렇게 대화할 때 우리는 상대가 지금 무엇을 알고 있고 무엇을 더 알고 싶어 하는지를 약간이나마 눈치챌 수 있는데, 왜냐하면 말하는 동안 상대의 눈, 표정, 자세 등을 계속 관찰하기 때문이다. 상대가 만약 우리가 한 말을 더 분명하게 알고 싶다거나, 우리가 한 말을 받아들이지 못하겠다고 여기거나, 자신이 더 추가할 말이 있다면, 상대가 언제든 우리 말을 끊고 끼어들 수도 있고 우리 말이 끝난 뒤 이어서 말할 수도 있다.

반면 글로 쓴 메시지를 세상에 내보낼 때는 이런 상호 작용을 전혀 할 수 없다. 수신자를 직접 볼 수 없고 누구인지 추측할 수도 없으므로, 수신자가 어떤 사람인지 모르고 그들의 반응을 접하지도 못하는 채로 어떻게 해서든 그들에게 가닿아야 한다. 우리가 글을 쓰는 시점에 독자는 우리 머릿속에서만 존재한다. 글쓰기는 본질적으로 허구를 가장하는 행위이다. 우리는 먼저 자신이 가상의 대화나 서신 교환이나 웅변이나 독백을 하는 모습을 상상해야 하고, 그 가상의 세계에서 우리를 대변하는 분신의 입을 빌려서 그 말을 쏟아내야 한다.

좋은 글을 쓰는 비결은, 계율이나 다름없는 규칙들을 그저 고분고분 따르는 것이 아니라, 우리가 상대와 소통하는 척하는 이 가공의 세계를 최대한 생생하게 마음속에서 그릴 줄 아는 것이다. 손가락으로 휴대 전화에 문자 메시지를 치는 사람은 자신이 진짜 대화를 나누는 척 연기를 해 낸다.* 기말 보고서를 쓰는 대학생은 자신이 독자보다 글의 주제에 관해 더 많이 아는 척하고, 그 독자에게 필요한 정보를 공급하는 것이 자신의 목표인 척하지만, 사실은 그 독자가 학생보다 일반적으로 더 많이 아는 데다가 굳이 정보를 원하지도 않으며 이 글쓰기의 실제 목표는 학생이 실제 상황에 대비해 연습하는 것일 뿐이다. 한편 성명서를 작성하는 활동가나 설교문을 쓰는 성직자는 자신이 실제 회중 앞에 서서 그들의 감정을 자극하는 척하면서 글을 쓴다.

그렇다면 좀 더 포괄적인 독자를 놓고 쓰는 사람, 이를테면 에세이, 기사, 리뷰, 사설, 뉴스레터, 블로그 포스팅을 쓰는 사람들은 어떤 가상 상황에 처했다고 상상해야 할까? 문학 연구자 프랜시스노엘 토머스(Francis-Noël Thomas)와 마크 터너(Mark Turner)는 그런 작가들이 목표로 삼을 만한 글쓰기 스타일을 이러이러한 것이라고 딱 짚어 말한 바 있다. 두 사람은 그 글쓰기 스타일에 고전적 스타일(classic style)이라는 이름을 붙인 후, 『진실처럼 간단명료하게(*Clear and Simple as the Truth*)』라는 얇고 훌륭한 책에서 설명해 두었다.

---

* 삼인칭 인물을 말할 때 줄곧 '그 혹은 그녀'라고 말하는 것은 거추장스러우니까, 이 책에서 나는 언어학자들이 쓰는 관습을 빌려서 작가를 대변하는 인물은 계속 한쪽 성별로 지칭하고 독자를 대변하는 인물은 계속 다른 쪽 성별로 지칭하겠다. 내가 방금 동전을 던져서 남성이 나왔으니, 이 장에서는 작가를 남성으로 지칭하겠다. 이어지는 장들에서는 역할이 번갈아 바뀔 것이다. (작가와 독자의 성별을 특별하게 구분하지 않는 우리말의 특성상 번역문에서는 작가와 독자의 성별을 구분하지 않았다. ─옮긴이)

고전적 글쓰기 스타일은 하나의 핵심적인 비유로 요약되는데, 그것은 바로 세상을 눈으로 보는 것처럼 쓰라는 것이다. 작가는 독자가 미처 보지 못한 것을 볼 줄 아는 사람이다. 그래서 독자도 그것을 볼 수 있도록 독자의 시선을 적절히 이끌어 준다. 이때 글쓰기의 목적은 보여 주기이고, 글쓰기의 동기는 객관적인 진실을 보여 주고 싶다는 마음이다. 따라서 언어가 진실에 부합하도록 잘 정렬된다면 글쓰기가 성공하는 셈이고, 그 성공의 증거는 간단명료함으로 드러난다. 진실은 글을 통해 알려질 수 있는 무엇이지만, 그렇다고 해서 그 글이 곧 진실은 아니다. 글은 그저 세상으로 난 창일 뿐이다. 작가는 글로 써 내려가기 전에도 진실을 알고 있다. 작가가 글쓰기를 통해 자신의 생각을 정돈하려는 것이 아니라는 말이다. 고전적 스타일로 쓰는 작가는 또 진실을 두고 논쟁할 필요도 없고, 그저 그것을 보여 주기만 하면 된다. 왜냐하면 독자는 충분히 유능해서 방해물 없이 탁 트인 시야에서 볼 수만 있다면 얼마든지 진실을 알아볼 수 있기 때문이다. 작가와 독자는 동등한 입장이고, 작가가 독자의 시선을 특정 방향으로 돌리는 작업은 대화의 형태로 진행된다.

고전적 스타일로 쓰는 작가는 두 가지 경험을 가상으로 지어내야 한다. 세상에 존재하는 무언가를 독자에게 보여 주는 경험과 독자를 대화로 끌어들이는 경험인데, 바로 이 경험들의 성격이 고전적 스타일의 형식을 결정짓는다. 우선, 이런 글이 상대에게 뭔가를 눈으로 보여 주는 것과 비슷하다는 점은 일단 뭔가 볼 것이 존재한다는 점을 전제한다. 그렇다면 작가가 세상에서 가리켜 보이고 싶은 대상은 어떤 **구체적인** 것이어야 한다. 세상 속에서 움직이며 다른 존재들과 상호 작용하는 어떤 사람들(혹은 다른 생명력 있는 존재들)이어야 한다.[2] 한편, 이런 글이 대화와 비슷하다는 점은 독자가 **협조적일** 것임을 전제한다. 작가는 독자가 자신의 행간을 읽어 주리라고, 말뜻을 알아주리라고, 전체 그림을 봐 주리라고 믿어도 좋으므로, 자기 머릿속 생각의 흐름을 한 단계도 빠뜨리지 않고 죄다 설명할 필요는 없다.[3]

토머스와 터너는 고전적 스타일이 여러 글쓰기 스타일 중 하나일 뿐이고 이 스타일을 만들어 낸 사람은 데카르트, 라로슈푸코 같은 17세기 프랑스 작가들이었다고 본다. 고전적 스타일과 그 밖의 스타일의 차이점은 작가와 독자가 소통하는 가상의 시나리오에서 각 스타일이 어떤 태도를 취하는지 비교해 보면 알 수 있다. 작가가 독자와의 관계에서 자신을 어떤 존재로 여기는지, 작가가 독자와의 소통에서 성취하고자 하는 목적이 무엇인지를 보면 된다는 말이다.

고전적 스타일은 사색적 스타일이나 낭만적 스타일과는 다르다. 후자의 스타일에서는 작가가 어떤 현상에 대한 자신만의 독특하고, 감정적이고, 대체로 말로 표현하기 어려운 반응을 독자와 나누고자 한다. 고전적 스타일은 예언적, 신탁적, 웅변적 스타일과도 다르다. 후자의 스타일들에서는 작가가 남들은 아무도 못 보는 무언가를 볼 줄 아는 입장이고, 작가의 목적은 언어라는 음악을 사용해서 청중을 하나로 결집시키는 것이다.

이것보다는 구분이 좀 모호하지만, 고전적 스타일은 메모, 안내문, 기말 보고서, 연구 보고서가 쓰는 언어인 실용적 스타일과도 다르다. (스트렁크와 화이트의 책 같은 전통적 글쓰기 지침서들은 보통 이런 실용적 글쓰기 스타일을 가르쳐 준다.) 실용적 스타일에서는 작가와 독자가 각자 정해진 역할(상사와 부하, 선생과 학생, 기술자와 고객)이 있고, 작가의 목적은 독자의 요구를 충족시키는 것이다. 실용적 스타일은 정해진 틀(가령 다섯 단락짜리 에세이, 과학 학술지에 낼 논문)을 따를 수도 있고, 독자가 가급적 빨리 정보를 알고 싶어 하기 때문에 길이가 보통 짧다. 이에 비해 고전적 스타일은 작가가 어떤 흥미로운 진실을 보여 주기 위해서 필요하다고 판단한 대로 어떤 형식과 길이라도 자유롭게 취한다. 고전적 스타일 작가의 간결함은 "생각의 깔끔함에서 오는 것일 뿐, 시간의 압박이나 고용 상황의 압박에서 오는 경우는 없다."[4]

고전적 스타일은 평이한 스타일과도 살짝 다르다. 평이한 스타일에서는 모든 것이 한눈에 들어오도록 되어 있고, 독자는 별다른 도움을 받지 않아도 무엇이든 다 볼 수 있다. 반면 고전적 스타일에서는 작가가 사전에 독자에게 보여 줄 가치가 있는 것을 찾기 위해서 애쓰고, 그것을 독자가 어느 시점에서 보아야 제일 좋은가를 결정하기 위해서도 애쓴다. 독자는 나름대로 노력을 기울여야만 그 사실을 알아볼 수 있겠지만, 그 노력은 충분히 들일 가치가 있다. 토머스와 터너의 말마따나, 고전적 스타일은 평등주의적이지 않고 귀족주의적이다. "진실은 누구에게나 열려 있으므로 누구든 그것을 얻고자 하는 사람은 얻을 수 있다. 하지만 그렇다고 해서 모두가 진실을 소유한 것은 아니고, 진실이 모두의 천부권인 것도 아니다."[5] The early bird gets the worm(일찍 일어나는 새가 벌레를 잡는다), 이것은 평이한 스타일이다. The early bird gets the worm, but the second mouse gets the cheese(일찍 일어나는 새가 벌레를 잡지만, 치즈를 얻는 것은 두 번째 쥐이다), 이것은 고전적 스타일이다. (덫에 놓인 치즈에 첫 번째로 다가간 쥐는 덫에 걸리니 오히려 그다음에야 나서는 쥐가 현명하다는 뜻으로, 앞의 유명한 속담에 재치 있게 응수하는 대답이다. —옮긴이)

고전적 스타일은 평이한 스타일과 실용적 스타일과 겹친다. 그리고 세 스타일은 모두 자의식적이고, 상대주의적이고, 아이러니하고, 포스트모더니즘적인 스타일과는 다르다. 이런 스타일에서 "작가의 주된 관심사는, 설령 노골적으로 드러나진 않았더라도, 자신의 글쓰기가 처한 철학적 순진함의 상태를 벗어나고자 하는 것이다." 토머스와 터너는 이렇게 설명한다. "요리책을 펼칠 때, 우리는 어떤 철학적 혹은 종교적 논제로 이어지는 의문들은 철저히 제쳐둔다. 그리고 저자도 제쳐두리라고 예상한다. 가령 이런 의문들이다. 애초에 요리에 관해서 말한다는 것이 가능한 일일까? 계란은 정말 실존하는 것일까? 음식은 인간의 앎이 적용될 수 있는 영역일까? 요리에 관해서 누군가 진실을 말한 적이 있던가? …… 비슷하게, 고전적 스타일도 자신의 작업에 관한 철학적 문제들은 부적절한 의문으로 간주해 제쳐둔다. 한번 그런 의문을 다루기 시작하면 글의 실제 주제에는 영영 도달하지도 못할 텐데, 고전적 글쓰기의 목적은 바로 그 주제를 다루는 것이니까."[6]

서로 다른 스타일들이 늘 선명하게 구분되는 것은 아니다. 많은 글이 여러 스타일을 섞어 쓰거나 번갈아 쓴다. (일례로 학술적 글쓰기는 보통 실용적 스타일과 자의식적 스타일을 섞어 쓴다.) 고전적 스타일은 하나의 이상적 목표이다. 모든 글이 고전적 스타일이어야 할 필요는 없고, 모든 작가가 그런 가장을 잘 해낼 수 있는 것도 아니지만, 누구라도 고전적 스타일의 특징을 배우면 더 나은 글을 쓸 수 있다. 그리고 내가 아는 한 고전적 스타일은 학계 언어, 관료 언어, 기업계 언어, 법조계 언어, 관공서 언어를 괴롭히는 질병을 다스릴 최선의 특효약이다.

／

고전적 스타일은 언뜻 순진하고 평범한 것처럼 보인다. 그래서 구체적인 사건들의 세계에만 어울릴 것처럼 보이지만, 그렇지 않다. 고전적 스타일로 쓴다는 것은 사람들이 흔히 말하지만 실상은 별 도움이 되지 않는 조언, 즉 "추상적인 것을 피하라."라는 조언을 따르는 것과 같지 않다. 당연히 우리는 가끔은 추상적인 생각에 관해서도 글을 써야 한다. 고전적 스타일은 다만 추상적인 것이라도 누구든 적절한 위치에서 본다면 그 실체를 알아볼 수 있는 구체적 물체 혹은 힘처럼 설명한다. 예를 들어 이야기해 보자. 인류가 품어 온 온갖 희한한 생각 중에서도 최고로 희한하다고 할 만한 다중 우주 이론을 물리학자 브라이언 그린(Brian Greene)이 고전적 스타일로 어떻게 설명하는지 보자.[7]

그린은 1920년대 천문학자들이 우리 우주의 은하들이 시간이 흐를수록 점점 더 멀어지고 있다는 사실을 관찰했던 대목에서 이야기를 시작한다.

현재의 우주 공간이 이처럼 팽창하고 있다면, 시간을 과거로 거슬러 올라갈수록 우주는 지금보다 더 작았을 것이다. 그렇다면 까마득한 과거의 한 시점에는 지금 우리가 보는 모든 것—모든 행성, 별, 은하, 심지어 우주 자체를 구성하는 재료—이 무한히 작은 점 같은 좁은 공간에 압축되어 있었을 것이고, 그 후 그것이 팽창하기 시작해 오늘날 우리가 아는 우주로 진화했을 것이다.

이렇게 대폭발(빅뱅) 이론이 탄생했다. …… 그러나 과학자들은 대폭발 이론에 심각한 결함이 있다는 사실을 잘 알았다. 무엇보다도 문제는 이 이론이 대폭발 자체를 설명하지 못한다는 점이었다. 과학자들은 대폭발로부터 몹시 짧은 시간이 흐른 뒤에 해당하는 시점부터 지금까지 우주가 진화한 과정은 아인슈타인 방정식으로 멋지게 설명할 수 있었지만, 모든 조건이 더 극단적이었던 최초의 순간에 그 방정식을 적용하면 방정식이 붕괴해 버렸다. (이것은 계산기에서 1을 0으로 나누면 오류 메시지가 뜨는 것과 비슷한 현상이다.) 그 때문에 대폭발 이론은 무엇이 대폭발 자체를 일으켰는가 하는 문제에는 통찰을 주지 못했다.

그린은 이 이야기가 까다로운 수학에 의존하는 내용이라는 사실을 들먹이며 괜히 혀를 차지 않는다. 그 대신 생생한 이미지와 일상의 사례를 끌어들여, 수학이 밝혀낸 결과를 우리 눈앞에 보여 준다. 독자인 우리는 팽창하는 우주 공간을 찍은 영상을 거꾸로 돌리는 모습을 눈으로 봄으로써 대폭발 이론을 받아들인다. 방정식 붕괴라는 난해한 개념은 1을 0으로 나눈다는 예제를 통해서 이해할 수 있는데, 우리는 이 예제를 두 방식 중 하나로 이해할 수 있다. 머릿속에서 '1을 0으로 나눠 보라는 대목은 무슨 의미일까?' 하고 고민해 볼 수도 있고, 아니면 계산기에 직접 숫자를 찍어서 오류 메시지가 나오는 것을 눈으로 볼 수도 있다.

이어서 그린은 최근 천문학자들이 놀라운 발견을 해냈다는 이야기를 들려주는데, 여기에서는 비유를 들어 설명한다.

지구 중력이 아래로 잡아당기는 힘 때문에 우리가 위로 던진 공의 상승 속도가 차츰 줄듯이, 우주 공간에는 모든 은하가 다른 모든 은하를 잡아당기는 중력이 있으니 공간이 팽창하는 속도가 차츰 줄어야 할 것이다. …… (하지만) 우주 팽창 속도는 더뎌지기는커녕 약 70억 년 전부터 더 빨라지기 시작해 지금까지 줄곧 속도를 높여 왔다. 이것은 우리가 공을 위로 살짝 던졌더니 처음에는 공의 상승 속도가 차츰 줄더니 어느 시점이 지나고서부터는 오히려 점점 더 빨리 하늘로 솟아오르는 것과 비슷한 현상이다.

하지만 천문학자들은 곧 설명을 찾아냈다. 그린은 이것을 앞의 비유보다는 좀 더 느슨한 직유로 설명한다.

우리는 중력이 한 가지 일만 하는 힘이라는 말에, 즉 물체를 가까이 잡아당기기만 하는 힘이라는 말에 익숙하다. 하지만 아인슈타인의 …… 상대성이론에서 중력은 …… 물체를 멀리 밀어내는 힘이 될 수도 있다. …… 만약 우주 공간에 …… 우리 눈에 보이지 않는 어떤 에너지가 담겨 있다면, 흡사 눈에 보이지 않는 안개처럼 온 공간에 균일하게 퍼진 에너지가 있다면, 그 에너지 안개가 행사하는 중력은 척력일 것이다.

그러나 이 암흑 에너지 가설은 또 다른 수수께끼로 이어진다.

우리가 관찰한 우주 팽창의 가속을 설명하려면 우주 공간 구석구석 얼마나 많은 암흑 에너지가 스며 있어야 하는지를 계산해 본 결과, 천문학자들은 다음과 같은 숫자를 확인했다. 그러나 누구도 이 숫자를 설명할 수는 없었다. ……

0.0000000000000000000000000000000000000000000000000
00000000000000000000000000000000000000000000000000
0000000000000000000000138.

저 많은 0을 다 펼쳐 씀으로써, 그린은 이 숫자가 정말이지 아주 작으면서도 이상할 정도로 정확하다는 사실을 인상 깊게 보여 준다. 다음으로 그는 우리가 이 값을 설명하기가 어렵다는 사실을 지적하는데, 왜냐하면 저 값은 지구에 생명이 등장하기에 딱 알맞도록 미세 조정된 값처럼 보이기 때문이다.

만약 우주에 암흑 에너지가 이것보다 더 많았다면, 물질이 뭉쳐서 은하를 이루려고 할 때마다 암흑 에너지의 척력이 금세 너무 강해져서 물질 덩어리를 흩어냄으로써 은하 형성을 좌절시켰을 것이다. 거꾸로 만약 우주에 암흑 에너지가 이것보다 더 적었다면, 척력이 인력으로 바뀌고 그 탓에 우주가 생성되자마자 붕괴해 버렸을 테니 역시 은하가 형성될 수 없을 것이다. 은하가 없으면 별도 없고 별이 없으면 행성도 없으니, 그런 우주에서는 우리와 같은 형태의 생명이 존재할 가능성이 전혀 없었을 것이다.

이 사태를 구원해 주는 것이 바로 (그린이 앞에서 보여 주었던) 대폭발 이론 중 대폭발 자체를 설명하는 새로운 가설이다. 급팽창 우주론이라는 이 가설에 따르면, 빈 우주 공간은 끊임없이 대폭발을 일으키면서 무수히 많은 다양한 우주를 생성해 낸다. 그것이 곧 다중 우주이다. 이 가설을 받아들인다면, 우리 우주의 암흑 에너지가 정확히 현재의 이 값이라는 사실이 한층 덜 놀랍게 다가온다.

우리가 다른 우주가 아니라 하필 이 우주에 살고 있는 까닭은 우리가 해왕성이 아니라 지구에 살고 있는 까닭과 비슷하다. 우리는 애초에 우리와 같은 형태의 생명이 거주하기에 조건이 알맞은 장소에서만 존재할 수 있는 것이다.

당연히 그렇다! 태양계에 행성이 여러 개 있는 한 그중 하나는 태양과의 거리가 생명이 거주하기에 알맞은 거리일 가능성이 있으므로, 우리가 왜 해왕성이 아니라 하필 그 거리가 알맞은 행성에 존재할까 하는 질문을 타당한 질문으로 여기는 사람은 아무도 없다. 그러니 만약 우주가 여러 개 있다면, 그 경우도 마찬가지일 것이다.

그래도 여전히 과학자들에게는 문제가 하나 남았는데, 그린은 비유를 들어 설명한다.

신발 가게에서 당신의 발에 맞는 신발을 틀림없이 찾을 수 있으려면 그 가게가 재고를 충분히 갖추고 있어야 하듯이, 다중 우주에서도 특수한 이 암흑 에너지 양을 갖춘 우리 우주가 틀림없이 존재하려면 다중 우주에 우주의 재고가 충분히 많아야 한다. 그러나 급팽창 우주론은 그 자체로는 이 목표를 만족시키지 못한다. 끊임없이 벌어지는 대폭발 덕분에 엄청나게 많은 우주가 생겨나기는 하지만, 그중 우주 대부분은 속성이 엇비슷할 것이다. 흡사 사이즈 5와 13의 신발만 잔뜩 갖추고 있을 뿐 당신이 찾는 사이즈는 한 켤레도 없는 신발 가게처럼.

이 퍼즐을 완성하는 조각은 끈 이론이다. 끈 이론에 따르면,

"가능한 우주의 총수는 우리가 헤아릴 수조차 없는 수, 너무 커서 비유조차 불가능한 수, 10^{500}이라는 엄청난 수"이다.

> 급팽창 우주론과 끈 이론을 결합하면 …… 우주의 재고가 흘러넘친다. 끈 이론이 가능하다고 예측하는 엄청나게 다양한 우주들은 급팽창을 통해서 실제 우주가 된다. 우주들이 하나씩 하나씩 대폭발을 겪으면서 생명을 얻는 것이다. 그렇다면 그 속에는 우리 우주가 거의 반드시 포함될 것이다. 그리고 우리와 같은 형태의 생명이 존재하기 위해서 꼭 필요한 구체적 속성들이 있으므로, 바로 이 우주가 우리가 사는 우주가 된 것은 당연한 일이다.

겨우 3,000단어만으로 그린은 믿기 어려울 정도로 놀라운 개념을 이해시킨다. 이 이론의 바탕에 깔린 물리학과 수학이 워낙 복잡한 탓에 자신이 설명하기도 어렵고 독자가 이해하기도 어려울 것이라는 변명 따위는 한마디도 하지 않는다. 그저 누구든 이 일련의 사건을 보면 그 의미를 이해하리라는 확신을 품은 채 사건을 서술할 뿐인데, 그린이 그렇게 확신할 수 있는 것은 그가 선택한 예시들이 **정확하기** 때문이다. 1을 0으로 나누는 예시는 "방정식 붕괴"의 완벽한 사례이고, 중력이 위로 던져진 공을 아래로 당기는 현상은 중력이 우주 팽창 속도를 늦추는 현상과 그 방식이 정확히 같으며, 가능성의 범위가 좁은 상황에서는 그 값이 정밀하게 정해진 특정 항목이 발견될 확률이 낮다는 현상은 신발 가게의 특정 사이즈 신발에나 다중 우주에서 특정 물리 상수의 값에나 동일하게 적용된다. 이 예시들은 사실 은유나 비유라기보다는 그린이 설명하는 현상의 **실례**, 독자가 제 눈으로 직접 볼 수 있는 사례들이다. 그리고 이것이 바로 고전적 스타일이다.

갈릴레오 이래 많은 과학자가 그랬듯이 그린이 어려운 개념을 이처럼 명료하게 잘 해설한다는 것은 그저 우연만은 아니다. 고전적 글쓰기 스타일의 이상은 과학자의 세계관과 잘 어울린다. 오늘날 사람들은 이미 아인슈타인에 의해서 모든 현상은 상대적이라는 사실이 증명되었고 하이젠베르크에 의해서 관찰자가 늘 관찰 대상에게 영향을 미친다는 사실이 증명되었으니 과학은 상대적인 것이라고 오해하곤 하지만, 사실 오늘날에도 과학자 대부분은 여전히 세상에는 객관적 진실이 존재하며 공평무사한 관찰자가 그 진실을 발견할 수 있다고 믿는다.

같은 맥락에서, 고전적 스타일의 지침이 되어 주는 이미지는 가령 포스트모더니즘, 후기 구조주의, 마르크스주의 문예 이론 같은 상대주의적 학문 이데올로기들의 세계관과는 멀어도 한참 멀다. 그러니 철학자 데니스 더턴(Denis Dutton)이 1990년대 말 일종의 홍보 행사처럼 열었던 연례 '나쁜 글 대회(Bad Writing Contest)'[8]에서 내리 우승을 거머쥔 사람들이 바로 그런 세계관을 지닌 학자들이었다는 사실은 또한 우연이 아니다. 가령 1997년도 우승의 영예는 저명한 비평가 프레더릭 제임슨(Fredric Jameson)이 쓴 영화 비평서의 첫 문장에 돌아갔다.

시각적인 것은 본질적으로 포르노그래피적이고, 이것은 곧 그 목적이 황홀한 무아지경의 매혹에 있다는 뜻이다; 그 속성에 대해서 생각하는 것은 그것에 대한 부속물이 되는데, 만약 그것이 그 대상을 기꺼이 드러내지 않을 경우에 그렇다; 한편 가장 금욕적인 영화들은 필연적으로 그 에너지를 (관객을 훈련시키려는 달갑지 않은 노력으로부터 가져오기보다는) 자신의 과잉을 억압하고자 하는 시도로부터 끌어온다.

아무리 좋게 봐줘도, "시각적인 것은 본질적으로 포르노그래피적"이라는 단언은 누구나 제 눈으로 볼 수 있는 세상의 구체적 사실이라고는 할 수 없다. 이어지는 "이것은 곧"이라는 말은 저자가 설명해 주겠다는 뜻이지만, 뒤잇는 말도 종잡을 수 없기는 마찬가지이다. 어째서 "그 목적이 황홀한 무아지경의 매혹에" 있는 무언가는 당연히 포르노그래피적이라는 말인가? 독자는 갈피를 잡지 못하고, 세상을 이해하는 **독자 자신의** 능력이 변변찮다는 느낌을 받는다. 이때 독자의 역할은 석학이 내뱉은 불가사의한 선언을 멍하니 바라보는 것뿐이다. 작가와 독자가 동등하다고 가정하는 고전적 글쓰기 스타일은 독자가 스스로를 천재처럼 느끼도록 만들지만, 나쁜 글은 독자가 스스로를 멍청이처럼 느끼도록 만든다.

1998년도의 우승작은 또 다른 저명 비평가 주디스 버틀러(Judith Butler)가 쓴 글로, 역시 고전적 스타일을 반항적으로 거부한 글이다.

자본이 사회 관계를 비교적 균일한 방식으로 구조화한다고 이해하는 구조주의적 설명에서 권력 관계가 반복, 수렴, 재표현을 겪을 수 있다고 보는 헤게모니 관점으로의 이동은 구조에 대한 사고에 일시성의 문제를 끌어들였고, 구조적 총체성을 이론의 대상으로 간주하는 일종의 알튀세르적 이론으로부터 구조가 임시적일 수 있다는 가능성에 대한 통찰을 통해서 헤게모니를 임시적 장소 및 권력의 재표현 전략과 묶인 것으로 보는 새로운 관념을 내세운 이론으로의 이행을 알렸다.

이 가공할 문장을 만난 독자는, 현실의 지시 대상이 눈에 전혀 안 보이는 상태에서 추상적인 명제들을 저글링해 그것보다 더 추상적인 명제들에 관해 논하는 버틀러의 능력에 그저 감탄할 따름이다. 이것은 이해시키기 위한 묘사가 아니라, 질문을 다른 말로 재표현한 것에 지나지 않는 풍경이다. 저 글을 보니 문득 영화 「애니 홀(Annie Hall)」의 한 장면이 떠오른다. 할리우드의 파티에서 어느 영화 제작자가 이렇게 말하는 장면이다. "이 생각이 지금은 관념에 지나지 않지만, 나는 투자를 받아서 그것을 개념으로 바꿀 수 있을 거라고 생각합니다. 그다음에 다시 그것을 아이디어로 바꾸는 거죠." 독자가 여기서 할 수 없는 일은 내용을 이해하는 일, 즉 버틀러가 보고 있는 것을 제 눈으로 직접 보는 일이다. 내가 이해하기로는, 앞의 글에 구체적인 의미라고 할 만한 것이 있다면, 아마도 권력이 시간에 따라 변할 수 있다는 사실을 일부 학자들이 이제야 깨달았다는 말인 것 같다.

나쁜 글 대회 우승자들의 글이 심오해 보이는 것은 기만이다. 학자 대부분은 그런 쓰레기 같은 글을 식은 죽 먹기로 써낼 수 있고, 다음 「둔즈베리(Doonesbury)」 만화 속 존커 해리스를 비롯해 많은 학생도 구태여 배우지 않아도 그 기술을 습득한다.

그린이 다중 우주를 설명할 때 쓴 평범한 언어도 기만적이기는 마찬가지이다. 사실은 어떤 논증을 철저히 파헤쳐서 그 핵심만 남기고, 그 핵심을 질서 있게 서술하고, 또 쉬우면서도 정확한 비유를 들어서 서술하려면, 작가에게 상당한 정신적 노동과 문학적 솜씨가 필요하다. 가수 돌리 파튼(Dolly Parton)은 이렇게 말했다. "나처럼 이렇게 싸구려로 보이려면 얼마나 힘든지 남들은 절대 모를걸요."

하지만 어떤 생각을 고전적 스타일로 자신 있게 보여 주는 것과 그 생각이 옳다고 오만하게 고집하는 것을 혼동해서는 안 된다. 그린은 저 글의 다른 대목에서, 물리학자들 중에는 끈 이론과 다중 우주 이론이 너무 터무니없고 증거가 부족하다고 여기는 사람도 많다는 사실을 숨김없이 알려주었다. 그린은 그저 독자가 저 이론들을 이해하기를 바랄 뿐이다. 토머스와 터너의 말을 빌리면, 고전적 스타일을 읽는 독자는 "글이 명문이고 고전적 스타일로 잘 씌어졌지만 그 내용은 깡그리 틀렸다고 결론 내릴 수도 있다."[9]

그리고 그 직접적인 방식에도 불구하고, 고전적 스타일이 일종의 가장이고 속임수이고 연극이라는 사실은 변하지 않는다. 사실

"아이고, 보고서 쓸 게 너무
많아."
타닥타닥

"대부분의 문제는, 답과 마찬가
지로, 유한한 해결책을 갖고 있
다. 이 해결책의 바탕에는 우리
가 일상적으로 씨름하도록
주어진 조건에 해당하는 많은
모호함이 담겨 있다."
타닥타닥

"따라서 대부분의 문제적 해법
은 오류 가능성이 있다. 다행스
럽게도, 나머지는 모두 실패한
다. 거꾸로 희망은 무수한
논쟁 속에 존재한다."
"이건 무슨 과목인데?"
타닥타닥

"몰라. 아직 안 정했어."
타닥타닥

세상을 있는 그대로 보려고 애쓰는 과학자들이라도 **조금쯤은** 포
스트모던적이다. 그들도 진실을 알기가 말처럼 쉽지 않다는 것을
알고, 세상이 우리에게 그 모습을 쉽게 드러내지는 않는다는 것
을 알고, 우리가 늘 나름의 이론과 개념을 거쳐서 세상을 이해하
지만 그 이론과 개념이란 명확한 그림이 아니라 추상적 명제라는
것을 알며, 따라서 우리는 우리가 세상을 이해하는 방식에 혹시
어떤 편향이 숨어 있지 않은지 끊임없이 점검해야 한다는 것도
잘 안다. 좋은 작가는 다만 이런 고뇌를 구구절절 내보이지 않고,
명료함을 위해서 솜씨 좋게 잘 감춰 둘 뿐이다.

　고전적 스타일이 일종의 연극이라는 사실을 이해하면, 작가는
자신이 말하려는 진실을 글로 표현하기 전에도 잘 알아야 하지
글을 쓰는 과정에서 제 생각을 정리하고 구체화하려 들어서는 안

된다는 조건, 언뜻 생뚱맞게 들리는 이 조건도 납득이 된다. 그야 물론 현실에서는 어느 작가도 이렇게 하지 못하지만, 그것과는 상관없는 이야기이다. 고전적 스타일의 목표는 작가의 생각이 글로 표현되기 전부터 이미 완벽하게 형성된 **것처럼 보이도록** 만드는 것이기 때문이다. 텔레비전에서 유명 요리사가 프로그램이 끝나는 시각에 딱 맞춰 티끌 한 점 없는 주방 속 오븐에서 완벽하게 부푼 수플레를 꺼내는 것처럼, 고전적 스타일의 작가는 사전에 번잡한 일들을 무대 뒤에서 다 해 두는 것뿐이다.

이 장의 나머지는 다음과 같이 구성된다. 첫 번째 절은 '메타 담화(metadiscourse)' 개념을 소개하고, 그 현상을 드러내는 주요 징표인 이정표(signposting) 사용을 이야기할 것이다. 두 번째 절은 세 가지 문제를 검토할 텐데, 주제를 직접적으로 다루는 게 아니라 그 주제에 관한 전문가들의 활동을 설명하는 문제, 변명하는 듯한 언어를 남용하는 문제, 지나치게 얼버무린 표현이 일으키는 손해의 문제이다. 세 번째 절은 사전에 규정된 언어적 공식들의 문제를 설명할 것이다. 네 번째 절은 명사화와 수동태의 남용을 비롯해 지나친 추상화의 문제를 다루겠다. 마지막으로는 앞선 논의들의 요점을 정리해 볼 것이다.

다들 잘 이해하셨는지?

아마 아닐 것이다. 저 지루한 단락에는 메타 담화가 많이 들어 있다. 메타 담화란 용어에 대한 용어, 가령 **절**, **검토**, **논의** 같은 단어들을 말한다. 미숙한 작가는 뒤에 올 글의 내용을 독자에게 미리 알려주는 것이 독자를 돕는 길이라고 생각한다. 그러나 차례를 똘똘 뭉친 것 같은 개요문은 독자가 아니라 작가 자신에게나 도움이 될 뿐이다. 독자에게는 글의 그 단계에서 그런 용어들이 아무 의미가 없는 데다가, 그런 용어들을 줄줄 늘어놓은 글은 너무 생뚱맞고 길게 느껴지기 때문에 독자가 머릿속에 오래 기억할 수도 없다.

자, 메타 담화라는 개념이 무엇인지는 앞 단락에서 검토했다. 이번 단락에서는 그 문제의 주된 징표로 꼽히는 현상인 이정표 세우기를 소개하겠다.

서툰 작가는 이 일도 많이 저지른다. 앞으로 할 말이 무엇인지를 미리 말하고, 그 말을 말한 뒤, 방금 한 말을 다시 한번 말하라는 조언을 생각 없이 따르는 것이다. 고전 수사학에서 온 이 조언은 긴 연설에서는 실제로 합리적이다. 연설을 듣던 청자가 잠깐 정신이 딴 데 팔린다면 그 순간 놓친 말의 요지를 영영 알 수 없을 테니까. 하지만 이 조언은 글에서는 그만큼 긴요하다고 할 수 없다. 글을 읽는 독자는 언제든 되짚어가서 놓친 대목을 다시 읽어 볼 수 있기 때문이다. 대화를 모방하는 고전적 스타일에서는 이정표가 심지어 거슬리게 느껴질 수도 있다. 우리가 옆 사람에게 말할 때 "나는 지금부터 네게 세 가지를 말할 텐데, 첫 번째로 말할 내용은 방금 저 나무에 딱따구리가 내려앉았다는 거야."라고 미리 선언하는 사람은 아무도 없지 않은가. 우리는 그냥 본론으로 바로 들어간다.

무신경한 이정표의 문제는 독자가 이정표가 가리키는 방향을 쳐다봄으로써 아끼는 수고보다 이정표 자체를 이해하느라 들이는 수고가 더 크다는 것이다. 꼭 우리가 지름길을 따라가서 아낄 수 있는 시간보다 지름길을 표시해 둔 복잡한 지도를 이해하느라 걸리는 시간이 더 큰 경우처럼. 그것보다는 우리가 앞으로 걸을 길이 분명하게 닦여 있어서, 갈림길을 만나도 어느 방향으로 꺾어야 하는지를 매번 확실하게 알 수 있는 편이 더 낫다. 좋은 글은 독자가 다음에는 이쪽으로 꺾겠지 하고 마음속에 품은 기대를 십분 활용한다. 독자와 여정의 끝까지 나란히 동행하거나, 내용을 논리적 연쇄로(보편적인 것에서 특수한 것으로, 큰 것에서 작은 것으로, 먼저 벌어진 일에서 나중에 벌어진 일로) 잘 배열하거나, 하나의 줄거리가 있는 이야기로 들려준다.

작가가 이정표를 절대 쓰지 말아야 한다는 말은 아니다. 이정표는 우리가 일상에서 나누는 가벼운 대화에도 은근슬쩍 들어 있다. "내가 이야기 하나 해 줄게. 긴 이야기를 요약하면 말이야. 달리 말해서. 내가 예전에 말했듯이. 내 말 잘 들어둬. 목사와 신부와 랍비에 관한 농담 들어본 적 있어? (Let me tell you a story. To make a long story short. In other words. As I was saying. Mark my words. Did you hear the one about the minister, the priest, and the rabbi?)" 글을 쓸 때 내려야 하는 결정들이 으레 그렇듯이, 이정표의 양에는 판단과 절충이 필요하다. 너무 많으면 독자가 이정표를 읽느라 수렁에 빠지지만, 너무 적으면 독자가 앞으로 어디로 향할지를 짐작하지 못한다.

고전적 글쓰기 스타일의 기술은 대화할 때와 마찬가지로 이정표를 가급적 덜 쓰는 것, 그리고 메타 담화를 최소한만 쓰는 것이다. 메타 담화 없이 주제를 소개하는 한 방법은 질문으로 글을 여는 것이다.

이 장에서는 이름들의 인기가 오르내리도록 만드는 요인들에 대해서 논의하겠다.	어떤 이름의 인기가 높아졌다 낮아졌다 하는 이유는 무엇일까?

또 다른 방법은 고전적 스타일의 지침이 되어 주는 비유인 시각 행위를 활용하는 것으로, 해당 단락에서 이야기할 내용을 마치 세상에 벌어진 어떤 사건처럼, 우리가 눈으로 볼 수 있는 장면처럼 다루는 것이다.

앞 단락에서는 부모들이 가끔 여자아이에게 남자아이의 이름을 붙이는 경우는 있지만 거꾸로 하는 경우는 없다는 것을 살펴보았다.	앞에서 보았듯이, 부모들이 가끔 여자아이에게 남자아이 이름을 붙이는 경우는 있지만 거꾸로 하는 경우는 없다.

보는 행동에는 당연히 보는 사람이 전제되므로, 인쇄된 활자 뭉

텅이가 자신만의 생각을 갖고 있기라도 한 양 어떤 단락이 무엇을 "보여 주었다."라거나 어떤 절이 무엇을 "요약했다."라고 말할 필요가 없다. 행동하는 것은 작가와 독자이고, 둘은 같은 광경을 함께 바라보고 있으므로, 작가는 그냥 **우리**라는 대명사를 쓰면 된다. 그러면 메타 담화를 대신해 쓸 만한 또 다른 비유들, 가령 작가와 독자가 함께 다른 장소로 이동한다거나 함께 어떤 작업을 해낸다는 비유도 쓸 수가 있다.

앞 절은 말의 소리의 근원을 분석했다. 이번 절은 말의 의미의 문제를 논한다.	**지금까지 우리는 말의 소리의 근원을 살펴보았으니, 이제 말의 의미라는 수수께끼를 살펴볼 단계이다.**
첫 번째로 논의할 주제는 적당한 이름이다.	**적당한 이름에서 시작하자.**

앞에서 한 말을 끝에서 다시 한번 요약해 주라는 조언은 어떤가 하면, 이때 중요한 것은 "달리 말해서(in other words)"라는 표현이다. 한 단락마다 한 문장씩 그대로 복사해서 맨 뒤에 붙여넣기만 하는 것은 아무 의미가 없다. 그러면 독자는 그 문장들의 뜻을 처음부터 다시 파악하려고 애쓰게 될 뿐이다. 그런 요약은 작가가 글에서 어떤 생각을 제시하는 것이 아니라(생각이라면 매번 다른 언어로 새롭게 표현할 수 있지 않겠는가.) 어떤 단어들을 페이지에서 이리저리 섞기만 했다는 사실을 자백하는 것이나 마찬가지이다.

물론 요약문은 앞에서 나왔던 핵심 단어들을 충분히 다시 언급해야 한다. 그래야만 독자가 요약문의 내용과 요지를 더 자세히 서술했던 앞 단락들과 연결지어서 이해할 수 있을 테니까. 하지만 요약문에서는 그 단어들이 새로운 문장으로 조립되어야 하며, 그 문장들은 그 자체만으로도 조리 있는 단락이 되어야 한다. 요약문은 요약하려는 내용이 앞에서 이미 제시된 게 아니라고 상상하더라도 말이 통하도록 그 자체만으로 완결적이어야 한다.

전문가들의 글을 수렁에 빠뜨리는 자의식의 표출 증상은 메타 담화만이 아니다. 또 다른 증상은 작가가 글의 주제와 자신의 직업 활동을 혼동하는 것이다. 전문가들은 동시에 두 세상에서 살아간다. 하나는 그들이 연구하는 대상의 세상, 가령 엘리자베스 비숍(Elizabeth Bishop)의 시, 아동의 언어 발달, 중국 태평천국의 난이라는 세상이다. 다른 하나는 그들의 직업 세계라는 세상이다. 그들이 논문을 발표하고, 학회에 참석하고, 최신 경향과 소문을 따라잡는 세상이다. 그런데 전문가의 일상은 대체로 두 번째 세상에 속한 시간이고, 그래서 그는 두 세상을 쉽게 혼동한다. 그 결과, 학술 논문의 첫 문장은 보통 이런 식이다.

최근 들어 점점 더 많은 심리학자와 언어학자가 아동의 언어 습득 문제에 관심을 기울이고 있다. 이 논문에서는 그 문제에 관한 최신 연구들을 검토할 것이다.

기분 나쁘라고 하는 말은 아니지만, 독자 중에서 교수들이 평소에 무슨 일을 하고 사는지에 관심이 있는 사람은 거의 없다. 따라서 고전적 스타일은 매개자들의 존재를 싹 무시한 채 그들의 연구 내용으로 곧장 시선을 돌린다.

모든 아이는 별도의 수업을 받지 않더라도 말하는 능력을 잘 습득한다.
아이들은 어떻게 그런 묘기를 해낼까?

물론, 가끔은 대화의 주제가 **정말로** 연구자들의 활동인 경우도 있다. 대학원생들이나 학계 내 관계자들에게 그들이 선택한 직종의 학문 상황을 요약해서 알려주는 개요문이 그렇다. 그러나 연구자들은 그렇지 않을 때도 자신이 누구를 위해서 글을 쓰는지를 쉽게 잊고, 청중이 알고 싶어 하는 내용이 아니라 자신이 속한 직업군이 몰두하는 내용을 나르시시즘적으로 늘어놓고는 한다. 전문가들의 나르시시즘은 학계에만 국한된 일이 아니다. 기자들은 특정 문제를 보도해야 할 때 그 문제를 다루는 게 아니라 그 문제를 다룬 보도들을 다루어, 이른바 미디어 반향실(media echo chamber) 상황을 만든다. (미디어 반향실 상황이란, 언론 매체들이 메아리처럼 서로의 보도를 받아 증폭시킴으로써 실속 없이 소란을 키우는 상황을 말한다. ─ 옮긴이) 박물관의 설명문은 전시된 도자기를 만든 사람이 누구였고 그 물건이 어떻게 사용되었는가를 알려주는 게 아니라 그 사금파리가 무슨 양식으로 분류되는가 하는 이야기를 들려준다. 음반과 영화 안내문에는 그 작품이 개봉 첫 주 주말에 수익을 얼마나 올렸는가, 개봉관이나 인기 순위표에 몇 주 머물렀는가 하는 데이터만 가득하다. 정부와 기업의 웹사이트는 사용자가 찾는 정보가 아니라 자신들의 관료 조직을 중심으로 구성되어 있다.

자의식이 지나친 작가는 또 자신이 지금부터 말할 내용이 얼마나 까다롭고 복잡하고 논쟁적인지 모른다며 징징댄다.

해소하기 어려운 갈등이란 무엇일까? '해소하기 어려움'이란 논쟁적 개념으로, 사람마다 다른 뜻을 띤다.

스트레스로부터의 회복 탄력성이란 복잡하고 다차원적인 개념이다. 회복 탄력성을 놓고 보편적으로 인정되는 하나의 정의는 없지만, 일반적으로는 고난과 트라우마를 딛고 일어서는 능력이라고 이해된다.

언어 습득이란 대단히 복잡한 문제이다. '언어'라는 개념, '습득'이라는 개념, '아동'이라는 개념 각각을 정확히 정의하는 것부터가 어렵다. 실험 데이터를 해석할 때는 불확실성이 크고, 여러 이론을 둘러싸고 논쟁도 활발하다. 더 많은 연구가 수행되어야 한다.

맨 마지막 예문은 내가 그럴싸하게 지어낸 것이지만, 나머지 둘은 실제 어딘가에 실렸던 글이다. 셋 다 학자들의 글을 더없이 지

루하게 만드는 내향적 글쓰기 스타일을 잘 보여 주는 예문들이
다. 고전적 스타일은 다르다. 고전적 스타일에서 작가는 독자가
충분히 지적이라고 여기므로, 개념들이란 정의하기 어렵고 논쟁
들이란 해소하기 어렵다는 사실쯤은 독자도 충분히 이해한다고
믿는다. 독자는 그저 작가가 그 어려운 상황을 어떻게 풀어 나갈
지를 지켜보려는 것이다.

　자의식 과잉 글쓰기의 또 다른 악습은 작가가 진부한 관용구
로부터 거리를 두고픈 마음에서 걸핏하면 따옴표 — 이런 따옴표
는 셔더 쿼트(shudder quotes), 혹은 스케어 쿼트(scare quotes)라고
도 불린다. — 를 써대는 것이다. (shudder와 scare는 둘 다 두려워한다
는 뜻으로, 저자나 화자가 어떤 단어의 뜻을 인정하지 않기 때문에 그 단어를
직접 언급하기 두려워서 주변에 따옴표를 두른다는 뜻이다. 혹은 그 단어의
뜻을 조롱하는 데도 자주 쓰이기 때문에 스니어 쿼트(sneer quotes)라고도 한
다. 이 쿼트를 행동으로 옮긴 것이 말할 때 양손의 검지와 중지를 갈고리처럼
구부려 따옴표 치는 시늉을 하는 것이다. — 옮긴이)

우리는 힘을 합함으로써 '부분의 합보다 더 큰 전체'를 얻을 수 있다.
하지만 이것이 '실질적 메시지'는 아니다.
그들은 다른 사람들이 모두 고정된 접근법을 취할 때라도 '틀을 벗어나서'
　　생각할 수 있겠지만, 문제는 '그만하면 충분한' 순간이 언제인지를 늘 제
　　대로 알아차리지는 못한다는 것이다.
변화는 '젊은 개혁파들'이 그 분야를 장악하던 '수구 원로들'에 맞서기 시

작한 데서 시작되었다.

그녀는 '뭐든지 빨리 터득하는 사람'이고, 흥미를 느끼는 분야가 있다면 사실상 모든 분야에서 스스로 지식을 쌓았습니다.

이렇게 따옴표를 남발하는 사람들은 "내가 더 고상하게 표현할 말이 떠오르지 않아서 이 표현을 쓰기는 하지만, 부디 나를 늘 이런 상투적 관용구로만 말하는 사람으로 여기지는 마세요. 나는 진지한 학자라고요."라고 변명하는 듯하다. 이런 따옴표의 문제는 너무 까탈스러워 보인다는 데 그치지 않는다. 가령 마지막 예문은 어느 학생에 대한 추천사에서 가져왔는데, 이때 문제의 학생은 진짜로 뭐든지 빨리 터득하는 사람일까, 아니면 "뭐든지 빨리 터득하는 사람"으로 일컬어지는 사람, 즉 주변으로부터 뭐든지 빨리 터득하는 사람이라는 평가를 받기는 하지만 실제로는 그렇지 못한 사람일까? 이런 식의 따옴표를 극단적으로 활용하는 글쓰기 스타일이 있으니, 바로 보는 사람이 괴로울 만큼 자의식적이고 고전적 스타일에 철저히 반항하는 포스트모더니즘적 스타일이다. 포스트모더니즘적 스타일은 애초에 단어가 무언가를 지시할 수 있다는 가능성 자체를 거부한다. 나아가 단어의 지시대상이 되어 줄 객관적 세상이란 것 자체가 존재하지 않는다고 여긴다. 그 포스트모더니즘의 태두가 2004년 사망했을 때 풍자매체《어니언(*The Onion*)》이 기사 제목을 이렇게 단 것은 그 때문이었다. "자크 데리다(Jacques Derrida) '죽다.'"

따옴표에는 여러 가지 합당한 용도가 있다. 이를테면 딴 사람의 말을 그대로 옮길 때(그녀는 "별꼴이야!"라고 말했다.), 단어의 뜻을 전달하려는 것이 아니라 단어 자체를 언급할 때(《뉴욕 타임스》는 millennium(밀레니엄)의 복수형으로 'millennia'가 아니라 'millenniums'을 쓴다.), 남들은 어떤 단어를 어떤 맥락에서 쓰지만 글쓴이는 그 의미에 동의하지 않는다는 뜻을 드러낼 때(그들은 가족의 '명예'를 지키기 위해서 누이를 죽였다.), 우리는 따옴표를 써야 한다. 하지만 스스로 고른 단어에 예민하게 구느라고 따옴표를 붙여서 거리를 두는 것은 이런 합당한 용도에 포함되지 않는다. 고전적 스타일의 작가는 자신의 목소리에 자신감이 있다. 만약 변명하는 듯한 따옴표를 붙이지 않고서는 어떤 표현을 마음 편히 쓰지 못하겠다면, 아예 그 표현을 안 쓰는 편이 나을 것이다.

작가가 강박적으로 자꾸 말을 흐리는 것도 못된 버릇이다. 많은 작가가 자신이 말하는 내용을 전적으로 지지할 의향은 없다는 뜻을 넌지시 전하기 위해서 꼭 언어의 완충재 같은 표현으로 글을 채운다. 거의(almost), 명백히(apparently), 비교적(comparatively), 꽤(fairly), 일부는(in part), 대략(nearly), 부분적으로(partially), 주로(predominantly), 아마도(presumably), 조금(rather), 상대적으로(relatively), 겉보기에(seemingly), 말하자면(so to speak), 다소(somewhat), 일종의(sort of), 어느 정도(to a certain degree), 약간(to some extent) 같은 단어들이다. 요즘 사방에서 쓰이는 표현으로 나는 ~라고 주장할 것이다(I would argue)도 있다.

(이 말은 만약 상황이 달랐다면 자신도 그 입장에 찬성해 주장하고 나서겠지만 지금으로서는 그렇게 할 마음이 없다는 뜻인가?) 앞의 예문 중 추천사 문장에 쓰인 "사실상(virtually)"을 생각해 보자. 작성자는 그 학생이 흥미를 느낀 분야 중 스스로 지식을 쌓지 **않은** 분야도 몇 있다고 말하고 싶었던 것일까, 아니면 학생이 그 분야도 공부하기는 했지만 지식을 쌓을 역량이 부족해서 그러지 못했다고 말하고 싶었던 것일까? 요전에 어느 과학자가 네 살짜리 딸 사진을 내게 보여 주면서 환한 얼굴로 이렇게 말했다. "우리는 이 애를 사실상 사랑합니다."

사람들이 이렇게 말 흐리는 버릇을 갖게 되는 것은 왜일까? CYA, 즉 Cover Your Anatomy(뒤탈이 없도록 막으라)라는 슬로건으로 요약되는 관료주의의 명령에 따르기 위해서이다. 빠져나갈 구멍을 만들어 둠으로써 만에 하나 웬 비판자가 오류를 따지고 나서더라도 책임을 회피할 수 있기를, 설령 오류를 인정해야 하더라도 죄가 가벼워지기를 기대하는 것이다. 같은 이유에서, 늘 소송을 경계하는 기자들은 기사에 주장에 따르면(allegedly), 전하는 바에 따르면(reportedly) 같은 표현들을 뿌려 둔다. "피해자라고 주장되는 인물은 등에 칼이 꽂힌 채 피웅덩이에 쓰러진 상태로 발견되었다. (The alleged victim was found lying in a pool of blood with a knife in his back.)" 하는 식이다.

Cover Your Anatomy의 대안은 뭘까. So Sue Me(고소하려면 하든가) 정도일 것이다. 고전적 스타일에서 작가는 독자의 상식과 일상적 관용을 믿는다. 우리가 일상에서 대화할 때 비록 상대가 명시적으로 밝히지 않더라도 그 말에 '일반적으로(in general)'나 '다른 조건이 다 같다면(all else being equal)' 같은 뜻이 간직되어 있다면 그 사실을 잘 아는 것처럼 말이다. 누군가 당신에게 리즈는 시애틀이 비가 잦은 도시라서 딴 데로 이사 가고 싶어 한다고 말한다면, 비록 그가 상대적으로 비가 잦은(relatively rainy)이라거나 다소 비가 잦은(somewhat rainy)이라고 한정하지 않았더라도 당신은 그 말이 시애틀에는 하루도 빠짐없이 24시간 비가 온다는 뜻이라고 해석하지는 않을 것이다. 토머스와 터너는 이렇게 설명했다. "그저 정확성을 위한 정확성은 융통성 없이 얽매이는 것일 뿐이다. 고전적 스타일의 작가는 어떤 내용이 부가적일 경우 물론 명료한 언어로 말하기는 해도 그것이 세부까지 완벽하게 정확하다고 약속하지는 않는다. 독자가 전체 논지의 버팀목에 불과한 세목에 대해서까지 작가에게 꼬치꼬치 따지지는 않는다는 것이 작가와 독자 사이에 구축된 관례이다."[10] 작가가 발뺌할 구석을 만들어 두지 않은 진술에 일말의 관용도 베풀지 않고 적대적으로 따질 만큼 파렴치한 독자라면, 작가가 발뺌할 구석을 잔뜩 마련해 두었더라도 어떻게든 공격할 구멍을 찾아내고 말 것이다.

가끔은 작가가 발뺌할 구석을 만들어 두는 수밖에 다른 선택지가 없을 때도 있다. 그렇더라도 유사시 빠져나갈 구멍을 열어 두거나 자기 말이 진심인지 아닌지를 애매하게 표현해 두는 것보다는 그 진술이 구체적으로 어떤 상황에서 유효하지 않은가 하는 조건을 달아서 **한정하는** 편이 더 낫다. 법률 문서의 진술은 **틀림없이** 적대적으로 해석될 것이다. 일상 대화에 존재하는 상호 협력의 전제가 이 상황에는 적용되지 않는다. 따라서 법률 문서에서는 모든 예외 조건을 일일이 써 두어야 한다. 또 학자가 어떤 가설을 제안하는 경우라면, 최소한 한 번은 그 가설을 최대한 정교하게 풀어서 써 두어야 한다. 그래야만 비판자들이 그의 주장을 정확히 이해하고 그에 맞추어 정확한 비판을 시도할 것이다. 그리고 독자가 어떤 통계적 경향성을 절대적 법칙으로 오해할 가능성이 충분히 예상되는 경우, 책임감 있는 작가는 그 오해를 미리 내다보고 그에 맞게 진술의 일반화를 특정 범위로 한정해야 한다. "민주주의 국가들은 서로 전쟁을 벌이지 않는다.", "남자가 여자보다 기하학 문제를 더 잘 푼다.", "브로콜리를 먹으면 암이 예방된다." 같은 선언은 이런 현상의 실체가 기껏해야 서로 겹치는 두 종형 곡선의 중간값이 살짝 차이 나는 것일 뿐이라는 사실을 제대로 반영하지 못한 말이다. 독자가 이런 진술을 절대적 법칙으로 오해하면 심각한 결과로 이어질 수도 있으므로, 책임감 있는 작가는 평균적으로(on average), 다른 조건이 다 같을 때(all things being equal) 같은 수식어와 약간(slightly), 조금(somewhat) 같은 표현을 넣어 줘야 한다. 제일 좋은 방법은 효과의 범위와 확실함의 정도를 드러내 놓고 알려주는 것이다. 예를 들어 "20세기에 민주주의 국가들끼리 전쟁을 벌인 빈도는 독재 국가들끼리 전쟁을 벌인 빈도의 반밖에 안 된다." 하는 식으로 얼버무리지 않고 말하는 것이다. 좋은 작가라고 해서 주장에 단서를 전혀 달지 않는 것은 아니다. 단, 좋은 작가에게는 그것이 의식적 선택일 뿐 습관적 버릇은 아니다.

역설적이지만, 아주(very), 대단히(highly), 지극히(extremely) 같은 강조어들도 얼버무리는 표현으로 기능한다. 이런 표현은 글을 흐리터분하게 만들 뿐 아니라 작성자의 의도를 해칠 수도 있다. 내가 만일 누가 자꾸 푼돈을 빼돌리는지 알고 싶다면, "존스는 아닙니다, 그는 아주 정직한 사람이에요. (Not Jones; he's a very honest man.)"라는 말보다는 "존스는 아닙니다, 그는 정직한 사람이에요. (Not Jones; he's an honest man.)"라는 말을 듣는 편이 더 안심될 것이다. 왜 그럴까? 아무 수식어도 안 붙은 형용사나 명사는 단정적으로 해석되는 경향이 있기 때문이다. 정직한 (honest)이라는 단어는 '완벽하게 정직한', 적어도 '이 문제에서는 완벽하게 정직한'이라는 뜻이다. ("잭은 맥주를 한 병 마셨다. (Jack drank the bottle of beer.)"는 잭이 한 병을 다 마셨다는 뜻이지 한두 모금만 마시고 말았다는 뜻은 아닌 것과 마찬가지이다.) 그런데 여기에 강조어가 붙는 순간, 모 아니면 도의 이분법이 여러 단계가 있는 등급으로 바뀌는 셈이다. 강조어를 붙이는 사람의 의도는 그 대상을 그 등급에서 높은 순위에 올리고 싶은 것이겠지만—가령 10점 만점에서 8.7점을 주고 싶은 것이겠지만—그것보다는 독자가 존스의 정직성에 상대적 수준이 있다는 생각을 아예 안 하도록 만드는 편이 더 낫다. "**아주(very)**라는 단어를 쓰고 싶을 때는 그 대신 **더럽게(damn)**를 쓰라. 그러면 편집자가 그 단어를 지울 테고, 덕분에 글은 애초에 그랬어야 하는 바람직한 상태가 될 것이다." 이 유명한 조언에 깔린 논리도 마찬가지이다. (이 말은 마크 트웨인(Mark Twain)이 했다고 알려져 있지만 사실이 아니다.) 물론 요즘은 더럽게(damn)보다도 더 센 표현을 동원해야 할 것이다.[11]

/

고전적 스타일은 자신을 잊고 연기에 푹 빠지는 것과 비슷한, 기분 좋은 환상이다. 작가는 자신의 글이 그냥 단어들을 두서없이 모아 둔 것이 아니라 어떤 장면을 내다보게 하는 창이라는 환상을 유지하도록 노력해야 한다. 그런데 작가가 판에 박힌 언어 공식에 의지할 경우, 꼭 나무토막처럼 뻣뻣한 연기를 선보이는 배우처럼, 그 환상을 스스로 와장창 깨뜨리는 셈이다. 이런 작가는 성배를 찾아서(in search for the holy grail) 공을 굴리기 시작하지만(get the ball rolling), 그것이 마법의 탄환(magic bullet)도 슬램덩크(slam dunk)도 아니라는 사실을 발견하며, 그래서 펀치를 잽싸게 피하면서(roll with the punches) 어떤 결과라도 의연히 받아들이고(let the chips fall where they may), 그러면서 잔이 반쯤 빈 게 아니라 반이나 남은 거라고 생각하는데(see the glass as half-full), 이것은 말은 쉬워도 행동은 어렵다(easier said than done).

"진부한 관용구를 역병처럼 피하라. (Avoid something like the plague.)"라는 말, 이것은 삼척동자도 알 만한 사실(no-brainer)이다.[12] 줄줄이 이어진 구태의연한 관용구를 읽는 독자는 결국 머릿속에서 언어를 생생한 이미지로 바꾸는 작업을 그만두고, 단어들을 그냥 피상적으로 훑고 넘어간다.[13] 더 나쁜 점은 진부한 관용구를 줄줄이 내놓는 작가 자신도 시각적 뇌를 꺼 버리게 된다는 것, 그러다 자칫 서로 다른 은유들을 뒤섞게 된다는 것이다. 그러면 시각적 뇌를 활발히 가동하면서 읽던 독자는 그 우스꽝스러운 이미지에 정신이 산란해진다. "회사의 빵과 버터인 닭날개 가격이 치솟았다. 라이카는 이미 얻은 월계관에 만족한 채 타성으로 움직였다. 마이크로소프트는 옥탄가가 낮은 백조의 노래를 부르기 시작했다. 제프는 르네상스형 인간으로, 핵심 주제를 바닥까지 파 들어가서 한계를 뛰쳐나간다. 총알을 악물듯이 참지 않으면, 제 발에 스스로 총을 쏘게 되고 말 것이다. 사람들이 놀라서 양말을 벗게 만들 만큼 감동적인 콘돔은 아직 누구도 발명하지 못했다. 팀이 어디까지 추락할 수 있을까? 천정부지로! (The price of chicken wings, the company's bread and butter, had risen. Leica had been coasting on its laurels. Microsoft began a low-octane swan song. Jeff is a renaissance man, drilling down to the core issues and pushing the envelope. Unless you bite the bullet, you'll shoot yourself in the foot. No one has yet invented a condom that will knock people's socks off. How low can the team sink? Sky's the limit!)" (모두 영어의 흔한 관용구들을 사용한 문장으로, 아무 생각 없이 쓰다 보니 그 이미지들끼리 충돌해 우스꽝스러워진 경우이다. 가령 "빵과 버터"는 꼭 필요한 자원이라는 뜻인데 그것이 닭날개를 지칭하다 보니 우스워졌다. "양말을 벗게 만들다."는 '감동시키다.'라는 뜻인데 콘돔과 결합하니 우스워졌다. — 옮긴이)

설령 어떤 관용구의 낡아빠진 이미지가 생각을 전달하기에 최선의 표현일지라도, 고전적 스타일의 작가는 그 관용구가 문자그대로 무슨 뜻인지를 환기시키고 그 이미지를 재미나게 가지고놂으로써 독자의 마음속에서 그 이미지가 생생히 살아 있게끔 만든다.

미국인에게 해외 정치 이야기를 들려주면, 그들의 눈이 초점을 잃고 흐려진다.	뉴요커에게 슬로바키아의 연정 정치에 관한 세부적인 문제를 설명해 본 적 있는가? 나는 있다. 상대는 아드레날린 주사라도 맞아야 코마에서 빠져나올 수 있을 것 같은 상태가 되었다.[14]
전자 출판은 스테로이드를 맞은 학술 활동이다.	전자 출판에서는 당신이 글쓰기를 마친 지 15초 만에 글이 발표되는 것을 볼 수도 있다. 전자 출판은 각성제를 맞은 학술 활동이다. 속도광을 위한 출판 방식이다.[15]

구단주들을 지휘하는 것은 고양이 떼를 모는 것과 같다.	구단주들을 지휘하는 것은 고양이 떼를 모는 것과 같다고 말하는 것은 고양이들을 모욕하는 셈이다.[16]
홉스는 인간성에서 사랑이나 다정 함이나 심지어 단순한 동료애의 능 력마저 앗아내고 그 자리에 두려움 만을 남겨 놓았다. 목욕물을 버리려 다가 아기까지 버린 셈이었다.	홉스는 인간성에서 사랑이나 다정 함이나 심지어 단순한 동료애의 능 력마저 앗아내고 그 자리에 두려움 만을 남겨 놓았다. 목욕물은 말라 버렸고, 아기도 사라지고 없었다.[17]

기필코 진부한 관용구를 써야겠다면, 물리적으로 의미가 통하는 방식으로 쓰면 어떨까? 가만히 따져보면, 우리가 간과한 항목의 운명은 틈으로(through the cracks) 혹은 틈 속으로(into the cracks) 빠지는 것이지 틈 사이로(between the cracks) 빠지는 것이 아니다. 실현 불가능한 욕망을 뜻하는 전형적 상황은 케이크를 먹고도 싶고 남기고도 싶다(eat your cake and have it)는 것이지 케이크를 갖고도 싶고 먹고도 싶다(have your cake and eat it)는 것이 아니다. (이 순서대로 하는 것은 사실 쉽지 않은가.) 그리고 만약 여러분이 관용구의 원래 표현을 찾아본다면 여러분은 아마도 종종 놀랄 것이고 글에는 활기가 더 감돌 것이다. to gild the lily(백합을 도금하다)라는 표현은 (셰익스피어의 「존 왕」에 나온) to paint the lily(백합에 색을 칠하다)라는 표현과 to gild refined gold(순금을 도

금하다)라는 표현이 섞인 것인데, 지겨운 것은 물론이거니와 시각적으로도 원래의 두 은유 중 어느 쪽보다도 부적절하다. 특히 후자는 비유의 시각적 중복성이 gild(도금)과 gold(금)의 발음이 겹친다는 점에도 멋지게 반영되어 있다. 내친김에 여러분은 셰익스피어의 원래 문장에 나오는 다른 이미지 중 하나를 고름으로써 진부한 관용구를 아예 안 쓸 수도 있다. "순금에다 금을 도금하고, 백합에 색을 칠하고, 제비꽃에 향수를 뿌리고, 얼음을 매끄럽게 다시 깎고, 무지개에 다른 색 하나를 보태고, 아름다운 태양에 작은 초의 빛을 더하는 것처럼 모두 낭비고 어리석은 일입니다."

진부한 관용구를 무심코 사용하면 심지어 위험할 수도 있다. 가끔 나는 "일관성은 옹졸한 인간들의 허깨비 짓"이라는 허튼소리를 변명으로 삼아 저질러진 불합리한 짓이 세상에 얼마나 많았을까 생각해 보는데, 사실 이 관용구는 랠프 월도 에머슨(Ralph Waldo Emerson)이 **"어리석은 일관성(a *foolish* consistency)"**에 대해 했던 말이 변질된 것이다. (에머슨의 원래 말은 "어리석은 일관성은 속 좁은 인간들의 허깨비 짓"이었는데 "어리석은"이라는 단어가 떨어진 채 유통되는 바람에 모든 일관성이 헛짓이라는 뜻처럼 잘못 쓰인다는 말이다.—옮긴이) 최근 한 백악관 인사는 미국 이스라엘 정치 문제 위원회를 가리켜 **"방 안의 800파운드짜리 고릴라(the 800-pound gorilla in the room)"**라고 말했다. 이것은 명백히 방 안의 코끼리(the elephant in the room)라는 표현(모두가 빤히 보면서도 못 보는 척하는 무언가를 뜻한다.)과 800파운드짜리 고릴라(an 800-pound gorilla)

라는 표현("800파운드짜리 고릴라는 어디 앉지?"라는 농담에서 나온 표현
으로, 자신이 하고 싶은 일은 뭐든 할 수 있을 만큼 강력한 무언가를 뜻한다.)
을 헷갈린 말이었다. 이스라엘의 로비가 미국 외교 정책에서 세
간의 주목을 피해 암약하는 존재인가 아니면 발칙하게 전횡을 휘
두르는 존재인가 하는 논란을 염두에 둘 때, 첫 번째 관용구를 적
용하면 상식적인 말이 되지만 두 번째 관용구를 적용하면 선동적
인 말이 된다.

어떤 작가도 관용구를 모조리 피할 수는 없지만, ─ 관용구도
개별 단어와 마찬가지로 어휘의 어엿한 일부이다. ─ 좋은 작가라
면 독자의 두뇌를 계속 활동시키는 참신한 직유와 은유를 늘 찾
아본다. 셰익스피어는 "무지개에 다른 색 하나를 보태"는 짓을 하
지 말라고 조언했다. 디킨스는 어떤 남자가 "다리가 하도 길어서
꼭 다른 사람이 늘어뜨린 오후의 그림자처럼 보였다."라고 말했
다. 블라디미르 나보코프(Vladimir Nabokov)는 롤리타가 "다리를
불가사리처럼 털썩 펼치면서" 자리에 앉았다고 말했다.[18] 하지만
위대한 소설가들만이 독자의 머릿속에 이미지를 띄울 줄 아는 것
은 아니다. 한 심리학자는 어떤 컴퓨터 시뮬레이션을 설명하면서
뉴런 속에 활성화 자극이 쌓이면 결국 그것이 "프라이팬의 팝콘
처럼 탁" 켜진다고 표현했다.[19] 재능 있는 신예를 찾던 한 편집자
는 어느 장례식에 참석했을 때 "작가들의 밀도가 하도 높아서 내
가 꼭 폭포수 발치에서 앞발 가득 연어를 낚아 올릴 차비를 취한
알래스카 불곰처럼 느껴졌다."라고 썼다.[20] 영화 속 가상의 록밴

드 스파이널 탭(Spinal Tap)의 베이시스트도, 설령 문학적 감각까지는 아니라도 이미지에 주의를 기울이는 능력 덕분에 우리의 감탄을 살 만한데, 그는 한 인터뷰에게 이렇게 말했다. "우리 밴드는 서로 뚜렷하게 다른 비전을 지닌 두 사람, 데이비드와 나이절을 갖고 있다는 점에서 운이 좋습니다. 둘은 셸리와 바이런처럼 서로 다른 시인이죠. …… 둘은 기본적으로 불과 얼음이죠. 내 생각에 내 역할은 그 중간 어디쯤, 그러니까 뜨뜻미지근한 물 같은 존재입니다."(1984년에 개봉한 페이크 다큐멘터리 「이것이 스파이널 탭이다(This is Spinal Tap)」의 대사이다. ─옮긴이)

/

고전적 스타일에서 작가는 독자의 시선을 세상에 존재하는 무언가로, 독자가 직접 볼 수 있는 무언가로 돌린다. 모든 눈동자가 행위자를 향한다. 주인공을, 사건을 일으키는 존재를, 원동력이 되는 존재를 향한다. 행위자는 무언가를 쓱 밀거나 쿡 찌르고, 그래서 그 무언가는 움직이거나 변한다. 혹은 뭔가 흥미로운 볼거리가 시야에 나타나고, 독자는 그것을 속속들이 뜯어 본다. 고전적 스타일은 눈으로 볼 수 없는 추상적인 것은 최소화한다. 이 말은 추상적인 **주제**(subject matter)를 피한다는 뜻이 아니다. (브라이언 그린이 다중 우주를 훌륭하게 설명했던 것을 떠올려 보라.) 다만 그 주제를 구성하는 사건들을 투명하게 보여 준다는 것, 달리 말해 사건을 단어 하나로 압축한 추상적 개념을 들먹이며 설명하기보다는 사건의 행위자들이 어떻게 그 일을 일으키는가 하는 이야기를 들려준다는 것이다. 추상 명사로 가득한 왼쪽의 답답한 글들과 그보다 더 직접적인 오른쪽 글들을 비교해 보라.

연구자들은 알코올 의존증 수준이 낮다고 여겨지는 전형적 집단이라도 사실은 알코올 섭취량이 적지 않다는 것, 그러나 알코올 중독에 연관되는 높은 섭취량을 보이는 수준은 낮다는 것을 발견했다. 가령 유대 인들이 그렇다.

연구자들은 유대 인처럼 알코올 의존증이 적은 집단이라도 사실은 알코올을 적잖이 마신다는 것, 그러나 너무 많이 마셔서 알코올 중독자가 되는 경우는 별로 없다는 것을 발견했다.

헌법을 수정하려는 시도가 실제적 차원에서 달성될지에 대해서는 의구심을 갖고 있다. 하지만 희망의 차원에서는 헌법 수정 전략이 좀 더 가치 있는 일일지도 모른다.

헌법을 수정하려는 시도가 실제로 성공할지는 의심스럽지만, 그 목표를 바라는 것은 가치 있는 일일지도 모른다.

정신 건강 문제를 안고 있는 사람은 남에게 위험할 수도 있다. 이 문제에 다양한 전략으로, 정신 건강 전문가의 도움뿐 아니라 법 집행 관점에서도 접근하는 것이 중요하다.

정신 질환을 앓는 사람은 남에게 위험할 수 있다. 우리는 물론 정신 건강 전문가에게 문의해야 하지만, 경찰에게도 알릴 필요가 있을 것이다.

사람들이 서로 더 좋아하게 만들 도록 설계된 편견 감소 변화 모형 과 사람들이 투쟁을 통해서 집단

우리는 사람들의 편견을 줄임 으로써, 즉 사람들이 서로 더 좋아하게 만듦으로써 사회를

간 평등을 달성하도록 설계된 집단 행동 변화 모형의 양자를 조화시킬 수 있는 전망이 얼마나 될까?

바꾸려고 노력해야 할까? 아니면 불이익을 받는 집단들 이 집단 행동을 통해서 평등을 쟁취하도록 격려해야 할까? 아니면 둘 다 할 수 있을까?

여러분은 길에서 "차원(level)"이나 "관점(perspective)"을 마주친 다면 그것을 알아볼 수 있겠는가? 그것을 남에게 가리켜 보일 수 있겠는가? 접근법, 가정, 관념, 조건, 맥락, 틀, 이슈, 모형, 과정, 범위, 역할, 전략, 경향, 변수는 또 어떤가? 이런 단어들은 개념에 관한 개념, 즉 **메타 개념(metaconcept)**이다. 메타 개념은 학자나 관료나 기업 대변인의 글에서 주제의 겉을 친친 싸맨 포장재와 같고, 우리는 그 포장을 뜯어낸 뒤에야 물체를 제대로 볼 수 있다. "희망의 차원에서"라는 표현은 그냥 "바라다."라는 표현보다 정보를 조금도 더 갖고 있지 않고, "편견 감소 모형"이라는 표현은 그냥 "편견을 줄인다."라는 표현보다 조금도 더 세련된 데가 없다. 1998년 '나쁜 글 대회'의 우승작은 거의 전부 이런 메타 개념으로만 이루어진 문장이었다.

모형(model)이나 차원(level)처럼 작가가 어떤 동사의 행위자와 행동을 파묻어 버리는 동사의 관만 있는 것이 아니다. 영어는 그 못지않게 위험한 또 다른 무기를 작가에게 제공하는데, 바로 동사를 명사로 바꾸는 명사화이다. 명사화의 규칙은 더없이 활달한 동사를 하나 가져다가 거기에 -ance, -ment, -ation, -ing 같은 접미사를 붙여서 생기 없는 명사로 방부 처리하는 것이다. 어떤 생각에 동의하는(affirm) 대신, 동의(affirmation) 의견을 낸다고 말하는 것이다. 무엇을 연기하는(postpone) 대신, 연기(postponement)를 실행한다고 말하는 것이다. 글쓰기 연구자 헬렌 소드(Helen Sword)는 이런 명사를 좀비 명사(zombie noun)라고 부른다. 그 명사의 움직임을 지시하는 의식 있는 행위자는 안 보이는 상황에서 명사가 저 홀로 느리적느리적 움직이기 때문이다.[21] 좀비 명사는 문장을 살아 있는 시체들의 밤으로 바꿔 놓는다.

신경 생성 예방은 사회적 회피를 감소시켰다.	우리가 신경 생성을 예방하면, 쥐는 더 이상 다른 쥐를 피하지 않았다.
참가자들은 어떤 단언을 읽었고, 그 단언의 진실성은 이어진 평가 단어의 제시를 통해서 긍정되거나 부정되었다.	우리는 참가자들에게 어떤 문장을 하나 보여 준 뒤, 이어서 '참' 혹은 '거짓'이라는 두 단어 중 하나를 보여 주었다.

<u>이해도</u> 점검이 <u>배제</u> 기준으로 사용되었다.	지시를 이해하지 못한 사람들은 배제했다.
사라진 유전자들이 공간 기억 부족에 <u>기여하는 바</u>가 있을지도 모른다.	사라진 유전자들이 공간 기억 부족에 기여할 수도 있다.

마지막 예문은 동사를 형용사로 바꿨을 때도 생기가 빠져나갈 수 있다는 것을 보여 준다. 기여하다(contribute)를 기여하는 바(contributive to)으로, 희망하다(aspire)를 희망의 차원에서(on the aspirational level)라고 바꾸는 경우이다. 다음 쪽의 톰 톨스(Tom Toles)가 그린 만화가 보여 주듯이, 좀비 명사와 형용사는 학계 언어의 한 특징이다.

질문적 발화를 할 사람? 그러나 학자들만 이런 좀비를 세상에 풀어놓는 것은 아니다. 2012년 허리케인이 발생해 공화당 전당 대회를 위협했을 때, 플로리다 주 주지사 릭 스콧(Rick Scott)은 언론에 이렇게 말했다. "취소가 있을 것이라는 예상은 없습니다." 그러니까 자신이 전당 대회를 취소해야 할 것 같지는 않다는 말이었다. 2014년 당시 국무장관 존 케리는 이렇게 말했다. "대통령은 우리가 촉진할 수 있는 방법을 찾는 데 노력을 기울일 수 있는지 알아볼 의향이 있습니다." 그러니까 대통령이 돕고 싶어 한다는 말이었다. 풍자가들은 전문가들의 이런 습관도 놓치지 않고 비웃었다. 다음 만화는 창의적 접미사 부착자로 악명 높았던

"경각심 습득과 소통 기술 활용을 극대화하기 위해서 고안된 전략적 프로그램의 불완전한 시행은 언어 발달에 대한 표준화된 검사와 평가에 준한다."

대학 수능 시험 언어 영역 점수가 사상 최저 수준인 까닭.

"질문적 발화를 할 사람?"

알렉산더 헤이그(Alexander Haig)가 레이건 행정부 국무장관 자리에서 물러날 때 제프 맥넬리가 그렸던 것이다.

이런 문법 구조를 정치인이 쓴 경우, 그것은 책임을 회피하는 한 방법이다. 좀비 명사에게 육체를 빼앗긴 동사와는 달리, 좀비 명사는 주어 없이 혼자 어기적어기적 돌아다닐 수 있다. 이것은 앞의 예문들을 수렁에 빠뜨린 또 다른 요소인 수동태, 즉 was

"저는 우리의 외교 정책이 일관됨성, 목적함성, 확고 부동성, 무엇보다도 명료성을 추구
했던 원래적 신중한 방향성으로부터 경향적으로 멀어지는 위험성에 직면해 이에 사임
적 행동/선택의 필수 불가결성을 결정하게 되었습니다."

affirmed(긍정되었다)나 was used(사용되었다) 같은 표현과 좀비
명사의 공통점이다. 세 번째 책임 회피 전략으로, 많은 학생과 정
치인은 나는(I), 나를(me), 당신(you) 같은 대명사들을 사용하기
를 꺼린다. 사회 심리학자 고든 올포트(Gordon Allport)는 「논문
작성자에게 보내는 서한(Epistle to Thesis Writers)」이라는 글에서
이런 태도를 꾸짖었다.

초조하고 불안한 나머지, 여러분은 수동태를 과하게 쓰고픈 유혹에 시달
릴 것입니다.

수집된 데이터에 의해 이뤄진 분석에 기초해, 귀무 가설은 기각될 수 있다는 제안이 제기된다.

제발, 교수님! 제가 그런 게 아닙니다! 그게 저절로 그렇게 된 겁니다! 부디 이런 비겁함을 극복하고, 결말의 첫머리를 다음과 같은 창의적인 선언으로 시작하십시오. 보라! 내가 발견했도다. ……

어쩌면 여러분은 맥없는 문장을 낳는 수동태를 변호하며, 수동태의 대안은 일인칭 대명사에 지나치게 의존하거나 심지어 오만하기 짝이 없는 '우리'라는 대명사에 의존하는 것뿐이라는 이유를 들지도 모릅니다. 그래서 여러분은 학자로서 첫발을 딛는 이 중요한 순간에는 자신을 내세우지 않는 태도가 더 안전하다고 선택할지도 모릅니다. 제 답은 이렇습니다. 아무리 중요한 순간이라도 내가 나를 뜻할 때 나라고 말하는 것은 아무 피해도 일으키지 않습니다.[22]

나는(I), 나를(me), 당신(you) 같은 대명사는 무해한 데 그치지 않고 확실히 이로울 때도 많다. 이런 대명사는 고전적 스타일이 권하는 것처럼 글이 대화를 모방하도록 해 주는 데다가, 기억력이 달리는 독자에게는 선물과도 같다. 독자가 그(he), 그녀(she), 그들(they)로 지칭되는 주인공들을 쫓아가면서 글을 읽으려면 머리를 많이 굴려야 한다. 반면 명상의 무아지경이나 쾌락의 희열에 빠진 순간이 아닌 한, 누구도 자기 자신이나 자신과 대화하는 상대를 쫓아가다가(즉 나, 우리, 당신을 쫓아가다가) 갈피를 잃는 사람은 없다. 그렇기 때문에, 법률 언어를 비롯해 여러 혼탁한 전문가 언어를 피하는 법을 알려주는 지침들에는 늘 일인칭과 이인칭 대명사를 쓸 것, 수동태를 능동태로 바꿀 것, 동사를 좀비 명사로 바꾸지 말고 그냥 동사로 둘 것 같은 지시가 포함된다. 다음 문장들은 피해야 할 문장과 권할 만한 문장의 사례로, 모두 펜실베이니아 주의 '쉬운 언어로 쓴 소비자 계약서 작성 법률(Plain Language Consumer Contract Act)'에서 가져왔다.

만약 구매자가 불이행해 판매자가 변호사를 통한 수금을 개시할 경우, 구매자는 변호사 비용에 대해서도 법적 책임이 있다.	만약 구매자의 지불이 늦어진다면, 판매자는 다음 행동을 취할 수 있다. 1. 변호사를 고용해 대금을 수거한다. 2. 변호사 비용도 구매자에게 청구한다.
만약 미결제 잔액이 전액 선납될 경우, 미수 금융 비용은 환불될 것이다.	만약 내가 예정일보다 일찍 전액을 지불하면, 당신은 금융 비용 중 미수금에 해당하는 금액을 환불해주어야 한다.
구매자는 다음 조건에 의거해 모든 대금을 지불할 의무를 진다.	나는 납기 기한 내에 모든 대금을 지불할 것이다.

| 클럽 개장 이전에 납입된 가입비는 신탁에 보관될 것이다. | 만약 내가 클럽이 열기 전에 가입비를 내면, 클럽은 그 돈을 신탁 계정에 넣어 두어야 한다.[23] |

구체적이고 대화를 모방한 글은 전문가 언어를 읽기 쉽게 만들어 줄 뿐 아니라 가끔은 말 그대로 생사를 가른다. 다음 예문은 휴대용 발전기에 붙은 경고 스티커 문구이다.

CO에의 가벼운 노출은 시간이 지남에 따라 누적된 피해를 낳을 수 있습니다.

CO에의 극심한 노출은 뚜렷한 경고 증상 없이 신속히 치명적인 결과를 낳을 수 있습니다.

영아, 유아, 노인, 건강 문제를 가진 사람은 일산화탄소에 더 쉽게 영향 받을 수 있으며 증상도 더 심각할 수 있습니다.

앞의 글은 삼인칭으로 씌어 있고, "극심한 노출" 같은 좀비 명사와 "더 쉽게 영향받을 수 있"다는 식의 수동태로 구성되어 있다. 사용자는 저 글을 다 읽고도 자칫하면 끔찍한 일이 벌어질 수도 있다는 느낌은 받지 못한다. 그래서인지 미국에서는 매년 100명이 넘는 사람들이 실내에서 발전기나 연소 난로를 틀다가 무심코 집을 가스실로 만들어 자신과 가족을 죽인다. 앞의 글보다는 최신 모델에 붙은 아래 문구가 훨씬 낫다.

발전기를 실내에서 쓰면 몇 분 만에 당신이 죽을 수도 있습니다.

발전기 배기 가스에는 일산화탄소가 들어 있습니다. 일산화탄소는 눈으로 볼 수 없고 냄새도 맡을 수 없는 유독 물질입니다.

집이나 차고 실내에서는 절대 사용하지 마십시오. 문이나 창문이 열려 있더라도 안 됩니다.

야외에서만, 그리고 창문이나 문이나 환풍구에서 먼 장소에서만 사용하십시오.

이 문구는 구체적인 동사의 능동태와 이인칭 대명사를 동원해 구체적인 사건을 이야기한다. 당신이 이렇게 하면 당신은 죽는다 하는 식이다. 그리고 경고에 해당하는 대목은 비인칭으로 일반화한 표현("가벼운 노출은 피해를 낳을 수 있습니다.")이 아니라 우리가 대화에서 그러는 것처럼 명령형("실내에서는 절대 사용하지 마십시오.")으로 표현되어 있다.

좀비 명사를 동사로 되살리고 수동태를 능동태로 바꾸라는 조언은 모든 글쓰기 지침서와 쉬운 언어 규칙에 들어 있는 조항이다. 우리가 지금까지 살펴본 이유들 때문에, 이것은 대체로 좋은 조언이다. 하지만 이것이 좋은 조언이 되려면, 작가나 편집자가 이런 조언이 대체 왜 생겼는지를 이해하고 있어야 한다. 영어의 어떤 문장 구조라도 뭔가 나름대로 쓸모가 있지 않는 한 1,500년을 살아남을 수는 없었을 것이고, 이 점은 수동태와 명사화도 예외가 아니다. 수동태와 명사화가 요즘 남용되는 편일 수도 있고,

오용되는 경우도 많지만, 그렇다고 해서 절대로 쓰면 안 된다는 말은 아니다. 5장에서 자세히 말하겠지만, 명사화는 한 문장을 앞선 문장들과 이어 줌으로써 단락의 일관성을 지켜 준다. 수동 태도 여러 쓸모가 있다. 그중 하나(나머지는 4장과 5장에서 이야기하겠다.)는 고전적 스타일에도 꼭 필요한 것으로, 작가가 마치 최적의 카메라 각도를 선택하는 촬영 기사처럼 독자의 시선을 잘 조정하도록 돕는다는 점이다.

작가는 이따금 독자의 시선을 어떤 행동을 하는 행위자로부터 떼어 놓아야 한다. 이때 행위자를 언급하지 않아도 되는 수동태를 쓰면 그럴 수 있지만, 능동태를 쓰면서 행위자를 언급하지 않는 것은 불가능하다. Pooh ate the honey(푸가 꿀을 먹었다. 능동태, 행위자 언급), The honey was eaten by Pooh(꿀이 푸에게 먹혔다. 수동태, 행위자 언급), The honey was eaten(꿀이 먹혔다. 수동태, 행위자 언급 않음)라고는 쓸 수 있어도 Ate the honey(꿀을 먹었다. 능동태, 행위자 언급 않음)라고는 쓸 수 없는 것이다. (물론 한국어는 주어를 누락할 수 있으므로, 이 대목을 비롯해 이 책의 많은 대목은 "영어에서는"이라는 표현이 생략된 것으로 간주하고 읽어야 한다. ─옮긴이) 가끔은 행위자 누락이 윤리적 의심을 일으킨다. 책임을 은근슬쩍 회피하려는 정치인이 "Mistakes were made. (실수가 저질러졌다.)"라고만 말하고 누가 그 실수를 저질렀는지를 말해 주는 by(~에 의해서) 구절은 똑 잘라먹는 경우가 그렇다. 그러나 또 가끔은 행위자를 누락할 수 있다는 점이 작가에게 요긴하게 쓰인다. 왜냐하면 이야기에서 조연에 불과한 행위자들은 독자의 집중을 어지럽힐 뿐이기 때문이다. 언어학자 제프리 풀럼(Geoffrey Pullum)이 지적했듯이, 뉴스 기사가 수동태를 써서 "화재를 진압하기 위해서 헬리콥터가 투입되었습니다."라고 말하는 것은 전혀 잘못이 아니다.[24] 독자가 구체적으로 밥이라는 이름의 조종사가 헬리콥터를 조종했다는 사실까지 알 필요는 없기 때문이다.

설령 행위자와 그가 하는 행동의 대상이 둘 다 눈에 보이는 장면이라도, 작가는 능동태냐 수동태냐를 적절히 선택함으로써 자신이 뒤이어 흥미로운 사실을 이야기할 특정 인물에게 독자의 관심이 계속 집중되도록 만들 수 있다. 어떻게 그럴 수 있을까? 독자의 주의력은 보통 문장의 주어로 언급된 존재에게 맨 먼저 집중된다. 능동태와 수동태는 서로 다른 인물을 주어로 내세우므로, 독자의 정신적 스포트라이트가 맨 먼저 집중되는 인물도 달라진다. 능동태는 독자의 시선을 어떤 행동을 하는 인물에게 향하도록 만든다. See that lady with the shopping bag? She's pelting a mime with zucchini. (쇼핑백을 든 저 여자 봤어? 여자가 주키니 호박을 내던지는 척하고 있어.) 수동태는 독자의 시선을 어떤 행동을 당하는 인물에게로 돌린다. See that mime? He's being pelted with zucchini by the lady with the shopping bag. (저 마임 봤어? 남자가 쇼핑백을 든 여자가 내던지는 척하는 주키니 호박에 맞았어.) 작가가 태를 잘못 쓰면, 독자는 꼭 테니스 시합을 구경하는 관중처럼 시선을 획획 돌려야 한다. See that lady with the shopping bag? A mime is being pelted with zucchini by her. (쇼핑백을 든 저 여자 봤어? 주키니 호박을 던지는 척하는 마임이 그녀에 의해 펼쳐졌 어.)

　수동태는 관료나 학자의 글을 수렁에 빠뜨릴 때가 많은데, 이 때 문제는 작성자가 앞과 같은 목적을 의도해서 일부러 수동태를 고른 게 아니라는 데 있다. 그런 수동태는 그저 자신의 임무는 사 건을 무대에 올려 독자에게 보여 주는 것이라는 점을 작가가 잊 었다는 증거일 뿐이다. **작가 자신이야** 당연히 이야기가 어떤 과정 을 거쳐 펼쳐졌는지를 다 알고, 그러니까 대뜸 결과만을(이미 무 언가가 행해진 상황만을) 묘사한다. 그러나 독자는 다르다. 행위자가 시야에 들어오지 않으면, 독자는 사건이 대체 어떻게 진행된 일 인지를 시각적으로 그려 볼 방법이 없다. 독자는 원인 없는 결과 를 그려 봐야 하는 처지이다. 이것은 루이스 캐럴(Lewis Carroll) 이 말했던 체셔 고양이의 미소, 즉 고양이의 얼굴은 없고 미소만 남은 상태를 그려 보는 것만큼이나 어려운 일이다.

/

이 장에서 나는 맥없는 글을 낳게 되는 작가들의 못된 습관을 알 려주고 싶었다. 메타 담화, 이정표 세우기, 얼버무리기, 변명하기, 전문가의 나르시시즘, 진부한 관용구, 뒤섞인 은유, 메타 개념, 좀비 명사, 불필요한 수동태. 생기 있는 글을 쓰고 싶은 작가라 면, 이런 '하지 말아야 할 일'들의 목록을 외워 두는 것도 좋겠다. 그러나 그냥 외우는 것보다 더 나은 방법이 있다. 고전적 스타일의 핵심이나 다름없는 비유, 즉 작가는 독자와 대화하면서 세상에 존재하는 구체적인 무엇에게로 독자의 시선을 이끄는 중이라는 비유를 늘 곱씹는 것이다. 앞에 나열된 '하지 말아야 할 일'들은 작가를 이 가상의 시나리오에서 벗어나게끔 만드는 잘못된 길들에 해당한다.

고전적 스타일이 글쓰기의 유일한 방법은 아니다. 하지만 고전적 스타일은 작가를 최악의 습관으로부터 멀리 떼어놓을 수 있는 하나의 이상이자, 다른 어떤 방법보다 효과가 좋은 방법이다. 왜냐하면 글쓰기라는 부자연스러운 행위를 우리가 가장 자연스럽게 느끼는 두 행위, 말하는 행위와 보는 행위처럼 느껴지도록 만들기 때문이다.

3장
지식의 저주

이해할 수 없는 글이 탄생하는 제일 큰 이유는 글쓴이가 자신이 아는 것을 모르는

다른 사람의 처지를 헤아리지 못한다는 것이다

세상에는 도무지 이해하기 어려운 글이 왜 이렇게 많을까? 평범한 독자는 왜 학술 논문, 소득세 신고서의 깨알 같은 세목, 무선 홈 네트워크 설치 지침서를 읽을 때 고전을 면치 못하는 것일까?

내가 듣기에 가장 인기 있는 대답은 아래 만화에 함축된 설명이다.

이 이론에 따르면, 이해하기 어려운 글은 글쓴이가 고의적으로 선택한 결과이다. 관료들이나 기업 관리자들은 뒤탈을 방지하기 위해서 일부러 어려운 횡설수설을 고집한다는 것이다. 체크무늬 셔츠를 입은 기술자들은 학창 시절에 자신을 괴롭혔던 운동부

Good start. Needs more gibberish.
"시작은 좋네. 하지만 어려운 횡설수설이 더 필요해."

친구들이나 데이트를 거절했던 여자들에게 복수하기 위해서 일부러 어렵게 쓴다는 것이다. 사이비 지식인들은 자신이 실제로는 아는 게 없다는 사실을 숨기기 위해서 일부러 난해한 용어를 읊어댄다는 것이다. 상대적으로 쉬운 분야의 학자들은 과학적으로 복잡해 보이는 표현으로 사소하고 명백한 사실을 뻥튀기함으로써 그런 허세 섞인 말에 청중이 깜박 미혹되기를 바란다는 것이다. 다음 만화에서 캘빈이 그 원리를 홉스에게 설명해 주는 것을 들어 보라.

나는 이 이른바 골탕 먹이기 이론을 오래전부터 의심해 왔다. 왜냐하면 내가 겪은 바와는 다르기 때문이다. 나는 숨길 것이 전혀 없고 누구에게도 감명을 줄 필요가 없는 학자를 많이 안다. 그 학자들은 중요한 주제에 관한 획기적인 연구를 해내고, 명료한 생각을 논리적으로 펼치고 기본적으로 정직하고 견실하다. 기꺼

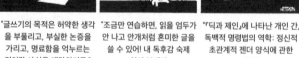

"전에는 글쓰기 숙제가 싫었지만, 이젠 좋아."

"글쓰기의 목적은 허약한 생각을 부풀리고, 부실한 논증을 가리고, 명료함을 억누르는 것이란 사실을 깨달았거든."

"조금만 연습하면, 읽을 엄두가 안 나고 안개처럼 혼미한 글을 쓸 수 있어! 내 독후감 숙제 읽어 볼래?"

"『딕과 제인』에 나타난 개인 간, 독백적 명령법의 역학: 정신적 초관계적 젠더 양식에 관한 연구."
"학계여, 내가 간다!"

이 함께 맥주를 마시고 싶은 사람들이다. 그런데도 그들은 구린 글을 쓴다.

종종 사람들은 내게 이런 설명도 한다. 학자들이 나쁜 글을 쓰는 것은 선택의 여지가 없는 일인데, 왜냐하면 학술지와 대학 출판부의 문지기들이 장황한 언어야말로 학자다운 진지함을 보여 주는 증거라고 여기기 때문이라는 것이다. 그러나 이 설명 또한 내 경험과는 다르고, 확인 결과 거짓 전설로 밝혀졌다. 헬렌 소드는 『잘 쓴 학술 글쓰기(*Stylish Academic Writing*)』라는 책(인정하건대, 얇은 책이라고는 말할 수 없다.)에서 학술지에 실린 논문 500편을 표본으로 뽑아 그 문체를 분석하는 자학적인 조사를 해 보았다. 그 결과, 분야를 막론하고 어느 영역에서나 깔끔하고 생기 있게 잘 씌어진 글이 비록 소수이기는 해도 건전한 집단을 이루며 존재한다는 사실을 확인했다.[1]

무엇이 되었든 인간의 결함을 설명하고 싶을 때 내가 맨 먼저 써 보는 도구는 핸런의 면도날(Hanlon's Razor), 즉 "어리석음으로 충분히 설명되는 현상을 괜히 악의의 탓으로 돌리지 마라."라는 금언이다.[2] 단, 지금 내가 염두에 두는 어리석음은 무식함이나 낮은 IQ와는 무관하다. 오히려 가장 똑똑하고 박식한 사람들이 이 문제를 가장 심하게 겪고는 한다. 한번은 내가 기술, 오락, 디자인에 관한 학회에서 일반 청중을 앞에 두고 진행되는 생물학 강연을 들었다. 강연은 인터넷에 동영상을 올려서 더 많은 사람에게 보여 줄 요량으로 촬영도 되고 있었다. 강연자는 저명 생물학자였고 강연 주제는 DNA 구조에 관한 최신 연구였다. 그런데 생물학자가·시작한 강연은 동료 생물학자들의 눈높이에나 맞게 전문 용어가 빗발치는 발표였고, 강연장에 있는 사람들 중 그의 말을 이해하는 사람은 하나도 없다는 사실이 금세 모두에게 뻔히 드러났다. 물론, 저명 생물학자 본인을 제외한 나머지 모두에게. 사회자가 보다 못해 진행을 중단시키고 생물학자에게 더 쉽게 말해 달라고 요청했을 때, 생물학자는 짜증스러워하는 기색은 눈곱만큼도 없었고 그저 진심으로 놀란 눈치였다. 내가 말하는 어리석음이란 바로 이런 것이다.

이 현상을 지식의 저주(the Curse of Knowledge)라고 부르자. 이것은 우리가 어떤 지식을 알고 있을 때 그것을 모르는 다른 사람들의 처지를 잘 헤아리지 못하는 문제를 뜻한다. 이 용어를 만든 것은 경제학자들로, 그들은 왜 사람들이 상대가 모르는 정보를 자기만 가진 상황에서도 경제 이론의 예측마따나 교활하게 흥정하지 않을까 하는 수수께끼를 설명하고자 이 말을 만들었다.[3] 중고차 판매원을 예로 들면, 그는 상태가 불량한 중고차에 값을 매길 때 제조사와 모델이 같되 새 차나 다름없는 중고차와 같은 가격을 매겨야 할 것이다. 왜냐하면 고객은 그 차이를 알아볼 방법이 없기 때문이다. (경제학자들은 이런 분석을 할 때 모든 사람이 도덕과는 무관하게 자신의 이득만을 극대화하는 행위자라고 가정한다. 따라서 이런 분석에서는 그냥 정직하고 싶다는 이유로 어떤 행동을 하는 사람은 없다.) 하지만 현실에서는, 적어도 경제학자들이 실험적으로 설정한 시장에서는, 판매자들이 자신만 아는 지식을 최대한 자신에게 유리하게 이용하지 않았다. 자신이 내놓은 자산의 품질을 고객도 자기만큼 잘 안다고 생각하는 것처럼 가격을 매겼다.

지식의 저주는 경제 이론의 흥미로운 사례로 그치지 않는다. 나는 알지만 남들은 모르는 정보를 제쳐둘 줄 모르는 문제는 모든 인간에게 보편적으로 있는 문제라서, 심리학자들은 이 현상을 다양한 형태로 거듭 발견하고 그때마다 새로운 이름을 붙였다. 가령 자기 중심성(egocentrism)이라는 현상은 아이들이 탁자에 쌓인 장난감 3개짜리 산 같은 단순한 장면을 딴 사람의 시점에서는 상상할 줄 모르는 것을 뜻한다.[4] 사후 판단 편향(hindsight bias)도 있다. 이것은 사람들이 자신은 이미 아는 어떤 결과가, 가령 질병의 진단 결과나 전쟁의 결과 따위가 그 결과를 아직 모르는 채 예측해 보려는 다른 사람들에게도 당연한 사실로 여겨지리라고 기대하는 것을 뜻한다.[5] 허위 합의(false consensus) 효과도 있다. 사적으로 민감하게 느껴지는 어떤 결정을 내린 사람들이(가령 실험자를 돕기 위해서 자기 몸에 "회개하라."라고 적힌 광고판을 건 채 캠퍼스를 돌아다니는 일을 하겠다고 나선 사람들이) 남들도 자신과 같은 결정을 내리리라고 기대하는 현상이다.[6] 투명성의 환상(illusory transparency)이라는 편향도 있다. 어떤 대화를 관찰하는 사람이, 자신은 그 이면의 사정을 알기 때문에 말하는 이가 빈정대는 것임을 아는 것인데도, 그 사정을 모르고 순진하게 대화를 듣는 다른 사람들도 자기처럼 말에 담긴 뼈를 느끼리라고 기대하는 현상이다.[7] 마음의 이론을 갖추지 못한 상태를 뜻하는 마음맹(mindblindedness) 현상도 있다. 마음의 이론이 아직 갖춰지지 않은 세 살짜리 아이는, 딴 아이가 잠시 방을 나간 틈에 누가 방 안 어딘가에 장난감을 숨기는 모습을 보았을 때, 딴 아이가 돌아와서 장난감을 찾아볼 경우 장난감이 마지막으로 놓여 있던 곳이 아니라 지금 숨겨진 곳에서 찾을 것이라고 예상한다.[8] (연관된 또 다른 실험도 있다. 한 아이가 방에 들어와서 사탕 상자를 열어 보고, 그 속에 연필이 있는 것을 보았다고 하자. 아이는 이후 방에 들어온 다른 친구도 상자 속에 연필이 든 사실을 알고 있으리라고 예상한다. 그뿐 아니라, 자신도 그 속에 연필이 있다는 사실을 처음부터 알고 있었다고 주장한다!) 아이들은 자라면서 차츰 자신이 아는 지식과 남이 아는 지식을 구분할 줄 알게 되지만, 세 살 적 버릇을 완전히 떨치지는 못한다. 심지어 어른들도, 방 안에 숨겨진 물건을 딴 사람이 어디서 찾아볼까 예상할 때, 실제로는 자신만 아는 물건의 실제 장소 쪽으로 예상 방향이 **살짝** 쏠리는 경향이 있다.[9]

어른들은 특히 남들의 지식과 기술 수준을 어림잡을 때 이 지식의 저주에 심하게 시달린다. 어느 학생이 가령 apogee(원지점), elucidate(해명하다) 같은 어려운 단어의 뜻을 안다고 하자. 혹은 나폴레옹이 어디에서 태어났는가, 하늘에서 제일 밝은 별은 무엇인가 같은 사실적 질문의 답을 안다고 하자. 그러면 그 학생은 다른 학생들도 당연히 그 사실을 알 것이라고 여긴다.[10] 이런 실험도 있다. 참가자들에게 애너그램 문제를 여러 개 주고 각각의 난

이도를 평가해 보라고 하는데, 이때 참가자들은 그 문제 중 일부에 대해서 사전에 답을 본 상태라서 그 문제들은 좀 더 쉽게 풀수 있다. 그런데 참가자들은 **자신에게 쉬운 문제가**(왜냐하면 자신은 미리 답을 봤으니까.) 왜인지는 몰라도 **다른 사람들에게도** 더 쉬울 것이라고 평가한다.[11] 또 이런 실험도 있다. 휴대 전화를 많이 사용해 본 사람들에게 새 구매자가 사용법을 익히는 데 시간이 얼마나 걸리겠느냐고 물어보았을 때, 그들은 13분쯤 걸릴 것이라고 추측했다. 하지만 실제로 새 구매자들이 걸린 시간은 32분이었다.[12] 한편 숙련도가 그보다 낮은 사용자들은 새 사용자의 학습 곡선을 **좀 더** 정확하게 예측했지만, 이들의 추측도 모자라기는 마찬가지였다. 이들의 추측은 20분이었다. 우리는 무언가를 잘 알게 될수록 자신이 그것을 처음 배웠을 때 얼마나 어려웠던지를 잊어 버린다.

지식의 저주는 왜 훌륭한 사람들이 나쁜 글을 쓰는가 하는 문제에서 내가 아는 한 가장 나은 설명이다.[13] 글을 쓰는 사람*의 마음에 자신이 아는 내용을 독자는 모른다는 사실이 아예 떠오르지 않는 것이다. 자신의 직종에서 통용되는 언어를 독자는 알지 못한다는 사실, 자신에게는 너무 당연해서 언급할 가치조차 없어 보이는 중간 단계를 독자는 간파하지 못한다는 사실, 자신의 눈

---

* 이 장에서는 작가의 성별이 여성이 될 차례이다. (번역문에서는 구분하지 않았다. ─ 옮긴이)

에는 생생하게 보이는 장면을 독자는 머릿속에 그릴 도리가 없다
는 사실을 모르는 것이다. 그래서 작가는 전문 용어의 뜻을 설명
하거나, 논리를 풀어서 해설하거나, 이해에 필요한 세부 정보를 공
급해야 한다는 생각을 아예 떠올리지 못한다. 《뉴요커》에 실렸던
위 만화는 이 문제가 우리가 어디서나 겪는 현상임을 보여 준다.

　지식의 저주를 걷어내고 싶은 사람은 우선 그것이 얼마나 악
마적인 저주인지부터 깨달아야 한다. 그러나 너무 취한 탓에 자
신이 운전하기에는 너무 취했다는 사실을 깨닫지 못하는 주정뱅
이처럼, 지식의 저주에 걸린 사람은 바로 그 저주 때문에 자신이
저주에 걸렸다는 사실을 깨닫지 못한다. 이 맹점은 글쓰기뿐 아
니라 우리의 모든 소통 행위에 악영향을 미친다. 예를 들어, 조별

과제를 하는 대학생들은 과제를 낸 교수의 이름으로 보고서를 저장하기 때문에 나는 "pinker.doc"라는 파일이 첨부된 이메일을 10여 통이나 받게 되고, 이때 교수들은 파일 이름을 바꿔서 답신하고는 하므로 가령 리사 스미스라는 학생은 "smith.doc"라는 파일이 첨부된 답장을 10여 통 받게 된다. 요전에 내가 신뢰할 수 있는 여행자(trusted-traveler program) 제도에 등록하려고 웹사이트를 찾아갔더니 GOES, Nexus, GlobalEntry, Sentri, Flux, FAST라는 프로그램 중 하나를 골라서 클릭하라고 되어 있었는데, 나로서는 저 관료적인 머리글자 용어들이 무슨 뜻인지 전혀 알 수가 없었다. 한번은 또 등산로 안내도를 보았더니 폭포까지 가는 데 2시간이 걸린다고 적혀 있었는데, 그것이 편도 시간인지 왕복 시간인지는 나와 있지 않았다. 게다가 어느 쪽으로 꺾으라는 표시가 없는 갈림길도 몇 군데나 있었다. 우리 집에는 내가 작동법을 통 익히지 못하는 바람에 천덕꾸러기가 된 물건 천지인데, 대체 복잡한 버튼을 1초나 2초나 3초나 4초 동안 꾹 누르고 있어야 한다느니 버튼 2개를 동시에 눌러야 한다느니 심지어 별도의 버튼으로 켜고 꺼야 하는 데다가 눈에는 안 보이는 어떤 '모드'에 따라 같은 버튼이라도 작동이 달라진다느니 하는 작동법을 어떻게 외운단 말인가. 다행히 설명서를 찾았더라도 "{알람 및 소리 설정} 상태에서 [설정] 키를 누른 뒤 {알람 '시' 설정} → {알람 '분' 설정} → {시간 '시' 설정} → {시간 '분' 설정} → {'년' 설정} → {'월' 설정} → {'일' 설정}을 차례로 마치고, 그다음에는 [모드]

키를 눌러서 설정된 항목들을 조정합니다." 같은 설명으로 뭘 알 수 있단 말인가. 물론 이 물건을 설계한 엔지니어들에게는 이런 설명이 더없이 명료하게 느껴지겠지만 말이다.

누구나 일상에서 겪는 이런 좌절에 세계 인구 수십억 명을 곱하면, 지식의 저주가 그러잖아도 힘겹게 살아가는 인류의 발목을 잡고 늘어지는 해악이라는 주장을 여러분도 납득할 수 있을 것이다. 지식의 저주는 거의 부패, 질병, 엔트로피에 맞먹는 수준의 악이다. 변호사, 회계사, 컴퓨터 전문가, 전화 상담 안내원 같은 몸값 비싼 전문가들은 엉성하게 작성된 텍스트의 뜻을 명료하게 해설해 주는 대가로 경제에서 막대한 돈을 빼간다. 못 하나가 모자라서 전투에서 진다는 속담이 있지만, 형용사가 하나 모자라도 마찬가지이다. '경기병대의 돌격'이라는 별명으로도 알려진 크림 전쟁의 발라클라바 전투는 모호한 명령 때문에 군사적 참변이 벌어졌던 많은 사건 중 가장 유명한 사례일 뿐이다. 1979년 스리마일 섬 핵발전소 방사능 누출 사고는 허술한 지시문 탓이었다고 한다. (경고등에 부착된 지시문을 조작자들이 다른 뜻으로 해석했다.) 역사상 최악의 비행기 사고로 꼽히는 1977년 테네리페 공항 사고도 그랬다. 당시 보잉 747 조종사가 무전으로 공항 관제사에게 at takeoff(이륙 위치에 있다)라고 말했는데, 조종사는 "지금 이륙하겠다."라는 뜻으로 한 말이었지만 관제사는 "이륙 위치에서 대기하겠다."라는 뜻으로 알아들었기 때문에 조종사가 비행기를 움직여서 활주로에 있던 다른 747 비행기를 들이받는 것을 막지 못했다.[14] 2000년 미국 대선 때 팜비치 투표자들이 받았던 '나비형 투표지'는 시각적으로 헷갈리는 형태였고, 그 때문에 많은 앨 고어 (Al Gore) 지지자가 의도와는 달리 딴 후보를 찍었으며, 어쩌면 이렇게 넘어간 표들이 조지 부시(George W. Bush)의 당선을 확보하는 결정적인 표로 작용해 역사의 향방을 바꿨을지도 모른다.

/

지식의 저주를 어떻게 걷어내야 할까? 전통적인 조언 — 어깨너머로 독자가 보고 있다고 늘 상상하라. — 은 생각만큼 효과적이지 않다.[15] 그저 남의 입장이 되어 보려고 노력하는 것만으로는 그 사람의 생각을 더 정확하게 헤아리는 데 별 도움이 되지 않기 때문이다.[16] 어떤 것을 너무 잘 아는 나머지 남들은 그것을 모를 수도 있다는 사실마저 잊은 사람은 당연히 남들이 그것을 아는지 모르는지 **확인해 봐야 한다**는 사실도 잊는다. 여러 연구에 따르면, 지식의 저주에 걸린 사람들은 독자를 늘 염두에 두라, 자신이 처음 배울 때 어땠는지 잊지 마라, 자신이 아는 것을 무시하라 등의 조언을 받아도 좀처럼 저주에서 벗어나지 못한다.[17]

그래도 독자가 어깨너머로 지켜보고 있다고 상상하는 것은 최소한 출발점이 되어 준다. 세상에는 자신의 지식이 판단을 편향시킨다는 사실을 아는 것만으로도 지식의 저주에서 벗어날 줄 아는 사람이 더러 있으며, 논의를 여기까지 읽어 온 여러분도 아마 경고를 잘 받아들일 수 있을 것이다.[18] 그러니 과연 도움이 될지는 모르겠지만 아무튼 말해 보자면, "여봐요, 나는 지금 **당신**에게 경고하는 겁니다. 당신이 글을 쓰는 주제에 관해서 독자들이 알고 있는 내용은 당신의 짐작보다 훨씬 적습니다. 따라서 당신은 알지만 독자들은 모르는 것이 무엇인지를 계속 점검하지 않는다면, 당신은 틀림없이 독자들을 헷갈리게 만들 겁니다."

지식의 저주를 걷어내는 데 더 효과적인 방법은 저주가 우리 앞에 어떤 함정을 파 놓는지를 구체적으로 아는 것이다. 그 함정 중 하나는 누구나 막연하게나마 아는 것으로, 바로 전문 용어나 약어나 어려운 단어를 쓰는 버릇이다. 음악, 요리, 스포츠, 예술, 이론 물리학 등등 인간의 모든 취미 활동은 은어를 발달시키기 마련이다. 그 애호가들이 자신들끼리는 익숙한 개념을 언급할 때마다 매번 길고 복잡한 단어를 쓰지 않아도 되도록 하기 위해서이다. 문제는 우리가 어떤 직업이나 취미에 능숙해질수록 그런 표현이 손가락에서 자동으로 흘러나올 지경으로 자주 쓰게 된다는 것, 그래서 독자는 우리가 그런 표현을 배운 클럽에 소속된 구성원이 아니라는 사실을 잊는다는 것이다.

물론 작가가 약어나 전문 용어를 모조리 피할 수는 없다. 작가가 특정 공동체를 대상으로 쓰고 있고 그 공동체에서는 어떤 용어가 이미 확고히 자리 잡은 경우, 약어를 반대할 이유가 없을 뿐 아니라 꼭 필요하기까지 하다. 생물학자들은 transcription factor(전사 인자)의 뜻을 매번 정의하거나 mRNA가 무엇의 약어인지를 매번 풀어 줄 필요가 없다. clone(클론), gene(유전자), DNA 같은 일부 전문 용어는 워낙 흔히 쓰이고 유용하기 때문에 원래 분야를 넘어서 일상 용어로 편입되어 있다. 하지만 지식의 저주 탓에, 대부분의 작가들은 어떤 용어가 얼마나 보편적인지, 그 용어를 아는 공동체의 범위가 얼마나 넓은지를 보통 과대 평가한다.

놀랍도록 많은 전문 용어가 아예 없애 버려도 전혀 아쉽지 않은 것들이다. 과학자가 murine model(쥣과 모형)을 rats and mice(쥐와 생쥐)로 바꾸더라도 페이지에 공간을 더 많이 차지하지도 않고 덜 과학적인 이야기가 되는 것도 아니다. 철학자들이 ceteris paribus, inter alia, simpliciter 같은 라틴 어 관용구를 other things being equal(다른 조건이 다 같다면), among other things(그중에서도), in and of itself(그 자체로) 같은 영어로 바꿔도 엄밀함은 전혀 훼손되지 않는다. 법률가가 아닌 사람들은 계약서의 the party of the first part(제1당사자) 같은 용어에 뭔가 법적 의도가 있다고 생각할지 몰라도, 대부분은 과잉 표현에 지나지 않는다. 애덤 프리드먼(Adam Freedman)이 법률 언어에 관한 책에서 지적했듯이, "법적 표준 문안의 특징은 고풍스러운 용어와 광적인 수다의 결합이다. 꼭 약에 취한 중세 필경사가 쓴 글 같다."[19]

무신경한 작가들이 약어에 끌리는 것은 해당 용어를 쓸 때마다 자판을 몇 번 덜 눌러도 되기 때문이다. 그런 작가들은 자신이 수명에 더하는 몇 초가 독자들의 수명에서 훔친 몇 분을 대가로 치른 것이라는 사실을 모른다. 내가 지금 들여다보는 숫자표에는 열 상단에 DA DN SA SN이라고 이름이 적혀 있다. 나는 책장을 뒤로 넘겨서 설명을 찾아본다. Dissimilar Affirmative(상이한 긍정), Dissimilar Negative(상이한 부정), Similar Affirmative(유사한 긍정), Similar Negative(유사한 부정). 약어들 옆에는 빈 공간이 몇 센티미터씩 펼쳐져 있다. 그런데도 저자가 저 용어들을 풀어서 쓰지 않을 이유가 뭐란 말인가? 특정 글에서만 쓰려고 만들어 낸 약어는 아예 안 쓰는 것이 낫다. 독자는 그런 약어를 보면 심리학자들이 쌍대 연합 학습(paired-associate learning)이라고 부르는 지루한 기억 활동을 수행해야 하는데, 쌍대 연합 학습이란 심리학자들이 실험 참가자들에게 가령 DAX-QOV 같은 임의의 문자 쌍을 주고는 외우라고 시키는 것을 말한다. 설령 비교적 흔히 쓰이는 약어라도 작가는 맨 처음 한 번만이라도 풀어서 써 줘야 한다. 스트렁크와 화이트는 이렇게 말했다. "SALT가 전략 무기 제한 협정(Strategic Arms Limitation Talks)을 뜻한다는 사실을 누구나 아는 것은 아니고, 설령 누구나 안다고 해도 세상에는 그 용어를 난생 처음 접하게 될 아기들이 시시각각 태어나고 있다. 그 독자들은 머리글자만이 아니라 전체 단어를 다 볼 자격이 있다."[20] 위험은 전문적 글에만 국한되지 않는다. 여러분도 이런 크리스마스 카드를 받아 본 적 있을 것이다. 한 집안의 대변인이 다음과 같이 신나게 적어 둔 카드를. "어원과 나는 아이들을 UNER에 보내고 나서 IHRP에서 멋진 시간을 보냈고, 그다음에는 다 같이 SFBS에서 ECP를 했답니다."

사려 깊은 작가는 흔한 전문 용어를 쓸 때도 설명을 몇 마디 덧붙이는 습관을 기른다. "아라비돕시스(*Arabidopsis*)"라고만 말하지 않고(많은 과학 논문에는 이렇게만 적혀 있다.) "십자화과의 꽃 피는 식물인 아라비돕시스"라고 말해 주는 것이다. 이것은 그저 작가가 독자에게 아량을 베푸는 것만은 아니다. 전문 용어를 설명해 주는 작가는 겨우 한 줌의 문자를 대가로 독자 수를 1,000배쯤 늘릴 수 있는데, 이것은 말하자면 길 가다가 100달러 지폐를 줍는 것이나 마찬가지이다. 독자들은 또 작가가 for example(예를 들어), as in(~에서처럼), such as(가령) 등을 많이 써 주면 고맙게 느낀다. 예시를 들어 주지 않은 설명은 설명을 안 한 것과 다름없기 때문이다. 예를 들어, 쌍서법(syllepsis)이라는 수사학 용어에 대한 설명은 "한 단어가 둘 이상의 다른 단어들과 관계를 맺거나, 그것들을 한정하거나, 그것들을 지배하되 각 단어에 대해서 서로 다른 의미를 띠도록 사용하는 기법이다." 이해했는지? 내가 여기에 이런 말을 덧붙인다고 하자. "…… 예컨대 벤저민 프랭클린이 'We must all hang together, or assuredly we shall all hang separately. (우리는 하나로 뭉쳐야 합니다. 그러지 않으면 뿔뿔이 교수형을 당할 것입니다.)'라고 말했을 때 쓴 기법이다." (hang together(하나로 뭉치다)와 hang separately(뿔뿔이 교수형을 당하다)가 둘 다 hang을 쓰되 다른 뜻으로 썼다는 말이다. — 옮긴이) 더 명확하지 않은가? 예를 하나만 드는 것보다 둘을 드는 편이 나을 때도 있다. 독자가 일종의 삼각 측량법을 통해서 예에서 구체적으로 어떤 측면이 문제의 정의에 연관되는 속성인지를 유추할 수 있기 때문이다. 가령 내가 이렇게 하나 더 덧붙이면 더 낫지 않을까? "…… 혹은 그루초 막스(Groucho Marx)가 'You can leave in a taxi, and if you can't get a taxi, you can leave in a huff. (당신은 택시로 떠날 수도 있고, 만약 택시가 안 잡힌다면, 발끈하면서 떠날 수도 있어요.)'라고 말했을 때 쓴 기법이다."[21] (leave in a taxi(택시로 떠나다)와 leave in a huff(발끈해 떠나다)에 둘 다 leave in a ~를 썼지만 역시 다른 뜻으로 썼다는 말이다. ─옮긴이)

전문 용어를 피할 수 없는 경우라도, 독자들이 이해하고 기억하기 쉬운 용어를 고르는 편이 좋다. 얄궂게도 내 분야인 언어학은 이 원칙을 제일 심각하게 어기는 분야이다. 언어학에는 아리송한 전문 용어가 아주 많다. 주제와 아무 상관 없는 어간이라는 뜻도 가진 theme이 있고, 발음이 같지만 뜻이 다른 PRO와 pro가 있고, '일시적' 술어와 '영속적' 술어를 직관적이지 않게 말한 것뿐인 단계 차원 술어(stage-level predicates)와 개체 차원 술어(individual-level predicates)가 있으며, 그냥 재귀 원칙, 대명사 원칙, 명사 원칙이라고 불렀어도 되는 용어들인 원칙(Principle) A, B, C라는 것도 있다. 예전부터 나는 의미론에서 some의 두 뜻을 분석하는 논문을 읽을 때마다 두통에 시달렸다. 느슨한 구어적 의미에서 some은 '전부 중 일부, 전부 다는 아님'이라는 뜻이다. 가령 내가 Some men are chauvinists(일부 남자들은 남성 우월주의자이다)라고 말한다면, 듣는 사람은 당연히 남자 중에는 안 그런 사람도 있다는 뜻이라고 해석한다. 반면 엄밀하고 논리적인 의미에서 some은 '최소한 하나'를 뜻하므로 '전부'인 경우도 배제하지 않는다. 이 경우 Some men are chauvinists; indeed, all of them are(일부 남자들은 남성 우월주의자이며, 사실은 모든 남자가 다 그렇다)라고 말해도 논리적으로 모순되지 않는 것이다. 많은 언어학자는 이 두 뜻을 가리킬 때 수학에서 빌려온 표현을 써서 '상한' 의미와 '하한' 의미라고 부르는데, 나는 늘 이 용어들이 헷갈렸다. 그러던 어느 날 한 명석한 의미론자가 두 뜻을 '일부만의' 의미와 '최소한의' 의미라고 일상어에서 빌려온 표현으로 명명한 것을 보았고, 이후에는 나도 이 방식을 따르고 있다.

앞의 일화에서 알 수 있듯이, 설령 독자가 작가와 같은 전문가 클럽에 속해 있더라도 작가가 걸린 지식의 저주로부터 완벽하게 안전할 수는 없다. 나는 내 분야, 내 하위 분야, 심지어 내 하위-하위-하위 분야의 논문을 읽을 때도 매일같이 당혹스러운 경험을 한다. 내가 방금 읽은 논문에서 발췌한 다음 문장을 보라. 두 저명 인지 신경 과학자가 쓴 논문으로, 폭넓은 독자층을 대상으로 짧은 리뷰 논문을 소개하는 학술지에 실린 글이다.

의식적 인식의 느리고 통합적인 성질은 '토끼 환상(rabbit illusion)'이나 그 변종들과 같은 관찰을 통해서 행동적으로 확인되는데, 이런 관찰에서 자극이 궁극적으로 인식되는 방식은 원자극으로부터 몇백 밀리초 이후 벌어진 후자극 사건들에 의해 결정된다.

나는 무성하게 웃자란 수동태, 좀비 단어들, 중복을 착착 쳐낸 뒤에야 비로소 이 문장의 핵심은 "토끼 환상"이라는 용어에 있다고 결론 내렸다. 그리고 이 용어는 "의식적 인식의 통합적인 성질"을 보여 주는 현상이라는 것 같았다. 저자들은 마치 모든 사람이 당연히 "토끼 환상"을 아는 것처럼 썼지만, 나는 이 바닥에 40년 가까이 몸담았는데도 저 말을 생전 처음 들었다. 저자들의 설명도 별 도움이 안 된다. "자극", "후자극 사건들", "자극이 궁극적으로 인식되는 방식" 따위를 우리가 어떻게 시각화할 수 있겠는가? 그리고 이것들이 토끼하고는 대체 무슨 관계인가? 물리학자 리처드 파인만(Richard Feynman)은 "당신이 혼잣말로 '대충 이해한 것 같은데.'라고 중얼거린다면 그것은 곧 제대로 이해하지 못했다는 뜻이다."라고 말한 적이 있다. 저 논문은 나 같은 사람들을 위해서 씌어진 글인데도, 내가 저 설명을 읽고 할 수 있는 말이라고는 "대충 이해한 것 같은데." 정도였다.

그래서 나는 조사를 해 보았고, '촉각적 토끼 착각(Cutaneous Rabbit Illusion)'이라는 현상이 있다는 것을 발견했다. 우리가 눈을 감은 상태에서 누가 먼저 우리 손목을 톡톡 두드리고, 그다음에는 팔꿈치를 두드리고, 그다음에는 어깨를 두드리면, 그 연속된 두드림이 우리에게는 꼭 토끼가 팔에서 폴짝폴짝 뛰어 올라가는 것처럼 지르르 하는 느낌이 팔 전체로 퍼지는 듯 느껴지는 착각을 말한다. 오케이, 이제 이해했다. 우리가 나중에 겪은 두드림들의 위치에 따라서 앞선 두드림의 위치를 다르게 인식한다는 말

아닌가. 저자들은 왜 그냥 이렇게 쉽게 말하지 않았을까? 이 "자극", 저 "후자극" 하고 말하는 것보다 글이 더 길어지는 것도 아니었을 텐데?

/

지식의 저주는 음흉하다. 우리가 품은 생각의 내용뿐 아니라 생각의 형태마저 자기 눈에는 안 보이도록 가리기 때문이다. 우리가 무언가를 잘 알면, 자신이 그것을 생각할 때 얼마나 추상적인 형태로 생각하는지를 스스로는 깨닫지 못한다. 그리고 우리와는 다른 인생을 살아온 다른 사람들은 나만이 고유하게 겪어 온 추상화의 역사를 똑같이 겪지 못했다는 사실을 잊어버린다.

우리의 생각이 탄탄한 구체성의 땅에 내렸던 닻을 풀고 추상성의 바다를 떠돌게 되는 방법에는 두 가지가 있다. 하나는 덩어리 짓기라고 불리는 방법이다. 우리의 작업 기억이 한 번에 머릿속에 담아 둘 수 있는 항목의 수는 제한되어 있다. 처음에 심리학자들은 그 수가 7개 정도라고 생각했지만(상황에 따라 이것보다 2개 더 적거나 많은 정도라고 보았다.), 이후 그것보다 줄여서 요즘은 3개나 4개에 가깝다고 본다. 다행히 우리 뇌는 이 병목을 우회할 방법을 갖추고 있다. 우리 뇌는 생각을 더 큰 단위로 묶을 줄 아는데, 심리학자 조지 밀러(George Miller)는 그 단위를 "덩어리(chunk)"라고 명명했다.[22] (밀러는 행동 과학 역사상 가장 훌륭한 문장가 중 한 사람으로 꼽힌다. 밀러가 생판 어려운 전문 용어를 지어내지 않고 이런 익숙한 단어를 가져다 쓴 것은 결코 우연이 아니다.)[23] 하나의 덩어리는, 그 속에 아무리 많은 정보가 담겨 있더라도, 작업 기억에서 하나의 자리만을 차지한다. 그래서 만약 우리가 M D P H D R S V P C E O I H O P 같은 임의의 문자열을 보면 이중 겨우 몇 개의 문자만 기억할 수 있지만, 만약 이 문자열이 약어나 단어처럼 우리에게 익숙한 덩어리로 묶인다면, 가령 MD(의학 박사) PHD(박사) RSVP(회신 바람) CEO IHOP이라는 익숙한 다섯 덩어리로 묶인다면 우리는 문자 16개를 전부 기억할 수 있다. 만약 이 덩어리가 더 큰 덩어리로 묶인다면, 우리가 기억할 수 있는 양이 더 늘어난다. 가령 "MD와 PhD는 IHOP의 CEO에게 RSVP했다."라는 하나의 이야기로 묶이면, 이 문장 전체가 기억에서 한 자리만 차지하기 때문에 나머지 서너 자리에 다른 것을 더 기억할 여유가 남는다. 이 마술은 물론 개개인의 학습 역사에 따라 사람마다 다르게 적용된다. '인터내셔널 팬케이크 하우스(International House of Pancakes)'라는 가게 이름을 한 번도 들어 보지 못한 사람에게는 IHOP이라는 약어가 기억에서 한 자리가 아니라 네 자리를 차지할 것이다. 수많은 정보를 줄줄 외우는 초인적 묘기로 우리를 놀라게 하는 기억술사들은 이런 덩어리 말을 장기 기억에 잔뜩 저장해 두려고 노력한다.

덩어리 짓기(chunking)는 비단 기억력 향상에만 유용한 수법이 아니다. 덩어리 짓기는 고차원적 지능의 생명혈이기도 하다. 우리가 어릴 때 한 사람이 다른 사람에게 쿠키를 건네는 것을 보면, 우리는 그 행동을 **주는** 행동이라고 기억한다. 그다음에 한 사람이 다른 사람에게 쿠키를 주고 그 대신 바나나를 받는 것을 보면, 우리는 주는 행동 두 가지를 한 덩어리로 묶어서 그 전체를 **거래**라고 기억한다. 그다음에 사람 1이 사람 2에게 바나나를 주고 그 대신 반짝거리는 금속 조각을 받으면, 왜냐하면 그 금속을 사람 3에게 주면 쿠키를 받을 수 있다는 사실을 알기 때문인데, 우리는 세 가지 행위를 한 덩어리로 묶어서 **판매**라고 기억한다. 더 많은 사람이 그렇게 사고파는 것은 **시장**이고, 많은 시장에서 벌어지는 많은 행동을 한 덩어리로 묶은 것은 **경제**이다. 그런데 이 경제란 중앙 은행의 행동에 반응해서 움직이는 존재라고 여길 수 있고, 우리는 이때 중앙 은행의 행동을 **통화 정책**이라고 부른다. 통화 정책 중에서도 중앙 은행이 자산을 사들이는 정책을 우리는 **양적 완화**라고 부른다. 덩어리 짓기는 이런 식으로 계속 이어진다.

우리가 글을 읽고 공부하면서 익힌 이런 추상적 덩어리 말들은 우리가 그 이름을 순간적으로 머리에 떠올리고 나아가 그것을 말함으로써 남들과 공유하는 정신적 단위로 기능한다. 따라서 덩어리 말이 가득한 어른의 정신은 강력한 추론 엔진이지만, 여기에는 대가가 따른다. 자신과 똑같은 덩어리 말을 익히지 못한 다른 정신들과는 소통하기 어렵다는 점이다. 가령 대통령이 "양적 완화"에 적극적으로 개입하지 않는 것을 비판하는 토론이 벌어진 경우, 교육받은 어른이지만 저 덩어리 말을 모르는 사람은 토론에 끼지 못한다. 양적 완화가 정확히 무엇인지 풀어서 설명한 말을 듣는다면 그도 충분히 이해할 수 있을 텐데 말이다. 또 우리가 설명 없이 "통화 정책"이라고만 말한다면 고등학생은 이야기에 끼지 못할 테고, 더 어린 학생은 "경제"에 관한 대화를 아예 이해하지 못할 것이다.

글을 쓸 때 추상적 용어를 얼마나 많이 써도 좋은가는 독자들의 전문성이 어느 정도냐에 달린 문제이다. 하지만 보통의 독자가 어떤 덩어리 말을 아는지 예상하는 능력이란 신통력에 가까운 재주이고, 그런 복 받은 재주를 가진 작가는 극히 드물다. 우리가 각자의 분야에서 수련생이었던 시절을 돌이켜보라. 우리가 갓 합류한 전문가 무리에서는 모든 사람이 모든 것을 다 아는 것처럼 보이지 않았던가. 그들은 교양 있는 인간이라면 누구나 자신들이 아는 지식을 제2의 본성으로 갖춘 게 당연하다는 듯이 말하지 않았던가. 그런데 우리가 그 무리에서 차츰 자리를 잡고, 그 무리가 우리의 세상이 되면, 우리는 그곳이 수많은 무리로 구성된 다중 우주 속에서 하나의 작은 집단일 뿐이라는 사실을 차츰 잊는다. 만약 우리가 외계인을 처음 만났을 때 지구에서 통하는 부호로 말을 건넨다면, 과학 소설에 자주 나오는 범용 통역기가 없는 한 그들은 우리 말을 알아듣지 못할 것이다.

스스로 너무 전문적인 용어로 말하고 있다는 사실을 조금이나마 인식하더라도, 그렇다고 해서 쉬운 말을 쓰기는 썩 내키지 않을 수도 있다. 왜냐하면 쉬운 말은 우리가 아직 풋내기, 애송이, 신출내기를 벗어나지 못했다는 끔찍한 진실을 동료들에게 누설하는 격이기 때문이다. 그리고 만에 하나 독자들이 전문 용어를 잘 안다면, 공연히 풀어서 설명하는 것은 오히려 독자들의 지성을 모욕하는 셈이다. 이렇다 보니 우리는 뻔한 내용을 장황하게 설명함으로써 순진하다거나 가르치려 드는 작가라는 인상을 주기보다는 독자를 헷갈리게 만들망정 주제에 통달한 작가라는 인상을 주는 편을 택한다.

작가는 물론 독자들이 해당 주제를 얼마나 잘 아는지를 나름대로 최선을 다해 추측한 뒤 글의 전문성을 그 수준에 맞추는 수밖에 다른 도리가 없다. 하지만 이때 독자들이 많이 안다고 추측하는 것보다는 적게 안다고 추측하는 편이 일반적으로 더 현명하다. 독자들의 지식 수준은 늘 종형 곡선으로 퍼져 있을 테니, 우리는 늘 그중 맨 위의 소수는 지루하게 만들고 맨 밑의 소수는 혼란스럽게 만들 수밖에 없다. 양극단 독자의 수가 정확히 얼마나 될까 하는 질문만 의미가 있을 뿐이다. 지식의 저주 때문에, 우리는 평균적인 독자가 우리의 작은 세상에 친숙한 정도를 과소평가하기보다는 과대 평가하기가 쉽다. 그리고 어떤 경우이든 우리는 명료한 설명과 가르치려 드는 태도를 혼동해서는 안 된다. 2장에서 읽었던 브라이언 그린의 다중 우주 설명은 고전적 스타일의 작가가 독자를 낮잡아 보지 않으면서도 얼마든지 난해한 개념을 쉬운 언어로 설명할 수 있다는 것을 잘 보여 주었다. 이때 핵심은 독자가 여러분만큼 수준 높고 지적이지만 어쩌다 보니 여러분이 아는 어떤 사실을 미처 모르는 상태라고 가정하는 것이다.

자신만 아는 약어의 위험을 명심하기에 제일 좋은 방법은, 캐

츠킬 리조트에 처음 갔다가 그 동네의 은퇴한 코미디언들이 둘러 앉아 농담을 나누는 자리에 합석했던 남자 이야기를 떠올리는 것 이다. 코미디언 중 한 사람이 "사십칠!"이라고 외치자, 좌중이 왁 자하게 웃음을 터뜨렸다. 또 다른 코미디언이 받아서 "백십이!" 라고 외치자, 이번에도 듣는 이들이 포복절도했다. 남자는 상황 을 도무지 이해할 수 없어서 그 자리의 고참 중 하나에게 물었고, 이런 대답을 들었다. "이 친구들은 어울린 지 하도 오래돼서 다들 똑같은 농담을 알고 있다오. 그래서 시간을 아낄 겸 농담마다 번 호를 붙였고 이제는 그 번호만 말하면 되는 게지." 이 말에 남자 는 "그거 기발하네요! 저도 한번 해 보죠."라고 말하고는 자리에 서 일어나서 외쳤다. "이십일!" 그러나 괴괴한 침묵뿐이었다. 남 자는 다시 시도했다. "칠십이!" 모두가 뚫어져라 남자를 보았지 만 아무도 웃지 않았다. 남자는 슬며시 도로 앉으면서 아까 물었 던 고참에게 속삭였다. "제가 뭘 잘못했죠? 왜 아무도 안 웃죠?" 돌아온 대답은 이랬다. "말하는 방식이 중요하니까."

／

내가 아는 덩어리 말과 상대가 아는 덩어리 말이 다르다는 사실 을 깨닫지 못하는 것, 이것은 왜 작가들이 너무 많은 약어, 전문 용어, 알파벳 수프나 다름없는 머리글자 단어로 독자를 고생시키 는가를 설명해 주는 한 이유이다. 그러나 작가가 독자를 고생시 키는 방법이 그것뿐만은 아니다. 가끔은 특정 무리만 아는 전문 용어가 전혀 쓰이지 않았는데도 글을 이해하기가 미치도록 어렵다. '후자극 사건'이라는 용어는 인지 과학자들 사이에서라도 팔을 톡톡 건드리는 것을 가리킬 때 표준적으로 쓰이는 말이 아니다. 투자의 세계를 제법 잘 아는 금융 소비자라도, 어느 회사 안내 책자에 적힌 "자본 변동과 권리"라는 말이 무슨 뜻인가 골머리를 싸맬지 모른다. 컴퓨터를 잘 다루는 사용자라도, 자기 웹사이트를 관리하려고 들어간 설정 페이지에서 "노드(node)", "콘텐츠 유형", "첨부" 같은 단어들이 나오는 지시문을 보고 이게 무슨 소리인가 할 수도 있다. 호텔 방에서 졸린 눈으로 자명종을 맞추려는데 그러려면 우선 "알람 기능"과 "두 번째 디스플레이 모드"가 무슨 뜻인지 해석해야만 하는 여행자는 어찌나 가엾은지.

사람들은 왜 저런 혼란스러운 용어들을 만들어 낼까? 내 생각에 그것은 전문성이 또 다른 방식으로 우리의 생각을 자신만의 형태로, 따라서 남들과 공유하기 어려운 형태로 바꾸기 때문이다. 우리는 무언가에 익숙해질수록 그것이 어떻게 생겼고 무엇으로 구성되었고 하는 점보다 우리가 그것을 어떻게 쓸 수 있나 하는 점만 생각하게 된다. 인지 심리학 교과서에 단골로 등장하는 이 현상은 기능 고착(functional fixity)이라고 불린다. (functional fixedness라고 하기도 한다.)[24] 교과서적 실험으로 이런 것이 있다. 사람들에게 초 한 자루, 종이 성냥 한 갑, 압정 한 상자를 주면서 촛농이 바닥에 떨어지지 않도록 초를 벽에 붙일 방법을 알아내 보라고 한다. 이 문제의 답은 상자에 든 압정을 죄 쏟은 뒤 빈 상자를 압정으로 벽에 붙이고 그 상자 속에 초를 세우는 것이다.

하지만 실험 참가자들은 대부분 이 답을 알아내지 못한다. 상자를 그저 압정을 담는 용기로만 생각하지, 평평한 바닥과 수직 측면 같은 요긴한 속성을 지닌 물체로는 보지 못하기 때문이다. 이 맹점을 기능 고착이라고 부르는 것은 사람들이 물체의 기능에만 생각이 고착되어 물체의 물리적 구성은 잊기 때문이다. 아장아장 걷는 아이가 방금 받은 생일 선물을 무시하고 선물을 쌌던 포장지를 가지고 노는 모습을 볼 때, 어른들은 우리가 물체를 어떤 목적을 달성할 수단으로만 여기는 나머지 물체 자체로 받아들이는 법을 잊었다는 사실을 깨닫는다.

이 기능 고착에 덩어리 짓기를 더하고, 우리가 스스로는 두 현상을 깨닫지 못하도록 가리는 지식의 저주에 담가 휘저으면, 대체 왜 전문가들은 자기만 아는 용어를 많이 쓰고 추상화, 메타 개념, 좀비 명사도 많이 쓰는가 하는 의문에 대한 답이 나온다. 전문가들은 우리를 골탕 먹이려고 일부러 그러는 것이 아니다. 그들은 그냥 애초에 그런 방식으로 생각하는 것뿐이다. 신경 과학자는 어떤 쥐가 다른 쥐와 한 우리에 들었을 때 한구석에 가만히 웅크리고 있는 장면을 머릿속에서 떠올리면서 그 모습을 "사회적 회피"라는 덩어리 말로 이해한다. 그가 그렇게 생각한다고 해서 우리가 나무랄 수는 없다. 그는 그 장면을 그동안 수천 번은 보았기 때문에, 실험 이야기를 할 때마다 시각 기억에서 '재생' 버튼을 눌러서 가련한 생물이 덜덜 떠는 모습을 머릿속에 그릴 필요가 없다. 하지만 우리 독자들은 그 장면을 봐야 한다. 최소한 처음 한 번은 봐야 한다. 그래야만 실험에서 실제로 벌어지는 일이 무엇인지를 제대로 이해할 수 있다.

비슷한 맥락에서, 작가는 어떤 물체를 구체적인 물체로 생각하지 않고 — 따라서 구체적인 물체에 관해서 쓰지 않고 — 그 물체가 자신의 일상 작업에서 맡는 용도로만 지칭하기가 쉽다. 2장의 예문 중, 심리학자가 실험 참가자에게 어떤 문장을 보여 준 뒤 곧이어 "참" 혹은 "거짓"이라는 단어를 보여 준다는 설명문이 있었다. 이때 심리학자는 자신의 행동을 "이어진 평가 단어의 제시"라고 묘사했는데, 그가 "평가 단어"라는 표현을 쓴 것은 자신이 그 요소를 그 대목에 배치한 목적이 그것이었기 때문이다. 즉 참가자가 앞 문장을 평가하도록 제시한 단어였기 때문이다. 그러나 안타깝게도 그는 "평가 단어"가 구체적으로 무엇인지 파악하는 일은 독자에게 맡겼는데, 그런다고 해서 글자 수를 아낀 것은 아닌 데다가 과학적으로도 설명이 더 엄밀해지기는커녕 오히려 덜 엄밀해졌다. 마찬가지로, 손목을 톡톡 건드리는 것을 "자극"이라고 쓰고 팔꿈치를 톡톡 건드리는 것을 "후자극 사건"이라고 썼던 저자들이 이런 용어를 선택한 것은 두 사건이 연달아 벌어졌다는 사실에만 신경 쓸 뿐 그 사건이란 것이 구체적으로 팔을 건드리는 행동이었다는 사실에는 신경 쓰지 않게 되었기 때문이다.

그러나 독자들은 신경 쓴다. 인간은 뇌의 3분의 1을 시각에 할당하고, 그 밖에도 넓은 영역을 촉각, 청각, 움직임, 공간 지각에 할당한 영장류이다. 그래서 우리가 '이해한 것 같은데.'에서 '이해했어.'로 넘어가려면 어떤 장면을 눈으로 보고 어떤 움직임을 몸으로 느낄 필요가 있다. 숱한 실험에서 밝혀진 바, 독자들은 시각적 이미지를 잘 그릴 수 있도록 구체적인 언어로 표현된 문장을 읽었을 때 내용을 훨씬 더 잘 이해하고 기억한다. 다음 예문 중 오른쪽이 그런 경우이다.[25]

체스판이 탁자에서 떨어졌다.	상아로 된 체스판이 탁자에서 떨어졌다.
측정계는 먼지투성이였다.	유압 측정계는 먼지투성이였다.
조지아 오키프(Georgia O'Keeffe)는 자신의 작품 중 일부를 '등가물'이라고 불렀는데, 대상으로부터 경험한 원래 감정에 대등한 감정을 주도록 추상화한 형상으로 그려졌기 때문이다.	조지아 오키프의 풍경화는 각진 고층 빌딩과 네온이 밝혀진 대로를 그린 것도 있었지만, 대부분은 뉴멕시코 시골의 탈색된 뼈, 사막의 그림자, 비바람에 시달린 십자가를 그린 것이었다.

왼쪽 예문들의 추상적 묘사에서 누락된 구체적 세부는 전문가들이야 이미 지겨워졌겠지만 처음 접하는 독자들은 꼭 보아야 하는 속성이다. 그냥 "체스판"이 아니라 상아로 된 체스 말들이고, 그냥 일반적인 "측정계"가 아니라 유압을 재는 계기이고, 그냥 "형상"이 아니라 탈색된 뼈들이다. 구체성을 살린 묘사는 작가와 독

자의 소통을 도울 뿐 아니라 독자가 스스로 추론을 더 잘하도록 돕는다. 촉각적 토끼 착각이 정확히 무엇인지 아는 독자는 그 현상이 정말 인간의 인식이 일정 시간에 퍼져서 경험된다는 가설을 지지하는 사례인지 아니면 다른 가설로 설명될 수 있는 사례인지를 더 제대로 평가할 수 있다.

전문가들의 글에 메타 개념이 많다는 사실—온갖 차원, 쟁점, 맥락, 틀, 관점이 등장한다는 사실—도 그의 사적인 덩어리 말 습득 역사와 기능 고착을 염두에 두면 비로소 이해가 된다. 학자든 컨설턴트든 정책 전문가든 분석가들은 정말로 '쟁점'에 대해서 생각하고(여러 쟁점을 한 페이지에 줄줄 나열한다.), '분석 차원'에 대해서 생각하며(어떤 차원이 가장 적절한 차원인가 아닌가를 놓고 논쟁한다.), '맥락'에 대해서 생각한다. (왜 어떤 조치가 한 곳에서는 통하는데 다른 곳에서는 통하지 않는지 이해하기 위해서 맥락을 들먹인다.) 이런 추상적 용어들은 전문가들이 구체적인 생각을 저장하고 운반하는 용기처럼 기능하기 때문에, 전문가들은 자신도 모르는 사이에 사물을 더 이상 그 구체적인 이름으로 부르지 못하는 상태가 되어 버린다. 다음 예문에서 왼쪽의 전문가 언어와 오른쪽의 구체적 언어를 비교해 보라.

| 참가자들은 음향 차단 수준이 좋거나 훌륭한 조건에서 시험을 받았다. | 우리는 조용한 방에서 학생들을 시험했다. |

공항 내나 인근에서의 관리 활동은 이륙과 착륙 도중 공항 밖 충돌 위험을 완화하는 데 거의 도움이 되지 않는다.	공항 근처에서 새들을 덫으로 잡는 조치는 비행기가 이착륙할 때 새와 충돌하는 횟수를 줄이는 데 거의 도움이 되지 않는다.
우리는 통합된 해결책을 제공하는 ICTS 접근법, 즉 효과적인 인력, 경비견 서비스, 첨단 기술을 결합한 접근법이 선정 과정에서 핵심적인 차별성으로 작용했다고 믿습니다.	그들이 우리 회사를 선택한 것은 우리가 경비원, 경비견, 감지기를 결합한 방법으로 건물을 지키기 때문입니다.

우리가 "조용한 방"으로 보는 것을 실험자는 "시험 조건"으로 본다. 애초에 그가 그런 생각으로 그 방을 골랐기 때문이다. 각종 관리 측면에서 위험을 책임지는 것이 제 일인 명령 체계 꼭대기의 안전 전문가에게는 부하 직원들이 실제로 새덫을 놓는 행동은 기억에서 희미해진 지 오래이다. 보안 회사에 고용된 홍보 전문가는 회사의 활동을 설명하는 보도 자료를 쓸 때, 자신이 잠재 고객에게 그 회사의 서비스를 판매한다면 어떻게 말하겠는가 하는 방식대로 쓴다.

작가 자신에게 익숙한 추상화의 두터운 층을 벗겨내 누가 누구에게 무엇을 했는지를 구체적으로 독자에게 보여 주는 것은 작가가 영원히 풀어야 할 과제이다. 예를 들어, 두 변수의 상관 관계를 설명하는 허드렛일을 생각해 보자. (가령 흡연과 암의 상관 관계, 비디오게임과 폭력의 상관 관계를 설명하는 일 말이다.) 상관 관계 설명은 공중 보건 논문이나 사회 과학 논문에 단골로 등장하는 작업이다. 그런데 오랫동안 상관 관계를 생각해 온 저자는 머릿속에서 두 변수를 각각 포장재 같은 추상적 용어로 둘러싸게 되고, 나아가 두 변수가 상관 관계를 맺을 수 있는 가능한 여러 방식도 그렇게 둘러싼다. 그렇게 포장된 꾸러미들은 늘 손 닿는 곳에 놓여 있기 때문에, 저자는 뭔가를 발표해야 할 때 자연스레 그 꾸러미들을 가져다 쓴다.

음식 섭취 정도와 체질량 지수 사이에는 유의미한 양의 상관 관계가 있다.

체질량 지수는 음식 섭취에 대해 증가 함수를 취한다.

음식 섭취는 단순 증가 관계에 따라 체질량 지수를 예측한다.

독자가 이런 문장의 뜻을 이해할 수는 있지만, 그러려면 꼭 낑낑거리며 비닐팩 포장을 뜯어내고서야 속에 든 제품을 꺼낼 수 있는 것처럼 수고를 잔뜩 들여야 한다. 만약 저자가 이 변수들을 명사 꾸러미에서 끄집어내어 탈물체화한다면, 우리가 보통 행동이나 비교나 결과를 설명할 때 쓰는 쉬운 언어로 설명할 수 있다. 그러면 모든 것이 한결 명확해진다.

우리는 음식을 더 많이 먹을수록 살이 더 많이 찐다.

지식의 저주를 염두에 두고, 그에 더해 덩어리 말 습득과 기능 고착까지 염두에 두면, 우리는 비로소 고전적 스타일을 익히는 것이 생각만큼 쉽지 않다는 역설을 이해하게 된다. 눈앞에 펼쳐진 장면을 보면서 대화의 한편을 맡아 이야기하는 척 시늉하는 것이 뭐 그렇게 어렵다고? 그러나 이 일은 생각보다 어려운데, 왜냐하면 우리가 어떤 분야에서 남들에게 할 말이 있을 만큼 전문가가 되었다면 우리는 이미 그 문제를 추상적 덩어리 말과 기능적 꼬리표로 생각하는 데 익숙해진 상태일 것이기 때문이다. 우리에게는 그런 용어들이 제2의 본성이 되었더라도 독자들에게는 여전히 낯설 텐데, 그 사실을 세상에서 제일 늦게 깨우치는 사람이 바로 우리인 것이다.

그렇다면 작가로서 우리는 독자의 머릿속으로 들어가 보도록 노력해야 한다. 우리가 편협한 전문 용어와 사적인 추상화의 세계에 의탁하기 쉽다는 사실을 염두에 두어야 한다. 그러나 이런 노력에는 한계가 있다. 우리 중에는 남들의 사적인 생각이 훤히 들여다보이는 신통력을 가진 사람은 없고, 그런 능력을 가지고 싶은 사람도 없을 것이다.

지식의 저주에서 벗어나려면, 우리는 자신의 예지력을 아예 넘어서야 한다. 엔지니어들이 곧잘 쓰는 표현대로 독자들의 세상에서 오는 되먹임 신호를 받아들임으로써 루프를 닫아야 한다. 무슨 말인가 하면, 우리가 생각하는 독자층과 비슷한 사람들에게 원고를 보여 주고 그들이 잘 이해하는지 확인해 봐야 한다는 뜻이다.[26] 이것은 몹시 진부한 조언처럼 들리지만, 사실은 무척 심오한 이야기이다. 사회 심리학자들에 따르면, 사람들은 가끔 망상에 가까운 수준으로 자신이 타인의 생각을 잘 읽어 낸다고 믿는다. 그 타인이 아무리 가까운 사람이라도 마찬가지이다.[27] 그러나 막상 그 타인들에게 직접 물어보면, 그제서야 비로소 우리에게는 명백한 사실이 그들에게는 명백하지 않다는 것을 알게 된다. 직업 작가에게 편집자가 있는 것은 이 때문이고, 정치인이 여론 조사를 의뢰하는 것도, 기업이 포커스 집단을 운용하는 것도, 인터넷 회사가 A/B 두 가지 버전의 웹사이트 디자인을 올려서 사용자들이 어느 쪽을 더 많이 누르는가 하는 데이터를 실시간으로 수집해 보는 것도 다 이 때문이다.

작가 대부분은 포커스 집단이나 A/B 시험 따위는 쓸 수 없지만, 룸메이트나 동료나 가족에게 자신이 쓴 것을 읽고 의견을 말해 달라고 부탁할 수는 있다. 검토자가 꼭 우리가 생각하는 독자층을 대표할 만한 표본에 해당하는 사람이어야 할 필요도 없다. 그냥 그가 우리가 아니라는 사실만으로도 충분할 때가 많다.

그렇다고 해서 우리가 검토자가 주는 제안을 빠짐없이 다 받아들여야 한다는 뜻은 아니다. 모든 검토자는 제 나름대로 지식의 저주에 걸려 있고, 제 나름대로 좋아하는 화제와 맹점과 속셈이 있다. 우리가 그런 것을 모두 만족시킬 수는 없는 노릇이다. 학술 논문에는 어리둥절할 정도로 본론과 무관한 말이 덧붙은 경우가 많은데, 이것은 익명의 유력한 검토자가 만일 자신의 제안을 따라 그런 말을 덧붙이지 않는다면 학술지 게재를 막겠다고 고집한 결과이다. 그러나 좋은 글은 위원회가 쓰지 않는다. 작가는 어떤 지적이 둘 이상의 검토자로부터 나왔을 때만, 혹은 작가 자신이 판단하기에 합리적인 지적으로 느껴질 때만 수정하면 된다.

지식의 저주에서 벗어나는 또 다른 방법은 앞 이야기의 연장선에서 나온다. 바로 원고를 **자기 자신에게** 보여 주는 것이다. 단 이상적인 경우라면 스스로에게도 그 글이 낯설게 느껴질 만큼 시간이 한참 흐른 뒤에 다시 보여 주는 것이다. 만일 여러분이 나와 같다면, 자신이 쓴 글을 다시 보았을 때 아마 이런 생각이 들 것이다. '내가 이 말을 왜 썼더라?' '어째서 이렇게 이어지지?' 이보다 더 자주 드는 생각도 있다. '대체 이 쓰레기 같은 글을 누가 쓴 거야?'

듣자 하니 세상에는 단숨에 조리 있는 글을 써내는 작가들도 있다고 한다. 기껏해야 오자 정도만 확인하고 구두법을 다듬은 뒤 곧장 발표한다는 것이다. 그러나 여러분은 아마 그런 사람이 아닐 것이다. 작가 대부분은 초고를 몇 차례 퇴고하면서 다듬는다. 나는 한 문장을 여러 번 다시 쓰고서야 다음 문장으로 넘어가고, 장 전체를 두세 번 다시 쓰고서야 다른 사람에게 보여 준다. 검토자의 의견을 받으면 그에 따라 각 장을 두 번씩 더 손질하고, 그다음에 다시 검토자에게 보여 준다. 이렇게 하고도 책 전체를 최소 두 번 더 다듬는다. 그러고 나서야 원고를 편집자에게 넘기고, 그러면 이제 편집자가 또 두어 차례 이것저것 수정한다.

글을 겨우 한 구절만 제대로 쓰려고 해도 이것저것 신경 쓸 요소가 워낙 많기 때문에, 무릇 우리와 같은 평범한 인간들은 그것들을 한 번에 제대로 다 해낼 수가 없다. 우리에게는 어떤 흥미롭고 진실된 생각을 머릿속에 잘 떠올리는 것만도 충분히 버겁다. 우리는 일단 머릿속의 그 생각을 최대한 비슷한 형태로 종이에 옮긴 뒤에야 인지 능력에 여유를 낼 수 있고, 그다음에야 비로소 글을 문법에 맞게, 깔끔하게, 무엇보다도 명료하게 다듬는 데 신경 쓸 여유가 난다. 우리 머릿속에서 어떤 생각이 처음 떠올랐던 형태와 독자가 그 생각을 가장 잘 받아들일 수 있는 형태가 서로 일치하는 경우는 거의 없다. 이 책을 비롯한 모든 글쓰기 지침서의 조언은 엄밀히 말해서 글을 쓰는 방법에 관한 조언이 아니라 글을 수정하는 방법에 관한 조언이다.

글쓰기에 관한 조언은 도덕적 권고처럼 들릴 때가 많다. 우리가 훌륭한 작가가 되면 인간적으로도 더 나은 사람이 될 것처럼 말하는 경우가 많다. 그러나 세상의 형평성 면에서는 아쉽게도, 실제로는 재능 있는 작가가 인간적으로는 악질이고 무능한 작가가 인간적으로는 세상의 소금 같은 사람인 경우가 많다. 하지만 모든 글쓰기 조언 중에서도 이 조언, 지식의 저주를 넘어서야 한다는 이 조언만큼은 정말로 건전한 도덕적 조언에 가장 가까운 말일지도 모른다. 우리에게 자신만의 편협한 사고 방식에서 벗어나서 늘 다른 사람들의 생각과 느낌을 헤아리도록 노력하라고 명령하는 말이니까. 우리가 그렇게 노력한다고 해서 인생의 다른 영역들에서도 꼭 더 나은 인간이 되지는 않겠지만, 적어도 우리의 독자들에게만큼은 늘 배려를 베푸는 작가가 될 것이다.

4장

그물, 나무, 줄

구문을 이해하면, 문법에 맞지 않고 배배 꼬이고

오해를 낳는 문장을 쓰는 것을 피할 수 있다

"요즘 애들은 문장 도해(diagramming sentences) 하는 법을 안 배운단 말이야." 이 말은 "인터넷이 언어를 망치고 있어.", "사람들이 난해한 헛소리를 쓰는 건 일부러 그러는 거야."와 더불어 오늘날 나쁜 글이 판치는 현상에 대한 설명으로 내가 가장 자주 듣는 말이다.

문장 도해의 기술이 사라졌다는 한탄이 말하는 기술이란 1877년 알론조 리드(Alonzo Reed)와 브레이너드 켈로그(Brainerd Kellogg)가 발명한 뒤 미국의 모든 학교에서 학생들이 배웠으나 1960년대에 모든 종류의 형식에 반대하며 들고 일어난 교육자들에게 쫓겨나 더 이상 가르쳐지지 않는 표기법을 가리킨다.[1] 이 표기법은 문장을 구성하는 단어들을 꼭 무슨 지하철 노선도처럼 배치한다. 이때 다양한 형태의 교차점(수직도 있고, 비스듬한 것도 있고, 가지를 친 것도 있다.)은 주어-술어, 수식어-핵어 같은 문법 관계를 뜻한다. 가령 In Sophocles' play, Oedipus married his mother(소포클레스의 희곡에서, 오이디푸스는 그의 어머니와 결혼했다)라는 문장을 도해로 그리면 다음 쪽 그림과 같다.

리드-켈로그 표기법은 옛날에는 혁신적인 방식이었겠지만, 나로서는 그다지 아쉽지 않다. 이 표기법은 구문을 종이에 적어서 보여 주는 여러 방법 중 하나일 뿐이고, 그나마 그다지 훌륭한 방

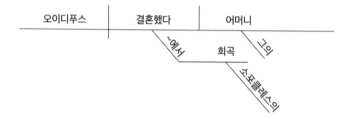

법도 못 된다. 단어 순서가 뒤죽박죽되는 데다가 임의의 시각적 규칙을 익혀야 하는 등 사용자에게 친화적이지 않은 속성들이 있기 때문이다. 그렇지만 사람들이 느끼는 향수의 바탕에 깔린 생각에는 나도 동의한다. 그 생각이란 글을 읽고 쓰는 사람이라면 누구나 문법에 대해서 생각할 줄 알아야 한다는 것이다.

그야 물론, 문법을 **사용하는** 방법이라면 모두가 이미 잘 안다. 우리는 누구나 두 살 즈음부터 문법을 사용했다. 그러나 인간이라면 누구나 타고나는 재주인 무의식적 언어 습득 능력만으로는 훌륭한 문장을 쓸 수 없다. 어떤 단어가 어떤 단어와 어울리는지를 암묵적으로 알아차리는 감각은 문장이 조금만 복잡해져도 금세 뒤엉키고, 우리 손가락은 만약 문장을 찬찬히 살펴보고 기억할 여유가 있었다면 결코 용납하지 않았을 만한 실수를 곧잘 저지른다. 언어를 구성하는 단위들을 의식적으로 하나하나 짚어 볼 줄 아는 작가는 설령 직관이 실패할 때라도 추론에 의지함으로써 문법이 맞는 문장을 써낼 수 있고, 문장에서 어딘가 틀린 데가 있다는 것은 알겠지만 정확히 어디인지는 모르겠을 때 스스로 문제를 진단해 낼 수도 있다.

또한 문법을 아는 작가는 작가들의 세상으로 들어갈 입장권을 얻은 셈이다. 요리사나 음악가나 운동 선수가 자기 분야에서 자신의 비결을 남들과 나누고 남들의 비결을 배우기 위해서는 해당 분야의 용어를 익혀야 하듯이, 작가는 자신이 쓰는 재료들의 이름을 알고 그것들이 어떻게 각자 역할을 해 내는지를 앎으로써 비슷한 이득을 얻을 수 있다. 문학 분석, 시학, 수사학, 비평, 논리학, 언어학, 인지 과학, 그리고 (이 책의 다른 장들이 제공하는 것과 같은) 실용적 글쓰기 조언은 가령 술어라느니 종속절이라느니 하는 대상을 어떤 이름으로든 지칭해야만 한다. 그러므로 그런 분야에서 남들이 어렵게 쌓아 둔 지식을 활용하고 싶은 사람은 일단 그런 용어들이 무슨 뜻인지를 알아야 한다.

가장 멋진 점은 문법이 그 자체로 흥미진진한 주제라는 사실이다. 적어도 적절한 방식으로 잘 설명되면 그렇다. 사실 문법이라는 단어를 들으면 학창 시절 분필 가루에 기침했던 기억, 노처녀 선생님한테 손등을 찰싹 맞을까 봐 겁냈던 기억이 떠오르는 사람이 많을 것이다. (글쓰기 지침서를 여러 권 쓴 시어도어 번스타인(Theodore Bernstein)은 그런 전형적인 선생님 상에 시슬보텀 선생님(Miss Thistlebottom)이라는 이름을 붙였고, 문장 도해의 역사를 살펴본 책을 쓴 키티 번스 플로리(Kitty Burns Florey)는 그런 선생님을 버나뎃 수녀(Sister Bernadette)라고 부른다.) 하지만 문법은 다음 만화 「슈(SHOE)」의 스카일러에게 그런 것처럼 어려운 용어와 괴로운 숙제로 이뤄진 시련으로

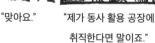

"대체 이런   "정신 훈련에   "그리고 나중에 살면서   "맞아요."   "제가 동사 활용 공장에
걸 왜 배워   좋단다,   도움이 될 거야……."   취직한다면 말이죠."
야 하죠?"   스카일러."

느껴져서는 안 된다.

　오히려 문법은 인간이 현실 세상에서 이뤄낸 뛰어난 적응 중 하나로 여겨져야 한다. 한 사람의 머릿속에 든 복잡한 생각을 어떻게 다른 사람의 머리로 전달할 수 있을까 하는 문제에 대해서 인류가 찾아낸 한 해법이라고 말이다. 이처럼 문법을 원시적 공유 애플리케이션으로 생각한다면, 이 주제가 훨씬 더 흥미롭고 유용하게 느껴진다. 문법의 여러 속성은 이처럼 생각을 공유할 목적으로 설계된 것이라고 이해한다면, 그 속성들을 더 잘 활용해 더 명료하고, 정확하고, 우아한 글을 쓸 수 있다.

　이 장의 제목에 쓰인 세 명사는 문법이 하나로 묶어 주는 세 요소를 가리킨다. 첫째는 우리 머릿속에 든 생각의 그물, 둘째는 입이나 손가락에서 흘러나오는 단어의 줄, 셋째는 전자의 그물을 후자의 줄로 바꿔 주는 구문의 나무이다.

맨 먼저 그물부터 살펴보자. 우리가 구체적인 단어를 떠올리지 않고 막연하게 몽상할 때, 사고는 한 생각에서 다른 생각으로 자유롭게 떠돈다. 시각적 이미지, 이상한 관찰, 짧은 멜로디, 웃긴 사실, 오래된 불만, 즐거운 환상, 기억할 만한 순간. 인지 과학자들은 월드 와이드 웹이 발명되기 한참 전부터도 인간의 기억을 여러 노드가 이룬 그물로 모형화했다. 각 노드는 하나의 개념을 뜻하고, 모든 노드가 다른 단어나 이미지나 개념을 뜻하는 다른 노드들과 이어져 있다.[2] 한 사람의 정신 전체에 퍼져 있는 그 방대한 그물 중 한 부분, 가령 소포클레스가 들려준 비극에 관한 지식만을 떼어내어 그려 보면 다음 쪽 그림과 같다.

나는 모든 노드를 페이지의 어느 지점에든 배치해야 했지만, 이 위치들은 중요하지 않다. 여기에는 아무 순서도 없다. 여기서 중요한 것은 노드들이 어떻게 연결되어 있냐는 관계뿐이다. 꼬리를 물고 이어지는 생각의 출발점은 이 노드 중 어느 것이라도 될 수 있다. 생각은 어떤 단어를 듣고 시작될 수도 있고, 이 그물에서 한참 먼 다른 개념에서 시작된 연결이 여기까지 이어져서 자극을 주어 시작될 수도 있고, 그것도 아니면 신경 세포가 무작위로 켜진 탓에 정말로 불쑥 어떤 생각이 떠오른 것일 수도 있다. 어느 경우이든, 당신의 마음은 그 출발점에서 어느 방향으로든 이동할 수 있다. 어떤 연결을 거쳐서 어떤 다른 개념으로든 서핑

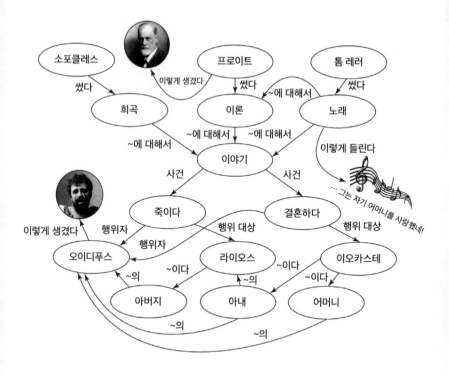

해 갈 수 있다.

자, 그런데 당신이 이 생각 중 일부를 남과 공유하고 싶다고
하자. 어떻게 하겠는가? 우주의 어느 발달한 외계인 종족은 이
그물의 일부를 파일로 압축한 뒤 전화식 모뎀처럼 상대에게 불
러 줄 수 있을지도 모른다. 하지만 호모 사피엔스(*Homo sapiens*)
는 그런 방식을 쓰지 않는다. 우리는 각각의 생각을 단어라는 짧
은 소리와 연합시키는 방법을 익혔고, 누군가 그 소리를 발성하

면 듣는 상대가 그것에 해당하는 생각을 떠올리게 되었다. 그러나 그 단어들을 낱낱이 내뱉기만 해서는 물론 부족하다. 여러분이 만일 「오이디푸스 왕」 이야기를 잘 모르는데 내가 "소포클레스 희곡 이야기 죽이다 라이오스 아내 이오카스테 결혼했다 오이디푸스 아버지 어머니"라고만 말한다면, 100만 년이 지나도 여러분은 무슨 이야기인지 추측해 내지 못할 것이다. 우리는 개념들을 뜻하는 이름들을 무턱대고 읊지 않고, 그것들 사이의 논리 관계(행위자, 행위 대상, ~이다 등)를 보여 주는 순서에 따라 읊는다. "오이디푸스는 라이오스를 죽였는데, 그는 자신의 아버지였다. 오이디푸스는 이오카스테와 결혼했는데, 그녀는 자신의 어머니였다." 하는 식이다. 이때 우리 머릿속 개념들의 관계망을 번역해 입에서 먼저 말할 것-나중에 말할 것 순서로 정렬해 주는 암호, 혹은 종이에서 왼쪽에 적을 것-오른쪽에 적을 것 순서로 정렬해 주는 암호를 가리켜 구문(syntax)이라고 한다.[3] 이 구문 규칙에 단어 형성법(word-formation, 가령 kill(죽이다)을 kills(죽이다), killed(죽였다), killing(죽임) 등으로 바꿔 주는 규칙)을 합한 것이 곧 영어 문법이다. 언어마다 문법은 다르지만, 모든 문법은 단어를 변형시키고 배열하는 개념 관계를 알려주는 규칙이다.[4]

개념들이 여러 가닥으로 엉킨 그물에서 한 줄로 이어진 단어들을 잘 뽑아내는 암호를 설계하기란 쉬운 일이 아니다. 우리가 말하려는 사건이 혹 여러 관계로 얽힌 여러 인물이 나오는 사건이라면, 듣는 사람이 누가 누구에게 무엇을 했다는 말인지를 제대로 쫓아가도록 만들어 줄 방법이 필요하다. 우리가 "죽였다 오이디푸스 결혼했다 라이오스 이오카스테"라고 말한다면, 오이디푸스가 라이오스를 죽이고 이오카스테와 결혼했다는 뜻인지, 이오카스테가 오이디푸스를 죽이고 라이오스와 결혼했다는 뜻인지, 오이디푸스가 이오카스테를 죽이고 라이오스와 결혼했다는 뜻인지, 기타 등등 중에서 무엇인지가 분명하지 않다. 구문은 문장에서 서로 인접한 단어들은 서로 연관된 개념들을 뜻한다고 규정함으로써, 그리고 한 단어열이 다른 단어열 속에 삽입된 것은 그 단어열의 개념이 그것보다 더 큰 개념에 포함된 부분임을 뜻한다고 규정함으로써 이 문제를 푼다.

구문의 원리를 이해하려면, 거꾸로 뒤집힌 나무의 가지들 끝에 단어들을 배열한 뒤 그것들이 어떻게 단어열 속 단어열로 뭉쳐 있는지를 다음 쪽 그림처럼 시각화해 보면 된다.

자세한 것은 나중에 설명하겠지만, 지금은 맨 밑의 단어가(가령 mother(어머니) 같은 단어가) 몇 개 함께 묶여서 구를 이루고(가령 his mother(그의 어머니)), 그 구들이 묶여서 더 큰 구를 이루고(가령 married his mother(그의 어머니와 결혼했다)), 그 구들이 더 묶여서 하나의 절을 이루며(가령 Oedipus married his mother(오이디푸스는 그의 어머니와 결혼했다)와 같은 단순한 문장), 그 절이 그보다 더 큰 절에(가령 전체 문장) 삽입될 수 있다는 것만 알면 된다.

그렇다면 구문이란 구들의 **나무**를 사용해 생각들의 **그물**을 단어들의 **열(줄)**로 번역해 주는 애플리케이션인 셈이다. 그 과정을

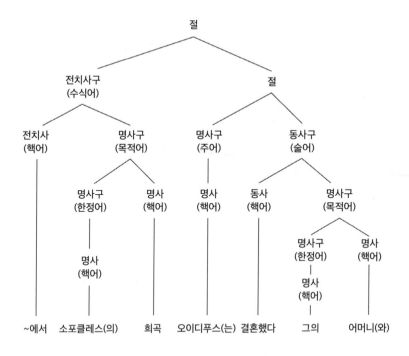

거쳐서 만들어진 단어들의 열을 듣거나 읽은 사람은 그 과정을 거꾸로 밟을 수 있다. 단어들을 나무에 도로 적절하게 끼워 넣음으로써 연관 개념들 사이의 연결 관계를 복원하는 것이다. 앞의 예문에서 독자는 소포클레스가 희곡을 썼는데 그 속에서 오이디푸스가 자기 어머니와 결혼했다는 뜻임을 유추할 수 있다. 독자는 오이디푸스가 희곡을 썼는데 그 속에서 소포클레스가 자기 어머니와 결혼했다는 뜻이라고 생각할 리 없고, 그냥 웬 그리스 사람들 이야기인가 봐 하고만 생각할 리도 없다.

여기서 나무는 당연히 하나의 은유일 뿐이다. 이 은유에 담긴 뜻은 인접한 단어들이 하나의 구로 뭉친다는 것, 그 구가 더 큰 구에 삽입된다는 것, 듣는 사람은 단어들과 구들의 배열을 단서로 삼아 말한 사람의 머릿속에서 인물들이 맺는 관계를 복원할 수 있다는 것이다. 나무, 즉 분지도는 그 관계도를 종이에 표시하기에 편한 한 가지 방법일 뿐이다. 분지도가 아니라 괄호와 중괄호로도, 혹은 벤다이어그램으로도 그 관계도를 똑같이 정확하게 표시할 수 있다.

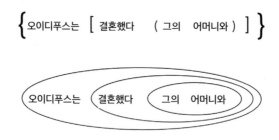

어떤 표기법을 쓰든, 문장의 이면에 깔린 관계도―즉 뒤엉킨 생각들의 그물을 전달하기 위해서 구들이 어떤 순서로 한 줄로 배열되었는가 하는 구조―를 파악할 줄 아는 것은 우리가 문장을 쓸 때 실제 달성하고자 하는 목적이 무엇인지를 이해하게끔 해 주는 열쇠이다. 그리고 그 목적을 이해하면, 더 나아가 우리가 쓸 수 있는 선택지에는 무엇이 있고 자칫 어떤 점이 잘못될 수

있는지를 이해하는 데도 도움이 된다.

그런데 이 작업이 왜 어려울까? 왜냐하면, 작가는 영어 구문이 제공하는 하나의 수단으로 — 즉 종이에서 왼쪽-오른쪽 순서로 단어를 배열하는 행위로 — 사실상 두 가지 일을 동시에 해내야 하기 때문이다. 단어 순서는 누가 누구에게 무엇을 했는가 하는 의미를 전달하는 부호에 해당한다. 그러나 동시에 그 순서는 독자의 머릿속에서 먼저 처리할 단어-나중에 처리할 단어 순서를 정해 주는데, 사람의 머리는 한 번에 겨우 몇 가지 작업만 처리할 수 있는 데다가 정보가 머리에 들어온 순서는 그 정보가 다뤄지는 방식에도 영향을 미친다. 앞으로 살펴보겠지만, 작가는 정보 부호로서의 단어 순서와 독자가 머릿속에서 그리는 사건 순서로서의 단어 순서라는 이 두 가지 측면을 끊임없이 조화시켜야 한다.

우선, 부호로서의 구문을 더 자세히 살펴보자. 앞에서 그렸던 오이디푸스 문장의 분지도를 예로 사용하자.[5] 맨 밑에 놓인 단어들에서 한 층 위로 올라가면, 단어마다 특정 문법 범주의 딱지가 붙어 있다. 이것이 바로 '품사(parts of speech)'이다. 1960년대 이후에 영어 교육을 받은 사람이라도 품사가 뭔지 정도는 알 것이다.

명사(대명사 포함)	man(남자), play(희곡), Sophocles(소포클레스), she(그녀), my(나의)

동사	marry(결혼하다), write(쓰다), think(생각하다), see(보다), imply(암시하다)
전치사	in(~안에), around(~주변에), underneath(~아래에), before(~앞에), until(~까지)
형용사	big(큰), red(빨간), wonderful(멋진), interesting(흥미로운), demented(망령된)
부사	merrily(즐겁게), frankly(솔직하게), impressively(인상적으로), very(아주), almost(거의)
관사와 그 밖의 한정어	the(그), a(한), some(일부), this(이), that(저), many(많은), one(하나), two(둘), three(셋)
등위 접속사	and(그리고), or(혹은), nor(~도 ~도 아닌), but(그러나), yet(그렇지만), so(그래서)
종속 접속사	that(~라는), whether(~인지 아닌지), if(만약 ~라면), to(~하는)

  단어들은 각자의 범주에 따라 분지도의 알맞은 자리에 끼워 넣어진다. 구문 규칙은 엄밀히 말하자면 단어들의 순서가 아니라 범주들의 순서를 규정하기 때문이다. 우리가 영어에서는 관사가 명사 앞에 와야 한다는 규칙을 배웠다면, 예컨대 **해시태그, 애플리케이션, MOOC** 같은 새 명사를 배울 때마다 관사와 명사 순서를 매번 다시 배울 필요가 없다. 명사를 하나 보았다면 거의 모든 명사를 다 본 것이나 마찬가지이다. 명사라는 범주에는 물론 고유명사, 보통 명사, 물질 명사, 대명사 등 여러 하위 범주가 포함되

어 있고, 그 하위 범주들은 정확히 어느 위치에 오는가 하는 문제에서 제각기 좀 더 까다롭게 굴기도 하지만, 아무튼 원리는 같다. 같은 하위 범주에 속하는 단어라면 얼마든지 바꿔 쓸 수 있으므로, 어떤 하위 범주가 어느 위치에 오는지를 알면 그 하위 범주에 속하는 모든 단어의 위치를 아는 셈이다.

이중 한 단어, married(결혼했다)에 집중해 보자. 사전에 이 단어의 문법 범주는 동사라고 적혀 있고, 더불어 이 단어의 문법 **기능**도 괄호 안에 적혀 있다. 이 경우에는 핵어(head)라고 적혀 있다. 문법 기능이란 그 단어가 언어에서 어떤 종류의 **존재인가**를 알려주는 것이 아니라 특정 문장에서 무슨 역할을 **하는가**를 알려주는 표지이다. 그 단어가 다른 단어들과 어떻게 결합해 문장의 의미를 정해 주는가를 따지는 것이다.

어떤 구의 '핵어'란 그 구의 핵심에 해당하는 정보를 말한다. 핵어가 구의 핵심적인 의미를 결정하는 것인데, 따라서 예문의 경우 married his mother(그의 어머니와 결혼했다)라는 구는 어떤 특수한 형태로 결혼했다는 뜻이 된다. 핵어는 또 그 구의 문법 범주를 결정하는데, 예문의 경우에는 동사를 중심으로 구성된 구인 동사구가 된다. 동사구는 문장 분지도에서 특정한 자리에 끼워 넣어지는 단어열로, 그 길이는 자유롭다. 동사구에 다른 내용이 아무리 많이 욱여넣어져 있더라도—married his mother(그의 어머니와 결혼했다)이든, married his mother on Tuesday(그의 어머니와 화요일에 결혼했다)이든, married his mother on Tuesday over the objections of his girlfriend(그의 어머니와 화요일에 자기 여자 친구의 반대를 무릅쓰고 결혼했다)이든─married(결혼했다)라는 동사 하나로만 구성된 동사구와 같은 위치에 배치되는 것이다. 이것은 다른 종류의 구도 마찬가지이다. 가령 명사구인 the king of Thebes(테베의 왕)는 king(왕)이라는 핵어 명사를 중심으로 구성된 구이고, 여러 형태의 왕 중 한 사례를 지시하며, 이것보다 더 단순한 the king(그 왕)이라는 명사구가 놓일 수 있는 자리라면 어디든 똑같이 놓일 수 있다.

구를 더 통통하게 부풀리는 잉여의 단어들은 핵어가 규정한 하나의 이야기에 등장하는 여러 역할을 구분해 주는 문법 기능도 수행할 수 있다. 결혼한다는 이야기의 경우, 그 속에는 결혼당하는 역할을 맡은 인물과 결혼하는 역할을 맡은 인물이 있어야 한다. (실제로는 결혼은 대칭적 관계이지만─잭이 질과 결혼한다면 질도 당연히 잭과 결혼한다.─설명의 편의상 이 예문에서는 남성이 여성과 결혼하는 역할을 맡는다고 가정하자.) 이 예문에서는 결혼당하는 사람이 누구인가 하면 비극적이게도 his mother(그의 어머니)라는 명사구의 지시 대상인데, 왜 그녀가 결혼당하는 역할인가 하면 이 명사구가 '목적어'라는 문법 기능을 띠고 있기 때문이다. 영어에서 목적어란 동사 다음에 오는 명사구를 말한다. 한편 결혼하는 역할을 맡은 사람은 Oedipus(오이디푸스)라는 한 단어 명사구의 지시 대상으로, 이 명사구의 문법 기능은 '주어'이다. 주어는 특별하다. 모든 동사는 각자 주어가 있다. 하지만 그 주어는 그 동사구의 바같에 놓여 있고, 절의 분지도에서 제일 중요한 두 자리 중 하나를 차지한다. 나머지 하나는 술어가 차지하는 자리이다. 이 밖에도 이야기에서 또 다른 역할들을 규정하는 또 다른 문법 기능들이 있다. 가령 Jocasta handed the baby to the servant(이오카스테는 아기를 하인에게 건넸다)라는 문장에서, the servant(하인)이라는 명사구는 사격 목적어, 즉 전치사 to(~에게)의 목적어로 기능한다. Oedipus thought that Polybus was his father(오이디푸스는 폴리보스가 자기 아버지라고 생각했다)라는 문장에서, that Polybus was his father(폴리보스가 자기 아버지라고)라는 절은 동사 thought(생각했다)의 보어로 기능한다.

언어에는 또 등장 인물 식별이 아니라 다른 종류의 정보를 알리는 문법 기능들도 있다. 수식어는 시간, 장소, 방식, 어떤 물체나 행동의 성질에 관한 정보를 더해 준다. 예문에서는 In Sophocles' play(소포클레스의 희곡에서)라는 구가 Oedipus married his mother(오이디푸스는 그의 어머니와 결혼했다)라는 절을 꾸미는 수식어이다. 다음 구들에서 밑줄 친 단어도 수식어이다. Walks on four legs(네 다리로 걷다), swollen feet(부은 발), met him on the road to Thebes(테베로 가는 길에 그를 만났다), the shepherd whom Oedipus had sent for(오이디푸스가 불러왔던 양치기).

또 명사 play(희곡)와 mother(어머니) 앞에는 각각 Sophocles' (소포클레스의)와 his(그의)라는 단어가 붙어 있는데, 이 단어들의 기능은 '한정어(determiner)'이다. 한정어는 '어떤 것?' 혹은 '얼마나 많이?'라는 질문에 대답한다. 이 예문에서 한정어의 역할은 과거에 소유형 명사라고 불렸던 명사가 해 주고 있다. (정확히 말하자면 속격으로 표시된 명사이지만, 이것은 잠시 후에 설명하겠다.) 그 밖의 흔한 한정어로는 the cat(그 고양이)이나 this boy(이 소년)에 쓰인 것 같은 관사, some nights(며칠 밤)나 all people(모든 사람)에 쓰인 것 같은 양화사, sixteen tons(16톤)에 쓰인 것 같은 숫자가 있다.

만일 여러분이 예순 살이 넘었거나 사립 학교에 다녔다면, 내가 말하는 이 구문 장치들이 여러분이 시슬보텀 선생님 수업에서 배웠던 문법과는 좀 다르다는 것을 눈치 챘을 수 있다. 현대의 문법 이론(내가 이 책을 쓰면서 참고한 『케임브리지 영문법(The Cambridge Grammar of the English Language)』의 이론도 그렇다.)은 명사, 동사 같은 문법 범주와 주어, 목적어, 핵어, 수식어 같은 문법 기능을 구분한다. 그리고 둘 모두를 행동, 물리적 대상, 소유자, 행위자, 행위 대상 같은 **의미론적** 범주 및 역할과도 구분하는데, 이런 역할들은 그 단어의 지시 대상이 세상에서 하는 일이 무엇인지를 가리키는 말들이다. 과거의 문법은 이 세 개념을 섞어서 쓰는 편이었다.

일례로, 나는 어릴 때 soap flakes(비누 조각)에서 soap(비누), that boy(저 소년)에서 that(저)은 형용사라고 배웠다. 명사를 수식하는 단어이니까 그렇다고 했다. 그러나 이 판단은 '형용사'라는 문법 범주와 '수식어'라는 문법 기능을 혼동한 것이다. 명사

soap(비누)가 구에서 맡은 일이 수식어라고 해서 우리가 마술봉을 휘둘러 그것을 형용사로 둔갑시킬 필요는 없다. 그냥 명사도 가끔 다른 명사를 수식할 수 있다고 말하는 편이 더 간단하다. 한편 that boy(저 소년)에서 that(저)의 경우, 시슬보텀 선생님은 문법 기능조차 틀리게 말했다. 이것은 수식어가 아니라 한정어이기 때문이다. 어떻게 아느냐고? 한정어와 수식어는 호환되지 않기 때문이다. 우리는 Look at the boy(그 소년을 봐), Look at that boy(저 소년을 봐)라고는 말해도(둘 다 한정어), Look at tall boy(큰 소년을 봐)라고는 말하지 않는다. (수식어) Look at the tall boy(그 큰 소년을 봐)라고는 말해도(한정어 + 수식어), Look at the that boy(그 저 소년을 봐)라고는 말하지 않는다. (한정어 + 한정어)

나는 또 '명사'란 사람, 장소, 물건을 가리키는 단어라고 배웠다. 하지만 이것은 문법 범주와 의미 범주를 혼동한 말이다. 코미디언 존 스튜어트(Jon Stewart)도 헷갈렸던 모양이다. 자기 쇼에서 조지 부시 대통령의 "테러와의 전쟁(War on Terror)"을 비판하면서 "게다가 테러(Terror)는 명사도 아니잖아요!"라고 항의했던 것을 보면,[6] 스튜어트의 말뜻은 terror(테러)가 실체적 존재가 아니라는 것, 특히 한 무리의 사람들로 구성된 적군이 아니라는 것이었지만, 아무튼 terror는 명사이다. 그 밖에도 사람, 장소, 물건을 지시하지는 않지만 명사인 단어는 무수히 많다. 앞선 몇 문장에서만 찾아봐도 word(단어), category(범주), show(쇼), war(전쟁), 그리고 noun(명사)가 다 그렇다. 물론 명사가 **종종** 사람, 장소, 물건의 이름이기는 해도, 명사라는 범주는 그것이 일군의 규칙들 속에서 맡은 역할로만 정의된다. 체스 말 중 '룩(rook)'이 작은 탑 같은 그 생김새로 정의된다기보다는 체스 게임에서 특정 방식으로 행마(行馬)할 수 있는 말로 정의되는 것처럼, '명사' 같은 문법 범주는 그것이 문법 게임에서 어떤 움직임을 취할 수 있느냐에 따라 정의되는 것이다. 그리고 명사가 취할 수 있는 움직임에는 한정어 뒤에 나오는 것(the king), 직접 목적어가 아니라 사격 목적어를 취하는 것(the king Thebes가 아니라 the king of Thebes), 복수형을 띨 수 있는 것(kings), 속격을 띨 수 있는 것(king's) 등이 있다. 이 기준으로 보면, terror는 틀림없는 명사이다. The terror(그 테러), terror of being trapped(갇힐 것이라는 공포), the terror's lasting impact(테러의 장기적 충격)가 모두 가능하니까.

그렇다면 이제 우리는 Sophocles'(소포클레스의)라는 단어가 문장 구조에서 '형용사'라고 표시되지 않고 '명사' 범주와 '한정어' 기능으로 표시된 이유를 알 수 있다. 이 단어는 늘 그랬던 것처럼 변함없이 명사일 뿐, 다른 명사 앞에 붙었다고 해서 갑자기 형용사로 돌변하지는 않는다. 그리고 그 기능은 한정어인데, 다른 한정어인 the(그), that(저)과 같은 방식으로 행동하지만 famous(유명한) 같은 수식어와는 다른 방식으로 행동하기 때문이다. 우리는 In Sophocles' play(소포클레스의 희곡에서), In the play(그 희곡에서)라고는 말해도 In famous play(유명한 희곡에서)라고는 말하지 않는다.

이 대목에서 여러분은 의문이 들지도 모르겠다. '속격 (genitive)'이 뭐지? 예전에 소유형(possessive)이라고 배웠던 것 아닌가? 자, '소유형'은 의미 범주인데, 접미사 's를 붙인 명사나 his(그의), my(나의) 같은 대명사로 표시되는 속격은 사실 소유와는 무관하다. 곰곰이 생각해 보면, Sophocles' play(소포클레스의 희곡), Sophocles' nose(소포클레스의 코), Sophocles' toga(소포클레스의 토가), Sophocles' mother(소포클레스의 어머니), Sophocles' hometown(소포클레스의 고향), Sophocles' era(소포클레스의 시대), Sophocles' death(소포클레스의 죽음) 같은 구들에는 공통적으로 소유의 뜻이 있기는커녕 아무런 공통의 뜻이 없다. 여기서 Sophocles'(소포클레스의)가 공통적으로 띤 특징은 문장 구조에서 한정어의 자리를 채우고 있다는 것, 말하는 사람이 어떤 희곡과 어떤 코와 어떤 기타 등등을 염두에 둔 것인지를 알게 해 준다는 것뿐이다.

좀 더 일반적으로 말해서, 우리는 우리가 문법에 관해서 알아야 할 내용은 우리가 태어나기도 전에 진작 다 밝혀졌다고 믿지 말고 늘 열린 마음으로 문장 구조를 그려 봐야 한다. 범주, 기능, 의미는 경험적으로 확인되어야 한다. 가령 우리가 어떤 구의 범주를 잘 모르겠다면, 범주를 아는 구로 바꿔 보고 그래도 문장이 말이 되는지 살펴보는 실험을 수행해 알아봐야 한다. 현대 문법 학자들은 이런 실험으로 단어들을 문법 범주로 분류했고, 이 범주는 우리가 과거에 배웠던 전통적 분류와는 간혹 다를 수 있다.

일례로, 앞에서 보여 준 품사 목록에 전통적 범주였던 '접속사 (conjunction)'가 없는 것도 이 때문이다. 예전에는 접속사라는 큰 범주가 있고 그 밑에 '등위적 접속사(and, or 같은 단어들)'와 '종속적 접속사(that, if 같은 단어들)'가 나뉜다고 보았지만, 이후 등위적 접속사와 종속적 접속사는 공통점이 전혀 없는 것으로 밝혀졌기 때문에 이제는 둘 다를 포괄하는 '접속사'라는 범주는 존재하지 않는다. 말이 났으니 말인데, 과거에 종속적 접속사라고 불렸던 단어들은 사실 전치사인 것이 많다. 가령 before(~앞에), after(~뒤에)가 그렇다.[7] 예를 들어 after the love has gone(사랑이 떠난 뒤에)의 after는 after the dance(댄스 뒤에)의 after와 다를 것이 없는데, 후자는 누구나 전치사라고 인정한다. 과거의 문법학자들은 범주와 기능을 구별하지 않았던 탓에 전치사가 꼭 명사구만이 아니라 절도 목적어로 취할 수 있음을 알아차리지 못했다.

그런데 이런 이야기가 왜 중요할까? 여러분이 글을 잘 쓰기 위해서는 문장을 일일이 도해할 필요도 없고 전문 용어에 통달할 필요도 물론 없지만, 이 장을 끝까지 읽는다면 구문을 조금이라도 아는 것이 글쓰기에 여러 면에서 유용하다는 사실을 알 수 있을 것이다. 첫째, 구문을 알면 명백한 문법 실수를 피할 수 있다. 우리가 그저 깜박 놓치는 바람에 저지르는 실수 말이다. 둘째, 편집자나 깐깐한 문법광이 당신의 문장에서 실수를 발견했다고 주장할 때, 하지만 당신은 잘못이 없다고 생각할 때, 당신이 해당

규칙을 이해한다면 적어도 그 지적을 따를지 말지를 스스로 결정할 수 있다. 6장에서 보겠지만, 세간에 떠도는 가짜 규칙들은 형용사, 종속 접속사, 전치사 같은 문법 범주를 엉망으로 분석한 탓인 경우가 많다. 마지막으로, 구문을 알면 모호하고 혼란스럽고 꼬인 문장을 피할 수 있다. 그리고 이 모든 깨달음을 얻으려면, 일단 문법 범주가 무엇인지, 그것이 문법 기능과 의미와 어떻게 다른지, 문장 구조에 어떻게 조립되는지를 기본 정도는 알아야 한다.

/

언어가 어떤 생각들을 독자의 무릎에 마구잡이로 와르르 쏟아 놓는 게 아니라 생각들 사이의 관계를 전달할 수 있는 것은 다 문장의 나무 구조, 즉 분지도 덕분이다. 하지만 이 구조에는 대가가 따른다. 우리의 기억력에 추가의 부담을 지운다는 점이다. 눈에 보이지 않는 가지들을 그려 내고 기억하는 데는 인지적 수고가 들기 때문에, 작가도 독자도 자칫 문장을 그냥 단어가 줄줄이 이어진 것으로만 여기는 상태로 빠져들기 쉽다.

우선, 작가가 맞닥뜨리는 문제부터 살펴보자. 작가가 피로해지면, 분지도 전체를 바라보는 능력이 저하된다. 시야가 구멍만큼 좁아져서, 한 번에 볼 수 있는 단어의 수가 문자열에서 이웃한 단어 몇 개로 준다. 그런데 대개의 문법 규칙은 단어열이 아니라 분지도에서 정의되기 때문에, 이런 일시적 분지도 맹시는 짜증스러운 실수를 낳을 수 있다.

주어와 동사의 일치를 예로 들어보자. 우리는 The bridge is

crowded(다리가 붐빈다)라고 말하지만, 주어가 복수일 때는 The bridges are crowded(다리들이 붐빈다)라고 말한다. 이 규칙은 전혀 어렵지 않다. 아이들도 세 살쯤이면 터득하는 규칙이다. I can has cheezburger(난 치즈 버거를 먹을 수 있다), I are serious cat(난 심각한 고양이야) 같은 실수는 워낙 빤한 실수라서, 이런 실수를 고양이 탓으로 돌리는 인터넷 밈(LOLcats)이 있을 정도이다. 그런데 이때 '주어'와 '동사'의 일치는 분지도에서 결정되는 것이지, 단어 순서에서 결정되는 것이 아니다.

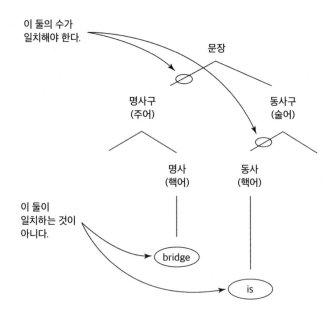

여러분은 의아할지도 모르겠다. 무슨 차이가 있다고? 어느 쪽으로 보든 똑같은 문장이 나오는 것 아닌가? 그런데 그렇지가 않다. 만약 다음 도해처럼 주어 끝에 다른 단어를 덧붙여서 주어를 부풀린다면 어떨까? 이제 bridge(다리)가 동사 바로 앞에 오지 않는데, 그래도 일치는─분지도에 따라 결정되므로─영향을 받지 않는다. 우리는 여전히 The bridge to the islands is crowded(섬들로 가는 다리가 붐빈다)라고 말하지, The bridge to the islands are crowded라고 말하지는 않는다.

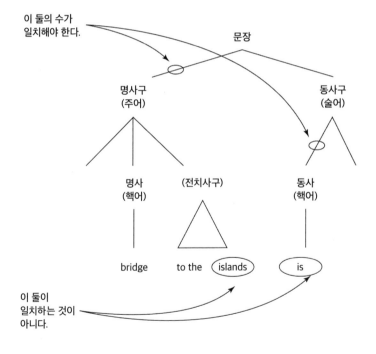

하지만 분지도 맹시(tree-blindness) 탓에, 우리는 곧잘 실수해서 The bridge to the islands <u>are</u> crowded라고 타이핑하고는 한다. 분지도를 기억에 잘 붙잡아 두지 않으면, 동사를 타이핑하기 직전에 머릿속에 울렸던 islands(섬들)이라는 단어가 동사의 수 일치를 오염시키는 것이다. 아래는 내가 여러 인쇄 매체에서 발견한 일치 오류이다.[8]

The <u>readiness</u> of our conventional forces <u>are</u> at an all-time low. (재래식 병력의 즉응력은 사상 최저 수준이다.)

At this stage, the <u>accuracy</u> of the quotes <u>have</u> not been disputed. (이 단계에서, 인용문의 정확성은 반박되지 않았다.)

The <u>popularity</u> of 'Family Guy' DVDs <u>were</u> partly credited with the 2005 revival of the once-canceled Fox animated comedy. ('패밀리 가이' DVD의 인기에는 한때 취소되었던 폭스의 애니메이션 코미디가 2005년 부활한 것도 한 요인으로 기여했다.)

The <u>impact</u> of the cuts <u>have</u> not hit yet. (삭감의 충격이 아직은 느껴지지 않는다.)

The <u>maneuvering</u> in markets for oil, wheat, cotton, coffee and more <u>have</u> brought billions in profits to investment banks. (석유, 밀, 면화, 커피 등의 시장을 조작함으로써 투자 은행들은 막대한 이득을 올렸다.)

(각각 뒤의 동사가 is, has, was, has, has로 모두 단수형이 되어야 주어와 일

치한다. ─ 옮긴이)

　이런 실수는 누구나 하기 쉽다. 내가 이 글을 쓰는 동안 눈앞의 마이크로소프트 워드 화면에는 소프트웨어의 문법 확인 기능이 그어 준 초록색 구불구불한 밑줄이 몇 쪽에 하나씩 보이는데, 대부분은 내 분지도 감지 레이더가 놓쳐서 일치 오류를 저지른 대목들이다. 그러나 최고의 소프트웨어라도 분지도를 늘 믿음직하게 파악하는 것은 아니므로, 작가는 분지도를 신경 쓰는 임무를 결코 워드프로세서에게 떠맡겨서는 안 된다. 일례로, 앞의 잘못된 예문들 중 맨 밑 두 문장은 내 워드 화면에서 죄를 지목하는 구불구불한 밑줄이 그어지지 않았다.

　주어와 동사를 멀리 떨어뜨리는 방법은 잉여의 구를 끼워 넣는 것 외에도 더 있다. 또 다른 방법은 문법 규칙에 따라 문장 구조를 바꾸는 과정인데, 언어학자 놈 촘스키(Noam Chomsky)는 이 과정에서 착안해서 어떤 구를 원래와는 다른 위치로 옮기는 규칙에 따라 변형된 문장은 원래의 분지도 ─ 이것을 심층 구조(deep structure)라고 부른다. ─ 가 살짝 다른 형태의 표층 구조(surface structure)로 바뀐다는 유명한 이론을 제시했다.[9] 예를 들면, 이런 이동 규칙은 이른바 wh-단어를 포함하는 의문문에 적용된다. Who do you love?(너는 누구를 사랑하니?), Which way did he go?(그는 어느 길로 갔니?) 같은 문장이다. (이때 who와 whom 중 무엇을 써야 하나 하는 문제에는 아직 신경 쓰지 말자. 이 문제는 뒤에서 다루겠다.) 심층 구조에서 wh-단어는 우리가 보통의 문장에서 예상하는 위치에 나온다. 이 예문에서는, I love Lucy(나는 루시를 사랑해) 같은 문장에서 그런 것처럼, 동사 love 뒤이다. 그런데 이동 규칙을 따른 후에는 wh-단어가 문장 맨 앞으로 옮겨지므로, 표층 구조에서는 원래 이 단어가 있던 자리에 빈칸(밑줄이 그어진 공백)이 남는다. (어수선함을 피하기 위해서, 지금부터는 도해에서 필요없는 표지와 가지를 생략하겠다.)

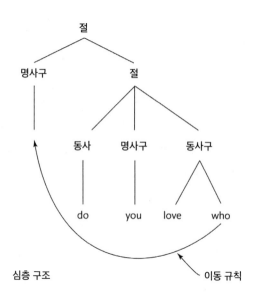

우리는 원래 자리에서 옮겨졌던 구를 도로 빈칸으로 가져와 채운다고 상상함으로써 이런 의문문을 이해한다. 따라서 Who do you love ___?(네가 사랑하는 사람은 누구니?)는 'For which person

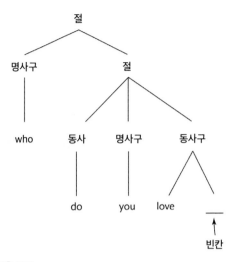

표층 구조

do you love that person? (네가 어떤 사람을 사랑하는 바로 그 사람은 누구니?)'이라는 뜻이다.

이동 규칙은 관계절이라고 불리는 흔한 구조도 만들어 낸다. 가령 the spy who ___ came in from the cold(추운 곳에서 온 스파이), the woman I love ___(내가 사랑하는 여자) 같은 절이다. 관계절이란 명사구(the woman)를 수식하며 빈칸을 지닌 절(I love ___)을 말한다. 이때 빈칸의 위치는 수식을 받는 구가 심층 구조에서 맡는 역할을 알려주고, 우리는 빈칸을 머릿속에서 도로 채워야만 관계절을 이해할 수 있다. 따라서 앞에서 예로 든 절들에서 첫 번째 절은 the spy such that the spy came in from the cold(어떤 스파이인데 누구냐면 추운 곳에서 온 스파이)라는 뜻이고, 두 번째 절은 the woman such that I love the woman(어떤 여자인데 누구냐면 내가 사랑하는 여자)라는 뜻이다.

채우는 단어와 빈칸의 거리가 멀면, 작가에게나 독자에게나 위험하다. 우리는 문장을 읽다가 (who나 the woman 같은) 채우는 단어를 만나면 일단 그 말을 머릿속에 기억해 둔 뒤 이어지는 단어들을 계속 처리해야 하는데, 언제까지 그래야 하느냐 하면 결국 그 말이 채울 빈칸이 등장할 때까지 그래야 한다.[10] 하지만 인간의 보잘것없는 기억력으로는 이것이 꽤 버거운 일이기 때문에, 우리는 곧잘 중간에 낀 단어들 때문에 집중력이 흐트러진다.

The impact, which theories of economics predict ___ are bound to be felt sooner or later, could be enormous. (경제 이론이 조만간 느껴질 것이라고 예측한 충격은 규모가 엄청날 수도 있다.)

여러분은 이 문장의 오류를 재깍 알아차렸는가? 채우는 단어인 the impact를 predict 뒤의 빈칸에 넣어 보면 the impact are bound to be felt가 되므로, 동사가 are가 아니라 is가 되어야 한다는 것을 쉽게 알 수 있다. 이것은 I are serious cat이라고 쓰는 것만큼 뻔한 실수이다. 그런데도 기억력에 부담이 큰 상황에서는 자칫 이런 실수를 놓치는 것이다.

일치는 분지도의 한 가지가 다른 가지에게 무언가를 요구하는 여러 방식 중 하나이다. 이런 요구들을 통틀어 지배(government) 라고 부르는데, 가령 동사나 형용사가 보어를 까다롭게 지정하는 것도 일종의 지배이다. 우리는 make plans(계획을 세우다)라고 말하지만, do research(연구를 하다)라고 말한다. 동사를 바꿔서 do plans나 make research라고 말하면 이상하게 느껴진다. 나쁜 사람들이 피해자를 억압하는 것은 oppress their victims(목적어를 썼다.)라고 말하지, oppress against their victims(사격 목적어를 썼다.)라고 말하지 않는다. 한편 악인들이 피해자를 차별하는 것은 discriminate against their victims라고 말하지, 그냥 discriminate them이라고 말하지 않는다. 무언가가 다른 무언가와 일치한다고 말할 때는 identical to라고 쓰거나 coincide with 라고 써야 한다. 두 단어 identical과 coincide는 서로 다른 전치사를 요구하는 것이다. 구들의 위치가 바뀌거나 거리가 떨어지면, 작가는 어떤 단어가 무엇을 요구하는지를 깜박 잊고서 아래처럼 거슬리는 실수들을 저지를 수 있다.

> **Among the reasons for his optimism about SARS is the successful research that Dr. Brian Murphy and other scientists have made at the National Institutes of Health.** (그가 사스에 대해 낙관했던 이유 중 하나는 브라이언 머피 박사와 다른 연구자들이 국립 보건 연구소에서 만든 성공적인 연구였다.)[11]
>
> **People who are discriminated based on their race are often resentful**

of their government and join rebel groups. (인종 때문에 차별받은 사람들은 정부를 미워하게 되어 반란 집단에 가담하고는 한다.)

The religious holidays <u>to</u> which the exams <u>coincide</u> are observed by many of our students. (많은 학생은 종교적 기념일이 시험일과 겹쳐도 기념일을 지킨다.)

(첫 문장은 동사가 done이 되어야 하고, 두 번째 문장은 discriminated against가 되어야 하고, 세 번째 문장은 전치사가 with가 되어야 옳다. — 옮긴이)

분지도 맹시의 흔한 형태 하나는 가지들의 등위 관계를 세심히 살피지 못하는 것이다. 과거에는 그냥 접속 관계라고 불렸던 등위 관계는 하나 이상의 구들이 등위 접속사로 이어지거나(the land of the free and the home of the brave(자유인의 땅 그리고 용감한 자의 고향), paper or plastic(종이 아니면 비닐)) 쉼표로 이어진 것을 말한다. (Are you tired, run down, listless?(너 피곤하고, 지치고, 무기력하니?))

등위 관계의 모든 구들은 마치 다른 구가 없는 것처럼 혼자서도 그 위치에서 제대로 기능해야 하고, 모두가 같은 기능을(목적어, 수식어 등등을) 담당해야 한다. Would you like paper or plastic?(뭐가 좋아, 종이 아니면 비닐?)은 괜찮은 문장이다. 왜냐하면 paper(종이)를 like(좋다)의 목적어로 써서 Would you like paper?(종이가 좋아?)라고 말해도 괜찮고, plastic(비닐)을 like(좋다)의 목적어로 써서 Would you like plastic?(비닐이 좋아?)이

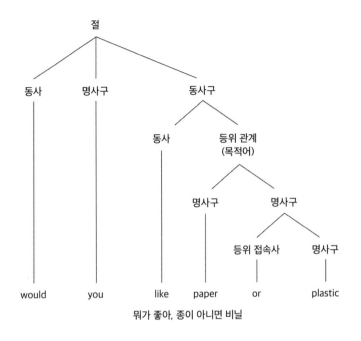

뭐가 좋아, 종이 아니면 비닐

라고 말해도 괜찮기 때문이다. 반면 Would you like paper or conveniently?(뭐가 좋아, 종이 아니면 편하게?)는 문법에 맞지 않다. 왜냐하면 conveniently(편하게)는 수식어인데, 이 수식어는 like(좋다)와는 어울리지 않기 때문이다. 우리는 Would you like conveniently?(편하게가 좋아?)라고는 절대 말하지 않는다. 이런 실수는 사실 누구도 쉽게 저지르지 않을 텐데, like(좋다)와 conveniently(편하게)가 딱 붙어 있으면 뻔히 충돌하는게 보이기 때문이다. 또한 누구도 Would you like paper or conveniently?(뭐가 좋아, 종이 아니면 편하게?)라고 말하지는 않을 텐데, 이때 중간에 낀 paper(종이)와 or(아니면)를 머릿속에서 지워 보면 like(좋다)와 conveniently(편하게)가 충돌한다는 사실이 뻔히 드러나기 때문이다. 코미디언 스티븐 콜베어(Stephen Colbert)의 2007년 베스트셀러 제목은 텔레비전에서 짐짓 무식한 척하는 그의 캐릭터를 부각한 의도적 실수였다. *I Am America (And So Can You!)*(『나는 미국이다: 그리고 당신도 할 수 있다!』) 바로 이런 종류의 실수를 이용한 농담이다.

그러나 문장이 좀 더 복잡해지면, 제아무리 유식한 작가라도 등위 관계의 여러 가지가 나무 전체에서 조화를 이루도록 살피는 것을 깜박 잊을 수 있다. We get the job done, not make excuses(우리는 일을 제대로 하고, 변명하지 않습니다)라는 기업 슬로건을 쓴 사람은 고객들이 잘못된 등위 관계에 찡그릴 것이라는 사실을 미처 몰랐으리라. 등위 관계의 두 구 중 앞의 get the job done(일을 제대로 한다)은 주어 we(우리)와 어울리는 현재형 술어이지만, 뒤의 not make excuses(변명하지 않는)는 시제가 없고 그 자체로 주어를 취할 수 없다. (We not make excuses라고 쓸 수는 없다는 말이다.) 이 구는 do나 will 같은 조동사의 보어가 될 수 있을 뿐이다. 따라서 슬로건을 고치려면, 완전한 두 절을 등위 관계로 잇거나(We get the job done; we don't make excuses) 하나의 동사에 대해 두 보어를 등위 관계로 이어야 한다. (We will get the job done, not make excuses)

등위 관계가 이보다 좀 더 미묘하게 어긋나는 구문도 있다. 이 형태의 실수는 워낙 자주 발생하기 때문에, 신문들이 지난주 내보냈던 실수를 사과하는 정정 칼럼에 단골로 등장한다. 아래는 《뉴욕 타임스》 편집자 필립 코빗(Philip Corbett)이 「마감 후(After Deadline)」 칼럼에서 사과했던 사례 중 몇 가지로, 오른쪽이 제대로 고친 문장이다. (원문에서 등위 관계가 맞지 않았던 단어들은 내가 밑줄과 대괄호로 표시해 두었다.)[12]

He said that surgeries and therapy had helped him <u>not only</u> [to recover from his fall], <u>but</u> [had <u>also</u> freed him of the debilitating back pain].	He said that surgeries and therapy had <u>not only</u> [helped him to recover from his fall], <u>but also</u> [freed him of the debilitating back pain].	그는 수술과 치료가 [낙상에서 회복하도록 도왔을] 뿐 아니라 [몸을 못 쓰게 만들었던 요통으로부터의 해방]도 안겨 주었다고 말했다.
With Mr. Ruto's appearance before the court, a process began that could influence <u>not only</u> [the future of Kenya] <u>but also</u> [of the much-criticized tribunal].	With Mr. Ruto's appearance before the court, a process began that could influence the future <u>not only</u> [of Kenya] <u>but also</u> [of the much-criticized tribunal].	루토가 법정에 나타남으로써, [케냐의] 미래뿐 아니라 [상당한 비판을 받는 재판소의] 미래에도 영향을 미칠 수 있는 재판이 시작되었다.

| Ms. Popova, who died at 91 on July 8 in Moscow, was inspired both [by patriotism] and [a desire for revenge]. | Ms. Popova was inspired by both [patriotism] and [a desire for revenge]. 혹은, Ms. Popova was inspired both [by patriotism] and [by a desire for revenge]. | 포포바는 [애국심]과 [복수심] 양쪽 모두에 영향을 받았다. |

이 예문들은 모두 쌍으로 짝지어진 등위 관계인데, 앞쪽 구는 양화사(both, either, neither, not only)로 표시되어 있고 뒤쪽 구는 등위 접속사(and, or, nor, but also)로 표시되어 있다. 앞에서 밑줄로 표시된 이 표지들은 다음과 같이 짝을 이룬다.

not only ······ **but also** ······ (~뿐 아니라 ~도)

both ······ **and** ······ (~와 ~가 둘 다)

either ······ **or** ······ (~이거나 ~이거나)

neither ······ **nor** ······ (~가 아니고 ~도 아니고)

이런 등위 관계는 두 표지 뒤에 오는 두 구―앞에서는 그 구들을 대괄호로 싸 두었다.―가 동등할 때만 깔끔한 문장이 된다. 그런데 both, either 같은 양화사는 심란하게도 문장에서 이리저리 떠도는 버릇이 있기 때문에, 자칫 그 뒤에 오는 구들이 동등하지 않게 되어 귀에 거슬리기 쉽다. 가령 수술에 관한 예문을 보면, 앞의 구는 to recover(부정사이다.)인데 뒤의 구는 freed him(분사이다.)이니 동등하지 않다. 이렇게 균형이 안 맞는 등위 관계를 바로잡고자 할 때 제일 쉬운 방법은 두 번째 구는 고정해 두고 첫 번째 구의 양화사를 더 적당한 장소로 옮겨서 두 번째 구에 맞추는 것이다. 예문의 경우, 우리는 첫 번째 구도 분사로 시작하기를 바란다. 그래야 두 번째 구의 freed him과 어울릴 테니까. 해법은 not only를 왼쪽으로 두 칸 당기는 것이다. 그러면 helped him과 freed him이 보기 좋게 대칭을 이룬다. (이제 첫 번째 had가 두 구를 다 다스리게 되었으므로, 두 번째 had는 필요없다.) 그 다음 예문을 보자. 첫 번째 구의 직접 목적어(the future of Kenya)가 두 번째 구의 사격 목적어(of the tribunal)와 부딪는다. 그러니 not only를 오른쪽으로 밀어서, of Kenya와 of the tribunal이 깔끔하게 쌍을 이루도록 만들었다. 마지막 예문을 보자. 여기에서도 두 목적어가 동등하지 않은데(by patriotism and a desire for revenge), 수리 방법은 두 가지이다. 하나는 both를 오른쪽으로 미는 것(그러면 patriotism and a desire for revenge가 된다.)이고, 다른 하나는 두 번째 구에 by를 더해서 첫 번째와 맞추는 것(by patriotism and by a desire for revenge)이다.

분지도 맹시의 또 다른 위험은 격(case)을 제대로 못 맞추는 것이다. 격이란 명사구에 그것의 전형적 문법 기능을 드러내는 표지를 붙여서 꾸미는 것을 뜻한다. 주격은 주어 기능을 위한 것이고, 속격은 한정어 기능을 위한 것(옛 문법에서는 이 기능을 '소유형'

이라고 잘못 불렀다.)이며, 대격은 목적어, 전치사의 목적어, 그 밖의 모든 기능을 위한 것이다. 영어에서는 격이 주로 대명사에 적용된다. 쿠키 몬스터가 Me want cookie(나를 쿠키 원해)라고 말하거나 타잔이 Me Tarzan, you Jane(나를 타잔, 너 제인)이라고 말한 것은 주어에 대격을 쓴 것이지만, 그 밖의 사람들은 다들 주어에는 주격인 I(나는)를 쓴다. 주격 대명사는 그 밖에도 he(그는), she(그녀는), we(우리는), they(그들은), who(누가)가 있고, 대격 대명사는 him(그를), her(그녀를), us(우리를), them(그들을), whom(누구를)이 있다. 속격은 대명사로 표시할 수도 있고(my(나의), your(너의), his(그의), her(그녀의), our(우리의), their(그들의), whose(누구의), its(그것의)), 다른 명사구에도 접미사 's를 붙여서 표시할 수 있다.

쿠키 몬스터나 타잔이 아닌 한 대부분의 사람은 대명사가 통상적인 위치에 있을 때, 즉 그것을 지배하는 동사나 전치사 옆에 있을 때는 올바른 격을 자연스럽게 고를 줄 안다. 하지만 만약 대명사가 등위 관계의 구에 파묻혀 있으면, 지배어가 시야에서 사라지는 바람에 우리가 대명사에게 잘못된 격을 주기가 쉽다. 그래서 사람들은 일상 대화에서 Me and Julio were down by the schoolyard(나랑 훌리오는 운동장 옆으로 내려갔어) 같은 문장을 곧잘 쓴다. 이때 me는 등위 관계인 다른 단어들(and Julio)을 사이에 두고 동사 were와 떨어져 있기 때문에, 듣는 사람도 거슬린다고 느끼지 않을 때가 많다. 그러나 엄마들과 선생님들은 거슬린다고 느끼므로, 아이들에게 실수를 피하려면 저렇게 말하는 대신 늘 I를 뒤에 두어 Julio and I were down by the schoolyard(훌리오와 나는 운동장 옆으로 내려갔어)라고 말하라고 단단히 가르친다. 그러나 이 가르침은 안타깝게도 정반대의 실수로 이어진다. 등위 관계에서 분지도를 파악하기란 워낙 어려운 일이라서, 사람들은 왜 저렇게 수정해야 하는가 하는 원리를 이해하지 못한 채 그냥 단어 순서를 지정하는 규칙을 외우고 만다. "정확하게 말하고 싶다면, Me and so-and-so(나와 무엇무엇)이라고 말하지 말고 늘 So-and-so and I(무엇무엇과 나)라고 말하라."라는 규칙을 무턱대고 따르는 것이다. 하지만 이러면 자칫 과잉 교정(hyper correction, 과도 교정)이라고 불리는 실수로 이어진다. 대격 대명사를 써야 할 위치에 주격 대명사를 쓰는 실수이다.

Give Al Gore and I a chance to bring America back. (앨 고어와 나는 미국을 되찾을 기회를 주십시오.)

My mother was once engaged to Leonard Cohen, which makes my siblings and I occasionally indulge in what-if thinking. (우리 어머니는 레너드 코언과 약혼한 적 있었다. 그래서 자매들과 나는 가끔 만약-이랬다면 하는 몽상에 빠지게 한다.)

For three years, Ellis thought of Jones Point as the ideal spot for he and his companion Sampson, 9-year-old golden retriever, to fish and play. (3년 동안, 엘리스는 존스 포인트야말로 그와 그의 반려견인 아홉 살짜리 골든 리트리버 샘프슨이 낚시와 놀이를 즐길 이상적인 장소라고 생각해 왔다.)

Barb decides to plan a second wedding ceremony for she and her husband on Mommies tonight at 8:30 on Channels 7 and 10. (오늘 저녁 8시 30분에 채널 7과 10에서 방영될 「마미스」에서 바브는 자신과 남편을 위해서 두 번째 결혼식을 계획하기로 결심한다.)

(첫 번째와 두 번째 문장은 and I를 and me로, 세 번째 문장은 for he and를 for him and로, 네 번째 문장은 for she and를 for her and로 고쳐야 옳다. ─옮긴이) 1992년 대통령 선거에 출마했을 때 첫 번째 예문을 발설했던 빌 클린턴(Bill Clinton)은 아무리 그래도 Give I a chance(나는 기회를 주십시오)라는 말은 결코 하지 않았을 것이다. 타동사 바로 옆에 있는 명사구는 누가 봐도 당연히 대격이어야 하기 때문이다. 그러나 예문에서는 Al Gore and(앨 고어와)라는 단어들이 give(주다)와 me(나) 사이에 끼어들었고, 그 멀어진 거리 때문에 그만 클린턴의 격 선택 회로가 엉켰다. (오른쪽 그림 참조)

어느 모로 보나 언어학적으로 세련된 화자인 42대 대통령이 억울해할까 봐 덧붙이자면(그는 증언대에서 "It depends on what the meaning of *is* is. (그것은 ~이다의 의미가 무엇인가에 달린 문제입니다.)"라는 유명한 말도 했던 사람 아닌가.), 그가 정말로 실수를 저질렀는가 하는 문제에는 논의의 여지가 있다. 만일 충분히 많은 신중한 작가들과 화자들이 종이와 연필을 동원한 구문 분석이 지시하는 바를 떠올리는 데 실패한다면, 문제는 어쩌면 그들이 아니라 종이와 연필을 동원한 구문 분석인지도 모른다. 우리는 6장에서 세상의 경멸을 받

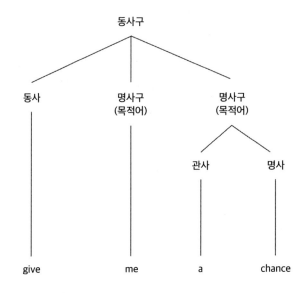

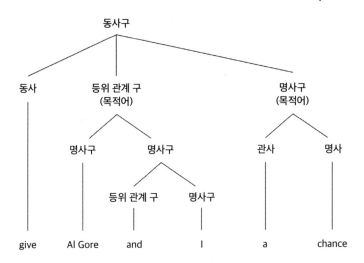

는 표현인 between you and I(너와 나 사이에)를 분석할 때 이 문제를 다시 이야기할 것이다. 저 표현은 Al Gore and I에서 잘못되었다고들 하는 문제를 저지른 표현들 중에서도 가장 흔한 사례이다. 아무튼 지금은 종이와 연필을 동원한 분석이 옳다고 가정하자. 이것은 모든 편집자와 작문 강사가 채택하는 정책이므로, 그들을 만족시키려면 여러분도 알아두어야 한다.

또 다른 까다로운 사례인 who(누구)와 whom(누구를)의 차이를 이해하는 문제에서도 여러분은 잠시 의혹을 접어 두어야 한다. 어쩌면 여러분은 작가 캘빈 트릴린(Calvin Trillin)이 했던 말, "whom은 사람들의 말투를 집사처럼 만들기 위해서 발명된 단어일 뿐이다."라는 말에 동의하고 싶을지도 모른다. 그러나 6장에서 우리는 이 말은 약간 과장임을 알게 될 것이다. 집사가 아닌 사람도 who와 whom을 구별할 줄 알아야 하는 상황이 분명 존재하고, 그러려면 이번에도 우리는 분지도를 공부해야 한다.

언뜻 보기에는 차이가 간단한 것 같다. who는 I, she, he, we, they와 마찬가지로 주격이고, 주어로 쓰인다. 한편 whom은 me, her, him, us, them과 마찬가지로 대격이고, 목적어로 쓰인다. 그러니 쿠키 몬스터가 Me want cookie(나를 쿠키 원해)라고 말하는 것을 두고 그를 비웃었던 사람이라면 누구든 언제 who를 써야 하고 언제 whom을 써야 하는지를 이론적으로는 아는 셈이다. (물론 애초에 whom을 쓰기로 결정했다면 말이다.) 우리는 He kissed the bride(그는 신부에게 키스했다)라고 말하니까, 물을 때

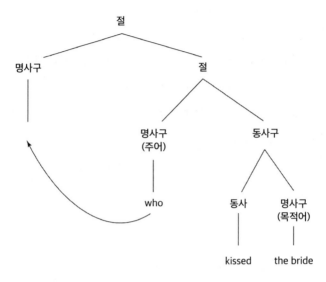

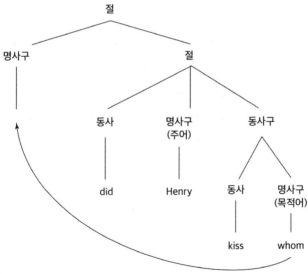

는 Who kissed the bride?(누가 신부에게 키스했지?)라고 말한다. Henry kissed her(헨리는 그녀에게 키스했다)라고 말하니까, 물을 때는 Whom did Henry kiss?(헨리가 누구에게 키스했지?)라고 말한다. 이 차이를 이해하려면, wh-단어들이 문장 맨 앞으로 옮겨져서 뒤에 빈칸을 남기기 전에 원래의 심층 구조에서 차지했던 위치를 시각적으로 보면 된다.[13]

하지만 현실에서는 우리가 분지도 전체를 한눈에 보지 못하므로, 문장이 좀 더 복잡해져서 우리가 who/whom과 빈칸의 관계를 깜박 놓치면 잘못된 단어를 고를 수 있다.[14]

Under the deal, the Senate put aside two nominees for the National Labor Relations Board who the president appointed ___ during a Senate recess. (거래에 따라, 휴회 중에 상원은 대통령이 연방 노동 관계 위원회에 지명한 두 후보자를 제쳐두기로 했다.)

The French actor plays a man whom she suspects ___ is her husband, missing since World War II. (그 프랑스 배우는 그녀가 제2차 세계 대전 중 실종된 자기 남편이라고 추측하는 남자를 연기한다.)

작가가 머릿속에서 who나 whom을 빈칸으로 되돌린 뒤 문장을 소리 내어 읽어 보았다면, 이런 실수는 피할 수 있었을 것이다. (만약 여러분이 who와 whom에 대한 자신의 직관을 못 믿겠다면, 빈칸에 그 대신 he나 him을 넣어서 읽어 보라.) (오른쪽 그림 참조) 첫 번째 예문에

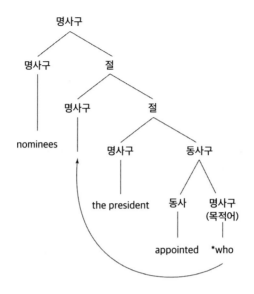

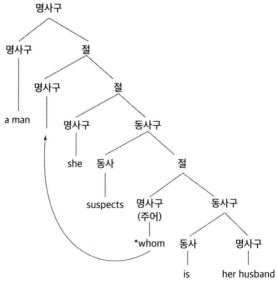

서 그렇게 위치를 바꾸면 the president appointed who(대통령은 누가 지명했다)가 된다. 이 말은 the president appointed he(대통령은 그가 지명했다)와 상응하는 구조인데, 후자가 틀렸다는 것은 누가 봐도 뻔하므로, 우리는 대신 (him(그를)에 상응하는) whom(누구를)이라고 써야 한다. (내가 도해에서 who 앞에 별표를 붙여 둔 것은 그 위치에 어울리는 단어가 아니라는 표시이다.) 두 번째 예문에서는 whom is her husband(누구를 그녀의 남편이다)(혹은 him is her husband(그를 그녀의 남편이다))가 되는데, 이것은 뻔히 틀린 말이다. 이번에도 나는 여러분이 어떻게 편집자를 만족시킬 수 있는지, 혹은 어떻게 집사가 될 수 있는지 알려드리기 위해서 공식적인 규칙을 설명하는 것뿐이다. 6장에서는 이 공식적인 규칙 자체가 타당한가, 이 규칙을 어기는 것을 진짜 실수로 봐야 하는가 하는 문제를 다룰 것이다.

글을 쓸 때 문장의 분지도를 인식하면 실수를 피하는 데 도움이 되지만(앞으로 살펴보겠지만 또한 독자를 편하게 만들어 준다.), 그렇다고 해서 내가 여러분에게 문장을 쓸 때마다 말 그대로 도해를 그리라고 권하는 것은 아니다. 어떤 작가도 그렇게는 하지 않는다. 여러분이 문장을 쓸 때마다 머릿속에서 분지도를 떠올려야 하는 것도 아니다. 분지도는 여러분이 문장을 쓸 때 여러분의 머릿속에서 벌어지는 인지 과정에 여러분 스스로 좀 더 주의를 기울이도록 해 주는 한 방법일 뿐이다. 우리가 "분지도를 떠올린다."라고 말할 때 그 실제 경험이 정말 나무를 바라보는 것 같은 느낌은 아니다. 그것보다는 좀 더 미묘한 어떤 감각, 단어들이 어떻게 구로 뭉쳐지는지 파악한 뒤 그 구 중에서도 핵어에만 집중하고 나머지 잡동사니 단어들은 무시할 줄 아는 감각이다. 예를 들어, The impact of the cuts have not been felt(삭감의 충격이 아직은 느껴지지 않는다)라는 문장에서 실수를 피하려면 일단 the impact of the cuts(삭감의 충격이)라는 구에서 쓸데없는 단어를 지우고 핵어만, 즉 the impact(충격이)만 남긴 뒤 이 핵어가 have 와 나란히 놓인 모습을 상상하면 된다. 그러면 the impact have not been felt(충격이 느껴지지 않는다)라는 틀린 문장이 눈에 들어온다. 분지도를 떠올린다는 것은 또 문장에서 어떤 채우는 단어를 만났을 때 그 단어가 채워야 할 빈칸까지 이어진 투명한 실을 머릿속에서 따라가 보는 것이다. 그러면 채우는 단어가 그 자리에 삽입되었을 때 제대로 기능할지 아닐지를 확인할 수 있다. 예를 들면, the research the scientists have made ___(과학자들이 만든 연구)를 the scientists have made the research(과학자들이 연구를 만들었다)로 도로 옮겨 보는 것, whom she suspects ___ is her husband(그녀가 자기 남편이라고 생각한 사람)를 she suspects whom is her husband(그녀는 누구를 자기 남편이라고 생각한다)로 도로 옮겨 보는 것이다. 모든 종류의 정신적 단련이 그렇듯이, 이 때 우리는 시선을 자신의 내면으로 돌려서 평소 자동적으로 굴러가는 과정에 주의를 기울여야 하고, 그 과정의 통제권을 되찾아서 우리가 좀 더 의식적으로 운용할 수 있도록 만들어야 한다.

작가가 일단 문장의 여러 요소를 한 분지도에 잘 끼워 맞췄다면, 다음으로 해야 할 걱정은 독자가 그 나무를 잘 **복구**할 수 있을까 하는 점이다. 독자가 그 분지도를 정확히 알아내야만 문장의 뜻을 이해할 수 있기 때문이다. 컴퓨터 프로그램 언어에서는 어떤 표현이 적용되는 한계를 뜻하는 괄호가 문자열 속에 버젓이 타이핑되어 있기 때문에 모두가 뻔히 볼 수 있지만, 영어 문장의 분지도는 독자가 오직 단어들의 순서와 형태에서 유추해 내야 한다. 그래서 우리의 끈기 있는 독자에게는 두 가지 과제가 주어진다. 첫 번째는 올바른 분지도를 찾아내는 것, 즉 구문 분석(parsing)이다. 두 번째는 문장의 뜻을 다 알아낼 때까지 구문 분석 결과를 머릿속에 잘 기억해 두는 것이다. 결국 문장의 뜻을 다 알아내면, 그 후에는 문장이 정확히 어떤 단어들로 구성되었는가 하는 점은 잊고 그 의미만 장기 기억에 통합할 수 있다.[15]

독자가 한 번에 한 단어씩 문장을 읽어 나갈 때, 그 단어들을 머릿속에서 마치 한 줄에 꿴 구슬들처럼 일렬로 엮기만 하는 것은 아니다. 그와 동시에 독자는 분지도의 가지들을 아래에서 위로도 길러낸다. 가령 맨 먼저 the라는 단어를 들은 독자는 그다음에는 명사구를 듣게 될 것이라고 추측한다. 따라서 명사구 자리에 올 수 있는 범주의 단어를 기대하기 마련이고, 이 경우에는 그 단어가 그냥 명사이기 쉽다. 그래서 기대하던 단어가 이어지면(가령 cat이 오면), 독자는 그 단어를 나뭇가지 끝에 대롱대롱 매

단다.

따라서 작가는 문장에 단어 하나를 더할 때마다 독자에게 과제 하나가 아니라 인지적 과제 둘을 주는 셈이다. 새 단어를 이해하는 과제, 그리고 그 단어를 분지도에 끼워 넣는 과제이다. 독자가 겪는 이런 이중 과제는 "불필요한 말은 삭제하라."라는 최우선 조언을 정당화하는 근거이기도 하다. 나는 가차 없는 편집자가 칼럼 길이에 맞춰야 하니 글을 줄이라고 요구하는 바람에 그렇게 할 때면 꼭 마법에라도 걸린 듯이 글이 확 나아지는 것을 자주 경험한다. 간결함은 재치의 정수라고들 하는데, 글쓰기에서는 재치 외에도 다른 많은 미덕의 정수이다.

불필요한 말을 삭제하는 요령은 일단 어떤 단어가 '불필요한지' 알아내는 것이다. 가끔은 알기 쉽다. 여러분이 일단 불필요한 말을 찾아보기로 한다면, 정말로 많이 발견할 수 있다는 사실에 아마 놀랄 것이다. 우리 손가락에서 술술 흘러나오는 단어 중 놀랍도록 많은 수가 실상 아무 내용도 없으면서 문장만 부풀려서 괜히 독자를 귀찮게 만든다. 나는 직업 인생의 많은 시간을 아래와 같은 문장을 읽는 데 허비해 왔다.

우리 실험의 참가자들은 규준화 표본보다 더 큰 변이를 보이는 뚜렷한 경향성을 드러냈는데, 다만 이 경향성은 인지 능력이 더 높게 측정된 사람들일수록 성격 설문 응답에서 더 큰 변이를 보인다는 사실에 부분적으로나마 기인하는지도 모른다. (Our study participants show a pronounced tendency

to be more variable than the norming samples, although this trend may be due partly to the fact that individuals with higher measured values of cognitive ability are more variable in their responses to personality questionnaires.)

a pronounced tendency to be more variable(더 큰 변이를 보이는 뚜렷한 경향성)이라니. 그냥 being more variable(변이가 더 크다)이라는 말(단어 3개가 세 단계, 가지 7개의 분지도를 이룬다.)과 having a pronounced tendency to be more variable(더 큰 변이를 보이는 뚜렷한 경향성이 있다)이라는 말(단어 8개가 여섯 단계, 가지 20개의 분지도를 이룬다.) 사이에 큰 차이가 있을까? 나아가 this trend may be due partly to the fact that(이 경향성은 ~라는 사실에 부분적으로나마 기인하는지도 모른다)이라는 표현은 독자에게 단어 10개로 구성된, 20개가 넘는 가지로 이뤄진 일곱 단계의 분지도라는 부담을 지운다. 내용은? 거의 없다. 단어 43개로 구성된 앞의 예문은 단어 19개로 구성된 다음 문장으로 줄일 수 있고, 이렇게 줄이면 분지도의 가지는 단어보다도 더 많이 잘려 나간다.

우리 참가자들은 규준화 표본보다 변이가 더 큰데, 아마 똑똑한 사람들일수록 성격 설문 응답에서 더 큰 변이를 보이기 때문이다. (Our participants are more variable than the norming samples, perhaps because smarter people respond more variably to personality questionnaires.)

아래는 병적으로 뚱뚱한 문구 몇 가지, 그리고 뜻은 거의 같지만 그보다 날씬한 대안들이다.[16]

make an appearance with(~한 모습으로 나타나다)	appear with(~로 나타나다)
is capable of being(~할 수 있는 능력이 있다)	can be(~할 수 있다)
is dedicated to providing(~의 공급에 헌신한다)	provides(공급하다)
in the event that(~한 상황의 경우라면)	if(만약)
it is imperative that we(우리는 ~할 필요성이 있다)	we must(우리는 ~해야 한다)
brought about the organization of(~의 조직을 꾸렸다)	organized(조직했다)
significantly expedite the process of(~의 과정을 대단히 신속화하다)	speed up(속도를 내다)
on a daily basis(일일 단위로)	daily(매일)
for the purpose of(~를 할 목적으로)	to(~하기 위해서)
in the matter of(~의 문제에 대해서)	about(~에 대해서)
in view of the fact that(~라는 사실을 고려할 때)	since(~이므로)
owing to the fact that(~라는 사실 탓에)	because(~때문에)
relating to the subject of(~라는 주제에 관련해서는)	regarding(~에 관해)
have a facilitative impact(촉진 효과를 주다)	help(돕다)
were in great need of(~에 대한 큰 필요성이 있었다)	needed(~가 필요했다)
at such time as(~와 같은 시기에는)	when(~할 때)
It is widely observed that X(X라는 사실은 널리 관찰되고 있다)	X(X이다)

군말 중에서도 특히 몇몇 종류는 늘 삭제 키의 표적이 된다. 경동사 make, do, have, bring, put, take 등은 그저 좀비 명사를 삽입할 자리를 마련해 주기만 할 때가 많다. 가령 make an appearance(모습을 나타내다), put on a performance(공연을 펼치다)가 그렇다. 좀비 명사를 낳은 동사를 그냥 써서 appear(나타나다), perform(공연하다)이라고 말하면 안 되나? It is, There is로 시작하는 문장도 언어 지방 흡입술의 후보이다. There is competition between groups for resources(집단들 사이에는 자원을 두고 벌어지는 경쟁이 있다)라는 말은 Groups compete for resources(집단들은 자원을 두고 경쟁한다)라고만 말해도 괜찮다. 또 다른 언어 지방 덩어리는 2장에서 보았던 메타 개념, 가령 matter(문제), view(시각), subject(주제), process(과정), basis(근거), factor(요인), level(차원), model(모형) 같은 단어들이다.

하지만 불필요한 말을 삭제하라는 명령이 글의 맥락에서 잉여에 해당하는 말이라면 단어 하나 남기지 말고 몽땅 지우라는 말은 **아니다**. 잠시 뒤에 설명하겠지만, 삭제해도 무방한 단어 중에는 독자가 문장을 헤쳐나갈 때 잘못된 방향으로 틀지 않도록 막아 주는 역할을 하기 때문에 떳떳이 밥값을 하는 단어도 많다. 또 어떤 단어는 구에 리듬을 부여하는데, 리듬 또한 독자가 문장을 좀 더 쉽게 분석하도록 거드는 요소이다. 그런 단어까지 몽땅 지우는 것은 아무리 최우선 명령이라고 해도 지나치게 추구한 셈이다. 이런 농담이 있다. 어느 도붓장수가 짐말에게 먹이 없이 버티는 훈련을 시켰다. "처음에는 하루걸러 먹였죠. 괜찮더라고요. 그다음에는 사흘마다 먹였죠. 그다음에는 나흘마다. 그렇게 계속 줄여서 일주일에 한 끼만 먹였더니, 글쎄 갑자기 내 눈앞에서 쓰러져 죽더라고요!"

불필요한 말을 삭제하라는 충고는 모든 작가가 모든 문장을 최대한 짧고 날씬하고 금욕적인 형태로 다듬어야 한다는 청교도적 명령과는 다르다. 아무리 간명함을 귀중하게 여기는 작가라도 그렇게는 하지 않는다. 왜냐하면 문장의 어려움은 단순히 단어 수에 달린 것이 아니라 문장의 **기하학적 구조**에 달려 있기 때문이다. 좋은 작가도 종종 기나긴 문장을 쓰고, 엄밀한 기준에서는 불필요한 단어로 문장을 장식한다. 그러나 그때 좋은 작가는 단어를 교묘히 잘 배열해서 독자가 한 번에 한 구절만 흡수하도록 하고, 각 구절이 개념 구조에서 서로 별개의 덩어리를 이루도록 만든다.

다음 예문은 리베카 골드스타인의 소설에서 발췌한 340단어짜리 독백이다.[17] 화자는 대학 교수이다. 얼마 전 직업과 연애 양쪽에서 성공을 거둔 그가 춥고 별이 총총한 밤에 다리에 서서 자신이 살아 있다는 데 대한 경이감을 말로 표현해 보려고 애쓰는 대목이다.

그러니까 이런 것이다: 어떤 느낌인가 하면 존재란 이토록 굉장한 것이라는 느낌, 인간이 존재할 수 있다는 것부터가 놀라운데, 여기 그런 인간이 하나

있으니 생물학과 역사에 의해, 유전자와 문화에 의해 세상의 온갖 우연 속에서 형성된 인간, 여기 그런 인간이 하나 있으니, 대체 어떻게 이런지 모르겠고, 왜 이런지도 모르겠고, 게다가 문득 자신이 어디 있는지 누구인지 아니 무엇인지조차 모르겠고, 아는 것이라곤 자신이 그 존재의 일부라는 사실, 그것의 중요하고 의식적인 일부라는 사실, 자신으로서는 거의 이해할 수 없는 방식으로 생성되었고 존속해 온 처지이지만, 그러면서도, 실은 내내 의식하고 있다는 것, 그 존재를, 그 충만함을, 그 방대한 범위와 고동치는 복잡성을, 그리고 자신이 적어도 그것에 값하는 방식으로 살고 싶다는 것, 자기 존재의 범위를 최대한 확장하고 심지어 그 너머로까지 넓히고 싶다는 것, 이 어지럽도록 영예롭고 무한한 흐름의 일부이자 그 흐름을 의식하는 특권에 어울리는 방식으로 살고 싶다는 것, 그 흐름 속에는, 참으로 실현 가능성 낮은 일이지만, 캐스 셸처라는 이름의 종교 심리학자도 포함되어 있으니, 그는, 자신을 넘어선 어떤 힘들에게 조종되어, 그라는 실현 가능성 낮은 존재에 수반할 만한 온갖 실현 가능성 낮은 사건들 중에서도 가장 실현 가능성 낮은 일을 해냈으니, 그 일은 다른 사람의 삶을 갖게 해 준 어떤 일, 더 나은 삶, 더 근사한 삶, 갈망만 가득했던 괴로운 무명의 세월에 그가 바랐던 것보다도 훨씬 더 나은 삶을 갖게 해 준 일이었던 것이다. (Here it is then: the sense that existence is just such a *tremendous* thing, one comes into it, astonishingly, here one is, formed by biology and history, genes and culture, in the midst of the contingency of the world, here one is, one doesn't know how, one doesn't know why, and suddenly one doesn't know where one is either or who or what one is either, and all that one knows is that one is a part of it, a considered and conscious part of it, generated and sustained in existence in ways one can hardly comprehend, all the time conscious of it, though, of existence, the fullness of it, the reaching expanse and pulsing intricacy of it, and one wants to live in a way that at least begins to do justice to it, one wants to expand one's reach of it as far as expansion is possible and even beyond that, to live one's life in a way commensurate with the privilege of being a part of and conscious of the whole reeling glorious infinite sweep, a sweep that includes, so improbably, a psychologist of religion named Cass Seltzer, who, moved by powers beyond himself, did something more improbable than all the improbabilities constituting his improbable existence could have entailed, did something that won him someone else's life, a better life, a more brilliant life, a life beyond all the ones he had wished for in the pounding obscurity of all his yearnings.)

긴 길이와 풍성한 어휘에도 불구하고 이 문장은 쉽게 읽힌다. 독자가 한 구절을 기억에 오래 담아 둔 채로 새로운 단어를 계속 받아들일 필요가 없기 때문이다. 이 문장의 분지도는 두 종류의 전정술에 힘입어 독자의 인지 부담을 시간적으로 넓게 퍼뜨린다. 첫 번째 전정술은 분지도를 납작하게 만드는 것, 즉 형태가 대체로 단순한 절들을 and(그리고)나 쉼표로 잇는 것이다. 가령 콜론에 이어지는 단어 62개는 주로 하나의 긴 절을 이루는데, 그 절에는 단어 3개와 20개 사이의 독립적인 절들(다음 도해에서 삼각형

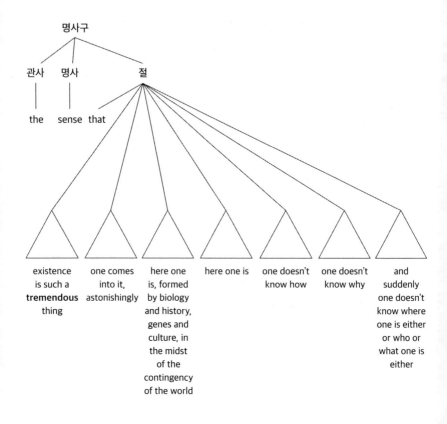

으로 표시된 절들)이 포함되어 있다. 내포된 절들 중 제일 긴 세 번째와 마지막 절도 구조가 대체로 납작하다. 단순한 구들이 쉼표나 or(혹은)로 이어진 형태이다.

설령 문장 구조가 좀 더 복잡해지더라도 독자는 충분히 분지도를 그릴 수 있다. 왜냐하면 분지도가 주로 **오른쪽으로 가지를 뻗는** 구조를 취하고 있기 때문이다. 오른쪽으로 가지를 뻗는 분지도의 경우, 더 큰 구에 포함된 구들 중 제일 복잡한 구가 맨 끝에 온다. 맨 오른쪽 가지에 매달려 있는 것이다. 이것은 곧 독자가 그 제일 복잡한 구를 다룰 시점에는 다른 구들은 이미 다 처리한 뒤라서 그 구를 분석하는 데만 정신을 집중할 수 있다는 뜻이다. 일례로 아래 단어 25개 구는 대각선으로 뻗어 있어, 거의 늘 오른쪽으로만 가지를 뻗은 구조임을 잘 보여 준다. (다음 쪽 그림 참조) 드문 예외, 즉 독자가 앞 단계의 구를 다 분석하기 전에 뒤 단계의 구부터 분석해야 하는 지점은 삼각형으로 표시된 두 장식 어구뿐이다.

영어는 대체로 오른쪽으로 가지를 뻗는 언어(가령 일본어나 튀르키예 어와는 다르다.)라서, 영어로 쓰는 작가는 자연히 오른쪽으로 가지를 뻗는 구조를 떠올리기가 쉽다. 하지만 영어가 작가에게 제공하는 문장 구조 메뉴에는 소수나마 왼쪽으로 가지를 뻗는 구조도 있다. 예를 들어, 수식구는 문장 맨 앞으로 옮겨질 수 있다. In Sophocles' play, Oedipus married his mother(소포클레스의 희곡에서, 오이디푸스는 그의 어머니와 결혼했다)라는 문장이 그랬다. (167쪽 분지도를 보면 정말 왼쪽 가지가 복잡하다는 것을 알 수 있다.) 이렇게 문장 앞에 배치된 수식어는 문장 전체를 수식하는 기능을 할 수도 있고, 이전 문장에서 이미 언급된 정보와 이어 주는 기능을 할 수도 있고, 아니면 그저 오른쪽으로 가지를 뻗는 문장들이 줄줄이 이어져서 너무 단조로워지는 것을 막아 줄 수도 있다. 수식어가 짧은 한, 이런 배치가 독자에게 딱히 어렵게 느껴

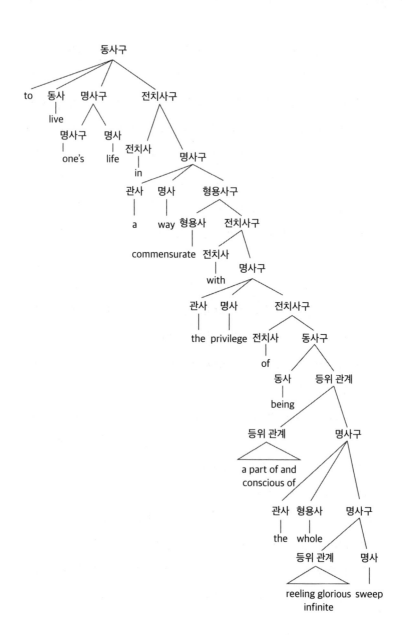

지지 않는다. 하지만 수식어가 길어지면, 독자는 수식어가 무엇을 수식하는지를 모르는 채 그 복잡한 내용을 머릿속에 담아 두고 있어야 한다. 다음 문장에서 독자는 단어 34개로 이뤄진 구절을 가까스로 분석한 뒤에야 이 문장의 내용을 알리는 대목, 즉 policymakers(정책 입안자들)라는 단어와 만난다.[18]

Because most existing studies have examined only a single stage of the supply chain, for example, productivity at the farm, or efficiency of agricultural markets, in isolation from the rest of the supply chain, <u>policymakers</u> have been unable to assess how problems identified at a single stage of the supply chain compare and interact with problems in the rest of the supply chain. (기존 연구들은 대부분 공급 사슬에서 한 단계만 점검했기 때문에, 가령 농장 생산성이나 농업 시장 효율성만 점검하고 공급 사슬의 나머지 부분은 다루지 않았기 때문에, 정책 입안자들은 공급 사슬의 한 단계에서 확인된 문제가 나머지 부분에서 발생한 문제와 견주어 어떻게 평가되고 그것들이 어떻게 상호 작용하는지를 알 수 없었다.)

왼쪽으로 가지를 뻗는 구조로 또 흔한 것은 명사 앞에 복잡한 수식구가 붙은 경우이다.

링글링 브라더스와 바넘 앤드 베일리 서커스(Ringling Bros. and Barnum & Bailey Circus)

잘못된 비밀 번호 보안 질문 답변 시도 횟수 한계(Failed password security question answer attempts limit)

미국 재무부 산하 해외 자산 통제국(The US Department of the Treasury Office of Foreign Assets Control)

앤 E. 앤드 로버트 M. 배스 정치학 교수 마이클 샌델(Anne E. and Robert M. Bass Professor of Government Michael Sandel)

테팔 얼티밋 경질 산화 처리 논스틱 엑스퍼트 내부 서모스팟 열 감지기 바닥 휨 방지 세척기 사용 가능 12종 조리 기구 세트(T-fal Ultimate Hard Anodized Nonstick Expert Interior Thermo-Spot Heat Indicator Anti-Warp Base Dishwasher Safe 12-Piece Cookware Set)

학자들과 관료들은 이런 말을 누워서 떡 먹듯이 지어낸다. 언젠가 나는 relative passive surface structure acceptability index(상대적 수동태 표층 구조 허용성 지수)라는 괴물 같은 용어도 목격했다. 왼쪽으로 뻗은 가지가 가늘다면, 비록 문장의 앞부분이 무거워서 독자가 일단 많은 단어를 분석한 뒤에야 대가에 다다를 수 있다는 부담은 있지만, 전반적으로 이해해 줄 만하다. 그러나 왼쪽으로 뻗은 가지에 잔가지가 무성하게 달려 있다면, 혹은 왼쪽으로 뻗은 가지 안에 다른 가지가 포함되어 있다면, 이 구조는 독자에게 두통을 일으킨다. 가장 분명한 사례는 my mother's brother's wife's father's cousin(우리 어머니의 오빠의 아내의 아버지의 사촌)처럼 소유형 명사가 반복된 구조이다. 왼쪽으로 가지를 뻗은 구조는 특히 뉴스 제목 작성자가 빠지기 쉬운 함정이다. 아래는 1994년 미국 피겨스케이트 선수 토냐 하딩(Tonya Harding)의 라이벌을 곤봉으로 공격해 무릎을 다치게 만듦으로써 하딩을 올림픽 대표팀에 들게 하자는 음모에 가담했던 남자, 그 일로 잠시 이름이 알려졌던 남자의 부고 기사 제목이다.

ADMITTED OLYMPIC SKATER NANCY KERRIGAN ATT-ACKER BRIAN SEAN GRIFFITH DIES(확인된 올림픽 스케이트 선수 낸시 케리건 공격자 브라이언 숀 그리피스 사망하다)

한 블로거는 이 부고에 대한 글을 쓰면서 이런 제목을 달았다. "Admitted Olympic Skater Nancy Kerrigan Attacker Brian Sean Griffith Web Site Obituary Headline Writer Could Have Been Clearer. (확인된 올림픽 스케이트 선수 낸시 케리건 공격자 브라이언 숀 그리피스 웹사이트 부고 제목 작성자는 더 명료하게 말할 수 있었다.)" 기사 제목이 명료하지 않은 것은 왼쪽으로 가지를 뻗은 문장 구조 때문이다. 일단 왼쪽으로 뻗은 가지가 있고(DIES(사망하다) 앞의 모든 단어), 그 왼쪽 가지에서 더 왼쪽으로 잔가지가 뻗어 있고(BRIAN SEAN GRIFFITH(브라이언 숀 그리피스) 앞의 모든 단어), 그 잔가지에서 더 왼쪽으로 더 가는 잔가지가 뻗어 있다. (ATTACKER(공격자) 앞의 모든 단어)[19] (다음 쪽 그림 참조)

언어학자들은 이런 구조를 '명사 더미(noun pile)'라고 부른다.

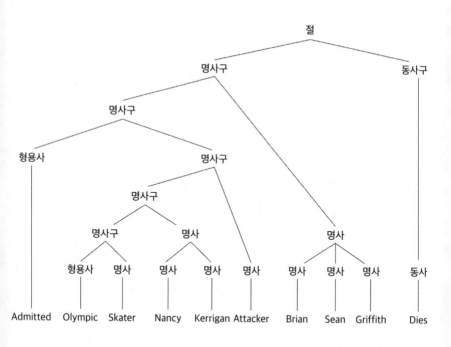

다음은 온라인 포럼 랭귀지 로그(Language Log)에 사용자들이 제보한 명사 더미 사례들이다.

NUDE PIC ROW VICAR RESIGNS(누드 사진 소동 목사 물러나다)

TEXTING DEATH CRASH PEER JAILED(문자 메시지 사망 교통 사고 상원 의원 징역형)

BEN DOUGLAS BAFTA RACE ROW HAIRDRESSER JAMES BROWN "SORRY"(벤 더글러스 바프타 인종 차별 발언 소동 헤어드레서

제임스 브라운 "죄송")

FISH FOOT SPA VIRUS BOMBSHELL(물고기 발 스파 바이러스 폭탄)

CHINA FERRARI SEX ORGY DEATH CRASH(중국 페라리 섹스

잔치 사망 교통 사고)

오른쪽으로 납작하게 가지를 뻗은 문장과 왼쪽으로 가지를 뻗은 문장이 해독할 때 난이도가 얼마나 다른가를 설명하는 예문으로 내가 제일 좋아하는 것은 닥터 수스(Dr. Seuss)의 그림책 『양말 신은 여우(*Fox in Socks*)』에 나오는 문장이다. 수스는 가지가 3개 달린 납작한 절을 가져다가, 세 가지도 각각 오른쪽으로 가지를 뻗은 짧은 절들인데, 그 전체를 왼쪽으로 가지를 뻗은 하나의 명사구로 바꿔 놓는다. "When beetles fight these battles in a bottle with their paddles and the bottle's on a poodle and the poodle's eating noodles, they call this a muddle puddle tweetle poodle beetle noodle bottle paddle battle. (딱정벌레들(비틀)이 병(보틀) 속에서 막대기(패들)를 가지고 싸우고(배틀) 그 병은 푸들 위에 놓여 있고 그 푸들은 국수(누들)를 먹고 있으면, 이게 바로 뒤죽박죽 엉망진창 푸들 딱정벌레 국수 병 막대기 싸움(머들 퍼들 트위틀 푸들 비틀 누들 보틀 패들 배틀)이지.)"

그런데 왼쪽으로 가지를 뻗은 구조가 아무리 어려워 봐야 중간에 구를 내포한 구조에 비하면 아무것도 아니다. 한 구가 더 큰 구의 왼쪽이나 오른쪽 끝에 붙은 것이 아니라 가운데에 삽입된

문장 말이다. 1950년 언어학자 로버트 홀(Robert A. Hall)은 『그냥 언어를 놔두라(*Leave Your Language Alone*)』라는 책을 썼다. 언어학계의 전설에 따르면, 이 책을 혹평하는 서평이 이런 제목으로 실렸다고 한다. 「그냥 그냥 언어를 놔두라를 놔두라(Leave Leave Your Language Alone Alone)」 매체는 저자에게 대응할 기회를 주었고, 저자는 반박문을 썼다. 제목은 당연히 이랬다. 「그냥 그냥 그냥 언어를 놔두라를 놔두라를 놔두라(Leave Leave Leave Your Language Alone Alone Alone)」

아쉽게도 이 이야기는 허구이다. 언어학자 로빈 레이코프(Robin Lakoff)가 한 언어학 잡지를 풍자하려고 지어낸 이야기이다.[20] 그렇지만 이 이야기의 요지는 중요하다. 중간에 다중 내포구를 가진 문장은, 비록 문법이 정확하더라도, 한낱 인간에 불과한 우리는 결코 분석할 수 없다는 것이다.[21] 여러분은 물론 Leave Leave Leave Your Language Alone Alone Alone의 분지도가 문법적으로 왜 옳은가 하는 설명을 어렵잖게 이해하겠지만, 이 단어열만 보고 그 분지도를 복원하지는 못할 것이다. 우리 뇌의 구문 분석기는 첫머리에 연속된 3개의 leave를 보는 순간 털털거리기 시작하고, 맨 마지막의 alone 더미에 다다르면 아예 멎는다.

중간에 내포구를 가진 구조는 언어학자들의 농담에 그치는 문제가 아니다. 우리가 어떤 문장이 '꼬였다.'라거나 '복잡하다.'라고 느낄 때 그것을 진단해 보면 바로 이 구조가 원인일 때가 많다. 다음 예문은 상원 의원이자 대통령 선거 후보자였던 밥 돌(Bob Dole)이 1999년 코소보 사태에 관해서 쓴 글에서 발췌했다. (글 제목은 Aim Straight at the Target: Indict Milosevic(표적을 곧장 겨냥할 것: 밀로세비치를 기소하라)였다.)[22]

The view that beating a third-rate Serbian military that for the third time in a decade is brutally targeting civilians is hardly worth the effort is not based on a lack of understanding of what is occurring on the ground. (10년 안에 무려 세 번째로 민간인을 잔혹하게 학살하고 있는 삼류 세르비아 군대를 공격하는 것이 그럴 만한 가치가 없는 일이라는 견해는 현장에서 벌어지는 사태에 대한 이해 부족에서 기인한 것이 아니다.)

Leave Leave Leave Your Language Alone Alone Alone처럼, 이 문장은 당황스럽게 끝난다. 비슷한 구가 3개 연속으로 나오기 때문이다. 먼저 is brutally targeting civilians가 나오고, 이어서 is hardly worth the effort가 나오더니, 또 is not based on a lack of understanding이 나온다. 이 문장은 도해를 그려 봐야만 구조를 이해할 수 있다. (다음 쪽 그림 참조) is로 시작되는 세 구 중 첫 번째인 is brutally targeting civilians(민간인을 잔혹하게 학살하고 있는)는 가장 깊게 내포된 구로, third-rate Serbian military(삼류 세르비아 군대)를 수식하는 관계절의 일부이다. 그 구 전체(the military that is targeting the civilians(민간인을 학살하는 군

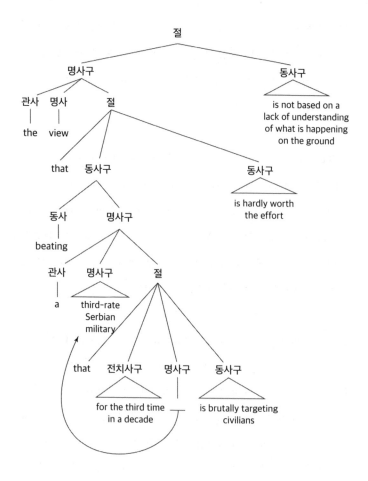

대))는 동사 beating(공격하는)의 목적어이다. 그런데 이 더 큰 구
(beating the military(군대를 공격하는 것))는 is로 시작되는 두 번째 구인
is hardly worth the effort(그럴 만한 가치가 없는 일이다)가 술어로
기능하는 문장의 주어이다. 그리고 그 문장 전체는 명사 view(견

해)의 내용을 설명해 주는 절에 속한다. 한편 view를 포함하는 명사구는 is로 시작되는 세 번째 구인 is not based on a lack of understanding(이해 부족에서 기인한 것이 아니다)의 주어이다.

사실 독자의 고난은 마지막 is 구들에 다다르기 한참 전부터 펼쳐진다. 독자는 문장 중간쯤 와서 가장 깊게 내포된 절을 분석할 때 third-rate Serbian military(삼류 세르비아 군대)가 무엇을 하는지를 파악해야 하는데, 그 답은 그로부터 무려 아홉 단어가 지나서 is brutally targeting civilians(민간인을 잔혹하게 학살하고 있는) 앞에 놓인 빈칸에 다다라서야 알 수 있다. (크게 휜 화살표가 이 관계를 보여 준다.) 빈칸을 채우는 것은 성가신 작업이라는 사실을 잊지 말자. 독자는 관계절에서 빈칸을 채울 명사를 먼저 소개받은 뒤, 그 명사가 무슨 역할을 수행하게 될지 모르는 채로 그것이 채울 빈칸이 나타날 때까지 기다려야 한다. 그렇게 기다리는 동안 새로운 내용이 계속 쏟아져 들어오면(여기서는 for the third time in a decade가 사이에 낀다.), 독자는 무엇을 어떻게 이어야 하는지를 깜박 놓치기 쉽다.

이 문장을 구제할 수 있을까? 계속 한 문장으로 놓아두겠다고 고집할 경우, 손쉬운 출발점은 내포된 절들을 끌어내어 그것이 포함되어 있던 절 옆에 둠으로써 중간에 깊게 내포된 구가 있던 분지도를 비교적 납작한 분지도로 바꾸는 것이다. For the third time in a decade, a third-rate Serbian military is brutally targeting civilians, but beating it is hardly worth the effort;

this view is not based on a lack of understanding of what is occurring on the ground. (10년 안에 무려 세 번째로 삼류 세르비아 군대는 민간인을 잔혹하게 학살하고 있지만 그들을 공격하는 것은 그럴 만한 가치가 없는 일인데, 이 견해는 현장에서 벌어지는 사태에 대한 이해 부족에서 기인한 것이 아니다.)

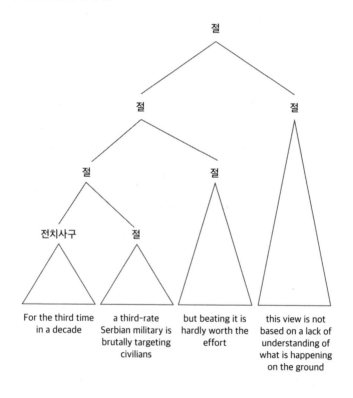

이것도 썩 좋은 문장은 아니다. 그러나 분지도가 이전보다는 납작해졌기 때문에, 이제 어떻게 하면 아예 가지 전체를 베어내어

별도의 문장으로 만들 수 있겠는가 하는 방법도 눈에 들어온다. 문장을 둘로(아니면 셋으로 아니면 넷으로) 쪼개는 것은 걷잡을 수 없게 웃자란 문장을 길들이는 최선의 방법일 때가 많다. 5장에서 나는 개별 문장의 단어 배열이 아니라 여러 문장의 배열을 이야기할 텐데, 이 문장 쪼개는 방법은 그때 더 살펴보자.

작가는 왜 이따위 비비 꼬인 문장을 쓸까? 자기 머릿속에서 떠오른 구절들을 그 순서 그대로 종이에 옮기기 때문이다. 문제는 작가의 머릿속에서 생각들이 떠오른 순서와 독자가 그 생각들을 쉽게 복구할 수 있는 순서가 다르다는 점이다. 이것을 지식의 저주의 구문 편이라고 해도 좋다. 작가야 당연히 자신이 품은 지식의 그물망에서 개념들이 서로 어떻게 연결되어 있는지가 훤히 보이고, 그렇다 보니 자신이 두서없이 늘어놓은 단어들로부터 연결 관계를 해독해 내려면 독자가 우선 질서 있는 분지도를 머릿속에 그려 내야 한다는 사실을 깜박 잊는 것이다.

나는 3장에서 문장을 개선하는 데는 두 가지 방법이 있다고 말했다. 다른 사람에게 원고를 보여 주는 방법과 시간이 얼마쯤 흐른 뒤 스스로 다시 읽어 보는 방법이다. 두 방법 다 우리가 미로 같은 구문을 독자에게 내보이기 전에 미리 알아차리도록 해 준다. 그런데 예로부터 효과가 검증된 또 다른 비법이 있다. 바로 문장을 소리 내어 읽어 보는 것이다. 물론 입말의 리듬이 문장의 분지도와 정확히 같지는 않다. 그래도 체계적인 방식으로 서로 연관이 있으므로, 만약 우리가 문장을 소리 내어 읽다가 어느 대목에서 더듬거린다면 그것은 자신이 만들어 낸 위험한 구문에 스스로 걸려 넘어졌다는 뜻일지 모른다. 속으로 웅얼거리듯이 해도 좋으니 아무튼 입으로 읽어 보면, 독자가 과연 어떤 과정을 거쳐서 그 글을 이해할지도 예상할 수 있다. 이 조언을 듣고 놀라는 사람들도 있다. 왜냐하면 속독을 가르쳐 주는 회사들의 주장, 즉 능숙한 독자는 활자에서 생각으로 곧장 읽어 낸다는 주장이 떠오르기 때문이다. 대중 문화에서 읽기에 서툰 사람을 묘사할 때 입술을 달싹거리면서 읽는 모습으로 표현하고는 한다는 고정 관념도 떠오를지 모른다. 그러나 과학자들이 실험으로 이미 밝힌 바, 능숙한 독자라도 글을 읽을 때 머릿속에서 낮은 목소리가 내내 읊조리는 것처럼 느낀다고 한다.[23] 단 그 역은 사실이 아니라서, 우리가 스스로 쓴 글을 좔좔 읽어 낼 수 있더라도 다른 사람들은 읽기 힘들다고 느낄 수도 있다. 그러나 쓴 사람이 스스로 입말로 읽어 내기 어려운 글은 남들에게는 거의 분명 이해하기 어렵게 느껴질 것이다.

앞에서 나는 독자가 구문을 분석할 때 처리해야 할 두 인지 과제 중 하나는 문장의 분지도를 머릿속에 기억해 두는 일이라고 말했다. 그렇다면 나머지 한 과제는 무엇인가 하면, 바로 분지도를 정확하게 그리는 일이다. 즉 단어들이 서로 어떻게 결합해 구를 이루는가를 정확하게 추측해 내는 일이다. 단어들은 "나는 명사입니다.", "나는 동사입니다." 같은 딱지를 붙이고 나타나지 않는다.

한 구가 끝나고 다음 구가 시작되는 경계가 종이에 표시되어 있지도 않다. 독자는 추측에 의지할 뿐이고, 작가는 독자의 추측이 정확하도록 이끌어 주어야 한다. 그러나 독자가 늘 정확하게 추측하는 데 성공하는 것은 아니다. 몇 년 전 예일 대학교 학생들이 꾸린 컨소시엄에 참여한 한 학생이 이런 보도 자료를 냈다.

> 저는 예일 대학교에서 "학내 섹스 주간"이라는 이름의 성대한 행사를 준비하고 있습니다.
> 섹스 주간에는 트랜스젠더 문제와 같은 주제로 여러 교수의 강연이 시리즈로 진행될 것입니다. 한 젠더가 끝나고 시작되는 지점이 어디인지, 로맨스의 역사, 바이브레이터의 역사. 학생들은 훌륭한 섹스의 비결, 연인을 사귀는 법, 더 나은 연인이 되는 법 등을 주제로 토론할 것이고, 금욕(abstainance)에 관한 학생 패널도……, 네 교수와 함께하는 학내 섹스에 관한 교수 패널(A faculty panel on sex in college with four professors) 영화 상영회(섹스 페스트 2002)와 지역 밴드들과 예일 밴드들의 공연도…….
> 행사는 성대한 규모일 것이고, 학교 전체가 참여할 것입니다.

보도 자료를 받은 사람 중 하나였던 작가 론 로젠바움(Ron Rosenbawm)은 이렇게 촌평했다. "이 글을 읽고 처음 떠오른 생각은 (내 사랑하는 모교인) 예일이 섹스 주간을 열기 전에 문법 및 철자 주간부터 열어야 한다는 것이었다. 'abstainance'이라고 철자가 틀린 것도 문제이지만(혹 '예일은 금욕(abstinence)에 오점(stain)을 남긴다.'

라는 뜻을 전달하고자 일부러 섞어 쓴 것이라면 또 모르겠다.), 'A faculty panel on sex in college with four professors(네 교수와 함께하는 학내 섹스에 관한 교수 패널)'이라는 흥미로운 구문은 작성자의 실제 의도로 짐작되는 뜻보다 좀 더 문제적인 뜻으로 들린다."[24]

학생 행사 조직자가 저지른 실수는 애매한 구문이라는 실수이다. 이것보다 더 단순한 실수는 애매한 어휘 실수로, 이것은 문장에서 한 단어가 두 뜻을 띨 수 있는 것을 말한다. SAFETY EXPERTS SAY SCHOOL BUS PASSENGERS SHOULD BE BELTED(안전 전문가들에 따르면 통학 버스 승객들도 벨트를 매야 한다 혹은 취해야 한다), NEW VACCINE MAY CONTAIN RABIES(새 백신이 광견병을 방지할 수 있을지도 혹은 담고 있을지도 모른다) 같은 뉴스 제목이 그렇다. 한편 애매한 구문 실수에서는, 어느 한 단어가 애매하지는 않아도 단어들이 결합되는 방식이 하나 이상일 수 있다. 예일대 섹스 주간 조직자는 아래 두 구조 중 첫 번째, 즉 네 교수가 참여하는 패널이라는 뜻을 의도했다. 반면 로젠바움은 두 번째, 즉 네 교수가 참여하는 섹스라는 뜻으로 구문을 분석했다.

애매한 구문은 사람들이 기사 제목(LAW TO PROTECT SQUIRRELS HIT BY MAYOR(시장에 의해 차에 치이는 다람쥐를 보호하기 위한 법안 제출)), 의학 논문(The young man had involuntary seminal fluid emission when he engaged in foreplay for several weeks(그 젊은 남자는 몇 주 동안 전희를 할 때 비자발적 정액 분출을 겪었다)), 광고 문구(Wanted: Man to

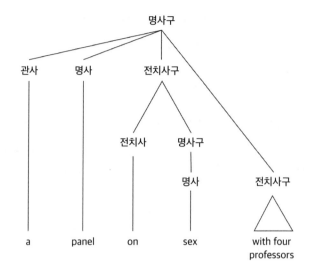

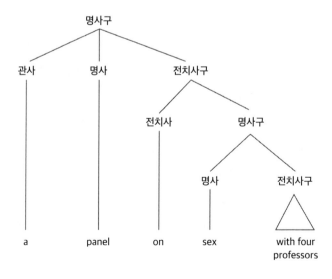

take care of cow that does not smoke or drink(사람 구함: 흡연도 음주도 하지 않는 소 돌보실 분)), 교회 알림판(This week's youth discussion will be on teen suicide in the church basement(이번 주 청년반은 교회 지하실에서 10대 자살에 대해 토론합니다)), 추천사(I enthusiastically recommend this candidate with no qualifications whatsoever(이 지원자를 아무런 조건도 없이 열렬히 추천합니다))에서 발견했다며 서로 이메일로 보내 주고는 하는 우스운 실수를 낳는 원인이다.[25] 인터넷에서 유행하는 이 예문들은 어처구니가 없어도 너무 없기 때문에 진짜는 아닐 것 같다. 하지만 나는 현실에서 실제로 다음 사례들을 발견했고, 동료들도 내게 몇 가지 알려주었다.

Prosecutors yesterday confirmed they will appeal the "unduly lenient" sentence of a motorist who escaped prison after being convicted of killing a cyclist for the second time. (어제 검사들은 자전거 탄 사람을 두 번째 죽이고도 징역형을 모면한 자동차 운전자에 대한 "부당하게 관대한" 선고에 항소할 것이라고 밝혔다.)

THE PUBLIC VALUES FAILURES OF CLIMATE SCIENCE IN THE US(미국에서 기후 과학에 대한 대중적 가치의 실패)

A teen hunter has been convicted of second-degree manslaughter for fatally shooting a hiker on a popular Washington state trail he had mistaken for a bear. (10대 사냥꾼은 곰으로 착각한 인기 많은 워싱턴 주 등산로의 등산객을 총으로 쏘아 죽인 죄로 2급 고살을 선고받았다.)

MANUFACTURING DATA HELPS INVIGORATE WALL STREET(제조 데이터가 월스트리트에 활기를 돋우다)[26]
THE TROUBLE WITH TESTING MANIA(조증 시험의 문제)

(첫 번째 문장은 한 자전거 운전자를 두 번 죽였다는 뜻으로 오해될 수 있고, 두 번째 문장은 대중이 기후 과학의 실패를 가치 있게 여긴다는 뜻으로 잘못 분석될 수 있고, 세 번째 문장은 산길을 곰으로 착각했다는 뜻으로 들리며, 네 번째 문장은 제조에 관한 데이터인지 데이터 제조인지가 헷갈리며, 다섯 번째 문장은 '시험광의 문제'라는 뜻으로 오해될 수 있다. ─옮긴이)

이처럼 의도와는 달리 웃기거나 아이러니한 말이 되어 버린 애매한 구문이 하나 있다면, 웃기지도 않고 그저 혼란스럽기만 한 구문은 수천 개는 있을 것이다. 이때 독자는 문장을 여러 번 읽고서야 작가가 두 의미 중 어느 쪽을 의도했는지를 알 수 있다. 더 나쁜 경우, 독자는 둘 중 잘못된 뜻으로 이해하고도 그 사실을 모를 수 있다. 다음 세 예문은 내가 겨우 며칠 동안 이런저런 글에서 수집한 사례들이다.

The senator plans to introduce legislation next week that fixes a critical flaw in the military's handling of assault cases. The measure would replace the current system of adjudicating sexual assault by taking the cases outside a victim's chain of command. (다음 주에 그 상원 의원은 군대 내 성폭행 사건 처리 과정에 존재하는 결정적 결함을 바로잡을 법안을

낼 예정이다. 사건을 피해자가 속한 명령 계통 밖으로 가지고 나감으로써 성폭행 판결을 내리는 현행 체계를 대체할 조치이다.) [사건을 명령 계통 밖으로 가지고 나가는 것이 새로운 조치라는 뜻인가, 현행 체계라는 뜻인가?]

China has closed a dozen websites, penalized two popular social media sites, and detained six people for circulating rumors of a coup that rattled Beijing in the middle of its worst high-level political crisis in years. (중국은 지난 몇 년간 가장 심각한 수준의 정치적 위기 속에서 베이징을 뒤흔든 쿠데타에 대한 헛소문을 유포한 죄로 웹사이트 10여 곳을 폐쇄했고, 유명 소셜 미디어 사이트 두 곳에 벌금을 부과했고, 6명을 구금했다.) [쿠데타가 베이징을 뒤흔들었다는 뜻인가, 헛소문이 뒤흔들었다는 뜻인가?]

Last month, Iran abandoned preconditions for resuming international negotiations over its nuclear programs that the West had considered unacceptable. (지난달 이란은 서방이 받아들일 수 없다고 여겨 온 핵 프로그램에 관한 국제 협상 재개의 전제 조건을 포기했다.) [받아들일 수 없는 것이 전제 조건이란 뜻인가, 협상이란 뜻인가, 핵 프로그램이란 뜻인가?]

그리고 문장이 말은 되지만 (의도하지 않은) 뜻으로 해석될 수 있는 애매한 구문이 하나 있다면, 독자를 순간적으로 걸어 넘어 뜨려서 몇 단어를 되짚어 분석하도록 만드는 구문은 모르면 몰라도 수천 개는 있을 것이다. 심리 언어학자들은 이런 국지적 애매함을 '샛길(garden path)'이라고 부른다. to lead someone up the garden path(샛길로 이끌다)라는 말이 남을 잘못된 길로 유도한다는 뜻으로 쓰이는 데서 가져온 표현이다. 심리 언어학자들은 문법에는 맞지만 분석하기는 불가능에 가까운 이런 문장들을 거의 예술로 승화시켰다.[27]

The horse raced past the barn fell. (헛간을 지나서 내달려진 말이 넘어졌다.) [= "(가령 기수에 의해) 헛간을 지나서 내달려진 말이 곧 넘어진 말이었다."]

The man who hunts ducks out on weekends. (사냥하는 남자는 주말에 슬쩍 내뺀다.)

Cotton clothing is made from is grown in Egypt. (옷을 만드는 면은 이집트에서 재배된다.)

Fat people eat accumulates. (사람들이 먹는 지방은 축적된다.)

The prime number few. (소수는 개수가 적다.)

When Fred eats food gets thrown. (프레드가 먹을 때는 음식이 마구 헤뜨러진다.)

I convinced her children are noisy. (나는 그녀에게 아이들이란 시끄러운 법이라고 말했다.)

She told me a little white lie will come back to haunt me. (그녀는 내게 사소한 선의의 거짓말이 돌아와서 나를 괴롭힐 것이라고 말했다.)

The old man the boat. (노인은 보트에 인원을 배치했다.)

Have the students who failed the exam take the supplementary. (시험

(잘못된 해석들은 모두 문법에 맞지 않기 때문에 끝까지 뜻은 통하지 않지만, 독자는 이런 식으로 잘못 해석하다가 이상해서 다시 분석하게 된다. '말이 달렸다?' '오리를 사냥하는 남자는?' '면으로 된 옷은?' '뚱뚱한 사람들은?' '소수는 적은?' '프레드가 음식을 먹을 때는?' '나는 그녀의 아이들은?' '그녀는 내게 사소한 선의의 거짓말을 했다?' '늙은 남자 보트?' '시험에 낙제한 학생들이 있다?' ―옮긴이)

앞의 교과서적 예시들과는 달리, 우리가 일상에서 접하는 샛길들은 보통 독자를 완전히 멈춰 세우지는 않는다. 그저 몇 분의 1초쯤 지체시킨다. 다음은 내가 최근 수집한 사례들이고, 내가 잠시 길을 잃었던 이유도 함께 적어 두었다.

During the primary season, Mr. Romney opposed the Dream Act, proposed legislation that would have allowed many young illegal immigrants to remain in the country. (예비 선거 기간에 롬니는 이른바 드림 법에 반대했는데, 제안된 그 법안은 많은 젊은 불법 이민자가 미국에 계속 체류하도록 해 줄 것이었다.) [롬니가 법에 반대했고 또 어떤 법안을 제안하기도 했다고? 아니, 그 드림 법이 곧 제안된 법안이라는 말이구나.]

Those who believe in the necessity of nuclear weapons as a deterrent tool fundamentally rely on the fear of retaliation, whereas those who don't focus more on the fear of an accidental nuclear launch

that might lead to nuclear war. (핵무기가 전쟁 억지 수단으로 필요하다고 믿는 사람들은 기본적으로 보복의 두려움에 의지하고, 그러지 않는 사람들은 돌발적인 핵무기 발사가 핵전쟁으로 이어질지 모른다는 두려움에 더 집중한다.) [집중하지 않는 사람들? 아니, 핵 억지력의 필요성을 믿지 않는 사람들이라는 말이구나.]

The data point to increasing benefits with lower and lower LDL levels, said Dr. Daniel J. Rader. (데이터가 가리키는 바는 LDL 수치가 낮을수록 이득이 크다는 말이라고 의사 대니얼 레이더가 말했다.) [데이터 포인트에 관한 문장인가? 아니, 데이터가 무언가를 가리킨다는 뜻이구나.]

But the Supreme Court's ruling on the health care law last year, while upholding it, allowed states to choose whether to expand Medicaid. Those that opted not to leave about eight million uninsured people who live in poverty without any assistance at all. (하지만 지난해 연방 대법원의 보건법 판결은, 비록 그 법을 옹호하기는 했어도, 메디케이드 확대 여부는 주들이 스스로 선택하도록 했다. 그러지 않기로 선택한 주들은 의료 보험이 없는 가난한 인구 800만 명이 아무런 보조를 받지 못하도록 내버려 두고 있다.) [떠나지 않기로 선택해? 아니, 확장하지 않기로 선택했다는 말이구나.]

샛길이 있는 문장은 독서를 그냥 술술 읽어 나가는 일에서 살짝 뒤로 갔다가 다시 두 걸음을 밟아야 하는 피곤한 일로 바꿔 놓는다. 작가는 지식의 저주에 걸린 탓에 가만히 있으면 샛길이 잘 안 보이므로, 샛길을 잡아내고 제거하는 데 의식적으로 노력을 기울여야만 한다. 다행스러운 점은, 샛길이 심리 언어학에서 중요한 연구 주제인지라 이제 우리는 대강 어디를 찾아보면 되는지를 안다는 것이다. 심리 언어학자들은 독자가 글을 읽을 때 그 눈동자와 뇌파의 움직임을 기록하는 실험을 통해서 독자로 하여금 길을 잃게 만드는 주된 유혹이 무엇인지, 거꾸로 독자를 올바른 방향으로 인도하는 유용한 이정표가 무엇인지를 알아냈다.[28]

운율. 대부분의 샛길은 글말에만 있다. 입말에서는 우리가 문장의 운율(멜로디, 리듬, 휴지 등등)을 느낄 수 있기 때문에, 듣는 사람이 잘못된 방향으로 꺾을 가능성이 원천 차단된다. 말로 할 때는 The man who HUNTS …… ducks out on weekends 혹은 The PRIME …… number few 하는 식으로 특정 부분을 강조하고 특정 부분에서는 잠시 쉬게 되기 때문이다. 작가가 자신이 쓴 글을 쭝얼쭝얼, 웅얼웅얼, 그것도 아니면 웅변하듯이 소리 내어 읽어 보아야 하는 것은 이 때문이다. 제일 바람직한 것은 자신도 자신이 쓴 글이 낯설 만큼 시간이 많이 흐른 뒤에 읽어 보는 것이다. 그러면 자신이 내둔 샛길에 스스로 빠지는 경험을 할 수도 있다.

문장 부호. 샛길을 피하는 두 번째 명백한 방법은 문장 부호를 적절히 사용하는 것이다. 문장 부호가 이탤릭체, 대문자 표기, 띄어쓰기 같은 다른 시각적 지표들과 함께 인쇄 언어의 역사 내내 발달해 온 것은 크게 두 가지 목적을 수행하기 위해서였다. 첫째는 독자에게 운율의 단서를 줌으로써 글말이 입말에 좀 더 비슷해지도록 만드는 것이다. 또 다른 목적은 문장을 분석할 때 크게 여기에서 구를 나누면 된다 하는 단서를 줌으로써 독자가 분지도를 그릴 때 애매함을 덜 느끼도록 하는 것이다. 능숙한 독자라면 누구나 문장 부호의 안내에 의지해 문장을 분석하므로, 기본적인 문장 부호 사용법을 익히는 것은 글 쓰는 사람이라면 누구나 해둬야 하는 숙제다.

애매한 구문 실수 중에서도 인터넷에서 유행할 만큼 우스꽝스럽게 애매한 것들은 신문이나 잡지의 기사 제목에서 온 경우가 많은데, 이것도 다 그런 제목에는 보통 문장 부호를 쓰지 않기 때문이다. 내가 제일 좋아하는 두 사례는 MAN EATING PIRANHA MISTAKENLY SOLD AS PET FISH(사람 먹는 피라냐 실수로 관상용 물고기로 팔림), 그리고 RACHAEL RAY FINDS INSPIRATION IN COOKING HER FAMILY AND HER DOG(레이철 레이는 요리하기 가족 그리고 개에서 영감을 얻는다)이다. (각각 '피라냐 먹는 사람 실수로 관상용 물고기로 팔림', '레이철 레이는 가족과 개를 요리하는 데서 영감을 얻는다'라고 잘못 해석될 수 있다.—옮긴이) 첫 번째 제목에서는 피라냐의 문제점을 독자에게 알려주도록 의도된 합성어인 man-eating(사람을 먹는)에서 두 단어를 잇는 붙임표가 빠졌다. 두 번째 제목에서는 영감의 원천에 해당하는 여러 항목의 경계를 나누는 쉼표가 빠졌다. 사실은 cooking, her family, and her dog(요리하기, 가족, 그리고 개)라고 써야 한다.

문장 부호를 풍부하게 써 주면, 심리 언어학자들이 좋아하는 샛길 예문 중 일부에서 재미를 없앨 수도 있다. 가령 When Fred eats food gets thrown에는 쉼표 하나만 찍어도 된다. (When Fred eats, food gets thrown라고 쓴다면 When Fred eats food……라고 해석될 여지가 사라진다. — 옮긴이) 그리고 예일대 섹스 주간 보도 자료의 경우, 글 쓴 학생이 바이브레이터의 역사를 공부하는 시간을 줄여서 구두법을 좀 더 공부했더라면 구문을 분석하기가 한결 쉬운 글이 나왔을 것이다. (어째서 로맨스의 역사가 트랜스젠더 이슈에 해당한다는 말인가? 학생 패널이 되는 비결이라니 그게 뭔가?)

안타까운 점은 우리가 아무리 철두철미하게 문장 부호를 찍더라도 모든 샛길을 다 없앨 만큼 충분한 정보를 줄 수는 없다는 것이다. 현대 구두법에는 독자적인 문법이 있다. 그런데 그 문법은 입말에서 잠시 멈추는 대목과는 일치하지 않고 글말에서 구문의 경계에 해당하는 대목과도 일치하지 않는다.[29] 우리가 만약 Fat people eat, accumulates라고 쓸 수 있거나 I convinced her, children are noisy라고 쓸 수 있다면 매사가 분명해지고 좋을 것이다. 그러나 6장에서 다시 이야기하겠지만, 주어와 술어를 구분하거나 동사와 그 보어를 구분할 요량으로 쉼표를 찍는 것은 구두법 실수 중에서도 가장 극악무도한 대죄에 해당한다. 단, 구분을 뚜렷이 하지 않으면 안 되는 응급 상황일 때는 괜찮은데, 조지 버나드 쇼(George Bernard Show)의 이 유명한 말이 그런 경우이다. "He who can, does; he who cannot, teaches. (할 수 있는 자는, 한다; 할 수 없는 자는, 가르친다.)"(우디 앨런(Woody Allen)이 여기에 덧붙인 "And he who cannot teach, teaches gym. (그리고 가르칠 수 없는 자는, 체육을 가르친다.)"도 마찬가지이다.) 하지만 일반적으로는 주어와 술어처럼 절을 이루는 가장 중요한 요소들이 나뉘는 지점은 쉼표 출입이 엄격하게 금지되는 구역이다. 구문이 아무리 복잡해도 안 된다.

구문 구조를 알리는 단어들. 샛길을 예방하는 또 다른 방법은 문장의 의미에 별로 기여하지 않기 때문에 언뜻 불필요한 단어처럼 보이고 그래서 편집실에서 댕강 잘려 나갈 위험이 높지만 실은 구의 시작을 알리는 역할을 함으로써 충분히 밥값을 하는 단어를 존중하는 것이다. 이런 단어들 중 제일가는 것은 관계절의 시작을 알리는 종속 접속사 that, 그리고 which, who 같은 관계 대명사들이다. 어떤 구에서는 이런 단어가 정말 '불필요한 단어'라서 지워도 된다. 가령 the man [whom] I love(내가 사랑하는 남자), things [that] my father said(아버지가 했던 말씀)에서 그렇다. 가끔은 is나 are를 함께 지워도 되는데, 가령 A house [which is] divided against itself cannot stand(내분으로 갈라진 집은 버티지 못한다)에서 그렇다. 작가는 이런 단어들을 지우고 싶은 유혹에 시달린다. 지우면 문장의 리듬이 팽팽해지고 which의 경우 그 흉한 치찰음 발음을 없앨 수 있기 때문이다. 그러나 which 마녀 사냥을 너무 열렬히 하다 보면 문장에 샛길이 남을 수 있다. 교과서적 샛길 예문들은 이 하찮은 단어를 복구하면 금세 이해하기 쉬워지는 경우가 많다. The horse which was raced past the barn fell, 혹은 Fat which people eat accumulates라고 which 를 넣어 보라.

한 가지 희한한 점은 영어에서 애매함을 없애 주는 이런 단어 중 그 역할이 제일 쉽사리 간과되는 단어가 얄궂게도 영어에서 제일 자주 쓰이는 단어, 즉 하찮은 정관사 the라는 사실이다. the 의 의미는 한두 마디로 말할 수 있는 문제가 아니지만(이 문제는 다음 장에서 이야기하겠다.), 어쨌든 the가 더없이 분명한 구문 지표 로 기능한다는 것은 사실이다. 문장에서 the를 만난 독자는 의심 의 여지 없이 명사구로 들어온 것이다. 이 정관사는 많은 명사 앞 에서 생략될 수 있지만, 그렇다고 다 생략하면 꼭 명사구가 예고 없이 불쑥불쑥 나타나는 것처럼 독자에게 폐소 공포증을 일으키 는 갑갑한 문장이 된다.

If selection pressure on a trait is strong, then alleles of large effect are likely to be common, but if selection pressure is weak, then existing genetic variation is unlikely to include alleles of large effect.	If the selection pressure on a trait is strong, then alleles of large effect are likely to be common, but if the selection pressure is weak, then the existing genetic variation is unlikely to include alleles of large effect.	어떤 형질에 작용하는 선택압이 강할 때는 큰 효과를 내는 대립 유전 자가 더 흔해지기 쉽지 만, 선택압이 약할 때는 큰 효과를 내는 대립 유 전자가 살아남아 유전적 변이로 보존될 가능성이 작다.

Mr. Zimmerman talked to police repeatedly and willingly.	Mr. Zimmerman talked to the police repeatedly and willingly.	짐머만 씨는 경찰에게 기꺼이 여러 번 말해 주었다.

the가 없는 한정 명사구는 등장을 충분히 예고하지 못하는 것 같다는 느낌, 이 느낌은 많은 작가와 편집자가 다음 예문에서 왼쪽 같은 저널리즘적 문장(이런 문장을 가끔 사이비 제목이라고도 부른다.)을 피하고 오른쪽처럼 설령 의미 면에서는 불필요하더라도 명사구 앞에 당당히 the를 붙여서 예고해 주라고 조언하는 이유일 것이다.

People who have been interviewed on the show include novelist Zadie Smith and cellist Yo-Yo Ma.	People who have been interviewed on the show include the novelist Zadie Smith and the cellist Yo-Yo Ma.	쇼에서 인터뷰한 사람으로는 소설가 제이디 스미스, 첼리스트 요요 마 등이 있었다.
As linguist Geoffrey Pullum has noted, sometimes the passive voice is necessary.	As the linguist Geoffrey Pullum has noted, sometimes the passive voice is necessary.	언어학자 제프리 풀럼이 말했듯이, 가끔은 수동태도 필요하다.

학자들의 글이 보통 불필요한 단어로 채워져 있기는 하지만,

다른 한편 전문적인 글 중에는 the, are, that 같은 하찮은 단어들을 쥐어짜듯이 싹 없애는 바람에 되려 갑갑해지는 경우도 있다. 그런 단어를 되살리는 것은 독자에게 숨 쉴 틈을 주는 셈이다. 그런 단어는 독자에게 앞으로 올 구를 알림으로써 독자가 다음에는 어떤 종류의 구를 만나게 될까 하는 고민 없이 실제 내용이 담긴 단어들에만 집중하도록 돕기 때문이다.

Evidence is accumulating that most previous publications claiming genetic associations with behavioral traits are false positives, or at best vast overestimates of true effect sizes.	Evidence is accumulating that most of the previous publications that claimed genetic associations with behavioral traits are false positives, or at best are vast overestimates of the true effect sizes.	요즘 쌓이는 증거들을 보면 행동 형질과 유전자의 연관성을 주장했던 이전 연구 결과들은 대부분 허위 양성 반응이었고, 그게 아니라도 효과의 진짜 규모를 대단히 과대 평가한 것이었다.

간결함과 명료함이 타협해야 하는 상황은 수식어의 위치에서도 생긴다. 명사를 수식하는 방법은 두 가지이다. 명사의 오른쪽에서 전치사구를 써서 수식하는 방법과 명사의 왼쪽에서 그냥 명사로 수식하는 방법이다. 이를테면 data on manufacturing(제조에 관한 데이터) 혹은 manufacturing data(제조 데이터), strikes by teachers(교사들의 파업) 혹은 teacher strikes(교사 파업), stockholders in a company(회사의 주주들) 혹은 company stockholders(회사 주주들) 하는 식이다. 그런데 이때 작은 전치사 하나가 큰 차이를 낳을 수 있다. 기사 제목인 MANUFACTURING DATA HELPS INVIGORATE WALL STREET(제조 데이터가 월스트리트에 활기를 북돋다)는 전치사를 썼으면 샛길을 없앨 수 있었을 것이고, TEACHER STRIKES IDLE KIDS(교사 파업으로 아이들이 놀다)와 TEXTRON MAKES OFFER TO SCREW COMPANY STOCKHOLDERS(텍스트론, 회사 주주들을 짜내기 위한 제안을 하다)도 전치사를 썼더라면 좋았을 것이다. (지금 형태로는 각각 ('제조에 관한 데이터'가 아니라) '데이터 제조가 월스트리트에 활기를 북돋다.', '교사가 빈 들거리는 아이들을 공격하다.', '텍스트론, 나사 회사 주주들에게 제안하다.' 라고 잘못 해석될 수 있다. ―옮긴이)

자주 쓰이는 단어 순서와 의미. 독자를 샛길로 유혹하는 또 다른 요소는 언어의 통계적 패턴의 문제, 즉 특정 단어는 다른 단어의 앞이나 뒤에 오는 경우가 통계적으로 잦다는 사실이다.[30] 우리는 읽기에 능숙해질수록 그런 흔한 단어 쌍을 머릿속에 무수히 많이 저장한다. horse race(말이 달리다), hunt ducks(오리를 사냥하다), cotton clothing(면 옷), fat people(뚱뚱한 사람), prime number(소수), old man(늙은 남자), data point(데이터 포인트)가 다 그런 단어 쌍이다. 이런 단어 쌍은 종이에서 톡 튀어나오는 것처럼 우리 눈에 얼른 들어오므로, 두 단어가 같은 구에 속할 때는 우리 머릿속에서 단어들이 결합되는 속도를 높임으로써 구문 분석을 더 원활하게 만들어 준다. 그러나 만약 이런 단어 쌍의 두 단어가 서로 다른 구에 속한 것인데도 어쩌다 보니 나란히 놓여 있다면, 독자는 그만 샛길로 빠진다. 교과서적 샛길 예문들과 내가 현실에서 찾은 사례 중 The data point로 시작하는 예문의 샛길이 그토록 유혹적인 것은 이 문제 때문이다.

우리가 글을 읽을 때 언어의 통계적 패턴을 따르는 방식은 또 하나 있는데, 애매한 단어를 만났을 때 그 단어의 여러 뜻 중에서 통계적으로 가장 자주 쓰이는 뜻을 선호하는 것이다. 교과서적 샛길 예문들은 이 현상도 활용해서 독자를 속인다. 그런 예문에 포함된 애매한 단어는 사실 평소에 덜 쓰이는 의미로 해석해야 옳기 때문이다. race를 (the horse raced(말이 달렸다)처럼 자동사로 쓰지 않고) race the horse(말을 달렸다)처럼 타동사로 쓴다든지, fat을 '뚱뚱한'을 뜻하는 형용사가 아니라 지방을 뜻하는 명사로 쓴다든지, number를 수를 뜻하는 명사가 아니라 '개수가 얼마이다.'를 뜻하는 동사로 쓴다든지 하는 경우가 그렇다. 일상에서도 이런 착각이 샛길을 낳을 수 있다. 예를 들어, 이 문장을 읽어 보라. So there I stood, still as a glazed dog. (그래서 나는 서 있었다, 도자기 개처럼 가만히.) 나는 이 문장을 처음 읽었을 때 걸려 넘어졌다. 글쓴이가 도자기 개처럼 꼼짝 않고 있었다는 뜻으로 해석하지 않고(still을 '가만히'를 뜻하는 형용사로 이렇게 쓰는 경우는 드물다.) 계속해서 도자기 개처럼 있었다는 뜻으로 해석했기 때문이다.

(still을 '계속해서'를 뜻하는 부사로 이렇게 쓰는 경우가 보통은 더 잦다.)

대구를 이룬 구조. 분지도에서 가지 끝에 달린 단어들을 다 떨어 뜨린 헐벗은 몸통은 독자의 머릿속에 몇 초쯤 더 잔류하기 때문에, 독자가 그 다음 구를 분석할 때 쓸 틀이 미리 마련되어 있는 것처럼 기능할 수 있다.[31] 이때 다음 구의 구조가 앞선 구와 같다면, 새 단어들은 이미 대기 중인 분지도에 손쉽게 착착 끼워 맞춰질 테고 덕분에 독자는 새 구를 훨씬 수월하게 받아들일 것이다. 대구를 이룬 구조(structural parallelism)라고 불리는 이 구조는 우아하고 (종종 격정적인) 글을 쓰는 수사법 중 가장 오래된 기법이기도 하다.

He maketh me to lie down in green pastures; he leadeth me beside the still waters. (푸른 풀밭에 나를 쉬게 하시고, 잔잔한 물가로 나를 이끄신다.)

We shall fight on the beaches, we shall fight on the landing grounds, we shall fight in the fields and in the streets, we shall fight in the hills; we shall never surrender. (우리는 해안에서 싸울 것이고, 상륙 지점에서 싸울 것이고, 벌판과 거리에서 싸울 것이고, 언덕에서 싸울 것입니다. 우리는 결코 투항하지 않을 것입니다.)

I have a dream that one day on the red hills of Georgia the sons of former slaves and ths sons of former slave owners will be able to sit down together at the table of brotherhood. …… I have a dream that my four little children will one day live in a nation where they will not be judged by the color of their skin but by the content of their character. (나에겐 꿈이 있습니다, 언젠가 조지아의 붉은 언덕에서 옛 노예의 아들들과 옛 노예 소유자의 아들들이 우애의 식탁에 나란히 앉을 것이라는 꿈. …… 나에겐 꿈이 있습니다, 언젠가 내 어린 네 자녀가 자신의 피부색으로 평가받는 것이 아니라 각자의 개성으로 평가받는 나라에 살게 될 것이라는 꿈.)

대구를 이룬 구조는 시적이고 권고하는 듯한 문장뿐 아니라 평이한 설명문에서도 통한다. 아래는 버트런드 러셀(Bertrand Russell)이 대구를 이룬 구조를 써서 낭만주의 운동을 설명한 글이다.

The romantic movement is characterized, as a whole, by the substitution of aesthetic for utilitarian standards. The earth-worm is useful, but not beautiful; the tiger is beautiful, but not useful. Darwin (who was not a romantic) praised the earth-worm; Blake praised the tiger. (낭만주의 운동을 전체적으로 규정하자면 공리적 기준을 미학적 기준으로 바꾼 것이라고 할 수 있다. 지렁이는 유용하지만 아름답지는 않고, 호랑이는 아름답지만 유용하지는 않다. (낭만주의자가 아니었던) 다윈은 지렁이를 칭송했고, 블레이크는 호랑이를 칭송했다.)

1장에서 내가 잘 쓴 글의 예로 들었던 네 예문을 다시 읽어 보라. 대구를 이룬 구조가 줄줄이 나올 것이다. 워낙 많이 나오기 때문에 나는 첫 몇 번만 지적하고 이후에는 지적하지도 않았다.

풋내기 작가가 단순한 문장 구조를 어리석을 만큼 지나치게 반복하는 경우도 있기야 하겠지만, 작가 대부분은 보통 그 반대의 실수를 저지른다. 구문을 변덕스럽게 자주 바꾸는 것이다. 그러면 독자는 자꾸 중심을 잃게 되고, 그러다가 자칫 문장 구조를 그릇되게 추측한다. 가령 명사 복수형에 관한 다음 설명문을 보라. 다른 책도 아니고 『뉴욕 타임스 작법 및 어법 안내서(*The New York Times Manual of Style and Usage*)』에서 발췌한 글이다.

Nouns derived from foreign languages form plurals in different ways. Some use the original, foreign plurals: *alumnae; alumni; data; media; phenomena.* **But form the plurals of others simply by adding** *s: curriculums; formulas; memorandums; stadiums.* (외국어에서 유래한 명사들은 복수형을 다른 방식으로 형성한다. 어떤 명사들은 외국어의 원래 복수형을 그대로 쓰는데, 가령 alumnae, alumni, data, media, phenomena 하는 식이다. 하지만 그 밖의 명사들의 복수형은 그냥 s를 붙여서 형성하라. 가령 curriculums, formulas, memorandums, stadiums 하는 식이다.)

여러분도 나처럼 "form the plurals(외국어에서 유래한)" 하는 대목에서 멈칫했는가? 앞의 예문은 첫 두 문장은 직설법이다. 주어는 외국어 명사들이고, 술어는 그 명사들이 복수형을 어떻게 '형성'하거나 '사용'하는지 알려준다. 그런데 세 번째 문장은 느닷없이 명령법으로 바뀌더니, 이제 명사들이 아니라 **독자들**이 복수형을 어떤 방식으로 형성해야 하는지를 명령한다.

한편 다음 예문은 학계에 흔한 전형적인 문장으로, 저자가 절마다 구문을 바꿔야 한다고 생각한 나머지 엄청나게 널찍한 샛길을 뚫고 만 경우이다.

The authors propose that distinct selection pressures have influenced cognitive abilites and personality traits, and that intelligence differences are the result of mutation-selection balance, while balancing selection accounts for personality differences. (우리 저자들이 주장하는 바는 뚜렷한 선택압이 인지 능력과 성격 특질에 영향을 미친다는 것, 그리고 지능 차이는 돌연변이 선택 균형의 결과인 데 비해 균형 선택은 성격 차이를 설명한다는 것이다.)

공평하게 따지자면, balancing selection(균형 선택)이라는 전문 용어가 꼭 동사구처럼 보이지만('to balance a selection(선택의 균형을 맞추다)' 하는 뜻에서 balancing이 핵어인 것처럼 보인다.) 사실 명사구인 것은(자연 선택의 여러 종류 중 하나로 selection이 핵어이다.) 저자의 잘못이 아니다. 하지만 독자가 이 용어를 명사구로 분석하도록 장려하려면, 저자는 독자가 명사구를 기대할 만한 맥락을 조성해 두어야 했다. 그러기는커녕 저자는 첫 절에서는 원인-결과 순으로 말하더니(have influences(영향을 미친다)) 두 번째 절에서는 결과-원인 순으로 말하고(are the result of(~의 결과이다.)) 세 번째 절에서는 다시 원인-결과 순으로 돌아옴으로써(accounts for(~를 설명한다.)) 독자를 귀찮게 한다. 더구나 그러면서 문장마다 용어를 바꾸는데, 이것도 타당한 이유가 없다. 첫 절의 cognitive abilities(인지 능력)은 두 번째 절의 intelligence(지능)과 같은 것을 지시하는 말이다. 대구를 이룬 구조와 일관된 용어를 적용해 다시 쓰면, 전문 용어에 익숙하지 않은 독자라도 이해할 만한 문장이 나온다.

The authors propose that distinct selection pressures have influenced cognitive abilites and personality traits: mutation-selection balance accounts for differences in cognitive ability, whereas balancing selection accounts for differences in personality traits. (우리 저자들이 주장하는 바는 뚜렷한 선택압이 인지 능력과 성격 특질에 영향을 미쳤다는 것, 그리고 돌연변이 선택 균형은 인지 능력 차이를 설명하는 반면 균형 선택은 성격 차이를 설명한다는 것이다.)

대구를 이룬 구조는 교과서적 샛길 예문 중 가장 알아먹기 어려운 문장마저 알기 쉽게 바꿔 준다. "Though the horse guided past the barn walked with ease, the horse raced past the barn fell. (헛간을 지나서 몰아진 말은 쉽게 걸어갔지만, 헛간을 지나서 내

달려진 말은 넘어졌다.)"

바로 옆 구에게 붙기. 자, 이윽고 네 교수와 함께하는 섹스에 관한 패널로 돌아왔다. 이 문제에서 우리가 품은 편향은 주로 구조적 편향이다. 229쪽의 분지도를 다시 보자. 독자는 어째서 작성자가 의도하지 않은 뜻인 아래쪽 분지도로 쏠릴까? 차이는 with four professor(네 교수와 함께하는)라는 구가 붙은 위치에 있다. 선택의 여지가 있는 한, 독자는 새로 만난 구를 분지도에서 위쪽이 아니라 가급적 아래쪽에 붙이려고 한다. 달리 말해, 독자는 새 단어를 지금 한창 분석 중인 구에 붙이고 싶어 하지 지금 처리하던 구를 닫고 어디 다른 장소에서 붙일 곳을 찾아보지는 않는다.

이처럼 독자는 새로 만난 구를 방금 나온 단어들에게 붙이는 성향이 있으므로, 작가가 실제로 염두에 둔 위치가 그보다 더 먼 경우에는 문장을 오해하게 된다. 이 편향은 네 교수와 함께하는 섹스뿐 아니라 몇 주 동안 이어진 전희, 흡연도 음주도 하지 않는 소, 아무 조건이 없는 지원자, 두 번 살해된 자전거 운전자, 곰으로 착각된 산길, 베이징을 뒤흔든 쿠데타의 문제도 설명해 준다.

스트렁크와 화이트를 비롯해 많은 글쓰기 지침서 저자들은 이런 뜻밖의 우스운 문장을 예방하기 위해서는 "연관된 단어들을 한데 묶어 두라."라고 충고한다. 안타깝게도 이 조언은 도움이 못 된다. 분지도가 아니라 단어 순서를 말했기 때문이다. 가령 A panel on sex with four professor(네 교수와 함께하는 섹스에 관한 패널)에서 연관된 단어들을 한데 묶어 두라는 조언은 도움이 안 되는데, 왜냐하면 이미 한데 묶여 있기 때문이다. 골칫거리에 해당하는 구인 on sex(섹스에 관한)은 연관된 구인 왼쪽의 a panel(패널)에 이미 찰싹 붙어 있다. 문제는 연관되지 않은 구인 오른쪽의 four professors(네 교수)와도 찰싹 붙어 있다는 점이다. 작가가 살펴야 할 것은 분지도에서의 연결성이지(a panel on sex(섹스에 관한 패널)냐 sex with four professor(네 교수와 함께하는 섹스)냐이지), 단어열에서의 근접성이 아니다. 오히려 이 구절을 명료하게 바꾸는 방법—두 구의 순서를 뒤집어서 a panel with four professors on sex(섹스에 관해 네 교수와 함께하는 패널)로 만드는 것이다.—은 연관된 단어들을 단어열에서 가깝게 붙이기는커녕 멀리 떨어뜨리는 것(a panel과 on sex)이다. 다음 쪽의 도해를 보면 알 수 있듯이, 이렇게 바꾸더라도 연관된 단어들은 분지도에서는 여전히 연결되어 있고 단어열에서만 순서가 달라진다.

차라리 "연관되지 않은(그러나 서로 끌리는) 구들을 멀리 띄워 두라."라고 조언하는 편이 낫다. 만일 패널의 주제가 육욕적 상호 작용이 아니라 금지 물질이라면, 오히려 이것과는 반대되는 순서가 더 안전할 것이다. A panel with four professors on drugs(마약 관련 네 교수와 함께하는 패널)은 네 교수와 함께하는 섹스에 관한 패널만큼 흥미진진할 듯하지만, 그래도 작가는 a panel on drugs with four professors(네 교수와 함께하는 마약 관련 패널)라고 쓰는 편이 낫다. 섹스일 때와 마약일 때가 이렇게 다른 것은 통계적으로 자주 쓰이는 단서 순서 때문이다. 섹스의 경

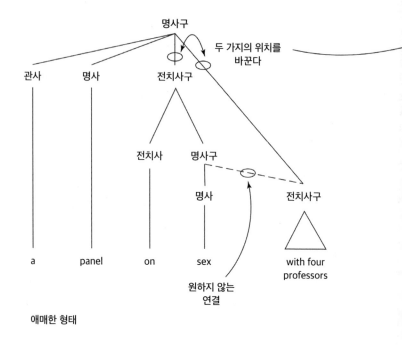

명사구

관사   명사   전치사구

두 가지의 위치를
바꾼다

전치사   명사구

명사   전치사구

a   panel   on   sex   with four professors

원하지 않는
연결

애매한 형태

우에는 평소 자주 쓰이는 단어 쌍이 sex with(~와 함께하는 섹스)이니까 구가 자연스레 오른쪽으로 끌리지만, 마약의 경우에는 평소 자주 쓰이는 단어 쌍이 on drugs(약에 취한)이니까 구가 자연스레 왼쪽으로 끌린다. 작가는 두 방향을 다 살핀 뒤, 구가 부적절한 이웃 구와 위험한 관계를 맺는 것을 막을 수 있도록 위치를 요리조리 바꿔 줘야 한다. 다음은 228쪽에서 보았던 애매한 예문들의 단어 순서를 재배열해 애매함을 제거한 문장들이다.

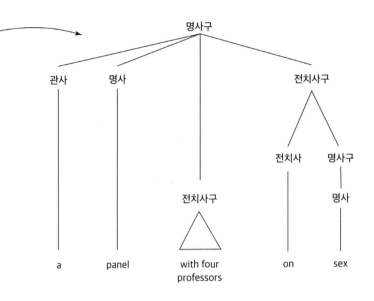

명사구

관사　명사　　　　전치사구

　　　　　　　　　전치사　명사구

　　　　전치사구　　　　　명사

a　panel　with four　on　sex
　　　　professors

애매하지 않은 형태

For several weeks the young man had involuntary seminal fluid emission when he engaged in foreplay. (몇 주 동안 그 젊은 남자는 전희를 할 때 비자발적 정액 분출을 겪었다.)

Wanted: Man that does not smoke or drink, to take care of cow. (사람 구함: 흡연도 음주도 하지 않는 사람, 소 돌보실 분.)

This week's youth discussion in the church basement will be on teen suicide. (이번 주 교회 지하실에서 청년반은 10대 자살에 대해 토론합니다.)

I enthusiastically recommend, with no qualifications whatsoever, this candidate. (아무런 조건 없이, 이 지원자를 열렬히 추천합니다.)

Prosecutors yesterday confirmed they will appeal the "unduly lenient" sentence of a motorist who escaped prison after being convicted for the second time of killing a cyclist. (어제 검사들은 자전거 탄 사람을 죽이고도 두 번째로 징역형을 모면한 자동차 운전자에 대한 '부당하게 관대한' 선고에 항소할 것이라고 밝혔다.)

A teen hunter has been convicted of second-degree manslaughter for fatally shooting a hiker he had mistaken for a bear on a popular Washington state trail. (10대 사냥꾼은 인기 많은 워싱턴 주 등산로에서 곰으로 착각한 등산객을 총으로 쏘아 죽인 죄로 2급 고살을 선고받았다.)

그런데 구를 연관된 단어들에게는 가깝게, 연관되지 않은 단어들에게는 멀리 옮기라는 이 지침은 영어의 구문 규칙을 지키는 선에서 이리저리 옮길 수 있는 구가 있어야만 쓸모가 있다. 이 점에서 영어는 좀 불리하다. 라틴 어, 러시아 어 같은 다른 여러 언어에서는 수사적 목적을 달성하기 위해서 단어 순서를 마음껏 뒤섞는 일이 가능하다. 명사에 표시된 격이나 동사에 표시된 일치 덕분에 단어 순서야 어떻게 바뀌든 독자의 머릿속에서 연결 관계는 그대로이기 때문이다. 그것에 비해 영어는 격과 일치 표시가 기본적인 수준으로만 존재하는 언어라서, 우리가 단어 순서를 훨씬 더 철저하게 지켜야 하는 편이다.

그러니 작가는 곤경에 처한다. 영어의 구문 규칙상 작가는 주어 뒤에 동사를 놓아야 하고 동사 뒤에 목적어를 놓아야 한다. 하지만 작가는 독자의 **생각이** 동사와 목적어보다 주어에 먼저 닿기를 바라지 않을 수도 있다.

왜 작가는 독자가 생각하는 순서를 통제하고 싶어 할까? 한 이유는 우리가 방금 살펴본 잘못된 연결 관계, 즉 작가가 원하지 않는 연결 관계를 예방하려는 것이다. 다른 이유도 두 가지 더 있는데, 둘 다 어엿한 작문의 원칙으로 별도로 논의될 만한 내용이니 항목을 바꿔서 이야기하겠다.

제일 무거운 것을 맨 나중으로 미루라. 스코틀랜드의 유명한 기도문은 주님에게 우리를 "ghoulies and ghosties and long-leggedy beasties and things that go bump in the night(악귀들과 유령들과 다리 긴 야수들과 밤에 부딪치게 되는 이런저런 것들)"로부터 구해 달라고 주문하지, "things that go bump in the night and long-leggedy beasties and ghoulies and ghosties(밤에 부딪치게 되는 이런저런 것들과 다리 긴 야수들과 악귀들과 유령들)"로부터 구해 달라고 주문하지 않는다. 첫 번째 순서가 우리의 인지 과정에 더 알맞기 때문이다. 우리가 크고 무거운 구(things that go bump in the night)를 처리할 때 그것이 소속된 더 큰 구(이 경우에는 things, beasties, ghoulies, and ghosties까지 네 덩어리가 등위 관계를 이룬 전체 구)를 미완결 상태로 머릿속에 담아 둬야 한다면, 처리가 성가시게 느껴진다. 크고 무거운 구는 맨 끝에 다루는 편이 더 쉽다. 그 시점에는 상위 구를 조립하는 작업이 이미 다 끝나서 머릿속에 달리 저장된 것이 없기 때문이다. (이 조언은 왼쪽으로 가지를 뻗은 구조나 중간에 구가 내포된 구조보다 오른쪽으로 가지를 뻗은 구조를 선택하라는 조언을 달리 표현한 셈이다.) 가벼운 것 먼저-무거운 것 나중에 원칙은 언어학에서 가장 오래된 원칙 중 하나로, 기원전 4세기에 산스크리트 어 문법학자 파니니(Pāṇini)가 발견했다.[32] 작가들은 여러 개의 항목을 나열해야 할 때 종종 직관적으로 이 원칙을 따른다. 그래서 life, liberty, and the pursuit of happiness(생명, 자유, 그리고 행복의 추구)라고 말하고, The Wild, The Innocent, and The E Street Shuffle(야성적인 것, 순수한 것, 그리고 E 스트리트 셔플)이라고 말하며, Faster than a speeding bullet! More powerful than a locomotive! Able to leap tall buildings in a single bound!(나는 총알보다 더 빠르게! 기관차보다 더 강력하게! 높은 빌딩도 단숨에 뛰어넘을 수 있다!)라고 말한다.

주제 먼저, 그다음에 설명. 알려진 것 먼저, 그다음에 새로운 것. 이 조언은 "문장에서 강조할 단어는 맨 끝에 두라."라는 스트렁크의 조언을 좀 더 정교하게 표현한 것이다. 폴 매카트니(Paul McCartney)는 이 조언을 유념했던지라, "자, 여러분에게 소개하겠습니다, 여러분이 그동안 줄곧 알고 있었던 밴드, 페퍼 하사관의 외로운 사람들 클럽 밴드!"라고 노래했다. 매카트니는 우선 청중의 주의를 모으고, 그들에게 누군가를 소개하겠다고 알린 뒤, 문장 끝에서야 뉴스거리가 되는 정보를 제공한다. 그는 "페퍼 하사관의 외로운 사람들 클럽 밴드, 여러분이 그동안 줄곧 알고 있었던 밴드,

이들을 여러분에게 소개하겠습니다!"라고 노래하지 않았다.[33] 이 역시 인지 심리학 측면에서 타당한 수법이다. 우리는 기존에 품은 지식의 그물망에 새 정보를 통합하는 방식으로 무언가를 배운다. 새로운 사실에 난데없이 맞닥뜨리고는 그 사실이 포함될 적절한 배경이 나올 때까지 잠시나마 단기 기억에 그 사실을 공중 부양시켜 두는 상황을 좋아하지 않는다. 주제 다음에 설명, 알려진 것 다음에 새로운 것이라는 순서는 글에 일관성이 있다는 느낌, 즉 글이 독자를 휙휙 휘두르지 않고 문장에서 문장으로 매끄럽게 넘어간다는 느낌을 주는 데 중요한 요소이다.

영어의 구문 규칙은 주어 뒤에 목적어가 와야 한다고 규정한다. 인간의 기억력은 가벼운 것 다음에 무거운 것이 오는 편이 좋다고 요구한다. 인간의 이해력은 주제 다음에 설명이 오고 알려진 것 다음에 새로운 것이 오는 순서가 좋다고 요구한다. 그렇다면 작가는 문장 속 단어들의 위치에 관한 이 요구들, 서로 조화시키기 어려운 이 요구들을 어떻게 조화시켜야 할까?

필요는 발명의 어머니인 법. 영어는 지난 수백 년 동안 그 엄격한 구문 규칙을 우회할 방법을 여럿 만들어 냈다. 그 우회란 문장을 구성하는 요소들이 좌우 단어열에서 차지하는 위치를 원래 문장과는 다르게 배치하되 문장의 뜻은 거의 같게 보존해 주는 대안 구조이다. 이것은 곧 독자가 머릿속에서 문장을 처리하는 시간적 순서에서 그 요소들이 등장하는 시점이 원래 문장과는 달라진다는 뜻이다. 능숙한 작가는 이런 대안 구조를 늘 손 닿는 곳에 갖춰 두고 필요할 때마다 꺼내 씀으로써 문장 내용과 단어 순서를 **동시에** 통제한다.

그런 대안 구조 중 제일 중요한 것은 부당하게 욕을 많이 먹고 있는 수동태 구조이다. 가령 Oedipus killed Laius(오이디푸스가 라이오스를 죽였다)라고 말하는 대신 Laius was killed by Oedipus(라이오스는 오이디푸스에게 살해되었다)라고 말하는 방법이다. 우리는 2장에서 수동태의 장점 가운데 하나를 살펴보았다. 사건의 행위자를, 즉 수동태에서는 by가 이끄는 구로 지시되는 대상을 구태여 언급하지 않고 넘어갈 수 있다는 점이었다. 이 특징은 어떤 실수를 저질렀지만 자신의 이름은 부각되지 않기를 바라는 화자에게 편리하게 쓰인다고 했고, 화재 진화에 헬리콥터가 투입되었다는 사실을 알리고 싶지만 헬리콥터를 조종한 행위자가 밥이라는 사람이라는 사실까지 알리고 싶지는 않은 화자에게도 편리하게 쓰인다고 했다. 그런데 이제 수동태의 또 다른 중요한 장점을 볼 때가 되었으니, 바로 문장에서 행위자가 행위를 받는 대상보다 늦게 등장하도록 해 준다는 점이다. 이 특징은 영어의 융통성 없는 단어 순서 탓에 다른 방법으로는 조화시킬 수 없을 듯한 작문의 두 원칙을 동시에 따를 수 있도록 해 준다. 수동태 덕분에 우리는 행위자가 무겁거나, 오래된 소식이거나, 둘 다인 경우 그것에 대한 언급을 뒤로 미룰 수 있는 것이다. 어떻게 그런지를 구체적으로 살펴보자.

다음 예문은 위키피디아의 「오이디푸스 왕」 항목 중 한 대목으로 오이디푸스의 끔찍한 출생의 비밀이 밝혀지는 대목이다. (스포일러가 있으니 주의하시길!)

A man arrives from Corinth with the message that Oedipus's father has died. …… It emerges that this messenger was formerly a shepherd on Mount Cithaeron, and that he was given a baby. …… The baby, he says, was given to him by another shepherd from the Laius household, who had been told to get rid of the child. (코린토스에서 온 전령은 오이디푸스의 아버지가 이미 죽었다는 소식을 전해 준다. …… 알고 보니 이 전령은 과거에 키타이론 산의 양치기였고, 그때 한 아기를 건네받았다고 한다. …… 그 아기는 또 다른 양치기에게 건네받은 것이었는데, 라이오스 집안이 보낸 그 양치기는 아이를 죽여 버리라는 지시를 받았다고 했다.)

세 수동태 문장이 연달아 나오는데(was given a baby(아기를 건네받았다), was given to him(건네받다), had been told(지시를 받았다)), 그럴 만한 이유가 있다. 독자인 우리는 우선 전령을 소개받는다. 모든 눈길이 그에게 향해 있다. 따라서 만약 그가 다음 소식에도 등장한다면, 그때 그가 맨 먼저 언급되어야 할 것이다. 그리고 정말 그가 먼저 언급되는데, 사실 다음 소식에서는 그가 하는 행동이 아무것도 없는데도 그럴 수 있는 것은 수동태 덕분이다. he(그, 이 단어는 오래된 정보이다.)가 a baby(한 아기, 이 말은 새로운 정보이다.)를 건네받았다고 표현된 것이다.

이제 아기가 우리에게 소개되었으니, 우리 머릿속은 아기가 차지하고 있다. 따라서 아기에 관한 새로운 소식이 더 이어진다면, 그 소식은 아기에 관한 언급으로 시작해야 할 것이다. 이번에도 아기가 다음 소식에서 아무 행동도 하지 않는데도 먼저 언급될 수 있는 것은 수동태 덕분이다. The baby, he says, was given to him by another sheperd(그 아기는 또 다른 양치기에게 건네받은 것이었는데)라고 표현된 것이다. 한편 이 두 번째 양치기는 새 소식일 뿐 아니라 무거운 소식이다. another shepherd from the Laius household, who had been told to get rid of the child(라이오스 집안이 보낸 그 양치기는 아이를 죽여 버리라는 지시를 받았다)라는 거추장스럽게 큰 구로 수식된 양치기이기 때문이다. 이 수식구는 우리가 문장 구문을 분석하는 도중에 다루기에는 너무 장황하지만, 수동태 덕분에 맨 끝으로 보내졌다. 그래서 우리는 다른 작업을 다 마친 뒤에야 이 말을 만난다.

자, 이제 웬 편집자가 가급적 수동태를 피하라고 권하는 흔한 조언을 무심코 좇아서 앞의 예문을 다음처럼 고쳤다고 상상해 보자.

A man arrives from Corinth with the message that Oedipus's father has died. ⋯⋯ It emerges that this messenger was formerly a shepherd on Mount Cithaeron, and that someone gave him a baby ⋯⋯ Another sheperd from the Laius household, he says, whom someone had told to get rid of the child, gave the baby to him. (코린토스에서 온

전령은 오이디푸스의 아버지가 이미 죽었다는 소식을 전해 준다. …… 알고 보니 이 전령은 과거에 키타이론 산의 양치기였고, 그때 누군가 그에게 한 아기를 건네주었다고 한다. …… 또 다른 양치기가, 라이오스 집안이 보낸 양치기로 누군가 그에게 아이를 죽여 버리라고 지시했다는데, 그에게 아기를 건네주었다는 것이다.)

능동태여, 시시한 능동태여! 새 정보를 담은 무거운 구가 있는데 그것이 행동의 주체라는 이유로, 그리고 능동태를 쓰자면 달리 보낼 위치가 없다는 이유로 그것을 문장의 맨 앞에 억지로 놓으면 꼴이 저렇게 된다.

원래 글에는 세 번째 수동태―who had been told to get rid of the child(아이를 죽여 버리라는 지시를 받았다)―가 있었는데 내게는 악몽이나 다름없는 이 편집자는 그마저 능동태―whom someone had told to get rid of the child(누군가 그에게 아이를 죽여 버리라고 지시했다)―로 바꿨다. 이 대목에서 우리는 수동태의 또 다른 장점을 확실히 알 수 있다. 수동태가 채우는 단어와 그것이 채워야 할 빈칸의 거리를 좁힘으로써 독자의 기억력 부담을 덜어 준다는 점이다. 어떤 항목이 관계절로 수식될 때, 그리고 그 항목이 관계절에서 맡은 역할이 동사의 목적어일 때, 독자는 채우는 단어와 빈칸이 멀리 떨어진 구문을 만나게 된다.[34] 다음 쪽의 위 분지도를 보라. 관계절을 능동태로 쓴 구조이다. 채우는 단어인 whom과 told 뒤의 빈칸을 잇는 화살표가 얼마나 긴지 보라. 단어 3개와 새로 붙은 구 3개에 걸쳐서 뻗어 있다. 독자

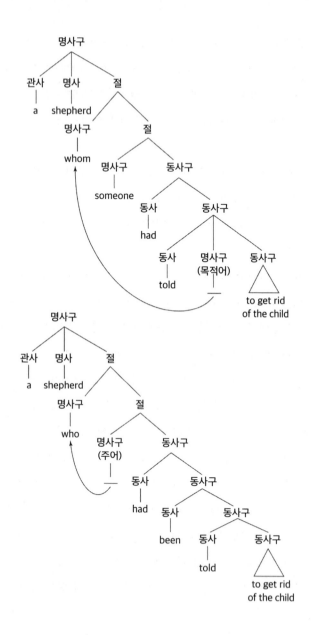

는 whom을 마주친 시점부터 그 whom이 무엇을 하는지 알 수 있는 시점까지 그만큼 많은 내용을 머릿속에 담아 두고 있어야 하는 것이다. 그렇다면 관계절이 수동태로 표현된 아래 분지도를 보라. 채우는 단어인 who를 바로 옆 빈칸과 이어 주는 화살표가 짧다. 덕분에 독자는 즉각 원하는 것을 얻는다. 문장에서 who를 보자마자 그것이 무엇을 하는지 알 수 있는 것이다. 이 수동태가 능동태보다 더 무겁기는 한데, 분지도를 보면 능동태의 가지는 세 단계에 걸치지만 수동태는 네 단계에 걸치기 때문이다. 그래도 이 수동태는 문장 맨 끝에 오기 때문에, 독자가 이제 달리 기억하고 있어야 할 내용이 없다. 잘 쓴 글은 이처럼 목적격 관계절을 수동태로 쓰는 데 비해 난삽한 글은 능동태를 고집할 때가 많다. 다음 예문을 보라.

Among those called to the meeting was Mohamed ElBaradei, the former United Nations deplomat protesters demanding Mr. Morsi's ouster have tapped ___ as one of their negotiators over a new interim government, Reuters reported, citing unnamed official sources. (모임에 호출된 사람 중에는 무함마드 엘바라데이, 전 유엔 대사로 무르시 대통령의 축출을 요구하는 시위자들이 새 과도 정부에 관해 논의할 협상자 중 한 명으로 선출한 인물인 그도 포함되어 있었다고, 로이터 통신이 익명의 정부 관료의 말을 빌려 보도했다.)

이 문장이 걸리적거리는 것은, 다른 이유도 있지만, 무엇보다 관계절의 채우는 말인 the former United Nations diplomat(전 유엔 대사)과 일곱 단어 뒤의 tapped(선출한) 다음에 나오는 빈칸 사이의 거리가 너무 멀기 때문이다. 어쩌면 구제할 도리가 없는 문장인지도 모르겠지만, 관계절을 수동태로 바꾸는 것부터 해 볼 수는 있다. The former United Nations diplomat who has been tapped by protesters demanding Mr. Morsi's ouster(무르시 대통령의 축출을 요구하는 시위자들에 의해 선출된 전 유엔 대사)라고 고치는 것이다.

수동태는 영어에서 구들의 의미론적 역할을 유지하면서도 그것들의 위치를 바꾸도록 해 주는 몇몇 장치 중 하나일 뿐이다. 아래는 그 밖의 장치들, 그러니까 가까이 있지 않는 게 좋은 구들을 떨어뜨리고 싶을 때, 오래된 정보를 새 정보보다 앞에 놓고 싶을 때, 채우는 단어를 빈칸과 가까이 두고 싶을 때, 제일 무거운 것을 맨 나중으로 미루고 싶을 때 쓸 수 있는 다른 장치들이다.[35]

기본 순서:	전치시키기(앞으로 옮기기):
Oedipus met Laius on the road to Thebes. (오이디푸스는 테베로 가는 길에서 라이오스를 만났다.)	On the road to Thebes, Oedipus met Laius. (테베로 가는 길에서, 오이디푸스는 라이오스를 만났다.)

기본 순서:	후치시키기(뒤로 옮기기):
The servant left the baby whom Laius had condemned to die on the mountaintop. (하인은 라이오스가	The servant left on the mountaintop the baby whom Laius had condemned to die. (하인은 산꼭

죽이라고 명한 아기를 산꼭대기에 버려두
었다.)

대기에 라이오스가 죽이라고 명한 아기를
버려 두었다.)

이중 목적어의 여격:

Jocasta handed her servant the
infant. (이오카스테는 하인에게 아기를
넘겼다.)

전치사의 여격:

Jocasta handed the infant to her
servant. (이오카스테는 아기를 하인에게
넘겼다.)

기본 구조:

A curse was on the kingdom.
(저주가 왕국에 내렸다.)

존재문 구조:

There was a curse on the
kingdom. (왕국에 내려진 저주가
있었다.)

주어로 쓰인 절:

That Oedipus would learn the
truth was inevitable. (오이디푸스가
진실을 알게 되리라는 것은 불가피한
일이었다.)

절을 외치시키기(밖으로 끌어내기):

It was inevitable that Oedipus
would learn the truth. (불가피하게도
오이디푸스가 진실을 알게 될 것이었다.)

기본 구조:

Oedipus killed Laius. (오이디푸스가
라이오스를 죽였다.)

쪼개기:

It was Oedipus who killed Laius.
(라이오스를 죽인 것은 오이디푸스였다.)
It was Laius whom Oedipus
killed. (오이디푸스가 죽인 것은
라이오스였다.)

기본 구조:

Oedipus killed Laius. (오이디푸스가 라이오스를 죽였다.)

유사 쪼개기:

What Oedipus did was kill Laius. (오이디푸스가 한 일은 라이오스를 죽이는 것이었다.)

오른쪽 문장들이 왼쪽보다 약간 더 길고, 말이 많고, 형식을 차린 것처럼 느껴진다. 특히 마지막 네 문장은 불필요한 단어(there, it, what)까지 있으니 더 짧으면서 뜻은 거의 같은 문장으로 교체되기에 딱 좋은 후보들이다. 하지만 여러분도 이제 이런 구조가 가끔은 유용하다는 것을 이해할 것이다. 이런 구조는 우리가 구들을 분지도로 정렬할 때 좀 더 많은 자유를 누리도록 해 준다.

전치를 쓰면 수식구를 왼쪽으로 옮길 수 있다. 덕분에 우리는 그냥 놓아두면 그 수식구가 들러붙으려고 할지도 모르는 다른 성가신 구와 둘 사이를 떼어놓을 수 있다. (몇 주 동안 전희를 할 때 비자발적 정액 분출을 겪었던 젊은 남자에 대한 예문을 이렇게 고쳤다.) 그 다음 네 구조는 어떤 구가 너무 무겁거나 새로운 내용이라서 문장 중간에 자리를 차지하기에는 마땅치 않을 때 그 구를 오른쪽으로 옮기게 해 준다. 마지막 두 구조는 독자가 무엇을 알려진 내용으로 간주하고 무엇을 새로운 내용으로 간주할까 하는 문제에 작가가 통제력을 발휘할 수 있도록 해 준다. 쪼개기는 보통의 순서를 뒤집는다. 새 정보가 오히려 먼저 조명되고, 그 배경으로 기능하는 알려진 정보가 나중에 온다. 유사 쪼개기는 보통의 순서(알려진 것 다음에 새로운 것)를 지키지만, 쪼개기이든 유사 쪼개기이든 이야기에 중요한 반전을 가한다는 점은 같다. 무슨 말인가 하면, 이 구조들에서는 알려진 정보라는 것이 앞서 언급된 적 있다는 의미의 오래된 소식이 아니라 사실로 **전제된** 정보에 해당한다는 점이다. 이런 구조는 독자에게 그 정보를 기정 사실로 받아들이라고 말하고, 그다음 그 기정 사실이 대체 무엇에 관한 사실인지를 알려준다. 가령 It was Oedipus who killed Laius(라이오스를 죽인 것은 오이디푸스였다)라는 문장은 누구인지 몰라도 하여간 누가 라이오스를 죽였다는 사실은 기정 사실로 여긴다. 진정한 문제는 그 누가 대체 누구냐는 것이고, 문장의 주절은 독자에게 그 누가 누구인지를 알려준다.

영어가 작가에게 제공하는 또 다른 자원은 동사 선택의 재량이다. 어떤 동사에게는 똑같은 시나리오를 서술하되 문장의 문법적 자리(주어, 목적어, 사격 목적어)를 다른 역할 수행자(움직임을 일으키는 것, 움직임을 당하는 것, 주는 것, 받는 것)로 채우는 짝꿍 동사가 있다.

이오카스테는 아기를 하인에게 주었다. (Jocasta gave the infant to her servant.)	하인은 아기를 이오카스테에게 받았다. (The servant received the infant from Jocasta.)
그녀는 삼촌에게 시가 한 대를 빼앗았다. (She robbed her uncle of a cigar.)	그녀는 시가 한 대를 삼촌에게서 훔쳤다. (She stole a cigar from her uncle.)
모리스는 잭에게 시계를 팔았다. (Morris sold a watch to Zak.)	잭은 모리스에게 시계를 샀다. (Zak bought a watch from Morris.)

나는 마가린으로 라드를 대신했다.
(I substituted margarine for the lard.)

나는 라드를 마가린으로 바꿨다.
(I replaced the lard with margarine.)

기물 파손자들은 경찰에게서 도망쳤
다. (The vandals fled the police.)

경찰은 기물 파손자들을 쫓았다.
(The police chased the vandals.)

골키퍼는 돌진하는 포워드에게 부상을
당했다. (The goalie sustained an injury
from the onrushing forward.)

돌진하는 포워드가 골키퍼에게 부상
을 입혔다. (The onrushing forward
inflicted an injury on the goalie.)

문장 구조의 여러 선택지처럼, 동사의 여러 선택지는 우리에게
주어진 것, 새로운 것, 가벼운 구, 무거운 구의 위치를 달리할 수
있는 여지를 준다. 동사 rob를 쓰면 장물을 문장의 끝에 놓게 되
지만(She robbed her uncle of an expensive hand-rolled Cuban cigar.
(그녀는 삼촌에게 손으로 만 값비싼 쿠바산 시가 한 대를 빼앗았다.)), 동사 steal을 쓰
면 범행의 내용은 똑같게 유지하면서도 피해자를 끝에 놓게 된
다. (She stole a cigar from her greedy lascivious uncle. (그녀는 시가 한 대
를 욕심 사납고 음탕한 삼촌에게서 훔쳤다.))

좋은 작가라도 이런 문장 구조와 동사 유형의 작동 방식을 구
체적으로 알지는 못할 수 있다. 더구나 정확한 문법 명칭은 분명
모를 것이다. 이런 단어와 구조는 그저 '수식어 언급을 미루는 방
법', '직접 목적어를 옮기는 방법' 같은 꼬리표를 단 채 작가의 머
릿속에 저장되어 대기하고 있을 뿐이다. 그런 노련한 문장가가
글을 쓰다가 문득 필요를 느끼거나 교정하다가 문제점을 발견하

면, 그리고 상황이 잘 풀린다면, 그때 번뜩 적합한 단어나 구조가 떠오르는 것이다.

하지만 그처럼 비조직적인 직관의 바탕에는, 작가가 할 일은 구들의 나무를 활용해 생각들의 그물을 단어들의 줄로 바꿔내는 것이라는 인식이 암묵적으로나마 깔려 있는 게 분명하다. 문장가를 지망하는 사람들은 그런 인식을 키워 두는 편이 좋을 것이다. 글에서 실수, 막다른 골목, 애매한 구절을 없애는 데 도움이 될 테니까. 그런 인식은 또 문법을 두렵고 지루하게 느끼지 않도록 하는 데도 도움이 된다. 어떤 체계가 정확히 무슨 목표를 달성하고자 설계된 것인지를 안다면 그 체계를 배우는 일이 좀 더 솔깃하게 느껴지는 법이기 때문이다.

5장

일관성의 호

독자가 주제를 확실히 파악하고, 요지를 잘 알고, 등장하는 배우들을 잘 따라가고,
한 생각이 어떻게 다른 생각으로 이어지는지를 잘 이해하도록 만드는 방법

그러니 우리는 글의 한 대목에서만도 일을 그르칠 위험이 너무 많다. 글이 너무 비대하거나, 자의식이 강하거나, 학술적일 수 있다. 이런 버릇을 깨뜨리기 위해서 만들어진 것이 고전적 글쓰기 스타일, 즉 글을 세상을 내다보는 창처럼 여기는 기법이다. 글은 또 암호 같고, 난해하고, 어려울 수 있다. 이것은 지식의 저주에 걸렸을 때의 증상이다. 한편 구문은 결함이 있고, 꼬였고, 애매할 수 있다. 이런 흠은 작가가 문장의 분지도를 염두에 둠으로써 예방할 수 있다.

그런데 이번 장은 글쓰기에서 발생할 수 있는 또 다른 문제를 다룬다. 설령 텍스트의 모든 문장이 분명하고, 명료하고, 형식이 올바르더라도, 그 문장들의 **연속**은 뚝뚝 끊어지고, 이어지지 않고, 초점이 없는 것처럼 느껴질 수 있다. 한마디로 일관성이 없다고 느껴질 수 있다. 다음 예문을 보자.

미국 북부와 캐나다는 왜가리들이 서식하고 번식하는 장소입니다. 여기에서 겨울을 나면 이점이 있습니다. 큰청왜가리는 미국 북부 대부분의 지역에서 서식하고 번식합니다. 이동의 위험을 겪지 않는 것은 왜가리에게 이점입니다. 왜가리는 날이 추워지면 남쪽으로 향합니다. 번식지에 제일 먼저 도착한 왜가리는 유리합니다. 케이프 코드의 겨울은 비교적 따뜻합니다.

각각의 문장은 충분히 명료하고, 모두가 하나의 주제를 다루지만, 전체 단락은 요령 부득이다. 두 번째 문장에서 우리는 **여기가** 어디라는 것인지 의아하다. 세 번째 문장에서는 큰청왜가리가 일반적인 왜가리와는 다르다는 말인지, 다르다면 다른 왜가리는 캐나다에서도 사는데 큰청왜가리는 미국 북부에서만 산다는 말인지 헷갈린다. 네 번째 문장은 생뚱맞게 등장한 것 같고, 다섯 번째 문장은 네 번째 문장과 모순되는 것 같다. 그러더니 글은 이제까지의 이야기와는 무관해 보이는 두 문장으로 맺는다.

고백하자면 앞의 글은 내가 이 장의 주제를 극적으로 드러내 보이기 위해서 황당할 만큼 부조리하게 손본 문장들이다. 그러나 비록 정도는 이것보다 덜할지언정, 일관성 부족은 우리가 글쓰기에서 가장 자주 저지르는 실수이다. 아래는 내가 2장과 4장에서 잘못된 예로 든 뒤 살짝 고쳐 보았던 어색한 문장들의 수정된 형태이다.

연구자들은 유대 인처럼 알코올 의존증이 적은 집단이라도 사실은 알코올을 적잖이 마신다는 것, 하지만 너무 많이 마셔서 알코올 중독자가 되는 경우는 별로 없다는 것을 발견했다.

10년 안에 무려 세 번째로 삼류 세르비아 군대는 민간인을 잔혹하게 학살하고 있지만 그들을 공격하는 것은 그럴 만한 가치가 없는 일인데, 이 견해는 현장에서 벌어지는 사태에 대한 이해 부족에서 기인한 것이 아니다.

이 문장들은 구문을 수정했는데도 여전히 이해하기 어렵다. 원래 이 문장이 놓여 있던 텍스트의 맥락도 이 문장의 뜻을 더 명료하게 밝혀 주지 못한다. 문제는 일관성이다. 한 절이 왜 다음 절로 이어지는지를 통 알 수 없는 것이다. 이 경우 구문을 아무리 만지작거려 봐야 소용없을 것이다. 이때 필요한 것은 독자로 하여금 작가가 이런 말을 한 이유를 이해하도록 돕는 맥락이다.

만약 어떤 민족 집단에서 알코올 의존증 발생률이 높다면, 우리는 그 집단에 술 마시는 사람이 많기 때문이라고 생각하기 쉽다. 이 가설에 따르면, 심하지 않은 수준으로 술을 마시는 사람이라도 그러다 보면 결국 너무 많이 마셔서 알코올 중독자가 될 위험이 있는 셈이다. 정말로 그렇다면, 알코올 의존증 발생률이 제일 낮은 집단은 모르몬교도나 무슬림처럼 어떤 종류의 술도 금지된 집단이어야 한다. 그러나 연구자들의 발견은 그렇지 않았다. ……

많은 정책 분석가는 우리가 인권 유린을 저지르는 군대를 다룰 최선의 방법은 그들보다 훨씬 우세한 군사력으로 침공하는 것인 양 말한다. 무력 침공에 반대하는 사람은 현장에서 벌어지는 잔혹한 짓을 몰라서 그런다고 말하는 것이다. 하지만 나를 비롯한 몇몇 정치인이 이 위기를 종식할 방법으로 다른 전략을 선호하는 것은 그런 무지 때문이 아니다. 오해하지 마라. ……

한 문장에서 다음 문장으로 넘어갈 때, 독자는 두 문장이 어떻게 연결되는지를 늘 알아야 한다. 우리는 일관성을 찾으려는 마음이 워낙 강하기 때문에, 일관성이 없는 맥락에도 종종 일관성을 부여한다. 사람들이 이메일로 돌려보며 낄낄대고는 하는 잘못된 문장 중 한 종류는 구문에 문제가 있어서 웃긴 것이 아니라 일관성에 문제가 있어서 웃긴 경우이다.[1]

샬린 메이슨 양은 「나 이 생을 두 번 살 수는 없으리(I Will Not Pass This Way Again)」를 불러서 모인 사람들에게 큰 즐거움을 안겼다.

오늘 오전 설교: "물 위를 걸으신 예수". 오늘 저녁 설교는 "예수를 찾아서"일 것입니다.

강아지 팝니다: 아무거나 잘 먹고 아이들을 좋아합니다.

우리는 여러분의 옷을 기계로 찢어 놓지 않습니다. 우리는 정성스럽게 손으로 합니다.

그 환자는 2008년에 나를 만나기 시작한 뒤로 계속 우울증을 앓았다.

사실 일관성을 갈구하는 마음은 우리가 언어를 이해하는 과정 전체를 이끄는 힘이다. 우리가 어떤 문장을 성공적으로 분석해 이제 누가 누구에게 무엇을 했는지, 혹은 무엇에 관한 사실이 무엇인지를 이해한다고 하자. 그렇다면 이제 우리는 그 내용을 원래 갖고 있던 지식에 통합해야 한다. 아무것과도 연결되지 않은 채 홀로 머릿속에 둥둥 떠 있는 사실은 도서관에서 아무 서가에

나 대충 놓인 한 권의 책, 하이퍼링크가 전혀 안 걸린 웹사이트만큼이나 쓸모없기 때문이다. 그리고 이 연결은 텍스트를 이루는 모든 문장에서 반복되어야 한다. 그 덕분에 텍스트 중 한 대목의 내용이 우리의 기존 지식망에 통합될 수 있는 것이다.

이번 장은 문장 하나보다 더 긴 글—단락, 블로그 포스팅, 리뷰, 기사, 에세이, 책—에서 글쓰기의 감각을 어떻게 발휘하면 좋은지를 이야기하겠다. 문장에 적용되는 원칙 중 몇 가지, 가령 질서 있는 분지도를 형성하라는 조언이나 알려진 정보를 먼저 주고 그다음에 새로운 정보를 주라는 조언은 더 긴 글에도 똑같이 적용된다. 그러나 긴 담화가 일관성을 지키기 위해서 사용하는 장치들에는 문장 분지도와는 다른 것도 있으므로, 우리는 그에 맞게 은유를 좀 더 확장할 필요가 있다.

얼핏 생각하면 텍스트의 구조는 정말로 나무를 닮은 것 같다. 어떤 언어 토막이 그것보다 길이가 더 긴 언어 토막에 포함되어 있는 구조이니까. 여러 개의 구가 이어지거나 삽입되어 한 문장을 이루고, 여러 개의 문장이 모여 한 단락을 이루고, 여러 개의 단락이 모여 한 절을 이루고, 여러 개의 절이 모여 한 장을 이루며, 여러 개의 장이 모여 한 책을 이룬다. 이렇게 위계적인 구조를 띤 텍스트는 독자가 받아들이기 쉽다. 구와 장 사이의 어느 차원에서든 해당 언어 토막이 크기와는 무관하게 하나의 덩어리 말로 여겨지고, 독자는 그런 덩어리 말들이 서로 어떻게 연관되어 있는지 파악할 때 한 번에 두어 개의 덩어리만 저글링하면 되기 때문이다.

　이렇게 질서 있는 글을 쓰려면, 작가는 우선 자신이 전달하려는 내용을 위계 구조로 깔끔하게 조직해야 한다. 작가가 내용의 위계 구조를 확실히 파악한 채 글쓰기에 나서는 운 좋은 경우도 있기야 하겠지만, 그것보다는 머릿속에서 여러 생각들이 무질서하게 떠다니는 터라 우선 그것들부터 가지런히 배열해야 하는 경우가 더 많을 것이다. 이때 전통의 해법은 개요(outline)를 작성하는 것이다. 개요는 옆으로 눕힌 분지도나 마찬가지이다. 가지처럼 갈라진 선들 대신 들여쓰기, 줄표, 가운뎃점, 로마 숫자나 아라비아 숫자 따위로 분지 구조를 표시하는 점이 다를 뿐이다. 개요를 꾸리는 한 방법은 모든 생각을 종이 한 장이나 인덱스 카드 여러 장에 무작위로 적은 뒤 서로 뭉치는 항목을 찾아보는 것이다. 서로 연관된 생각끼리 가까이 놓이도록 항목들을 여러 무리로 묶고, 그 무리들이 속하는 더 큰 무리가 있을지 살펴보고, 이렇게 점점 더 큰 무리로 묶으면, 마지막에는 분지도를 닮은 개요가 완성된다.

　하지만 이 단계에서 우리는 문장의 구문 구조와 텍스트의 개요 구조 사이에 존재하는 큰 차이점을 접한다. 문장의 구성 요소들을 좌우 순서로 늘어놓을 때, 영어의 구문 규칙이 우리에게 허용하는 선택지는 겨우 몇 가지에 지나지 않는다. 이를테면 목적어는 거의 늘 동사 다음에만 와야 한다. 이것과는 달리 만일 우리가 포유류에 관한 에세이를 쓴다면, 먼저 설치류에서 시작해 영장류, 박쥐, 등으로 나아갈지 아니면 영장류에서 시작해 고양잇과, 고래와 돌고래 등으로 나아갈지, 아니면 포유류의 하위 집단 스물여섯 가지를 늘어놓는 순서 조합 403,291,461,126,605,635,584가지 가능한 방식 중 다른 무엇을 택할지 하는 문제가 순전히 우리에게 달려 있다. 우리는 이 구성 단위들을 텍스트로 정렬할 때 적용할 체계, 즉 대롱대롱 매달린 모빌을 견고한 나무 구조로 바꿔 놓을 체계를 생각해 내야 한다.

우리는 종종 거의 임의로 아무 순서나 고른 뒤 언어 이정표나 숫자 제목을 붙여서 독자의 여정을 안내하려고 한다. (챕터 II 섹션 C 서브섹션 4 단락 b, 혹은 2.3.4.2절 하는 식이다.) 그러나 많은 글쓰기 장르에서는 숫자로 번호를 붙이는 것은 생각할 수도 없으려니와, 언어 이정표라도 2장에서 보았던 것처럼 너무 많으면 독자가 질리고 헷갈린다. 그리고 번호나 이정표를 아무리 많이 쓸 수 있더라도, 그것보다는 애초에 독자가 직관적으로 따라갈 수 있는 산책로를 텍스트 자체에 닦아 두는 편이 늘 더 낫다. 구성 단위들을 자연스러운 순서로 엮는 체계를 마련해 둠으로써 독자가 다음에는 무엇을 만날지 예상할 수 있도록 해 주는 것이다. 그런 체계를 알아내는 데 쓸 손쉬운 알고리듬 따위는 없다. 하지만 내가 두 가지 예를 구체적으로 들어보겠다.

한번은 내게 언어의 신경 생물학과 유전학이라는 어수선한 분야를 설명하는 숙제가 떨어졌다. 여기에는 신경 질환 환자들의 사례 연구, 컴퓨터 신경망 시뮬레이션, 언어 처리 과정에서 활성화하는 뇌 영역에 대한 뇌 영상 촬영 등 방대한 범위의 주제들이 포함되어 있었다. 처음 든 생각은 교과서들처럼 이 연구들을 역사적 순서로 배열하자는 것이었다. 그러나 그 구성은 전문가의 나르시시즘에 도취된 꼴일 터였다. 내 독자들은 뇌에 흥미가 있을 뿐, 뇌를 연구하는 의사들과 교수들의 역사에는 흥미가 없다. 이윽고 떠오른 대안은 이 난국을 처음에는 조감하듯이 넓게 보다가 차츰 확대해서 미시적 수준으로 좁혀 가는 것이 더 명료하겠다는 생각이었다. 뇌를 가장 높은 시점에서 보면, 두 반구만 구별된다. 그래서 나는 분할 뇌 환자들 연구를 비롯해 언어 능력이 좌반구에 있다는 사실을 밝힌 발견들에서 이야기를 시작했다. 그다음 좀 더 확대해서 좌반구를 보면, 관자엽을 뇌의 나머지 부분과 나누는 깊은 틈이 보인다. 그 틈의 경사면은 뇌졸중 환자들에 대한 임상 연구와 정상 피험자들에 대한 뇌 스캔 연구에서 언어 능력에 결정적인 부분이라고 연거푸 확인된 영역이다. 더 가까이 다가가면, 반구의 여러 영역 ― 브로카 영역, 베르니케 영역 등 ― 이 이 구별되기 시작한다. 그러니 그런 영역 각각과 연관되어 있다고 알려진 좀 더 구체적인 언어 능력, 가령 단어 인식 능력이나 구문 구조 분석 능력에 관한 이야기로 넘어갈 수 있다. 그 다음에는 맨눈에서 현미경으로 바꾸어, 신경망 모형을 살펴본다. 현미경을 거기에서 한 단계 더 조이면 유전자 차원으로 내려가고, 그러면 난독증을 비롯한 여러 유전적 언어 장애에 관한 연구들을 살펴볼 수 있다. 이렇게 하니 모든 연구가 전역적-국지적 순서로 이어진 연속선상에서 각자 제자리를 찾았다. 나는 적절한 순서를 찾아낸 것이다.

글감을 배열하는 순서는 이야기를 들려주는 방식만큼이나 많다. 또 한번은 내가 영어, 프랑스 어, 히브리 어, 독일어, 중국어, 네덜란드 어, 헝가리 어, 그리고 뉴기니에서 쓰는 말인 아라페시 어 연구를 개괄해야 했다. 출발점은 당연히 영어이겠지만, 나머지 언어들은 어떤 순서로 소개해야 할까? 어떤 언어가 나와 미국 독자들에게 얼마나 친숙한가에 따라 순서를 매길 수도 있고, 해당 언어에 관한 연구가 이뤄진 시기순으로 배열할 수도 있으며, 심지어 알파벳순으로 놓을 수도 있었다. 그러나 대신 나는 점점 더 오래된 어족으로(따라서 점점 더 포괄적인 어족으로) 거슬러 올라가는 방법을 택했다. 처음은 약 2,000년 전 살았던 게르만 족들이 낳은 언어로, 네덜란드 어와 독일어가 여기 해당한다. 그다음은 인도-유럽 부족들, 가령 약 3,500년 전 게르만 족과 갈라졌던 이탈리아 어계 사람들이 낳은 언어로, 프랑스 어가 여기 해당된다. 그다음은 우랄 부족으로, 아마도 약 7,000년 전 인도-유럽 부족과 공존했던 그들은 우리에게 헝가리 어를 남겼다. 나는 이런 식으로 역사를 거꾸로 올라가서 점점 더 확장된 어족을 다루는 순서를 취했다.

순서를 짜는 체계는 그 밖에도 많다. 독자가 어떤 지리적 영역을 가로지르는 것처럼 이끌 수도 있고, 영웅이 목표를 성취하기 위해서 온갖 장애물을 넘으며 간난신고를 겪는 이야기처럼 들려줄 수도 있고, 논쟁을 흉내 내어 양측이 입장을 발표하고 상대를 논박한 뒤 각자 주장을 요약하고 판결을 기다리는 과정으로 그릴 수도 있다. 가끔은 정말 어떤 발견의 역사를 그대로 밟아서 현재 우리가 아는 내용으로 끝맺는 정석적인 방식을 쓸 수도 있다.

텍스트에 분지도를 닮은 구조가 있다는 사실을 알면, 작가가 비전문적인 글에서 담화 구조를 시각적으로 표시하도록 해 주는 몇 안 되는 장치 중 하나인 단락 나누기를 이해하는 데도 도움이 된다. 글쓰기 지침서들은 단락을 이렇게 저렇게 꾸려야 한다고 자세한 지침을 알려주고는 한다. 그러나 그런 지침들은 초점이 좀 어긋난 말이다. 왜냐하면 단락이라는 것은 사실 존재하지 않는 대상이기 때문이다. 무슨 말인가 하면, 빈 행이나 들여쓰기로 경계가 구분된 텍스트의 한 구역을 뜻하는 단락이 가령 개요의 한 항목, 혹은 분지도의 한 가지, 혹은 담화의 한 단위처럼 글의 어떤 단위와 일관되게 상응하는 것은 아니라는 뜻이다. 실제로 존재하는 것은 사실 단락 **구분**뿐이다. 단락 구분은 시각적 책갈피나 마찬가지이다. 단락 구분을 만난 독자는 잠시 쉬면서 그동안 읽은 내용을 소화할 수 있고, 그러다가 다시 읽기 시작할 때 어디를 보면 좋은지 위치를 쉽게 찾을 수 있다.

단락 구분은 담화 분지도에서 가지들이 나뉘는 구분과, 즉 텍스트에서 내용이 일관된 덩어리들이 나뉘는 구분과 대체로 일치한다. 하지만 어떤 굵기의 가지들을 나눠 주는가와는 무관하게,

그러니까 짧은 여담의 끝이든 중요한 요약문의 끝이든 그 사이에 해당하는 어떤 길이의 단락이든, 우리는 늘 똑같은 굵기의 눈금으로 그 끝을 알릴 수밖에 없다. 작가는 가끔 오로지 독자에게 눈을 쉴 지점을 마련해 주기 위해서라도 무시무시하게 길게 이어진 활자 구역을 단락 나누기로 쪼개 주어야 한다. 학자들은 종종 이 배려를 등한시해서 널찍널찍한 활자 구역이 끝없이 이어져 시각적으로 단조로운 텍스트를 만들어 낸다. 반면에 독자들의 주의력 지속 시간이 짧다는 것을 잘 아는 신문 기자들은 정반대 극단을 추구하고는 한다. 문장 하나나 둘로만 이뤄진 초소형 단락으로 텍스트를 잘게 쪼개는 것이다. 한편 미숙한 작가는 보통 기자보다 학자에 가까워, 단락 나누기를 너무 많이 하기보다는 너무 적게 하는 경향이 있다. 독자에게 아량을 베풀어서 그들이 지친 눈을 쉴 곳을 주기적으로 마련해 주는 것은 늘 좋은 일이다. 단 어떤 생각이 한창 이어지는 와중에 독자가 그로부터 탈선하는 일은 없도록 주의하라. 단락 나누기는 앞 문장에 대한 해설도 아니고 앞 문장에서 따라 나온 결론도 아닌 문장 위에서만 해야 한다.

위계 구조를 취하는 텍스트가 인지 측면에서 이점이 많은 것은 사실이지만, 그렇다고 해서 모든 텍스트를 하나의 분지도로 조직할 필요는 없다. 능란한 작가는 여러 개의 스토리라인이 갈마들게 할 수도 있고, 일부러 서스펜스와 놀라움을 조성할 수도 있고, 한 주제가 자연스레 그다음 주제로 넘어가는 방식으로 독자가 꼬리를 문 연상에 빠지도록 만들 수도 있다. 그러나 그 어느 작가라도 텍스트의 거시 구조를 운에만 맡겨 둘 수는 없다.

/

텍스트가 위계적 개요에 맞추어 조직되든 말든, 분지도 비유에는 한계가 있다. 어떤 문장도 섬이 아니고, 어떤 단락도 절도 장도 섬이 아니다. 이 모든 단위에는 텍스트의 다른 단위들과 이어지는 연결성이 담겨 있다. 하나의 문장은 가령 앞선 문장을 해설하거나, 한정하거나, 일반화한다. 하나의 주제가 길게 이어진 단락들을 죽 관통할 수도 있다. 어떤 사람이나 장소나 생각이 반복적으로 등장할 수도 있고, 이때 독자는 드나드는 그 요소들을 계속 기억해야 한다. 이런 연결성, 한 분지도의 가지에서 나와서 다른 분지도의 가지에 걸친 것 같은 이런 연결성은 가지 속에 가지가 담긴 형태로 깔끔하게 구획된 한 분지도의 영역을 침범한다.[2] 나는 이런 연결성을 일관성의 호(arcs of coherence)라고 부르겠다.

뒤엉킨 채 책상 뒤쪽에 늘어진 전선들처럼, 한 문장에서 다른 문장으로 이어진 개념의 연결선들은 뒤엉켜서 하나의 큼직한 뭉치를 이루는 경향이 있다. 왜냐하면 우리가 머릿속 지식의 그물망에서 어느 한 생각을 고르더라도 그 생각은 반드시 위로, 아래로, 옆으로 연결선을 뻗어서 다른 생각들과 이어져 있기 때문이다. 연결선이 아주 멀리까지 뻗은 경우도 많다. 작가의 뇌 속에서는 생각들 사이의 연결이 인간의 기억과 추론을 돕는 신경 부호 덕분에 늘 깔끔하고 곧게 존재하지만, 그가 그 내용을 머리에서 끄집어내어 종이에 옮길 때는 언어의 어휘 및 구문 자원을 잘 활

용해 독자에게 연결의 단서를 알려주어야 한다. 그럼으로써 독자
가 일련의 문장에 담긴 정보를 독자 자신의 지식망에 잘 접붙이
도록 하는 것, 자칫 엉키지 않게 하는 것이 작가의 과제이다.

글의 일관성은 작가와 독자가 둘 다 **주제(topic)**를 명확하게 아
는 데서 시작된다. 이때 주제란 방대한 지식의 그물망 중 좁은 한
영역, 글에서 앞으로 나올 문장들이 통합될 영역에 해당한다. 작
가가 차례에서부터 주제를 분명하게 보여 주어야 한다는 것은 얼
핏 당연한 말처럼 들리겠지만, 실제로는 모든 작가가 그렇게 하
지는 않는다. 작가는 가령 "이것은 햄스터에 대한 글입니다." 하
는 식으로 주제를 자세하게 선포하는 것이 너무 노골적이라고 느
낄 수도 있다. 아니면 자신도 제 머릿속의 생각을 종이에 옮기고
나서야 비로소 주제를 발견했지만, 그렇다면 글의 첫머리로 돌아
가서 문장을 수정함으로써 독자에게 그 발견을 알려야 한다는 사
실은 깜박 잊을 수도 있다.

심리학자 존 브랜스퍼드(John Bransford)와 마샤 존슨(Marcia
Johnson)은 독자에게 미리 주제를 알려주는 것이 꼭 필요하다는
사실을 유명한 실험을 통해 보여 주었다.[3] 두 사람은 실험 참가자
들에게 다음 예문을 읽고 외워 보라고 시켰다.

**이 과정은 사실 꽤 단순하다. 먼저 물건들을 그 조성에 따라 여러 더미로
분류한다. 양이 얼마나 되느냐에 따라서 물론 하나의 더미로 충분할 수도
있다. 만약 설비가 없어서 다른 장소로 가야 한다면 그것이 다음 단계이겠**

지만, 그렇지 않다면 준비가 거의 다 된 셈이다. 한 번의 시도에서 지나치게 과하게 하지 않는 것이 중요하다. 한 번에 너무 많은 물건을 하는 것보다는 적은 물건을 하는 편이 낫다는 말이다. 당장은 이 점이 중요하지 않게 느껴질 수도 있지만, 한 번에 너무 많이 처리하는 데서 오는 문제는 아주 쉽게 발생할 수 있다. 그 실수의 대가가 비쌀 수도 있다. 적절한 메커니즘에 따라 작업을 실시하는 방법은 자명할 테니, 여기서 그 문제는 이야기하지 않겠다. 처음에는 전체 과정이 복잡해 보일 수도 있다. 하지만 이 작업은 곧 일상의 평범한 측면 중 하나가 될 것이다. 가까운 미래에 이 작업의 필요성이 사라질 것이라고 보기는 어렵지만, 미래는 아무도 모르는 법이다.

말하나 마나 참가자들은 이 글을 거의 이해하지 못했고, 여러분도 아마 이해가 안 될 것이며, 그래서 참가자들은 예문을 거의 기억하지 못했다. 그런데 실험자들은 두 번째 집단의 참가자들에게도 똑같은 글을 보여 주되 그들에게는 미리 또 다른 정보를 알려 주었는데, "여러분이 지금 들을 것은 빨래에 관한 글입니다."라는 정보였다. 그러자 참가자들의 기억 수준은 2배로 높아졌다. 한편 세 번째 참가자 집단은 예문을 읽은 **뒤**에 주제를 들었는데, 그것은 아무 도움이 되지 않았다. 이 실험이 작가들에게 주는 교훈은 명백하다. 독자가 텍스트를 잘 이해하려면 미리 주제를 알아야 한다는 것이다. 신문 편집자들이 쓰는 말을 빌리자면, 리드(lede)를 속에 파묻지 말아야 한다. (기자들은 기사의 주제를 뜻하는 lead를 lede라고 쓰는데, 아니면 중금속 납으로 오해될까 싶어서이다.)

어쩌면 여러분은 이렇게 항의할 수도 있다. 실험자들이 구체적인 육체 활동에 관한 글을 막연하고 추상적인 언어로 속인 셈이라고. 그러나 실험자들은 모든 문장이 구체적인 물체나 행위를 지칭하는 글을 가지고도 실험해 보았다.

신문지가 잡지보다 낫다.

바닷가가 시내 거리보다 나은 장소이다.

처음에는 걷는 것보다 달리는 것이 낫다.

여러 차례 시도해야 할 수도 있다.

요령이 좀 필요하겠지만 쉽게 익힐 수 있다.

어린아이들도 즐길 수 있다.

일단 성공하면, 복잡한 문제는 거의 없다.

새가 너무 가까이 다가오는 경우는 드물다.

하지만 비는 아주 빠르게 적실 수 있다.

같은 일을 하는 사람이 너무 많으면 문제가 생길 수 있다.

넓은 공간이 필요하다.

아무 문제가 없다면, 아주 평화로울 수 있다.

돌멩이가 닻처럼 기능할 수 있다.

하지만 만약 그것이 돌멩이에서 풀려나면, 되찾을 기회는 없을 것이다.

이해가 되는가? 이런 단서를 안다면 어떻겠는가. "이 문장들은 연을 만들고 날리는 것에 관한 내용입니다." 아무리 명시적인 언어라도 이야기에서 가장 중요한 대목은 살짝만 건드릴 수 있으므로, 어느 경우든 주제를 밝혀 주는 것은 꼭 필요하다. 독자는 배경을 채워야 하는데 — 즉 행간을 읽고 윤곽을 파악해야 하는데 — 이때 어떤 배경을 적용해도 되는지를 모른다면 그냥 얼떨떨할 뿐이다.

텍스트의 주제와 더불어 독자는 텍스트의 **요지**(point)도 보통 알아야 한다. 요지란 작가가 그 주제를 탐구함으로써 달성하려는 목적이 무엇인가 하는 것이다. 인간의 행동은 무릇 우리가 그 행위자의 목적을 알 때만 이해되는 법이다. 누군가 팔을 휘젓는 모습을 보았을 때, 우리가 맨 먼저 알고 싶은 것은 그가 우리의 주의를 끌려고 하는가, 파리를 쫓으려고 하는가, 삼각근을 운동하려고 하는가 하는 점이다. 이것은 글쓰기에서도 마찬가지이다. 독자는 작가가 어떤 주제에 관해 지껄이는 이유가 그 주제를 설명하기 위해서인지, 그 주제에 관련된 흥미로운 소식을 알리기 위해서인지, 그 주제에 관련된 제 주장을 내세우기 위해서인지, 그 주제를 하나의 예로 사용해서 더 중요한 일반화로 나아가기 위해서인지를 알아야 한다. 요컨대, 작가는 이야깃거리(주제)와 말하고 싶은 바(요지)를 둘 다 갖고 있어야 한다.

작가들은 종종 서두부터 요지를 드러내는 데 저항한다. 어떤 경우에는 그렇게 하면 서스펜스가 훼손되리라고 여기기 때문이다. 또 어떤 경우에는 그가 전문가의 나르시시즘에 사로잡혀, 자신이 해당 주제를 탐구하는 동안 겪었던 온갖 막다른 골목, 헛고

생, 부질없는 추적을 독자도 똑같이 재미있게 여길 것으로 착각하고 쓰기 때문이다. 그러나 이것보다 더 흔한 경우는 작가도 초고를 다 쓴 뒤에야 자기 글의 요지를 파악했으면서도 다시 돌아가서 요지가 분명히 드러나도록 글을 수정하는 작업을 등한시하는 것이다. "박사 학위 논문"이라는 제목을 단 이런 만화가 있었다. 웬 꼬마가 허공에 대고 마구잡이로 화살을 쏜 뒤, 화살이 어디 떨어지는지 지켜보다가 그곳으로 걸어가서, 꽂힌 화살 주변에 표적을 그린다. 그야 물론 과학은 이런 식으로 작업해서는 안 되지만, 글쓰기는 가끔 이런 식으로 해야 할 때가 있다.

학술지에 실릴 논문 같은 일부 장르에서는 작가가 요약문, 초록, 시놉시스 따위로 요지를 명시하도록 아예 형식이 정해져 있다. 한편 잡지나 신문 같은 매체는 태그 라인(tag line, 깜찍한 제목 밑에 짧게 달아 준 설명)이나 풀 쿼트(pull quote, 본문에서 그 내용을 잘 드러내는 문장을 하나 골라서 별도의 글상자에 넣어 보여 주는 것)를 써서 독자를 돕는다. 몇몇 글쓰기 지침서, 가령 조지프 윌리엄스(Joseph Williams)의 『글쓰기: 명료함과 우아함을 추구하기(Style: Toward Clarity and Grace)』라는 훌륭한 책은 아예 공식을 알려준다. 윌리엄스는 작가들에게 모든 절에서 하나의 "이슈(issue, 주제)"가 먼저 오고 그다음에 "토론(discussion)"이 이어지도록 구성하라고 조언하며, 이때 요지는 이슈의 끝에서 말해 두라고도 조언한다.

텍스트의 요지를 정확히 어느 지점에서 드러낼 것인가 하는 문제는 글의 시작점에서 너무 멀지 않은 곳이라면 어디든 좋으니 아무튼 말해 둬야 한다는 문제보다 덜 중요하다. 물론 스탠드업 코미디언, 장황한 이야기를 즐기는 재담가, 노련한 에세이스트, 미스터리 소설 작가는 호기심과 서스펜스를 줄곧 쌓아 나가다가 어느 시점에서 와르르 해소하는 수법을 잘 쓴다. 하지만 저런 입장에 해당하지 않는 사람들이라면 누구든 독자에게 정보를 알려 주어야 하지, 독자를 얼떨떨하게 만들어서는 안 된다. 이것은 곧 작가가 자신이 글에서 달성하고자 하는 목적을 독자에게 똑똑히 밝혀 두어야 한다는 뜻이다.

／

독자가 글을 읽어 나가면서 겪는 그다음 과제는 텍스트를 관통하는 생각들을 잘 좇아가는 것, 그리고 한 생각과 그다음 생각의 논리 관계를 알아내는 것이다. 자, 단순한 텍스트 하나를 예로 들어 자세히 살펴보자. 작가가 독자의 부담을 잘 덜어 준 좋은 글이다.

내가 일관된 담화의 모범으로 소개할 글은 사실 이 장 첫머리에서 내가 조작해서 내보였던 예문의 원본이다. 다음 글은《케이프 코더(*The Cape Codder*)》라는 지역 신문에 매주 실리는 칼럼 「새 박사들에게 물어보세요(Ask the Bird Folks)」에 실렸던 기사이다. 새 박사들이란 사실 새 박사 한 사람, 마이크 오코너(Mike O'Connor)를 뜻한다. 오코너는 매사추세츠 주 올리언스에서 탐조가 잡화점(Bird Watcher's General Store)이라는 가게를 운영하는데, 그가 가게를 연 뒤로 호기심 많은 고객들이 어찌나 많이 질문을 던지던지, 그는 생각다 못해 칼럼을 써 보기로 했다. 이 기사에서는 그가 왜가리에 관한 독자의 질문에 답해 준다. 독자는 집 근처 늪에 왜가리가 한 마리 나타났는데 늪이 꽁꽁 얼어붙은 탓에 왜가리가 먹이를 잡지 못하는 것이 걱정이라고 문의했다.[4] 오코너는 왜가리가 며칠은 굶어도 끄떡없다는 말로 독자를 안심시킨 뒤, 애처로운 광경의 뒷이야기를 다음과 같이 들려준다.

Great Blue Herons live and breed just about anywhere in the northern United States and most of Canada. When the cold weather arrives, the herons head south. A few come to Cape Cod where the winters usually aren't too bad. Most of these herons are either inexperienced young birds or lost adult males too stubborn to ask for directions south. Spending the winter here has its advantages, and I'm not talking about the free off-season parking in Provincetown. Herons are able to avoid the dangers of migration, plus they can be one of the earliest to arrive on the breeding grounds.

However, there is a risk with staying this far north. Yes, our winters are often mild and pleasant. Then there is this winter, the winter that never ends. Snow, ice and cold are not kind to birds and I'd bet many herons won't be booking a visit to Cape Cod next year.

Herons have one thing in their favor: they are excellent hunters and are total opportunists. When the fish are frozen out, they'll eat

other things, including crustaceans, mice, voles and small birds. One
hungry heron was seen chowing down a litter of feral kittens. I know,
I know, I too was upset to read about the herons eating small birds.

Herons also have one odd behavior that is not in their favor. In the
winter they seem to choose and defend a favorite fishing hole. When
these areas become frozen solid, some herons don't seem to catch on
and often will stand over a frozen stream for days waiting for the fish
to return. Boy, talk about stubborn.

(큰청왜가리는 미국 북부와 캐나다 거의 전역에서 널리 서식하고 번식합니다. 추
위가 닥치면, 그 왜가리들은 남쪽으로 향합니다. 그중 몇 마리는 겨울이 대체로 춥지
않은 이곳 케이프 코드로 오죠. 이 왜가리들은 대부분 경험이 없는 어린 새들이거나
너무 완고해서 남쪽으로 가는 길을 남에게 물어보지 않은 바람에 길을 잃은 어른 수
컷들입니다. 이곳에서 겨울을 나는 데는 나름의 이점이 있는데, 비수기 프로빈스타운
의 무료 주차장 따위를 말하는 것은 아닙니다. 왜가리들은 이동에 따르는 위험을 피
할 수 있거니와, 나중에 번식지에 다른 새들보다 먼저 도착할 수도 있습니다.

하지만 이렇게 위도가 높은 북쪽에서 머무는 데는 위험도 있습니다. 예, 이곳 겨울
은 대체로 온화하고 쾌적하죠. 그러나 가끔은 올해 같은 겨울도, 도무지 끝이 안 보이
는 겨울도 있습니다. 눈, 얼음, 추위는 새들에게 좋지 않으니, 제 생각에 많은 왜가리들
이 내년에는 다시 케이프 코드에 예약하지 않을 겁니다.

왜가리들에게는 유리한 점이 하나 있습니다. 바로 그들이 훌륭한 사냥꾼이자 철
저한 기회주의자라는 것입니다. 물이 얼어 물고기가 사라지면, 그들은 갑각류, 생쥐,
들쥐, 작은 새 같은 다른 먹이를 잡아먹습니다. 한 굶주린 왜가리는 새끼 길고양이를

씹어먹는 모습이 목격되었습니다. 알아요, 알아요, 저도 작은 새를 잡아먹는 왜가리들 이야기를 읽고 퍽 심란했습니다.

왜가리들은 또 자신에게 유리하지 않은 희한한 습관도 갖고 있습니다. 겨울이면 그들은 각자 좋아하는 낚시터를 하나 골라서 자리를 지키는 것 같습니다. 일대가 꽁 꽁 얼어붙어도 어떤 왜가리들은 사태를 이해하지 못한 것처럼 며칠이고 얼어붙은 개 울가에 서서 물고기가 돌아오기를 기다립니다. 맙소사, 그 완고함이라니요.)

앞으로 나올 문장과 독자가 품은 기존의 지식 그물망을 이어 주는 제일 중요한 생명줄은 주제이다. 언어학에서는 사실 '주제' 라는 단어에 두 가지 뜻이 있다.[5] 우리가 이번 장에서 이야기하는 주제는 담화(discourse), 혹은 텍스트의 주제이다. 이것은 나란히 연 결된 문장들이 다루는 글감이라고 할 수 있다. 한편 4장에서 우 리는 문장의 주제를 살펴보았다. 그때 주제란 그 문장이 무엇에 관한 이야기인가 하는 점이라고 했다. 영어 문장에서는 문장의 주제가 곧 문법 주어인 경우가 많지만, 가끔 별도의 구로 주제가 소개될 수도 있다. 가령 As for fruit, I prefer blueberries(과일 이라면, 나는 블루베리가 좋아), 혹은 Speaking of ducks, have you heard the one about the man who walked into a bar with a duck on his head?(오리라니까 말인데, 머리에 오리를 얹은 채 바에 들어 간 남자 이야기 들어봤어?)처럼. 우리는 또 4장에서 일관된 글이라면 담화 주제가 문장 주제와 같다는 것도 살펴보았다. 그렇다면 이제 이 원칙을 오코너가 제법 긴 글에 어떻게 적용하는지 살펴보자.

이 칼럼의 주제는 당연히 "겨울의 왜가리들"이다. 독자가 그것에 관해서 물었으니까. 한편 칼럼의 요지는 왜 왜가리가 꽁꽁 언 늪을 지키고 섰는가를 설명해 주는 것이다. 첫 문장의 주제, 곧 주어는 칼럼 전체의 주제와 같다. "청왜가리는 …… 서식하고 번식합니다." 이 글이 다르게 시작했다고 상상해 보자. 가령 내가 손본 버전처럼 "캐나다는 왜가리들이 서식하고 번식하는 장소입니다."라고 시작했다고 하자. 독자는 당황해 주춤할 것이다. 독자가 이 대목에서 캐나다를 떠올려야 할 타당한 이유가 전혀 없기 때문이다.

오코너는 글을 풀어 나가는 동안 계속 왜가리를 주어로 둔다. 다음 표는 예문의 주어들을 순서대로 나열한 것이다. 왜가리를 가리키는 주어는 왼쪽에, 다른 것을 가리키는 주어는 오른쪽에 두었고 가로선은 단락 구분을 뜻한다.

Great Blue Herons live
the herons head
A few come
Most of these herons are
(큰청왜가리는 …… 서식하고 번식합니다
그 왜가리들은 …… 향합니다
그중 몇 마리는 …… 오죠
이 왜가리들은 대부분 …… 새들입니다)

Spending the winter here has

(이곳에서 겨울을 나는 데는 …… 있는데)

Herons are able to avoid

(왜가리들은 …… 피할 수 있거니와)

there is a risk

our winters are

there is this winter

Snow, ice and cold are not kind

(머무는 데는 위험도 있습니다

이곳 겨울은 …… 쾌적하죠

올해 같은 겨울도 …… 있습니다

눈, 얼음, 추위는 새들에게 좋지 않으니)

Herons have one thing

they are excellent hunters

they'll eat

One hungry heron was seen

(왜가리들에게는 …… 있습니다

그들이 훌륭한 사냥꾼이자 ……

그들은 …… 잡아먹습니다

한 굶주린 왜가리는 …… 목격되었습니다)

I too was upset

(저도 …… 심란했습니다)

Herons also have

they seem to choose

some herons don't seem to catch

on

(왜가리들은 또 …… 있습니다

그들은 …… 지키는 것 같습니다

어떤 왜가리들은 사태를 이해하지 못한 것

처럼……)

[You] talk about

(그 완고함이라니요)

마지막 두 단락의 끝에 붙은 감탄사, 저자가 유머러스한 효과를 주기 위해서 독자에게 직접 말을 건 대목들(I know, I know, I too was upset(알아요, 알아요, 저도 …… 심란했습니다), 그리고 Talk about stubborn(그 완고함이라니요))을 제외하고는 주어들이(즉 문장 주제들이) 놀랍도록 일관되어 있다. 첫 번째, 세 번째, 네 번째 단락에서는 단락마다 하나씩을 제외한 모든 주어가 왜가리이다. 일관된 문장 주제는 칼럼 주제와 관련되어 있으며, 그것들을 이은 연결선은 만족스러운 일관성의 호를 글 전체에 드리운다.

더 좋은 점은 이 왜가리들이 여느 따분한 주어가 아니라는 사실이다. 이 주어들은 직접 어떤 행동을 취하는 행위자들이다. 이들은 이동하고, 위험을 피하고, 사냥하고, 잡아먹고, 서 있는다.

이것은 고전적 스타일의 특징이고, 나아가 모든 잘 쓴 글의 특징이다. 독자는 수동적으로 영향을 받는 존재나 좀비화한 행동이 이어지는 모습을 볼 때보다 이야기의 주인공이 몸소 플롯을 진행시키는 모습을 볼 때 줄거리를 더 쉽게 쫓아가기 마련이다.

오코너가 주인공에게 초지일관 집중하기 위해서 사용한 몇 가지 수법을 살펴보자. 오코너는 이따금 전략적으로 수동태로 바꾼다. One hungry heron was seen(한 굶주린 왜가리는 …… 목격되었습니다)라고 말하지, Birdwatchers saw one hungry heron(탐조가들은 한 굶주린 왜가리를 목격했습니다)라고 말하지 않는다. 이때 왜가리는 웬 탐조가에게 가만히 관찰당했을 뿐인 수동적 존재이지만, 수동태 덕분에 독자의 머릿속에서 계속 스포트라이트를 받는다. 오코너는 또 때를 나타내는 수식어를 문장 맨 앞으로 자주 옮긴다. When the cold weather arrives(추위가 닥치면), When the fish are frozen out(물이 얼어 물고기가 사라지면), In the winter(겨울이면), When these areas become frozen solid(일대가 꽁꽁 얼어붙어도) 하는 식으로 전치된 구들 덕분에, 문법 주어가 매번 왜가리라서 엇비슷해 보이는 문장들이 여럿 이어져도 글이 단조롭지 않다.

때를 나타내는 수식어들은 모두 추운 날씨에 관한 내용인데, 이 역시 의도된 선택이다. 이런 문장들이 새롭게 알리는 정보는 모두 왜가리들이 추위에 어떻게 대응하는가 하는 내용이다. 따라서 그런 문장에서 (맨 앞의 수식구에 언급된) 추위의 어떤 측면은 왜가리들이 그 문제에 어떻게 대응하는가 하는 소식(이 내용은 뒤따르는 주절에서 언급된다.)을 펼칠 무대가 되어 준다. 알려진 것을 먼저, 새로운 것을 나중에.

두 번째 단락에서는 이제 추위가 당당히 주제로서 무대에 오른다. 주제 전환은 질서 있게 벌어진다. 첫 단락의 끝에서 두 번째 문장(Spending the winter here has its advantages(이곳에서 겨울을 나는 데는 나름의 이점이 있는데))에서 미리 주제 전환이 선언되고, 두 번째 단락에서는 바뀐 주제가 일관되게 유지된다. 두 번째 단락에서는 네 문장 중 두 문장이 추위를 주어로 썼고, 나머지 두 문장은 추위를 there is(~있습니다)의 보어로 썼는데, 이것은 사실상 주어나 마찬가지이다. 여기에는 글 전체에 걸친 두 번째 일관성의 호가 있다. 추운 날씨에 관한 모든 표현을 잇는 호이다.

/

왜가리에 관한 문장들을 잇는 일관성의 호와 추위에 관한 문장들을 잇는 일관성의 호는 윌리엄스가 "주제의 끈(topic string)"이라고 명명한 장치의 사례라고 할 수 있다. 이 장치는 독자가 문장에서 문장으로 넘어갈 때 한 주제에 계속 집중하도록 붙잡아 준다. 그런데 이것과는 종류가 또 다른 일관성의 호가 있으니, 이번에는 그것을 살펴보자. 이 일관성의 호는 한 존재가 서로 다른 여러 모습으로 독자의 머릿속 무대에 나타났다 사라졌다 할 때 그것들을 계속 이어 주는 역할을 한다.

영어의 명사 체계에는 작가가 독자에게 처음 소개하는 존재와 독자가 이미 아는 존재를 구분할 때 쓸 방법이 몇 가지 있다. 부정관사 a(한)과 정관사 the(그)의 가장 큰 차이점이 이것이다.[6] 어떤 인물이 무대에 처음 오를 때, 그는 a와 함께 소개된다. 그러나 나중에 그가 다시 언급될 때는 독자가 이미 그를 알므로, 그때는 그가 the와 함께 언급된다.

An Englishman, a Frenchman, and a Jew are sitting in a doctor's waiting room and each is told he has twenty-four hours to live. They are asked how they plan to spend their final day. The Englishman says, "I'm going to my club to smoke my pipe, sip some sherry, and chat with the blokes." The Frenchman says, "I'm going to call my mistress for a sumptuous dinner, a bottle of the finest wine, and a night of passionate lovemaking." The Jew says, "I'm going to see another doctor." (한 영국인, 한 프랑스 인, 한 유대 인이 진료실에서 의사에게 셋 다 살날이 24시간밖에 안 남았다는 말을 들었다. 의사는 그들에게 인생의 마지막 날을 어떻게 쓸 계획이냐고 물었다. 그 영국인이 말했다. "클럽에 가서 파이프 담배를 피우고, 셰리를 좀 마시고, 친구 녀석들과 잡담을 나눌 겁니다." 그 프랑스 인이 말했다. "애인을 불러서 풍성한 저녁 식사를 먹고, 최고급 와인을 마시고, 열렬히 사랑을 나눌 겁니다." 그 유대 인은 말했다. "다른 의사를 찾아가 볼 겁니다.")

영어에서 부정 명사와 한정 명사를 구별하게 해 주는 장치가 a(혹은 an)와 the만 있는 것은 아니다. 부정 명사 복수형과 물질 명사는 some(웬)이라는 관사로 소개될 수도 있고(Some mud was on the floor(웬 진흙이 바닥에 있었다), Some marbles were on the floor(웬 구슬들이 바닥에 있었다)), 아예 관사 없이 나올 수도 있다. (Mud was on the floor(진흙이 바닥에 있었다), Marbles were on the floor(구슬들이 바닥에 있었다)) 한정성은 this(이), that(저), these(이들), those(저들) 같은 다른 th - 단어들로 표시될 수 있고, 혹은 Claire's knee(클레어의 무릎), Jerry's kids(제리의 아이들)처럼 속격 명사로 표시될 수도 있다.

무대의 첫 출연과 후속 출연은 한쪽에는 고유 명사나 부정 명사를 쓰고 다른 쪽에는 대명사를 써서 구분할 수도 있다. 대명사 he(그), she(그녀), they(그들), it(그것) 등은 작가가 자판을 두드리는 횟수만 줄여 주는 것이 아니다. 이런 대명사는 독자에게 "당신은 이미 이 사람을 만났으니까, 공연히 새로운 사람이 나타났나 찾아볼 필요는 없어요."라고 말해 주는 셈이다.

Stanley Goldfarb died and his relatives and the congregation gathered for an evening of prayers and mourning. When the time came for the mourners to come up and eulogize him, no one stirred. After several minutes, the rabbi was getting anxious. "Someone must have something nice to say about him," he implored. More silence. Finally a voice called out from the back of the room: "His brother was worse."

(스탠리 골드파브가 죽어서 그의 친척들과 신도들이 저녁에 함께 기도하고 추모하기 위해서 모였다. 추모객들이 나서서 그를 추도할 순서가 되었는데, 아무도 꿈쩍하지 않

왔다. 몇 분이 흐른 뒤 랍비가 짜증이 나서 말했다. "그에 대해 뭔가 좋은 말을 할 사람이 한 명이라도 있을 것 아닙니까." 랍비의 호소에도 침묵만 흐르다가, 이윽고 저 뒤쪽에서 웬 목소리가 말했다. "그의 형이 더 심했죠.")

독자가 텍스트에 여러 번 등장하는 존재를 잘 쫓아가도록 만드는 것은 꽤 까다로운 일이다. 고유 명사나 부정 명사를 반복할 경우, 독자는 웬 새로운 사람이 무대에 올라왔나 싶어서 헷갈릴 수도 있다.[7] ("스탠리 골드파브가 죽어서 스탠리 골드파브의 친척들이 추모식에 모였다."라고 말한다고 상상해 보라.) 그러나 만약 그사이 다른 인물들이 많이 등장했다면, 혹은 첫 등장이 가물가물해질 만큼 시간이 많이 흘렀다면, 불쑥 대명사나 한정 명사가 나올 경우 독자는 오히려 he(그) 혹은 the man(그 남자)가 누구지 하고 어리둥절할 수도 있다. 아래 우스운 실수들은 그 위험을 똑똑히 보여 준다.[8]

Guilt, vengeance, and bitterness can be emotionally destructive to you and your children. You must get rid of them. (죄의식, 복수심, 원한은 당신과 당신의 아이들의 감정을 파괴할 수 있다. 당신은 그들을 없애버려려 한다.)

After Governor Baldwin watched the lion perform, he was taken to Main Street and fed 25 pounds of raw meat in front of the Cross Keys Theater. (주지사 볼드윈이 사자의 공연을 관람한 뒤, 사람들은 그를 메인

가로 데려가서 크로스키스 극장 앞에서 날고기 10킬로그램을 먹었다.)

The driver had a narrow escape, as a broken board penetrated his cabin and just missed his head. This had to be removed before he could be released. (운전자는 구사일생으로 살았다. 부러진 철판이 운전석을 뚫고 들어와서 간발의 차이로 그의 목을 빗나갔기 때문이다. 이것이 제거된 뒤에야 그를 빼낼 수 있었다.)

My mother wants to have the dog's tail operated on again, and if it doesn't heal this time, she'll have to be put away. (우리 어머니는 강아지의 꼬리를 다시 한번 수술하고 싶어 하셔. 만약 이번에도 낫지 않는다면, 그녀는 안락사를 당할 수밖에 없을 거야.)

자, 이제 왜가리로 돌아가서, 오코너가 그 녀석들을 어떻게 다루는지 살펴보자. 오코너는 맨 먼저 그들을 부정 명사구로 소개한다. Great Blue Herons live(큰청왜가리는 …… 서식합니다). 이제 녀석들이 무대에 올랐으니, 오코너는 다음에는 한정 명사구로 바꾼다. the herons head(왜가리들은 …… 향합니다). 이 대목에서 오코너는 왜가리 중에서도 특정 하위 집합을 지칭하고 싶고, 그래서 부정관사로 딱 그 녀석들만 소개한다. A few come to Cape Cod(그중 몇 마리는 …… 케이프 코드로 오죠). 다음은 그 하위 집합을 두 번째 지칭하는 것이므로, 이제 한정 명사로 바꿀 때이다. Most of these herons(이 왜가리들은 대부분). 그런데 여기서 오코너는 드문 실수를 저질렀다. herons(왜가리들) ― 부정 명사이다. ─ 이 이동에 따르는 위험을 피할 수 있다고 말한 것이다. 그러나 이 왜가리들은 그가 몇 문장 전에 소개했던 녀석들, 즉 좀 더 남쪽으로 내려가지 않고 케이프 코드에서 멈추는 녀석들을 지칭하므로, 내 생각에는 여기에서 The herons(그 왜가리들) 혹은 These herons(이 왜가리들)이라고 말해야 한다.

막간에 해당하는 다음 단락은 주제가 겨울이다. 여기에서 우리는 왜가리 중 또 다른 하위 집합을 소개받는다. (다시 케이프 코드로 오는 여행을 예약하지는 않을 것이라는 가상의 왜가리들이다.) 그러면 이제 재설정이 필요한 시점이니, 다시 부정 명사 Herons(왜가리들)이다. 그다음에 언급할 때는 대명사 they(그들)을 써도 된다. 한편 새끼 고양이를 먹는 왜가리는 나머지 왜가리들과는 다른 녀석이므로, 부정 명사구인 One hungry heron(한 굶주린 왜가리는)으로 소개된다. 뒤따라 나오는 것은 작은 새를 먹는 왜가리들인데, 우리는 이들을 앞에서 이미 만났으므로 녀석들은 the herons(그 왜가리들)이 되고, 이들의 정체는 축약된 관계절인 [that were] eating small birds(작은 새를 잡아먹는)으로 좀 더 한정된다.

오코너가 반복적으로 왜가리를 지칭할 때 하지 **않는** 일이 무엇인지도 살펴보자. Great Blue Herons(큰청왜가리)를 그냥 herons(왜가리)로 바꾼 것 외에, 오코너는 이 새들을 다른 새로운 이름으로 지칭하려고 애쓰지 않는다. 왜가리는 왜가리일 뿐, 아르데아 헤로디아스(*Ardea herodias*), 다리 긴 섭금류, 하늘을 나는 파란 조류, 창공의 사파이어 보초병 따위로 둔갑하지 않는다. 많은 글쓰기 전문가는 작가들에게 한 대상을 여러 번 언급할 때 매번 다른 단어로 불러야 한다는 강박을 자제하라고 권한다. 『현대 영어 어법(*A Dictionary of Modern English Usage*)』(20세기에 스트렁크와 화이트의 책 다음으로 큰 영향력을 발휘한 글쓰기 책이다.)을 쓴 헨리 파울러(Henry Fowler)는 이런 관행을 "우아한 변주"라고 비꼬아 비난했다. 또 시어도어 번스타인은 같은 단어를 두 번 쓰기를 겁내는 증후군이라는 뜻에서 한 단어 공포증(monologophobia)이라고 불렀고, "가래를 다음번에는 '밭일 기구', '흙 가는 도구'라고 부르는 강박"이라는 뜻에서 동의어 애호증(synonymomania)이라고도 불렀다. 신문 편집자들은 기자들에게 이 조언과 반대되는 조언인 "한 페이지에서 같은 단어를 두 번 쓰지 마라."라는 조언을 너무 철저히 따르다 보면 글이 이른바 기자어(journalese)가 되어 버린다고 경고하고는 한다. 기자어란 기자들은 쓰지만 보통 사람들은 절대 안 쓰는 단어, 가령 blaze(작열), eatery(음식점), moniker(별칭), vehicle(차량), slaying(도살), white stuff(백설) 같은 명사나 pen(집필하다), quaff(통음하다), slate(책잡다), laud(칭송하다), boast('자랑하다.'가 아니라 '갖다.'라는 뜻으로), sport('스포츠'가 아니라 '입다.'라는 뜻으로) 같은 동사가 출몰하는 글을 말한다.

기자들과 다른 동의어 애호가들의 명예를 위해서 덧붙이면, 작가가 정말 같은 단어를 연속으로 반복해선 안 되는 상황도 분명 있다. 일례로, 바로 앞 단락 두 번째 문장에서 나는 herons(왜가리)를 birds(새들)로 바꿨다. 그러지 않을 경우 대안은 "Great

Blue Herons(큰청왜가리)를 그냥 herons(왜가리)로 바꾼 것 외에, 그는 이 herons(왜가리)을 다른 새로운 이름으로 지칭하려고 애쓰지 않는다."였을 텐데, 이때 세 번째 herons(왜가리)는 거치적거릴뿐더러 헷갈린다. 스탠리 골드파브의 장례식 농담에서 "스탠리 골드파브"라는 이름을 두 번 반복한 문장이 헷갈렸던 것과 같은 이유로 헷갈린다. 위키피디아의 오이디푸스 항목에 있었던 다음 문장도 떠올려 보자. The baby, he says, was given to him by another shepherd from the Laius household, who had been told to get rid of the child. (그 아기는 또 다른 양치기에게 건네받은 것이었는데, 라이오스 집안이 보낸 그 양치기는 아이를 죽여 버리라는 지시를 받았다고 했다.) 작성자가 끝부분에서 "the child(아이를)"라고 쓴 것은 두 번째 지칭할 때도 "the baby(그 아기를)"라고 말하면 이상할 것이라서였다. 같은 명사가 연달아 반복되면, 독자는 두 번째 명사는 다른 개체를 지시한다고 여겨서 헛되이 무대를 훑어볼지도 모른다. 어떤 개체를 두 번째 지시할 때 더 자연스러운 방법은 "당신은 이미 이 사람을 알아요."라고 신호하는 단어, 즉 대명사를 쓰는 것이기 때문이다. 그러나 가끔은 대명사를 쓸 수 없는 상황이 있으므로 — 오이디푸스 문장에서 대명사를 써서 get rid of him(그를 죽여 버리라는)이라고 말했다면 그가 누구인지 분명하지 않았을 것이다. — 그때는 the child(그 아이), the birds(그 새들) 같은 총칭 한정 명사구가 명예 대명사로 기능한다.

그렇다면 작가는 어느 조언을 따라야 할까? "우아한 변주를 피하라.", 아니면 "한 페이지에서 같은 단어를 두 번 쓰지 마라."?
과거의 글쓰기 지침서들은 모순을 해결해 주지 못했지만, 심리
언어학자들은 도울 수 있다.[9] 우리는 단어를 변덕스럽게 마구 변
주해서는 안 된다. 독자는 보통 작가가 서로 다른 두 단어를 썼을
때는 서로 다른 두 대상을 지시한다고 여기기 때문이다. 그리고
잠시 후 살펴보겠지만, 두 대상을 비교하거나 대조하는 글이라면
단어를 **절대로** 변주해서는 안 된다. 한편 한 개체가 연속적으로
여러 번 언급되는데 한 이름만 반복하면 단조롭게 들릴 것 같거
나 새 배우가 등장한 듯한 잘못된 암시를 줄 수 있는 상황에서는
단어를 **반드시** 변주해 주어야 한다.

그리고 단어가 변주될 때, 독자가 쉽게 쫓아갈 수 있는 변주
형태가 따로 있다. 두 번째 이름표는 유사 대명사로 기능하는 것
이므로, 두 가지 방식으로 대명사스러운 단어여야 한다. 첫째, 원
래 명사보다 더 총칭적인 단어, 즉 더 넓은 범주의 개체들에게 적
용되는 단어여야 한다. 다음 두 예문(이야기 이해도를 알아보는 실험
에 쓰였던 문장이다.) 중 첫 번째가 두 번째보다 더 이해하기 쉬운
것은 그 때문이다.

A bus came roaring around a corner. The vehicle nearly flattened a

pedestrian. (버스 한 대가 시끄럽게 모퉁이를 돌아서 왔다. 그 차는 한 행인을

거의 칠 뻔했다.)

A vehicle came roaring around a corner. The bus nearly flattened a

pedestrian. (차 한 대가 시끄럽게 모퉁이를 돌아서 왔다. 그 버스는 한 행인을 거의 칠 뻔했다.)

또 두 번째 이름표는 첫 번째 이름표를 쉽게 연상시키는 단어여야 한다. 그래야만 독자가 골머리를 썩이지 않고도 작가가 말하는 대상이 누구인지 혹은 무엇인지 쉽게 알아낸다. 버스는 차의 전형적인 예이므로, 독자는 vehicle(차)에서 bus(버스)로 쉽게 연관 지을 수 있다. 만일 첫 번째 문장이 A tank came roaring around the corner(탱크 한 대가 시끄럽게 모퉁이를 돌아서 왔다)였다면 어떨까? 탱크는 차의 비전형적인 예이므로, 독자는 연관을 짓기가 좀 더 힘들 것이다. 오코너가 왜가리를 birds(새들)라고 지칭하지 않았던 것은 왜가리가 새의 전형적인 예가 아니기 때문이다. 독자가 bird(새)라는 단어를 봤을 때 왜가리를 쉽게 떠올리지는 못할 것이기 때문이다. 그러나 만약 칼럼이 참새에 관한 글이었다면 물론 상황은 달랐을 것이다.

2장에서 나는 anticipate(기대하다), cancel(취소하다) 대신 쓰인 anticipation(예상), cancellation(취소) 같은 좀비 명사가 언어에서 무슨 역할을 하는지를 나중에 설명하겠다고 약속했다. 좀비 명사의 가장 중요한 역할은 우리가 방금 알아본 대명사, 정관사, 총칭적 동의어의 역할을 대신 해 주는 것이다. 달리 말해, 작가가 어떤 것을(이 경우에는 사람이나 물건이 아니라 상황이나 사건을) 두 번째 지시할 때 단조로움이나 혼란스러운 반복을 피할 수 있도록 해 주는 것이다. 어떤 글이 The governor canceled the convention today(주지사는 오늘 회의를 취소했다)라는 문장으로 시작되었다고 하자. 다음에는 It was unexpected that the governor would cancel the convention(주지사가 회의를 취소하리라는 것은 예상하지 못한 일이었다)나 The fact that the governor canceled the convention was unexpected(주지사가 회의를 취소했다는 사실은 예상 밖의 일이었다)보다 The cancellation was unexpected(취소는 예상 밖의 일이었다)라고 말하는 편이 더 조리 있게 들린다. 이렇듯 좀비 명사도 언어에서 제구실이 있다. 문제는 지식의 저주에 걸린 작가가 어떤 것을 처음으로 언급할 때도 좀비 명사를 쓰는 데 있다. 작가 자신이야 그 사건을 죽 생각하고 있었으니까 그것이 오래된 소식이고, 그래서 그는 그것을 편리하게 명사로 요약해 버린다. 독자는 자신과는 달리 사건을 처음 만났다는 사실, 따라서 눈앞에서 상연되는 모습을 볼 필요가 있다는 사실을 잊는 것이다.

문장 주제를 일관되게 이어 주는 일관성의 호, 반복해서 등장하는 개체를 질서 있게 언급하는 일관성의 호 외에도 여러 문장에 걸쳐 드리운 세 번째 종류의 일관성의 호가 있다. 한 명제와 다른 명제의 논리 관계라는 일관성의 호이다. 이 장의 첫머리에서 보았던 예문들로 돌아가 보자. 다음 예문은 왜 혼란스러운가?

It's an advantage for herons to avoid the dangers of migration. Herons head south when the cold weather arrives. (이동의 위험을 겪지 않는 것은 왜가리에게 이점입니다. 왜가리는 날이 추워지면 남쪽으로 향합니다.)

다음 예문들은 왜 우스운가?

The patient has been depressed ever since she began seeing me in 2008. (그 환자는 2008년에 나를 만나기 시작한 뒤로 계속 우울증을 앓았다.)

Miss Charlene Mason sang, "I Will Not Pass This Way Again," giving obvious pleasure to the congregation. (샬린 메이슨 양은 「나 이 생을 두 번 살 수는 없으리」를 불러서 모인 사람들에게 큰 즐거움을 안겼다.)

내가 조작한 왜가리 예문에서 두 번째 문장은 뜬금없는 소리이 다. 독자는 작가가 왜가리들은 이동의 위험을 피해야 한다고 말 한 뒤 왜 갑자기 그 새들은 남쪽으로 이동한다고 말하는지가 잘 이해가 안 된다. 원래 글에서는 두 진술의 순서가 거꾸로였고, 오 코너는 그 사이에 몇몇 왜가리들은 겨울이 그다지 춥지 않은 케 이프 코드로 온다는 문장을 두어서 두 진술을 이었다. 사이에 낀 문장은 두 가지 논리적 일관성의 호를 그리는 셈이다. 케이프 코 드는 남쪽으로 이동할 장소의 한 **예**이고, 케이프 코드의 겨울이 너무 춥지 않다는 사실은 왜 일부 왜가리들이 그곳으로 오는가에 대한 **설명**이다. 그래도 여전히 독자는 왜가리들이 케이프 코드보다 좀 더 따뜻한 목적지를 선택할 것 같은데 왜 아닐까 하고 생각할 수 있으므로 ─ 케이프 코드는 다른 어떤 장소들만큼은 춥지 않을지라도 또 다른 어떤 장소들보다는 더 추울 테니까. ─ 오코너는 독자의 **배반된 기대**를 인식해 그 다음 문장에서 이 변칙을 설명하는 두 가지 이유를 제공한다. 하나는 일부 왜가리들(젊고 경험 없는 녀석들이다.)이 케이프 코드에 실수로 도달할 수 있다는 것이고, 다른 하나는 위도가 비교적 높은 곳에서 월동하는 데는 추위라는 불리함을 상쇄하는 이점이 있다는 것이다. 오코너는 이어 두 구체적 이점을 들어 이 설명(상쇄하는 이점이 있다는 설명)을 **부연**한다. 먼 거리를 이동하지 않는 것은 안전하다는 점과 번식지에 가까이 머무르는 왜가리들은 봄이 왔을 때 번식지에 1등으로 도착할 수 있다는 점이다.

이제 우스운 실수들을 살펴보자. 첫 번째 문장을 쓴 정신과 의사는 아마 ever since she began seeing me in 2008(2008년에 나를 만나기 시작한 뒤로)라는 구가 두 사건의 **시간 순서**를 뜻하도록 의도했을 것이다. 환자가 의사를 만났고, 그 환자가 마침 그 시점부터 우울증을 앓았다는 것이다. 그러나 독자는 이 문장을 **인과 순서**로 해석한다. 환자가 의사를 만났고, 그 때문에 환자가 우울증을 앓았다는 것이다. 두 번째 문장에서는 절들의 관계는 문제가 아니지만 ─ 두 가지 가능한 해석 모두 인과 관계이다. ─ 정확히 무엇이 무엇을 일으키는가가 문제이다. 의도된 독해에서는 노래가 즐거움을 안기지만, 의도되지 않은 독해에서는 그녀가 두 번 다시 이 생을 살지 못한다는 점이 즐거움을 안긴다.

예, 설명, 배반된 기대, 부연, 배열, 인과는 어떻게 한 진술이 다른 진술로 이어지는지 알려주는 일관성의 호들이다. 사실 이 것들은 언어의 구성 요소라기보다는 **이성**의 구성 요소이다. 어 떤 생각의 흐름 속에서 한 생각이 다른 생각으로 이어지는 방법 에 해당하기 때문이다. 한 생각이 다른 생각으로 이어지는 방법 은 수백, 심지어 수천 가지는 되지 않나 싶을 수도 있겠지만, 실 제로는 그 수가 훨씬 적다. 데이비드 흄(David Hume)은 1748년 에 쓴『인간의 이해력에 관한 탐구(*An Enquiry Concerning Human Understanding*)』에서 "생각을 잇는 원칙은 세 가지뿐인 듯하다. **유사성(Resemblance)**, 시간이나 장소의 **연속성(Contiguity)**, 그리고 **원 인(Cause)** 혹은 **결과(Effect)**이다."라고 말했다.[10] 언어학자 앤드루 켈러(Andrew Kehler)는 흄의 분석이 기본적으로 옳다고 인정하 면서도 다른 언어학자들과 함께 흄의 세 가지 원칙을 더 구체적 인 10여 종류로 세분했다.[11] 언어의 일관성 측면에서 더 중요한 점은, 켈러 등이 어떻게 생각들의 연결이 문장들의 연결로 표현 되는지를 보여 주었다는 것이다. 이때 핵심적인 언어 중매자는 because(왜냐하면), so(그래서), but(그러나) 같은 연결어들이다. 그 러면 이런 이른바 일관성 관계들이 어떤 논리를 따르는지, 그리 고 전형적으로 어떤 표현을 통해 드러나는지를 살펴보자.

유사성 관계에서, 한 진술은 앞 진술과 내용이 겹치는 주장을 한다. 유사성 관계 중 가장 명백한 두 가지는 닮음과 대비이다.

일관성 관계	예문	전형적인 연결어
닮음(Similarity)	Herons live in the northern United States. Herons live in most of Canada. (왜가리는 미국 북부에 산다. 왜가리는 캐나다의 대부분 지역에 산다.)	and(그리고), similarly(비슷하게), likewise(마찬가지로), too(역시)
대비(Contrast)	Herons have one thing in their favor: they are opportunistic hunters. Herons have one thing not in their favor: they defend a fishing hole even when it is frozen. (왜가리는 한 가지 유리한 점이 있다. 기회주의적 사냥꾼이라는 것이다. 왜가리는 한 가지 불리한 점이 있다. 낚시터가 얼어붙어도 그곳을 지킨다는 것이다.)	but(그러나), in contrast(대조적으로), on the other hand(다른 한편), alternatively(아니면)

닮음과 대조는 대부분의 측면에서 비슷하지만 적어도 한 가지 측면에서는 다른 두 명제를 잇는다. 독자의 주의를 두 문장의 닮은 점이나 다른 점에 집중시키는 것이다. 이런 관계는 연결어를 쓰지 않고도 표현될 수 있다. 작가는 대구를 이루는 구문으로 두 진술을 구성하되 양쪽의 차이를 드러내는 단어만 다르게 쓰면 된

다. 안타깝게도 많은 작가는 그 방법을 쓰지 않고 두 대상을 비교할 때 단어를 변덕스럽게 변주하고는 하는데, 이것은 동의어 애호증 중에서도 악성적인 종류라서 반드시 독자를 당황하게 만든다. 독자는 자신이 주의를 집중해야 하는 지점이 대비되는 두 대상의 차이인지, 아니면 두 동의어 사이에 있는 무슨 차이인지를 알 수가 없기 때문이다. 오코너가 Herons are opportunistic hunters, but great blues defend a fishing hole even when it's frozen(왜가리는 기회주의적 사냥꾼이지만, 큰청왜가리는 낚시터가 얼어붙어도 그곳을 지킨다)라고 썼다고 하자. 독자는 얼어붙은 낚시터를 지키는 것이 큰청왜가리뿐인지 아니면 모든 왜가리가 다 그런다는 말인지 의아할 것이다.

나는 과학자들이 무언가를 대조할 때 생각 없이 동의어를 남발하는 모습을 보면 늘 놀란다. 왜냐하면 과학 실험을 설계할 때 지켜야 할 제일가는 원칙은 '한 변수의 규칙(Rule of One Variable)'이기 때문이다. 만일 우리가 어떤 현상의 원인으로 추정되는 한 변수의 효과를 확인하고 싶다면, 다른 변수들은 일정하게 고정한 채 그 변수 하나만 조작해야 한다. (만일 우리가 어떤 약이 혈압을 낮추는지 아닌지를 확인하고 싶다면, 피험자들을 운동 프로그램에도 동시에 등록시켜서는 안 된다. 그러면 실제로 그들의 혈압이 떨어지더라도 그것이 약 때문인지 운동 때문인지 알 수가 없으니까.) 대구를 이루는 구문은 이 '한 변수의 규칙'을 글쓰기에 적용한 것이나 마찬가지이다. 만일 우리가 독자로 하여금 어떤 변수를 인식하도록 만들고 싶다면, 나머지 언어는 그대로 고정한 채 그 변수의 표현만 조작해야 한다. 다음 중 왼쪽 예문들―첫 번째 것은 닮음을 표현한 글이고 두 번째 것은 대비를 표현한 글이다.―은 과학자들이 실험실에서는 결코 하지 않을 방식으로 문장을 쓴 것이다. 오른쪽은 좀 더 엄밀하게 통제한 대안이다.

In the ten nations with the largest online populations, non-domestic news sites represent less than 8% of the 50 most visited news sites, while in France, 98% of all visits to news sources are directed to domestic sites. (온라인 인구가 가장 많은 10개국에서, 해외 뉴스 사이트는 방문자가 가장 많은 뉴스 사이트 50개 중 8퍼센트도 차지하지 못한다. 한편 프랑스에서는 총 뉴스 사이트 방문자의 98퍼센트가 국내 사이트로 향한다.)

In the ten nations with the largest online populations, non-domestic news sites represent less than 8% of the 50 most visited news sites; in France, the figure is just 2%. (온라인 인구가 가장 많은 10개국에서, 해외 뉴스 사이트는 방문자가 가장 많은 뉴스 사이트 50개 중 8퍼센트도 차지하지 못한다. 프랑스에서는 이 수치가 겨우 2퍼센트이다.)

Children's knowledge of how to use tools could be a result of experience, but also object affordances defined by shape and manipulability may provide cues such that humans do not require much time experimenting with an object in order to discover how it

Children's knowledge of how to use a tool could be a result of their experience with the tool; alternatively, it could be a result of their perceiving the tool's affordances from shape and manipulability cues. (아이들이 도구 사용법을 알게 되는 것은 도구를 경험한 결

functions. (아이들이 도구 사용법을 알게 되는 것은 경험의 결과일 수 있다. 하지만 또한 물체의 생김새와 조작성으로 정의되는 행동 유도성이 단서를 제공할지도 모르는데, 이 경우 사람은 물체의 기능을 알아내기 위한 실험에 그다지 많은 시간을 들이지 않아도 된다.) 과일 수 있다. 아니면, 도구의 생김새와 조작성 단서가 빚어내는 행동 유도성을 인식한 결과일 수도 있다.)

대부분의 인터넷 사용자가 자기 나라의 뉴스 사이트를 이용한다는 내용의 첫 예문은 유사 관계를 표현하려는 작성자의 의도를 세 가지 방식으로 훼손시킨다. 첫째로 구문이 바뀌었고(news sites represent(뉴스 사이트는 차지한다) 대 visits to news sources(뉴스 사이트 방문자의)), 측정 척도가 뒤집혔고(non-domestic(해외) 사이트 방문 퍼센트에서 domestic(국내) 사이트 방문 퍼센트로), 극도로 애매한 연결어를 사용했다. while은 시간을 뜻할 때(~하는 동안)는 닮음을 의미하지만, 논리를 뜻할 때(한편)는 대비를 암시한다. 나는 앞의 글을 몇 번이나 읽고서야 작성자가 의도한 것은 닮음임을 알아차렸다.

두 번째 예문도 스스로 발이 꼬였다. 한 명제에서 다음 명제로 넘어갈 때 구문이 뒤집혔고(Children know how to use tools from experience(아이들은 도구 사용법을 알게 된다), 그리고 Object affordances provide cues (to children about tools)(행동 유도성이 (아이들에게 도구에 관한) 단서를 제공한다)), 연결어 also(또한)를 혼란스러운 방식으로 사용했다. also는 닮음 혹은 부연(부연은 또 다른 유사성 관계로, 잠시 후에 이야기하겠다.)을 뜻할 수 있는데, 여기서 작성자는 아이들이 도구 사용법을 아는 방법에는 (경험에서 배운다는 가설 하나만 있는 것이 아니라) 적어도 두 가지 가설이 있다는 뜻으로 썼다. 그런데 작성자의 진짜 의도는 두 가설을 **대비**시키려는 것이므로, 이때 also는 독자를 잘못된 방향으로 이끈다. (작성자는 아마 과학자들이 고려해야 하는 다른 가설 '또한' 있다는 생각에서 이 단어를 골랐을 것이다.) 작성자도 글을 써 나가면서 이 문제를 인식했던지, 자신이 결국에는 두 가설을 대비시킨다는 사실을 알리기 위해서 뒤에서 such that(이 경우)이라는 표현을 썼다. 그러나 이것보다는 문장을 아예 다시 써서 alternatively(아니면) 같은 애매하지 않은 연결어로 대비를 전달하는 편이 나았을 것이다. (여담이지만 affordance(행동 유도성)란 어떤 물체의 생김새가 사용자에게 그것으로 무엇을 할 수 있는지, 가령 들어올릴 수 있는지 쥐어짤 수 있는지 등을 알려주는 현상을 가리키는 심리학 용어이다.)

유사성 관계에는 닮음과 대비 외에도 더 있다. **부연**은 한 사건을 우선 포괄적인 방식으로 묘사한 뒤 구체적 세부를 상술하는 관계를 말한다. 그리고 우리가 어떤 사건을 먼저 언급하고 싶은가 하는 데 따라 깔끔한 두 쌍으로 나뉘는 네 관계가 더 있다. 일단 **예시**(일반화하는 진술을 먼저 말한 뒤 하나 이상의 예를 덧붙이는 순서이다.)가 있고, **일반화**(하나 이상의 예를 먼저 말한 뒤 일반화하는 순서이다.)가 있다. 그리고 그 반대에 해당하는 **예외** 관계들이 있는데, 이때 일반화를 먼저 소개할 수도 있고 예외를 먼저 소개할 수도 있다.

일관성 관계	예문	전형적인 연결어
부연(Elaboration)	Herons have one thing in their favor: they are total opportunists. (왜가리는 유리한 점이 하나 있다. 그들은 철저한 기회주의자들이다.)	:(콜론), that is(즉), in other words(달리 말해), which is to say(말하자면), also(또한), furthermore(게다가), in addition(이에 더해), notice that(주의할 점은), which(이것은 곧)
예시 (Exemplification)	Herons are total opportunists. When the fish are frozen out, they'll eat other things, including crustaceans, mice, voles, and small birds. (왜가리는 철저한 기회주의자이다. 물이 얼어 물고기가 사라지면, 왜가리는 다른 것을 먹는다. 갑각류, 생쥐, 들쥐, 작은 새 등을.)	for example(예를 들어), for instance(일례로), such as(가령), including(~등)
일반화 (Generalization)	When the fish are frozen out, herons will eat other things, including crustaceans, mice, voles, and small	in general(일반적으로), more generally(전반적으로)

birds. They are total opportunists. (물이 얼어 물고기가 사라지면, 왜가리는 갑각류, 생쥐, 들쥐, 작은 새 등 다른 것을 먹는다. 왜가리는 철저한 기회주의자이다.)

예외(Exception): 일반화 먼저	Cape Cod winters are often mild and pleasant. Then there is this winter, the winter that never ends. (케이프코드의 겨울은 온화하고 쾌적할 때가 많다. 그러다가도 이번 겨울 같은 겨울, 영영 끝나지 않는 겨울이 온다.)	however(그렇지만), on the other hand(다른 한편), then there is(그러다가도)
예외: 예시 먼저	This winter seems like it will never end. Nonetheless, Cape Cod winters are often mild and pleasant. (이번 겨울은 영영 끝나지 않을 것만 같다. 그렇기는 하지만, 케이프코드의 겨울은 온화하고 쾌적할 때가 많다.)	nonetheless(그렇기는 하지만), nevertheless(그럼에도 불구하고), still(그래도)

홈이 말한 세 관계 중 두 번째는 연속성이다. 보통 모종의 관계가 있는 두 사건의 전후 순서를 말한다. 여기서도 영어는 우리에게 뜻은 그대로 두면서도 두 사건을 아무 순서로나 언급할 수 있도록 해 주는 수단을 제공한다.

일관성 관계	예문	전형적인 연결어
순서: 전-후	The cold weather arrives and then the herons head south. (추위가 닥치면, 왜가리들은 남쪽으로 향한다.)	and(그리고), before(전), then(그러면)
순서: 후-전	The herons head south when the cold weather arrives. (왜가리들은 남쪽으로 향하는데, 그것은 추위가 닥쳤을 때이다.)	after(후), once(일단), while(~하는 동안), when(~할 때)

우리가 두 사건을 언급하는 순서를 통제할 수단은 하나 더 있다. 우리는 before(전)와 after(후) 중에서 고를 수도 있지만, 시간을 나타내는 수식어를 전치시킬 것인가 원래 자리에 둘 것인가를 고를 수도 있다. After the cold weather arrives, the herons head south(추위가 닥친 후, 왜가리들은 남쪽으로 향한다)라고 할 수도 있고 The herons head south after the cold weather arrives(왜가리들은 남쪽으로 향하는데, 그것은 추위가 닥친 후이다)라고 할 수도 있는 것이다.

그런데 어쩌면 이 점에서는 영어가 그 사용자의 지능을 좀 넘어서는지도 모른다. 영어는 세상에서 두 사건이 벌어진 순서와 텍스트에서 두 사건이 언급되는 순서를 명쾌하게 구분할 줄 알지만, 영어로 **말하는 사람들**은 좀 더 실제적인 편이라서 사건들이 말로 언급된 순서가 곧 현실에서도 사건들이 벌어진 순서라고 자연스럽게 가정해 버린다. They got married and had a baby, but not in that order(그들은 결혼을 하고 아기를 낳았지만, 정확히 그 순서는 아니었다)라는 유명한 농담이 성립하는 것은 이런 착각 때문이다. 다른 조건이 다 같다면, 우리는 독자의 머릿속에서 상영되는 영상의 순서를 좇아 사건을 시간순으로 묘사하는 편이 낫다. She showered before she ate(그녀는 샤워한 뒤 먹었다)가 She ate after she showered(그녀는 먹기 앞서 샤워했다)보다 이해하기 더 쉽기 때문이다. 같은 이유에서, After she showered, she ate(그녀는 샤워한 후 먹었다)가 Before she ate, she showered(그녀는 먹기 전에 샤워했다)보다 이해하기 더 쉽다.[12] 물론, 늘 다른 조건이 다 같지는 않다. 만일 나중에 벌어진 사건에 이미 독자의 주의가 쏠린 상황이라면, 그런데 이때 우리가 그것보다 먼저 벌어진 사건을 소개해야 한다면, 알려진 것 다음에 새로운 것을 언급하라는 원칙이 먼저 벌어진 사건 다음에 나중에 벌어진 사건을 언급하라는 원칙을 이긴다. 가령 당신이 아침 식탁으로 이어진 젖은 발자국을 보면서 그에 대한 설명을 찾는 상황이라면, Before Rita ate, she showered(리타는 먹기 전에 샤워했다)라는 말을 듣는 편이 After Rita showered, she ate(리타는 샤워한 후 먹었다)라는 말을 듣는 것보다 더 쉽게 느껴질 것이다.

이 이야기는 흄의 세 번째 연결 관계인 인과 관계로 이어진다. 여기서도 영어는 수학적으로 우아해, 깔끔한 대칭을 이루는 관계들을 제공한다. 우리는 원인을 먼저 말할 수도 있고 효과를 먼저 말할 수도 있으며, 그 인과력은 어떤 사건이 벌어지게 만들 수도 있고 벌어지지 않게 막을 수도 있다.

일관성 관계	예문	전형적인 연결어
결과(원인-효과)	Young herons are inexperienced, so some of them migrate to Cape Cod. (어린 왜가리들은 경험이 없다. 그래서 일부는 케이프 코드로 날아온다.)	and(그리고), as a result(그 결과), therefore(따라서), so(그래서)
설명(효과-원인)	Some herons migrate to Cape Cod, because they are young and inexperienced. (일부 왜가리들은 케이프 코드로 날아온다. 왜냐하면 어리고 경험이 없어서이다.)	because(왜냐하면), since(~이므로), owing to(~탓에)

배반된 기대	Herons have a tough time when the ponds freeze over. However, they will hunt and eat many other things. (왜가리들은 연못이 꽁꽁 얼면 고생한다. 하지만, 그들은 사냥을 해서 다른 많은 것을 잡아먹는다.)	but(하지만), while(한편), however(하지만), nonetheless(그럼에도 불구하고), yet(그렇지만)
(금지-효과)		
실패한 예방	Herons will hunt and eat many things in winter, even though the ponds are frozen over. (왜가리들은 겨울에 사냥을 해서 많은 것을 잡아먹는다. 설령 연못이 꽁꽁 얼더라도.)	despite(~임에도), even though(설령 ~하더라도)
(효과-금지)		

또 다른 중요한 일관성 관계는 흄의 삼분법에 잘 들어맞지 않는다. 귀속(attribution), 즉 아무개가 무언가를 믿는다는 관계이다. 귀속은 보통 according to(~에 따르면), stated that(~라고 말했다) 같은 연결어로 표현된다. 귀속을 제대로 표현하는 것은 중요하다. 작가가 스스로 어떤 입장을 주장한다는 말인지 다른 누군가가 주장하는 입장을 설명하는 것뿐이라는 말인지를 분명히 알 수 없는 글이 많다. 이 문제는 세르비아 사태 개입에 관한 밥 돌

의 글(221쪽)에 담긴 많은 문제 중 하나였다.

다른 일관성 관계도 몇 가지 더 있기는 하다. 일례로 독자의 반응에 대한 기대가 있다. (오코너의 yes(네) 그리고 I know, I know(알 아요, 알아요)) 어떤 관계인지 분명히 짚기에 애매한 영역도 있고 여러 관계들을 다양한 방식으로 뭉치고 나눌 수도 있으므로 언어학자들의 논쟁 거리가 부족할 일은 없지만,[13] 그래도 앞의 10여 가지 관계가 대부분의 영역을 망라한다. 일관된 텍스트란 독자가 문장과 문장을 잇는 일관성 관계를 늘 확실히 알 수 있는 글이다. 일관성은 사실 개별 문장의 차원을 넘어 담화 분지도의 모든 가지에도(즉 글의 개요에 포함된 모든 항목에도) 적용된다. 여러 개의 명제가 어떤 일관성 관계로 연결되고, 그렇게 형성된 덩어리가 다른 덩어리와 연결된다. 가령 새끼 길고양이를 잡아먹는 왜가리는 갑각류, 생쥐, 작은 새를 잡아먹는 왜가리들과 **유사하다**. 이런 먹이들 전체가 또 하나의 덩어리로 뭉쳐, 물고기 외의 다른 먹이를 먹는 왜가리들에 대한 **예시**로 기능한다. 한편 물고기 외의 먹이를 먹을 줄 아는 왜가리의 능력은 그들이 기회주의적 사냥꾼이라는 진술에 대한 **부연**이다.

여러 문장에 적용되는 일관성 관계가 꼭 완벽한 분지도 모양이어야 할 필요는 없다. 이 관계도 텍스트에 길게 걸쳐서 늘어질 수 있다. 가령 왜가리가 언 낚시터를 지키는 이상한 행동은 칼럼을 거꾸로 올라가서 맨 앞에 나왔던 독자의 질문까지 이어진다. 저 문장은 독자가 질문했던 결과의 원인을 알려주는 **설명**인 셈이다.

작가는 문장을 하나하나 늘어놓을 때 자신이 염두에 두는 일관성 관계를 독자가 정확하게 재구성할 수 있도록 장치를 세심하게 해 두어야 한다. 가장 분명한 방법은 적절한 연결어를 쓰는 것이다. 그러나 내가 표에서 소개한 '전형적' 연결어들은 말 그대로 전형적인 예들일 뿐이고, 혹 독자의 눈에도 연결성이 뚜렷하게 보이는 상황이라면 연결어를 얼마든지 지워도 된다. 작가에게 이 선택은 중요한 과제이다. 연결어가 너무 많으면, 작가가 뻔한 사실을 공연히 설명하거나 독자를 가르치려 드는 것처럼 보일 수 있다. 그리고 글이 깐깐하게 느껴진다. 이런 글을 상상해 보라. Herons live in the northern United States; similarly, herons live in most of Canada. (왜가리는 미국 북부에 산다. 비슷하게, 왜가리는 캐나다 대부분 지역에도 산다.) 혹은 이런 글을. Herons have one thing in their favor. …… In contrast, herons have one thing not in their favor. (왜가리는 유리한 점이 하나 있다. …… 대조적으로, 왜가리는 불리한 점도 하나 있다.) 반대로 연결어가 너무 적으면, 독자는 한 진술이 앞 진술에서 왜 나왔는지를 몰라서 어리둥절하게 된다.

더 어려운 점은 최적의 연결어 개수가 독자의 전문성에 따라 달라진다는 데 있다.[14] 만약 독자가 글의 글감에 익숙하다면, 무엇이 무엇과 비슷하고, 무엇이 무엇을 일으키고, 무엇이 무엇에 수반하는 경향이 있는지를 잘 알기 때문에 그런 관계를 장황하게 설명한 말은 필요 없다. 그런 독자는 심지어 작가가 명백한 관계를 굳이 해설해 둔 것을 보면 헷갈리기까지 한다. 작가가 저렇게 까지 설명하는 데는 그럴 만한 이유가 있을 테지, 그러니까 아마 작가는 명백한 관계가 아닌 **다른** 주장을 하려는 모양이다 하고 생각하고서는 그 다른 주장을 알아내려고 시간을 허비하는 것이다. 왜가리 서식지의 경우, 이 칼럼을 읽는 독자들은 대부분 미국 북부가 캐나다와 닿아 있다는 사실을 알고 두 생태계가 비슷하다는 사실도 안다. 따라서 이들에게는 similarly(비슷하게)라는 연결어가 필요 없다. 그러나 만일 독자들에게 친숙하지 않은 새와 지역을 언급하는 글이라면 — 가령 야쿠츠크와 선양에 서식하는 벌매에 관한 글이라면 — 독자들은 두 지역이 비슷한지, 즉 그 종이 특정 생태계에 적응했다는 뜻인지 아니면 두 지역이 다른지, 즉 그 종이 널리 퍼져 있고 융통성 있게 적응한다는 뜻인지를 구체적으로 듣고 싶어 할 것이다.

일관성 관계를 어느 정도까지 명시적으로 표시할까 하는 문제는 작가가 독자의 지식 수준을 잘 헤아려 봐야 하는 이유, 그리고 초고를 몇 명에게 미리 보여 주어서 자신이 제대로 썼는지를 확인해 봐야 하는 중요한 이유이다. 이것은 글쓰기의 기술 중에서도 직관과 경험과 추측에 의존하는 측면이지만, 그래도 상위로 적용할 만한 지침이 없지는 않다. 인간은 자신이 아는 지식을 남들도 알 것이라고 생각하는 저주(3장)에 걸려 있으므로, 일반적으로는 연결어가 너무 많아서 시시콜콜해질 위험보다 너무 적어서 혼란스러워질 위험이 더 크다. 그러니 만일 확신이 없다면, 연결어를 쓰라.

하지만 일단 연결 관계를 표시하기로 했다면, 딱 한 번만 하라. 연결 관계를 표시하는 말이 하나로는 충분하지 않을까 봐 불안한 마음에 과잉으로 독자에게 내던지면, 글이 답답해진다.

Perhaps the reason so many people are in the dark is because they want it that way. (어쩌면 그렇게 많은 사람이 어둠 속에 머무는 이유는 그들이 그러기를 바라기 때문이다.) [설명]

Perhaps the reason so many people are in the dark is that they want it that way. (어쩌면 그렇게 많은 사람이 어둠 속에 머무는 이유는 그들이 그러기를 바라서이다.)

There are many biological influences of psychological traits such as cognitive ability, conscientiousness, impulsivity, risk aversion, and the like. (많은 생물학적 요인이 가령 인지 능력, 성실성, 충동성, 위험 회피 같은 심리적 특질들에 영향을 미친다.) [예시]

There are many biological influences of psychological traits such as cognitive ability, conscientiousness, impulsivity, and risk aversion. (많은 생물학적 요인이 인지 능력, 성실성, 충동성, 위험 회피 같은 심리적 특질들에 영향을 미친다.)

We separately measured brainwide synchronization in local versus long-range channel pairs. (우리는 국지적 통신로 쌍 대 장거리 통신로 쌍의 뇌 전역 동기화를 따로 측정했다.) [대비]

We separately measured brainwide synchronization in local and long-range channel pairs. (우리는 국지적 통신로 쌍과 장거리 통신로 쌍의 뇌 전역 동기화를 따로 측정했다.)

첫 번째 예문의 중복된 표현, the reason is because(이유는 ~ 때문이다)는 많은 사람이 싫어하는 표현이다. reason(이유)이라는 단어에 이미 설명한다는 뜻이 담겨 있으므로 굳이 because(때문이다)까지 써서 거듭 상기시킬 필요가 없기 때문이다. (일부 순수주의자들은 the reason why(왜 ~인가 하는 이유)라는 표현에도 눈살을 찌푸리지만, 이 표현은 훌륭한 작가들이 수백 년 전부터 써 왔던 표현이며 the place where(~하는 장소는 어디인가), the time when(~하는 때는 언제인가) 같은 표현들보다 유달리 더 비난받을 이유가 없다.) 쓸데없는 중복이 글을 어렵게 만드는 것은 독자가 해독하는 노력을 중복으로 들여야 하기 때문만은 아니다. 작가가 두 가지를 말했을 때 독자는 보통 서로 다른 두 가지를 말한 것이라고 가정하기 마련이고, 그래서 실제로는 존재하지 않는 두 번째 요지를 헛되이 찾아본다는 것도 문제가 된다.

일관성 연결어는 글을 명료하게 만들어 주는 숨은 공신이다. 일관성 연결어는 대단히 자주 등장하지는 않아도—보통 10만 단어 중 한 손에 꼽을 정도의 횟수로만 등장한다.—논리의 시멘트로 기능한다. 그리고 이것은 글쓰기의 여러 도구 중 습득하기가 가장 어렵지만 가장 중요한 도구이기도 하다. 성적이 나쁜 고등학생들을 분석한 최근 연구에 따르면, 그 학생 중 다수는 설령 글을 많이 읽는 아이라도 일관된 글을 써내라는 과제를 어려워한다고 한다.[15] 한 학생은 알렉산드로스에 관한 글을 쓰라는 숙제를 받고 "나는 알렉산드로스가 역사상 가장 훌륭한 군사 지도자 중 하나였다고 생각한다."라는 문장을 겨우 써낸 뒤 엄마에게 이렇게 물었다. "엄마, 한 문장은 썼는데, 다음은 어쩌죠?" 일관성 연결어 구사 능력은 성적이 좋은 학생들과 고전하는 학생들을 가르는 가장 뚜렷한 능력 중 하나였다. 학생들에게 『생쥐와 인간』을 읽은 뒤 "비록 조지와"라고 시작하는 문장을 완성해 보라는 숙제를 내자 많은 학생이 쩔쩔맸고, "비록 조지와 레니가 친구였지만"이라고 잘 써낸 학생은 소수에 불과했다. 그래서 교사들은 연속된 생각들의 연결성에 집중해 일관된 논증을 구축하는 방법을 명시적으로 가르치는 프로그램을 도입했는데, 이것은 요즘 고등학교 작문 수업을 장악한 방식, 즉 학생들에게 자기 이야기나 개인적 감상을 써내라고 하는 방식에서 크게 달라진 시도였다. 실험 결과 학생들은 여러 과목에서 점수가 크게 향상되었고, 예전보다 더 많은 수가 고등학교를 무사히 졸업하고 대학에 응시했다.

우리가 "일관된(coherent)"이라는 수식어를 텍스트의 구체적인 구절에도 붙이고 논리의 추상적인 흐름에도 붙인다는 것은 우연의 일치가 아니다. 실제로 양쪽을 다스리는 논리 관계 ― 함의, 일반화, 부정, 부정, 인과 등 ― 가 같기 때문이다. 좋은 글이 좋은 생각을 낳는다는 말은 늘 사실이라고 볼 수는 없지만(훌륭한 사상가가 작가로는 서투를 수 있고 번지르르하게 쓰는 작가가 사상가로는 빛 좋은 개살구일 수도 있다.), 일관성을 터득하는 문제에서만큼은 어쩌면 사실일 것이다. 당신이 일관되지 않은 텍스트를 고치려고 하는데 therefore(따라서), moreover(게다가), however(하지만) 등을 여기

저기 아무리 배치해 봐도 글이 통 뭉쳐지지 않는다면, 그것은 아마 바탕에 깔린 논증부터가 일관되지 못하다는 증거일 것이다.

/

일관성은 주제를 주어 위치에 계속 두거나 적절한 연결어를 고르는 것 같은 기계적 선택에만 달린 문제가 아니다. 일관성은 독자가 여러 단락을 읽는 과정에서 마음속에 형성된 인상에도 달린 문제이고, 그 인상은 작가가 텍스트 전체를 망라해 장악하는 능력에 달려 있다.

내가 또 다른 예문을 읽었을 때 어떻게 반응했는가를 예로 들어 설명해 보겠다. 아래 인용문은「새 박사들에게 물어보세요」보다 훨씬 더 고상한 말투와 야망을 가진 글이다. 존 키건(John Keegan)의 1993년 걸작 『세계 전쟁사(A History of Warfare)』의 도입부이다.

전쟁은 다른 수단을 통한 정치의 연속이 아니다. 만약 클라우제비츠의 이 금언이 사실이었다면, 세상은 훨씬 더 이해하기 쉬운 장소였을 것이다. 나폴레옹 전쟁에 출전(出戰)했던 프러시아 장교로 퇴역 후 전쟁에 관한 책으로는 역사상 가장 유명한 책이 될 책—제목은 『전쟁론』이다.—을 쓴 클라우제비츠가 실제 했던 말은 전쟁은 "다른 수단들의 개입을 통한(mit Einmischung anderer Mittel)" "정치적 소통(des politischen Verkehrs)"의 연속이라는 것이었다. 원래 독일어 문장은 아주 자주 인용되는 영어 번역 문장보다 좀 더 미묘하고 복잡한 생각을 표현하고 있다. 그러나 어느 형태가 되었든, 클라우제비츠의 생각은 불완전하다. 그의 생각은 국가, 국가의 이익, 국가의 이익을 달성하기 위한 합리적 계산이 존재한다는 사실을 가정한다. 하지만 전쟁은 국가, 외교, 전략보다 무려 수천 년 앞선 일이다. 전쟁은 거의 인류 자체만큼 오래되었고, 인간의 마음에서 가장 은밀한 부분, 자아가 합리적 목적을 무효화하는 부분, 자부심이 지배하는 부분, 감정이 최우선인 부분, 본능이 왕인 부분에 닿아 있다. 아리스토텔레스는 "인간은 정치적 동물이다."라고 말했다. 아리스토텔레스의 후예였던 클라우제비츠는 정치적 동물이 전쟁하는 동물이라는 데까지만 나아갔다. 두 사람 모두 인간은 생각하는 동물이며 그 지성이 사냥의 충동과 살해 능력을 지휘한다는 생각까지는 감히 직면하지 못했다.[16]

키건은 역사상 가장 존경받는 군사 역사학자의 반열에 들고, 『세계 전쟁사』는 평단의 호평을 받으며 베스트셀러가 되었다. 호평 중에는 키건의 문장이 훌륭하다는 점을 짚어서 칭찬한 서평도 꽤 있다. 분명 문장법은 견실하고, 첫눈에는 일관성도 있는 듯하다. 주제는 전쟁과 클라우제비츠이고, however(하지만)나 yet(그렇지만) 같은 연결어도 많이 쓰였다. 그럼에도 불구하고, 나는 앞의 단락이 거의 일관되지 않다고 느꼈다.

문제는 첫 문장에서부터 시작된다. 왜 전쟁에 관한 책이 전쟁이 무엇이 **아닌지를** 말하는 것으로 시작할까? 나는 클라우제비츠의 금언을 알고는 있었지만, 그래도 내가 전쟁에 관한 책을 읽기 시작할 때 머릿속에 맨 먼저 떠올리고 있던 것은 그 금언은 아니었다. 평소에도 늘 그 금언이 모호하다고 느꼈기 때문에라도 그 랬다. 그 인상은 키건이 세 번째, 네 번째 문장에서 시도한 모호한 설명 탓에 더 강화되기만 했다. 만약 클라우제비츠의 금언이 그토록 미묘하고 복잡하고 오해되는 것이라면, 어떻게 독자가 그 금언이 틀렸다는 말에서 뭔가를 더 깨닫겠는가? 더구나 그 금언을 익히 아는 사람들조차 실제 뜻을 모른다면, 어떻게 그 금언이 만에 하나 사실이라고 해서 세상이 '더 쉬워질' 수 있나? 말이 나왔으니 말인데, 그래서 그 금언은 **틀렸나**? 키건은 뒤에서 금언이 "불완전할" 뿐이라고 말한다. 그렇다면 키건은 "전쟁은 **그저** 다른 수단을 통한 정치의 연속만은 아니다."라고 말문을 열었어야 하지 않을까?

좋아, 나는 스스로에게 말한다. 설명을 끝까지 들어보자. 우리는 곧 전쟁이란 감정이 최우선인 부분, 본능이 왕인 부분에 닿는 일이라는 말을 듣는다. 그런데 그 두 문장 뒤에는 인간의 지성이 사냥하고 죽이는 본능을 지휘한다는 말이 나온다. 두 말이 다 사실일 수는 없다. 무릇 왕은 남의 명령을 받지 않으니, 본능이 왕인 **동시에** 지성의 지휘를 받을 수는 없다. 일단 뒤에 온 말을 받아들여서, 지성이 대장이라고 가정하자. 그렇다면 클라우제비츠와 아리스토텔레스(그리고 '아리스토텔레스'가 갑자기 이 대화에 왜 끼는가?)는 이 생각의 어떤 부분을 감히 대면하지 못했다는 것인가? 인간이 생각하는 동물이라는 사실? 아니면 인간이 생각하는 내용이 사냥과 살해라는 사실?

『세계 전쟁사』의 혼란스러운 도입부에서, 우리는 일관성에 기여하는 또 다른 세 요소를 배울 수 있다. 키건의 글에 빠져 있다는 점에서 두드러지는 그 요소들은 명확하고 그럴싸한 부정, 비례 감각, 테마의 일관성이다.

첫 번째 문제는 키건이 부정을 서투르게 사용한다는 점이다. 논리적으로 따지자면, not, no, neither, nor, never처럼 부정하는 단어를 포함한 문장은 긍정하는 문장의 거울상과 같다. 정수 4가 홀수가 아니라는 말은 4가 짝수라는 말과 논리적으로 같다. 무언가가 살아 있지 않다면 곧 죽은 것이고, 역도 성립한다. 하지만 심리적인 측면에서는, 부정하는 진술과 긍정하는 진술이 근본적으로 다르다.[17]

300년도 더 전에 바뤼흐 스피노자가 지적했듯이, 인간의 정신은 진술의 참거짓에 대한 불신을 잠시 유예한 채 불확실한 상태를 그대로 두고 '참' 혹은 '거짓' 딱지가 붙기까지 진득하게 기다리는 일을 잘하지 못한다.[18] 우리가 어떤 진술을 듣거나 읽는 것은 곧 그 진술을 믿는 것이다. 적어도 한순간만큼은. 우리가 어떤 명제가 사실이 **아니라고** 결론 내리려면, 마음속으로 그 진술에 '거짓'이라는 딱지를 붙이는 추가의 인지 과정을 거쳐야 한다. 아무 딱지가 붙지 않은 진술은 일단 참으로 취급된다. 그렇다 보니 머릿속에 담긴 것이 많을 때는 어디에 '거짓' 딱지가 붙었는지 헷갈릴 수 있고, 심지어는 딱지 자체를 깡그리 잊을 수도 있는데, 그러면 그냥 언급되었을 뿐인 진술이 우리 머릿속에서는 참이 되어

글쓰기의 감각

버린다. 리처드 닉슨(Richard Nixon)이 "나는 사기꾼이 아닙니다." 라고 선언했던 것은 그의 인간성에 관한 세간의 의혹을 누그러뜨리는 데 도움이 되지 않았다. 빌 클린턴이 "나는 저 여성과 성관계를 갖지 않았습니다."라고 말했던 것은 소문을 잠재우는 데 도움이 되지 않았다. 실험에서 밝혀진 바, 배심원들에게 증인의 어떤 발언을 무시하라고 아무리 말해 봐야 배심원들은 무시하지 않는다. 우리에게 누가 "지금부터 1분간 흰곰 생각을 하지 마라." 라고 지시했을 때 우리가 좀처럼 따를 수 없는 것과 마찬가지이다.[19]

명제가 참임을 믿는 것(이때는 명제를 이해하는 것 외에 다른 작업은 필요하지 않다.)과 명제가 거짓임을 믿는 것(이때는 머릿속으로 명제에 딱지를 붙이고 기억하는 작업이 추가로 필요하다.)이 인지적으로 다르다는 사실은 작가에게 크나큰 의미가 있다. 가장 뚜렷한 교훈은 The king is not dead(왕은 죽지 않았다) 같은 부정 진술이 The king is alive(왕은 살아 있다) 같은 긍정 진술보다 독자가 이해하기에 더 어렵다는 것이다.[20] 모든 부정에는 정신적 숙제가 따르므로, 부정이 많이 담긴 문장은 독자를 압도해 버린다. 설상가상, 문장에는 우리가 언뜻 생각하는 것보다도 부정이 더 많이 담겨 있을 수 있다. n으로 시작하는 명백한 부정 단어들 말고도 그 속에 부정 개념을 포함한 단어들이 많다. few(수가 적은), little(양이 적은), least(최소한), seldom(거의 ~ 않다), though(비록), rarely(드물게), instead(대신), doubt(의심하다), deny(부정하다), refute(반박하다), avoid(피하다), ignore(무시하다) 등이다.[21] 한 문장에서 부정이 여러 번 쓰이면 (아래에서 왼쪽 예문들처럼) 잘해 봐야 읽기에 고된 문장이 되고 더 나쁘면 헷갈리는 문장이 된다.

According to the latest annual report on violence, Sub-Saharan Africa for the first time is not the world's least peaceful region.
(폭력에 관한 최신 연례 보고서에 따르면, 아프리카 사하라 이남 지역은 기록상 최초로 세계에서 가장 덜 평화로운 지역이 아니게 되었다.)

According to the latest annual report on violence, Sub-Saharan Africa for the first time is not the world's most violent region.
(폭력에 관한 최신 연례 보고서에 따르면, 아프리카 사하라 이남 지역은 기록상 최초로 세계에서 가장 폭력적인 지역이 아니게 되었다.)

The experimenters found, though, that the infants did not respond as predicted to the appearance of the ball, but instead did not look significantly longer than they did when the objects were not swapped. (그러나 실험자들의 발견에 따르면, 아기들은 공이 나타난 데 대해 예상대로 반응하지 않았다. 예상과는 달리, 물체가 바꿔치기되지 않았을 때보다 뚜렷하게 더 오래 응시하지 않았다.)

The experimenters predicted that the infants would look longer at the ball if it had been swapped with another object than if it had been there all along. In fact, the infants looked at the balls the same amount of time in each case.
(실험자들은 만약 공이 다른 물체와 바꿔치기된 것일 경우에는 계속 그 자리에 있었을 때보다 아기들이 더 오래 응시할 것이라고 예상했다. 사실, 아기들이 공을 응시한 시간은 양쪽 경우에 똑같았다.)

The three-judge panel issued a ruling lifting the stay on a district judge's injunction to not enforce the ban on same-sex marriages. (판사 3명으로 구성된 패널이 동성 결혼 금지 조항을 집행하지 못하도록 한 지방 법원 판사의 명령에 내려졌던 유예 조치를 해제하는 판결을 내렸다.)

The three-judge panel issued a ruling that allows same-sex marriages to take place. There had been a ban on such marriages, and a district judge had issued an injunction not to enforce it, but a stay had been placed on that injunction. Today the panel lifted the stay. (판사 3명으로 구성된 패널이 동성 결혼을 허용하는 판결을 내렸다. 그런 결혼에 대한 금지 조항이 있었고, 지방 법원 판사가 그 금지를 집행하지 못하도록 명령했지만, 그 명령에 유예 조치가 내려져 있었다. 오늘 패널은 그 유예를 해제한 것이다.)

『이상한 나라의 앨리스』에서 공작 부인이 했던 설명을 빌리면 이렇다. "그것의 교훈은 말이야, '다른 사람들이 보아 주기를 바라는 대로 행동하라.' 좀 더 단순하게 말하자면, '네 자신이 다른 사람들의 눈에 보이는 것 이상의 다른 무엇일 것이라고 결코 상상하지 마라. 네가 다른 무엇이었거나 혹은 다른 무엇일 수도 있었다면 다른 사람들의 눈에도 다른 무엇으로 보였을 테니까.'"

많은 부정에 혼란스러워지는 것은 독자만이 아니다. 작가도 깜박 갈피를 놓친 나머지 한 단어나 문장에 너무 많은 부정을 붙여서 스스로 의도했던 것과는 정반대되는 뜻을 말할 수 있다.

언어학자 마크 리버먼(Mark Liberman)은 이런 현상을 착오 부정(misnegation)이라고 부르며, "착오 부정은 놓치지 않기 쉽다. (They're easy to fail to miss.)"라고 농담했다.[22]

> After a couple of days in Surry County, I found myself no less closer to unraveling the riddle. (서리 카운티에서 며칠을 보낸 뒤에도, 나는 수수께끼를 푸는 데 조금이라도 덜 가까워지지 못했다.)
>
> No head injury is too trivial to ignore. (너무 사소해서 무시할 수 없는 머리 부상은 없다.)
>
> It is difficult to underestimate Paul Fussell's influence. (폴 퍼셀의 영향력을 과소 평가하기는 어렵다.)
>
> Patty looked for an extension cord from one of the many still unpacked boxes. (패티는 아직도 포장 안 풀지 않은 많은 상자 중 하나에서 연장선을 찾아보았다.)
>
> You'll have to unpeel those shrimp yourself. (너는 스스로 그 새우 껍질 안 벗기는 걸 해야 해.)
>
> Can you help me unloosen this lid? (이 뚜껑 안 여는 거 좀 도와줄래?)

(각각 '더 가까워지지 못했다(no more closer)', '너무 사소해서 무시해도 좋은(trivial to ignore)', '과대 평가하기 어렵다(즉 아무리 과대 평가해도 지나치지 않다(difficult to overestimate)', '포장을 풀지 않은(still packed)', '껍질 벗기는 걸(peel those shrimp)', '뚜껑 여는 거(loosen this lid)'라고 말하려는 의도였으면서도 쓸데없이 추가의 부정

(less, too~ to, under~, un~ 등)을 붙였다는 뜻이다. — 옮긴이)

부정의 어려움은 여러 글쓰기 지침서에도 지적되어 있다. 데이브 배리(Dave Barry)는 「언어 인간 씨에게 물어보세요(Ask Mr. Language Person)」라는 글에서 지침서들이 전형적으로 들려주는 조언을 이렇게 풍자했다.

> **프로를 위한 글쓰기 요령: 당신의 글이 독자에게 좀 더 호소력을 띠게 만들려면, '부정 표현'을 피하세요. 대신 긍정적인 표현을 쓰세요.**
>
> **틀렸음: "이 기기를 욕조에서 쓰지 마십시오."**
>
> **옳음: "아무쪼록 이 기기를 욕조에서 쓰십시오."**

이 풍자에는 뼈가 있다. 설명이 아니라 계율처럼 내려진 조언이 대개 그렇듯이, 무턱대고 부정을 피하라고만 말하는 조언은 거의 무용지물이다. 언어 인간 씨가 암시한 것처럼, 작가들은 가끔은 실제로 부정을 표현해야만 한다. 우리가 no(아니다), not(아닌) 같은 단어를 안 쓰고 과연 몇 시간이나 버틸 수 있겠는가? "What part of 'NO' don't you understand? ('안 돼'의 어떤 부분이 이해가 안 되니?)"라는 냉소적인 농담은 우리가 일상 대화에서는 부정을 완벽하게 잘 다룰 줄 안다는 사실을 상기시킨다. 그렇다면 글로 쓸 때는 부정이 왜 이렇게 어려울까?

답인즉, 부정되는 명제의 내용이 그럴듯하거나 유혹적일 때는 독자가 부정을 쉽게 이해한다.[23] 다음에서 왼쪽의 부정과 오른쪽의 부정을 비교해 보라.

A whale is not a fish.
(고래는 물고기가 아니다.)

A herring is not a mammal.
(청어는 포유류가 아니다.)

Barack Obama is not a Muslim.
(버락 오바마는 무슬림이 아니다.)

Hillary Clinton is not a Muslim.
(힐러리 클린턴은 무슬림이 아니다.)

Vladimir Nabokov never won a
Nobel Prize. (블라디미르 나보코프는
결국 노벨상을 받지 못했다.)

Vladimir Nabokov never won an
Oscar. (블라디미르 나보코프는 결국 오스
카상을 받지 못했다.)

왼쪽 예문들은 모두 독자가 합리적으로 사실로 받아들일 만한 명
제를 부정한다. 고래는 정말로 큰 물고기처럼 생겼고, 오바마는
종교 때문에 헛소문의 대상이 된 적이 있었고, 나보코프는 많은
비평가가 마땅히 그가 받아야 한다고 여겼던 노벨 문학상을 결국
받지 못했다. 실험에 따르면, 왼쪽처럼 그럴듯한 믿음을 부정하
는 진술은 오른쪽처럼 그럴듯하지 않은 믿음을 부정하는 진술보
다 이해하기가 쉽다. 독자가 오른쪽 예문들을 읽고서 보이는 첫
반응은 '애초에 누가 그런 생각을 했다고 그래?'이다. (혹은 '그녀
가 그랬어? 그가 그랬대?') 부정 문장은 독자가 이미 긍정을 머릿속
에 담고 있거나 순식간에 형성할 수 있는 경우에만 쉽다. 이때는
그 문장에 '거짓' 딱지만 붙이면 되기 때문이다. 반면 애초에 믿
기조차 힘든 진술을 떠올린 뒤(가령 "청어는 포유류이다.") 그것을 부

정하는 일은 힘든 인지 노동을 한 번이 아니라 두 번 해야 하는 일이다.

자, 우리는 이제 『세계 전쟁사』의 서두가 왜 혼란스러운지 이해할 수 있다. 키건은 독자에게 애초에 설득력이 크지 않았던 명제(게다가 설명을 더 들어봐도 딱히 더 설득력 있게 느껴지지 않는 명제)를 부정하는 말로 글을 열었다. 우리가 274쪽에서 보았던 혼란스러운 두 예문, 절제하는 음주자 집단과 세르비아 사태 개입에 관한 예문들도 마찬가지였다. 이런 경우에 독자는 '누가 그렇다고 생각하기라도 했대?'라고 생각하게 된다. 독자가 아직 믿지 않는 무언가를 부정하고 싶다면, 작가는 우선 독자의 머릿속 무대에 그럴싸한 믿음을 올린 뒤 그다음에야 그것을 거꾸러뜨려야 한다. 좀 더 긍정적인 표현으로 말하자면, 작가가 독자에게 낯선 명제를 부정하고 싶다면 부정을 두 단계로 나눠서 공개해야 한다.

1. 당신은 이렇게 생각할지도 모르겠지만······.

2. 사실은 아니다.

나는 275쪽에서 예문들을 손질할 때 바로 이 방식을 썼다.

키건이 제대로 다루지 못한 부정의 또 다른 성질은 부정을 애매하지 않게 표현해야 한다는 것이다. 그러려면 두 가지 사실을 확실히 못 박아야 하는데, 부정의 **범위(scope)**와 **초점(focus)**이다.[24] not(~가 아닌), all(모든), some(일부) 같은 논리 연산자들의 범위라는 것은 그 연산자가 적용되는 명제가 정확히 어디까지인가 하는 경계를 뜻한다. 한번은 보스턴-뉴욕 열차가 운행 중 작은 역에 접근할 때 차장이 "All doors will not open. (모든 문이 열리지 않습니다.)"라고 방송했는데, 나는 우리가 갇혔다고 생각해 순간 얼었다. 물론, 차장의 말뜻은 모든 문이 열리는 것은 아니라는 것이었다. 의도된 독해에서, 부정 연산자 not의 범위는 전칭 양화사로 수식된 명제인 "All doors will open. (모든 문이 열립니다.)" 전체이다. 차장의 말뜻은 "(모든 문이 열립니다.)의 경우가 아닙니다."라는 것이다. 반면 의도되지 않은 독해에서, 전칭 양화사 all(모든)의 범위는 부정 명제인 "Doors will not open. (문이 열리지 않습니다.)"이다. 폐소 공포증이 있는 승객은 저 말을 "모든 문에 대해서, (문이 열리지 않습니다.)의 경우입니다."라고 듣는다.

차장이 문법을 틀린 것은 아니다. 영어 구어에서 all(모든), not(~아닌), only(오직) 같은 논리어는 비록 다른 구에 적용되더라도 동사 왼쪽에 붙는 경우가 흔하다.[25] 기차 안내 방송에서, not은 논리적으로 open 옆에 있을 이유가 없다. 그 논리 범위는 All door will open이므로, 정확히 따지자면 절 바깥에, 즉 All 앞에 와야 한다. 하지만 현실의 영어는 논리학자가 설계했을 때 만들어졌을 법한 형태보다는 더 유연하므로, 보통은 맥락 덕분에 화자의 뜻이 잘 전달된다. (기차에서도 나 말고는 움찔한 사람이 없는 것 같았다.) 비슷하게, 논리학자는 I Only Have Eyes for You(내게는 오직 당신을 보는 눈뿐)이라는 노래 제목을 I Have Eyes for

Only You(내 눈은 오직 당신을 볼 뿐)으로 바꿔야 한다고 말할지도 모른다. 가수는 당연히 눈 말고 다른 것도 갖고 있을 테고, 그 눈을 누군가에게 추파를 던지는 용도 외에 다른 용도로도 사용할 테니까. 다만 그가 눈으로 추파를 던진다면 그 대상은 당신이라는 말일 뿐이다. 논리학자는 You only live once(단 한 번 사는 인생)도 You live only once라고 고쳐서 only가 그것이 한정하는 대상인 once 옆에 오게 해야 한다고 주장할지 모른다.

저 논리학자쯤 되면 우리가 참아 주기 힘들 만큼 깐깐하게 따지는 사람으로 느껴지겠지만, 저렇게 시시콜콜 따지는 데는 일말의 좋은 취향도 담겨 있다. only나 not을 그것이 한정하는 대상 옆으로 옮기면 글이 더 분명하고 깔끔해질 때가 많기 때문이다. 1962년 존 F. 케네디는 "We choose to go to the moon not because it is easy but because it is hard. (우리가 달에 가기로 한 것은 그 일이 쉽기 때문이 아니라 어렵기 때문입니다.)"라고 말했다.[26] 이 문장은 "We don't choose to go to the moon because it is easy but because it is hard. (우리는 달에 가는 것이 쉽기 때문에 선택한 것이 아니라 어렵기 때문에 선택했습니다.)"보다 훨씬 더 품위 있다. 비단 더 품위 있을 뿐 아니라 더 명료하기도 하다. 문장에 not과 because가 있는데 not이 계속 조동사에 붙어 있다면, 독자는 부정의 범위를 잘 몰라서 문장의 뜻도 모를 수 있다. 케네디가 "We don't choose to go to the moon because it is easy. (우리는 달에 가는 것이 쉽기 때문에 선택하지 않았습니다.)"라고 말했다고 하

자. 청중은 케네디가 달 탐사 프로그램을 철회하기로 선택했다는 것인지(왜냐하면 그 일이 너무 쉬워서), 아니면 달 프로그램을 진행하기로 선택했다는 것인지(하지만 그 일이 쉬워서는 아니고 다른 이유에서) 알 수 없을 것이다. 이때 not을 그것이 부정하는 구 옆으로 옮기면, 범위의 애매함이 사라진다. 규칙은 이렇다. 절대 'X not Y because Z'라는 형태로 문장을 쓰지 마라. 가령 Dave is not evil because he did what he was told(데이브는 지시받은 일을 했기 때문에 못되지 않다)라고 쓰지 마라. 대신 Dave is not evil, because he did what he was told(데이브는 못되지 않다, 왜냐하면 지시받은 일을 했기 때문이다)라고 써서 because가 not의 범위 밖에 있다는 사실을 쉼표로 알려주거나, Dave is evil not because he did what he was told(데이브는 지시받은 일을 했기 때문에 못된 것이 아니다, 즉 다른 이유 때문에 못된 것이다)라고 써서 because가 not 옆에 놓임으로써 그것이 실제로 not의 범위 내에 있다는 사실을 알려주거나 둘 중 하나여야 한다.

부정하는 요소의 범위가 넓을 때(즉 부정이 절 전체에 적용될 때), 문장은 살짝 애매한 것을 넘어서 미치도록 모호할 수도 있다. 그런 모호함은 부정의 **초점**, 즉 작가가 정확히 어느 구를 염두에 두고 문장 전체를 부정했는가 하는 점이 명확하지 않기 때문이다. I didn't see a man in a gray flannel suit(나는 회색 플란넬 양복을 입은 남자를 보지 않았다)라는 문장을 생각해 보자. 이 문장의 뜻은 다음과 같을 수 있다.

I didn't see him; Amy did. (나는 그를 보지 않았고, 에이미가 봤다.)

I *didn't* see him; you just thought I did. (나는 그를 보지 않았고, 내가 봤다고 네가 생각했을 뿐이다.)

I didn't *see* him; I was looking away. (나는 그를 보지 않았고, 딴 데를 보고 있었다.)

I didn't see *him*; I saw a different man. (나는 그를 보지 않았고, 다른 남자를 봤다.)

I didn't see a *man* in a gray suit; it was a woman. (나는 회색 양복을 입은 남자를 보지 않았고, 그 사람은 여자였다.)

I didn't see a man in a *gray* flannel suit; it was brown. (나는 회색 플란넬 양복을 입은 남자를 보지 않았고, 그 양복은 갈색이었다.)

I didn't see a man in a gray *flannel* suit; it was polyester. (나는 회색 플란넬 양복을 입은 남자를 보지 않았고, 그 양복은 폴리에스터였다.)

I didn't see a man in a gray flannel *suit*; he was wearing a kilt. (나는 회색 플란넬 양복을 입은 남자를 보지 않았고, 그가 입은 것은 킬트였다.)

대화에서는 우리가 부정하고 싶은 구를 강조해서 말할 수 있다. 글에서도 이탤릭체(번역문에서는 고딕체. —옮긴이)를 쓰면 그렇게 할 수 있다. 그러나 작가가 이탤릭체까지 쓰지 않더라도, 독자는 어떤 긍정 진술이 그럴듯한 진술인지, 따라서 작가가 수고를 들여 부정하려고 하는 초점인지를 글의 맥락에서 그냥 알 수 있을 때가 많다. 하지만 독자에게 낯선 내용인 데다가 문장이 여러 부분으로 이뤄졌다면, 게다가 작가가 독자를 위해서 그중 어느 부분이 진실로 여길 만한 내용인지 초점을 맞춰 주지 않았다면, 독자는 자신이 더 이상 진실로 여기지 말아야 할 부분이 어디인지를 모를 수 있다. 키건이 클라우제비츠와 아리스토텔레스가 직면하지 못했다고 말한 생각, 즉 인간은 생각하는 동물인데 그 지성이 사냥의 충동과 살해 능력을 지휘한다는 생각은 여러 부분으로 이루어진 생각이다. 이 대목에 대한 키건의 말이 우리에게 헷갈리게 느껴지는 것은 이 때문이다. 키건의 말은 두 사람이 인간이 생각할 수 있다는 점에 겁먹었다는 뜻일까, 아니면 인간이 동물이라는 점에 겁먹었다는 뜻일까, 그것도 아니면 인간이 사냥과 살해를 생각한다는 점에 겁먹었다는 뜻일까?

자, 키건에게 설명할 기회를 줘 보자. 키건은 책의 두 번째 단락에서 정말로 설명을 시도한다. 나는 다음에 인용한 그 단락을 예로 들어서 사실 여기에는 존재하지 않는다는 점이 문제인 또 다른 일관성의 원칙, 즉 비례 감각(sense of proportionality)을 소개하겠다.

이 생각은 성직자의 손자로 태어나 18세기 계몽주의 정신 속에서 자랐던 프러시아 장교에게 못지않게 현대의 인간에게도 직면하기 어려운 생각이다. 프로이트, 융, 아들러가 우리 세계관에 미친 영향에도 불구하고 우리 도덕 가치는 여전히 주요 일신교 종교들의 가치이고, 이 가치에서는 대단히 제한된 상황을 제외하고는 다른 인간을 죽이는 것을 비난한다. 인류학이 들려주는 이야기와 고고학이 암시하는 이야기에 따르면, 문명화되지 않은 우리 선조들은 피투성이 이빨과 발톱의 상태로 살았을지도 모른다. 정신 분석학은 우리에게 모두의 내면에 존재하는 야만성은 피부 한 꺼풀 밑에 숨어 있다고 설득하려고 한다. 그런데도 우리는 인간 본성을 현대 문명 사회의 일상에서 드러나는 형태로 인식하는 편을 더 선호한다. 물론 우리가 완벽하지는 않지만, 그래도 분명 협조적이고 자주 너그럽기도 하다고. 우리는 인간의 행동거지를 결정하는 데 가장 중요한 요소는 문화라고 여긴다. 학계에서 끝없이 이어지는 '본성이냐 양육이냐' 논쟁에서 구경꾼들의 지지를 더 많이 받는 쪽은 '양육' 진영이다. 우리는 문화적 동물이고, 우리가 자신의 부정할 수 없는 잠재적 폭력성을 인정함에도 불구하고 그 표출은 문화적 일탈일 뿐이라고 믿는 것 또한 문화적 풍성함 덕분이다. 역사는 우리에게 요즘 우리가 사는 국가, 그 제도, 심지어 법률마저도 갈등을 통해서, 더구나 종종 유혈 낭자한 갈등을 통해서 형성되었다는 교훈을 늘 상기시킨다. 일상의 뉴스들은 매일같이 유혈 사태를 보도한다. 그런 사태는 우리가 사는 곳에서 제법 가까운 지역에서 벌어질 때도 많고, 문화적 정상성의 개념을 통째 부정하는 듯한 환경에서 벌어지기도 한다. 그래도 우리는 그런 역사의 교훈과 보도의 교훈을 '타자성'이라는 특수하고 분리된 범주로, 우리 자신의 세상이 미래에 어떨 것인가 하는 기대를 무효화시킬 힘은 없는 별도의 범주로 가두는 데 성공한다. 우리는 스스로에게 이렇게 말한다. 우리 제도와 법은 인간의 잠재적 폭력성을 충분히 제약하는 데 성공했기 때문에, 일상의 폭력은 반드시 법에 의해 범죄로 처벌될 것이고 국가 제도에 의한 폭력의 사용은 '문명화된 전쟁'이라는 특수한 형태를 취할 것이라고.[27]

키건이 무슨 말을 하고 싶은지는 알 것 같지만, ─ 인간은 폭력의 충동을 타고나지만 오늘날 우리는 그것을 부정하려고 애쓴다는 말 아닌가. ─ 그가 그 이야기를 보여 주는 방식은 오히려 우리를 반대 방향으로 밀어낸다. 예문 중 대부분의 문장이 정반대 내용을, 즉 우리가 인류의 어두운 면을 인식하지 **않을 수 없다**는 내용을 말하고 있기 때문이다. 키건은 어두운 면을 떠올리게 하는 요소를 독자에게 잔뜩 떠안긴다. 프로이트, 융, 아들러, 인류학, 고고학, 정신 분석학, 모두의 내면에 있는 야만성, 부정할 수 없는 폭력성, 역사가 들려주는 갈등의 교훈, 유혈 낭자한 폭력, 일상에서 접하는 뉴스, 유혈 사태 보도, 인간의 잠재적 폭력성, 일상의 폭력, ……, 독자는 이렇게 생각하게 된다. 이런데도 이 사실을 인식하지 못한다는 '우리'가 대체 누구야?

여기서 문제는 균형의 부족, 비례의 부족이다. 글쓰기의 중요한 원칙은 우리가 어떤 요지에 할당하는 단어의 양은 그 논지가 전체 논증에서 차지하는 중요도에서 지나치게 벗어나서는 안 된다는 것이다. 만일 작가가 어떤 입장을 지지하는 증거와 논증이 전체 증거와 논증의 90퍼센트를 차지한다고 믿는다면, 그는 자신이 그 입장을 믿는 이유를 밝히는 데 글의 약 90퍼센트를 할애해야 한다. 그런데 독자가 글을 읽는 데 들이는 시간 중 왜 그것이 좋은 생각인가 하는 근거를 읽는 데 들이는 시간은 10퍼센트밖에 안 되고 나머지 90퍼센트는 어쩌면 그것이 나쁜 생각일지도 모른다는 근거를 읽는 데 투입된다면, ─ 하지만 그동안에도 작가는 계속 알고 보면 그것은 좋은 생각이라고 우긴다면, ─독자가 받는 인상은 작가의 의도와는 어긋난 방향으로 멀어지기만 한다. 그러면 작가는 자신이 앞에서 해 온 말의 중요성을 오히려 축소하려고 애써야 하는데, 그럴수록 독자의 의심은 더 커질 뿐이다. 키건은 스스로 쌓아 올린 반대 증거에서 빠져나올 요량으로, 그런 증거들에도 불구하고 정체불명의 '우리'는 방어적으로 완강하게 그 반대 명제를 믿는다고 선언한다. 그 결과 독자는 이런 생각이 든다. '제발 자기 생각을 말하라고!' 독자는 설득당한다는 기분이 아니라 놀림당한다는 기분을 받는 것이다.

그야 물론, 책임감 있는 작가라면 자신의 생각과는 반대되는 주장과 증거도 다뤄야 한다. 그러나 만일 그 내용이 따로 논할 만큼 많다면, 아예 별도의 영역을 마련해 여기서는 반대 입장을 점검해 보겠다는 논지를 명시적으로 밝히는 편이 낫다. 그러면 필요한 만큼 공간을 얼마든지 써서 반대 증거를 공정하게 따져 볼 수 있다. 논의의 길이가 그 중요성을 반영하기는 해도 엄격히 그 **영역 내에서만** 반영할 테니까. 이렇게 분할해서 통치하는 전략이 본론에 자꾸 반례를 삽입하면서 독자에게는 딴 방향을 보라고 닦달하는 것보다 낫다.

한 페이지 가득 평화주의, 기독교, 로마 제국에 관한 여담을 늘어놓은 뒤, 키건은 클라우제비츠의 금언과 그 금언에 포착된 현대의 전쟁 이해가 왜 틀렸는가 하는 문제로 돌아온다.[28] 그 부분을 인용한 다음 예문은 텍스트 전체에 걸치는 일관성의 세 번째 원칙을 이해하도록 해 준다.

(클라우제비츠의 금언은) 분명 적법한 무력 소지자, 그리고 반란자나 약탈자나 강도를 선명하게 구별했다. 저 금언은 고도의 군사 훈련과 부하들은 적법한 제 상관에게 놀랍도록 충실히 복종한다는 사실을 전제로 삼았다. ...... 전쟁에는 시작과 끝이 있다고 가정했다. 저 금언이 고려하지 않은 것은 시작도 끝도 없는 전쟁, 비국가 상태나 심지어 국가 이전 상태의 전쟁이다. 그런 전쟁에서는 적법한 무력 소지자와 불법한 소지자가 구별되지 않았다. 남자라면 누구나 다 전사였다. 그런 형태의 전쟁은 인류 역사에서 오랜 기간 만연했고, 오늘날 문명화된 국가에서도 주변부에 여전히 도사리고 있으며, 국가는 사실 그런 전쟁을 수행하는 사람들을 '비정규' 경기병이나 보병으로 선발하는 관습을 통해서 제 목적에 맞게 활용했다. ...... 그런 세력 ─ 카자크 족, '사냥꾼들', 하이랜더들, '변경 사람들', 경기병들 ─ 의 확장은 18세기 군대 발달의 가장 중요한 측면 중 하나였다. 문명화된 고용주들은 그런 고용인들의 노획, 약탈, 강간, 살인, 납치, 갈취, 체계적 기물 파손 습관에 은폐로 대처했다.

아주 흥미진진한 내용이지만, 이어지는 여섯 페이지에서 키건은 카자크 족의 전쟁 방식을 설명하는 말과 클라우제비츠에게 더 많은 주해를 붙이는 말 사이를 산만하게 오간다. 두 번째 단락에서 "우리"가 만연한 폭력을 목격하면서도 그 중요성을 부정한다고 했던 것처럼, 키건에 따르면, 앞의 단락에서 불운한 "클라우제비츠"는 카자크 족의 잔인하고 비겁한 전쟁 방식을 충분히 인식하면서도 여전히 그 의미를 이해하지 못한다. 이번에도 대부분의 문장이 독자를 떠미는 방향과 키건의 논증이 떠밀고자 하는 방향이 다르다. 키건은 이 단락을 이렇게 마무리했다.[29]

전쟁이란 무엇인가 하는 질문에 대한 클라우제비츠의 대답에 있는 결함은 문화적 차원의 결함이었다. …… 클라우제비츠는 자기 시대의 사람이었다. 그는 계몽주의의 아이, 독일 낭만주의의 동시대인, 지식인, 현실적 개혁가였다. …… 그에게 지적 차원이 하나만 더 있었더라도 …… 전쟁에는 정치보다 훨씬 더 많은 것이 포함된다는 사실을 그도 인식할 수 있었을지 모른다. 전쟁은 늘 문화의 표현이고, 종종 문화의 형태를 결정하며, 어떤 사회에서는 아예 문화 그 자체라는 사실을.

잠깐! 키건이 두 번째 단락에서는 클라우제비츠와 그 후예들의 문제는 문화를 '지나치게' 믿는 점이라고 말하지 않았던가? 요즘 우리가 폭력을 일탈로 믿는 것, 원시적인 형태의 전쟁을 본성과 생물학과 본능의 표현으로 여겨 무시하는 것이 다 문화 덕분이라고 말하지 않았던가? 그렇다면 어떻게 클라우제비츠의 문제가 문화를 **충분히** 믿지 않은 것이 된단 말인가? 그리고 말이 나왔으니 말인데, 어떻게 클라우제비츠가 계몽주의의 산물인 **동시**에 계몽주의에 대한 대응으로 일어난 독일 낭만주의의 산물일 수 있단 말인가? 그리고 또 기왕 말을 꺼냈으니 말인데, 어떻게 그가 성직자의 손자라는 사실과 우리 도덕 가치가 여전히 일신론 종교의 가치라는 사실이 우리 모두가 계몽주의의 아이들이라는 사실과 조화된다는 말인가? 계몽주의는 바로 그 일신론적 종교에 **대항한** 사상인데?

키건에게 공평하도록 덧붙이자면, 나는 책을 다 읽은 뒤에는 첫 몇 페이지에서 느꼈던 것처럼 그렇게까지 혼란스럽지는 않다고 생각하게 되었다. 거창한 지적 사조들에 대한 부주의한 언급을 제쳐두면, 키건의 말에 요지가 있다는 것을 우리도 충분히 알 수 있다. 현대 국가의 규율 잡힌 전쟁은 전통 부족의 기회주의적 강탈과는 다른 현상이라는 것, 둘 중에서 전통적 전쟁이 늘 더 흔했다는 것, 게다가 그런 형태의 전쟁이 아직도 사라지지 않았다는 것 아닌가. 키건의 문제는 글쓰기의 또 다른 일관성 원칙을 어겼다는 점인데, 바로 그 원칙을 이 장에서 마지막으로 살펴보자.

조지프 윌리엄스는 그 원칙을 일관된 테마의 연속(consistent thematic strings), 줄여서 테마의 일관성(thematic consistency)이라고 불렀다.[30] 작가는 우선 글의 주제를 밝히고, 그다음에는 그 주제를 설명하고 보충하고 논평하는 개념들을 잔뜩 소개한다. 그리고 그런 개념들은 논의에 반복적으로 등장하는 여러 테마를 중심에 두고 뭉쳐 있다. 이때 작가가 텍스트의 일관성을 지키려면, 그 테마들을 각각 일관된 방식으로 지시하거나 테마들 사이의 관계를 설명해 줌으로써 독자가 잘 쫓아갈 수 있도록 해 주어야 한다. 우리는 앞에서 이미 이 원칙을 다른 형태로 만났다. 글에서 여러 번 언급되는 한 대상을 독자가 잘 쫓아가기 위해서는 작가가 쓸데없이 동의어를 많이 쓰지 말아야 한다는 원칙이었다. 그 원칙을 우리는 서로 연관된 개념들의 **집합**, 즉 테마에도 적용할 수 있다. 작가는 모든 테마를 일관된 방식으로 지시해야 한다. 독자가 무엇이 무슨 테마인지 잘 알 수 있도록 해 주어야 한다.

바로 여기에 문제가 있다. 키건의 주제는 전쟁사이다. 이 점만큼은 충분히 명확하다. 한편 키건의 테마는 원시 전쟁과 현대 전쟁이다. 그런데 그가 이 테마들을 말하는 방식은 각각의 테마와 느슨하게만 연관되어 있고 다른 개념들과도 느슨하게만 연관되어 있는 개념들의 집합 속을 정처 없이 어슬렁거리는 것만 같다. 모든 개념이 저마다 키건의 시선을 끈 이유가 있겠지만, 이리저리 휘둘린 독자에게는 그 이유가 눈에 보이지 않는다. 다 읽고 나서야 알 수 있지만, 개념들은 키건의 두 테마에 상응하는 두 느슨한 무리로 나뉜다.

클라우제비츠, 현대 전쟁, 국가, 정치적 계산, 전략, 외교, 군사 훈련, '우리', 지성, 아리스토텔레스, 일신교의 평화주의적 측면, 형사 사법 제도, 문명이 전쟁에 가한 제약, 계몽주의의 합리화 측면, 문화가 폭력을 제약하는 방식

원시 전쟁, 부족, 일족, 비정규군, 약탈자, 도적, 카자크 족, 노획과 강탈, 본능, 본성, 프로이트, 본능을 강조하는 정신 분석학, 폭력에 대한 인류학적 증거, 폭력에 대한 고고학적 증거, 역사 속의 갈등, 뉴스에 보도되는 범죄, 문화가 폭력을 장려하는 방식

비로소 우리는 각각의 용어가 왜 키건의 머릿속에서 다른 용어로 이어졌는지도 재구성할 수 있을 것 같다. 그러나 아무리 그래도 이것들을 잇는 공통의 맥락이 명시적으로 보이는 편이 더 낫다. 작가의 방대하고 사적인 생각의 그물망에서는 어떤 개념이든 다른 어떤 개념과 비슷할 수 있기 때문이다. 자메이카는 쿠바와 비슷하다. 둘 다 카리브 해의 섬나라라는 점에서 그렇다. 쿠바는 중국과 비슷하다. 둘 다 공산주의를 자칭하는 정권이 다스린다는 점에서 그렇다. 하지만 작가가 "자메이카와 중국 같은 나라들"이라고만 말하고 구체적인 공통점 — 둘 다 쿠바와 비슷한 점이 있다는 것이 공통점이다. — 을 알려주지 않으면 독자에게는 글이 조리 없게 느껴질 수밖에 없다.

작가는 어떻게 하면 이 테마들을 좀 더 일관되게 제시할 수 있었을까? 정치학자 존 뮬러(John Mueller)는 『전쟁의 잔재(*The Remnants of War*)』라는 책에서 키건이 다룬 주제를 똑같이 다룬 뒤 키건이 이야기를 중단했던 부분에서 더 이어 갔다. 뮬러는 현대전이 이미 한물간 것이 되었기 때문에 오늘날 세상에 남은 전쟁의 주요 형태는 오히려 원시적이고 훈련되지 않은 전쟁이라고 주장한다. 뮬러가 두 테마를 제시하는 방식은 가히 일관성의 모범이다.[31]

전투 병력을 꾸리는 데는 넓게 보아 두 가지 방법이 있는 듯하다. 달리 말해 사람들을 회유하거나 강제하여 폭력적이고, 불경하고, 희생적이고, 불확실

하고, 자학적이고, 근본적으로 어리석은 사업, 즉 전쟁이라는 사업에 참여하도록 만드는 방법이다. 두 방법은 서로 다른 종류의 전쟁을 낳는데, 그 구분은 중요할 수 있다.

직관적으로 생각하면, 전투원을 모집하는 가장 쉬운(또한 가장 값싼) 방법은 …… 폭력을 즐겨서 일상적으로 행하는 사람, 혹은 폭력을 활용하여 제 잇속을 챙기는 사람, 혹은 둘 다를 입대시키는 것이다. 우리가 민간의 삶에서 그런 사람을 부를 때 쓰는 이름이 있다. 범죄자들 …… 그런 사람들이 장악하는 폭력적 갈등은 범죄적 전쟁이라고 할 수 있다. 그런 전쟁에서 전투원들은 주로 그 경험에서 얻을 수 있는 재미나 물질적 이득을 위해서 폭력을 휘두르도록 유도된다.

범죄적 군대는 두 가지 과정을 통해서 형성되는 듯하다. 가끔은 범죄자들—도둑, 산적, 약탈자, 노상강도, 훌리건, 무뢰배, 도적, 해적, 갱스터, 무법자—이 스스로 조직을 형성하거나 결탁해 갱이나 폭력단이나 마피아를 이룬다. 그런 조직들이 커지면, 완연한 군대처럼 행세할 수 있다.

혹은 전쟁을 수행할 병력이 필요해진 통치자가 범죄자나 무뢰한을 고용하거나 징집하는 방법이 가장 합리적이고 간단하다고 판단한 결과로 범죄적 군대가 꾸려질 수도 있다. 이때 범죄자와 무뢰한은 사실상 용병으로 기능한다.

그러나 그 범죄자와 무뢰한은 전사로는 사실 바람직하지 못한 사람들이다. …… 우선 그들은 통제하기 어려울 때가 많다. 그들은 곧잘 사고뭉치가 된다. 무질서하고, 지시를 거부하고, 반란을 일으킨다. 허가되지 않은 범죄를 근무 중에(혹은 쉴 때) 저지르기도 하는데, 그것은 군대에는 해로운 일이며 치명적일 수도 있다. ……

이보다 더 중요한 점은 범죄자들은 상황이 위험해져도 계속 버티며 싸우는 성질이 못 된다는 것이다. 그들은 변덕과 기회가 맞아떨어지면 종종 탈영해 버린다. 생각해 보면 보통의 범죄란 주로 약자를 노리는 것이고, ─ 건장한 운동 선수보다는 작고 늙은 여자를 노린다. ─ 범죄자는 무방비 상태의 피해자에게는 기꺼이 사형 집행인이 된다. 하지만 그러다가도 경찰이 나타나면, 그냥 내뺀다. 누가 뭐래도 범죄자의 모토는 "셈퍼 파이(Semper fi, '영원한 충성'이라는 뜻을 가진 미국 해병대 구호. ─ 옮긴이)", "모두는 하나를 위해, 하나는 모두를 위해", "의무, 명예, 조국", "반자이(萬歲)", "진주만을 기억하라." 따위가 아니라 "돈을 갖고 튀어라."인 것이다. ……

범죄자를 전투원으로 고용하는 데 따르는 이런 문제 때문에, 보통 사람을 전투원으로 모집하려는 노력도 과거부터 시작되었다. 범죄자나 무뢰한과는 달리 살면서 다른 때는 폭력을 휘둘러 본 적 없는 사람들을 모집하는 것이다. ……

그렇게 해서 발달한 것이 규율 잡힌 전쟁이다. 이 전쟁에서 사람들이 폭력을 자행하는 주된 이유는 재미나 이득이 아니다. 훈련과 세뇌 때문에 그들의 머릿속에 명령을 따라야 한다는 생각, 지휘자들이 용의주도하게 지어낸 극단적 규율을 지켜야 한다는 생각, 전투에서 영광과 평판을 추구해야 한다는 생각, 장교들을 사랑하고 존경하거나 혹은 두려워해야 한다는 생각, 대의를 믿어야 한다는 생각, 투항에 따르는 수치심과 굴욕 혹은 대가를 겁내야 한다는 생각, 특히 동료 전투원들에게 의리를 지켜야 하고 자신도 그들의 의리에 값하도록 행동해야 한다는 생각이 새겨졌기 때문이다.

뮬러가 논의하는 테마가 무엇인지는 독자가 모를 수가 없다. 뮬러는 많은 말로 그것을 알려준다. 그중 하나를 그는 범죄적 전쟁이라고 명명하고, 뒤이은 연속 다섯 단락에서 그것을 살펴본다. 먼저 그는 범죄자가 어떤 사람인지 상기시키고, 범죄적 전쟁이 어떻게 작동하는지 설명한다. 다음 두 단락에서는 범죄적 군대가 형성되는 두 방식을 하나씩 상술하고, 그 다음 두 단락에서는 범죄적 군대가 지도자에게 가하는 문제를 한 단락에 하나씩 설명한다. 그리고 그 문제들에서 이야기는 자연히 두 번째 테마인 규율 잡힌 전쟁으로 넘어가며, 뮬러는 이 테마를 연속 두 단락에서 설명한다.

각 테마의 논의에 일관성이 있는 것은 연속된 몇 개의 단락에 국한해서 이야기된다는 점 때문만이 아니다. 뮬러가 테마를 지칭할 때 서로 간의 연관성이 투명하게 드러나는 용어들을 쓴다는 점 때문이기도 하다. 한쪽 테마는 "범죄자, 범죄적 전쟁, 범죄, 재미, 이득, 갱, 마피아, 무뢰배, 용병, 사고뭉치, 약자를 노림, 사형 집행인, 폭력, 탈영, 내빼다, 변덕, 기회, 튀다" 같은 용어들로 이어진다. 반대쪽 테마에는 "보통 사람, 훈련, 세뇌, 명예, 영광, 평판, 수치심, 의리, 규율, 대의를 믿다" 같은 용어들이 놓인다. 우리가 키건의 글에서 "클라우제비츠, 문화, 국가, 정치, 계몽주의, 정치적 동물, 사법 정의, 일신교, 아리스토텔레스" 등등을 놓고 낑낑거렸던 것과는 달리 뮬러의 글에서는 단어들이 집단 속에서 서로 무슨 관계인지를 놓고 골머리를 썩일 필요가 없다. 연관된 단어들을 잇는 끈이 빤히 보이기 때문이다.

뮬러의 글에 드러난 테마의 일관성은 그가 고전적 글쓰기 스타일을 사용해서 얻어낸 좋은 결과이다. 특히 말로 들려주기보다 눈으로 보여 주라는 지시를 따른 결과이다. 우리는 무뢰한이 작고 늙은 부인을 강탈한 뒤 경찰이 나타나면 꽁무니 빼는 모습을 눈으로 보고서 그런 사람들로 구성된 군대는 어떻게 돌아갈지 알게 된다. 근대 국가의 지도자는 자신의 이익을 증진하고자 무력을 행사하는 방법으로 그것보다 좀 더 믿음직한 방법을 찾을 것이라는 사실, 즉 잘 훈련된 현대적 군대를 꾸릴 것이라는 사실도 이해할 수 있다. 심지어 그런 근대 국가에서는 전쟁이 정말로 다른 수단들을 통한 정치의 연속이 될 수 있다는 사실까지도 이해하게 된다.

나는 앞에서 나쁜 글의 사례를 들 때 늘 만만한 상대를 골랐다. 마감에 들볶이는 기자, 고루한 학자, 기업에 고용된 글쟁이, 이따금 미숙한 학생도. 하지만 어떻게 존 키건처럼 노련한 작가가, 종종 번득이는 작가적 솜씨도 보여 주는 사람이 일관되지 못한 글쓰기의 본보기로 꼽힌단 말인가? 어떻게 케이프 코드에서 새 모이를 파는 남자보다 못하다는 평가를 받는단 말인가? 남성 독자들은 『세계 전쟁사』라는 제목의 책이라면 많은 것을 참아 줄 의향이 있다는 것이 한 이유이다. 그러나 문제의 대부분은 애초에 키건에게 여러 권의 책을 쓸 자격을 안겨 준 바로 그 전문성에서 나온다. 그는 전쟁 연구에 푹 빠진 나머지 전문가의 나르시시즘에 희생되었고, 그래서 '전쟁의 역사'를 '전쟁을 논할 때 내 분야에서 엄청 자주 인용되는 남자의 역사'로 착각하게 되었다. 그는 또 평생 학문을 쌓으면서 너무나 해박해졌기 때문에, 그가 미처 정돈할 겨를도 없을 만큼 생각들이 빠르게 쏟아져 내리게 되었다.

일관된 글은 박식함을 과시한 글, 떠오르는 대로 생각을 기록한 일기, 노트를 있는 그대로 출판한 것과는 전혀 다르다. 일관된 텍스트란 설계된 물체이다. 그런 텍스트는 절 속에 절이 담긴 질서 정연한 나무 구조를 이루고, 그 위에는 주제와 논지와 행위자와 테마를 잇는 일관성의 호들이 종횡무진 걸쳐져 있으며, 한 명제와 다음 명제를 잇는 연결어들이 그 모두를 하나로 뭉쳐 준다. 모든 설계된 물체가 그렇듯이, 일관된 글은 우연히 만들어지는 것이 아니다. 쓰는 사람이 설계도를 그리고, 세부를 챙기고, 조화와 균형 감각을 유지해야만 만들어진다.

6장
옳고 그름 가리기

올바른 문법, 단어 선택, 구두법 규칙을 이해하기

많은 사람이 오늘날 언어의 품질에 강한 의견을 갖고 있다. 그들은 세태를 개탄하는 책과 기사를 쓰고, 편집자에게 편지를 날리고, 라디오 토크쇼에 전화를 걸어 비판과 불평을 토로한다. 그런데 그런 반대 중 명료함이나 간결함이나 일관성을 지목해서 불평하는 경우는 없다시피 하다. 그들의 관심사는 **정확한 어법**, 즉 올바른 영어 규칙들이다. 가령 이런 것들이다.

- less(~보다 적은)라는 단어는 수를 헤아릴 수 있는 가산 항목에 써서는 안 된다. 가령 슈퍼마켓의 빠른 계산대 위에 걸린 표지판의 TEN ITEMS OF LESS(물품 10개 미만)라는 문구는 TEN ITEMS OF FEWER라고 고쳐야 한다.
- 수식어에 현수 분사가 포함되어서는 안 된다. 가령 Lying in bed, everything seemed so different(침대에 누워 있으면, 모든 것이 달라 보였다)에서 분사 lying(누워 있으면)의 암묵적 주어(I(나))는 주절의 주어(everyting(모든 것))과 다르다.
- 동사 aggravate는 '짜증나게 하다.'라는 뜻이 아니다. '악화시키다.'라는 뜻만 있다.

이런 실수를 꼬집는 순수주의자들은 이런 실수가 오늘날 우리 문화에서 소통과 추론의 질이 나빠졌음을 보여 주는 증상이라고 여긴다. 한 칼럼니스트는 "자신이 무슨 말을 하는지 정확히 모르고 신경도 쓰지 않는 듯한 나라라니, 나는 그런 나라가 걱정된다."라고 말했다.

이런 걱정이 왜 드는지는 어렵잖게 알 수 있다. 세상에는 아무래도 어법 문제를 무시할 수 없게끔 만드는 작가들이 있다. 그런 작가들은 영어의 논리와 역사에, 과거에 모범적인 문장가들이 영어를 사용해 온 방식에 호기심이 없다. 언어의 의미와 강조에 담긴 뉘앙스를 가려내는 귀가 없다. 사전을 펼쳐 보지도 않을 만큼 게을러서, 신중한 학문적 분석을 참조하는 것이 아니라 자신의 짐작과 직관에 의지한다. 이런 작가들에게 언어는 명료함과 간결함의 수단이 아니라 자신이 어떤 사회적 패거리에 소속되어 있음을 알리는 한 방식일 뿐이다.

이런 작가들은 어떤 사람들일까? 어쩌면 여러분은 내가 지금 트위터를 하는 10대들이나 페이스북을 하는 대학 신입생들을 말한다고 생각했을지도 모르겠다. 하지만 내가 염두에 둔 작가들은 순수주의자들이다. 깐깐이, 규칙주의자, 짜증쟁이, 속물, 스누트 (snoot), 트집쟁이, 전통주의자, 언어 경찰, 어법 유모, 문법 나치, 흠잡기 선수 들이라고도 불리는 사람들 말이다. 어법을 순화하고 언어를 지키겠다는 열의에 넘친 나머지, 그들은 오히려 우리가 표현의 적확성을 궁리하는 것을 막아서며 글쓰기의 기술을 설명하는 일을 혼탁하게 만들고 있다.

이 장의 목표는 여러분이 합리적인 추론을 통해서 문법, 단어 선택, 구두법의 주요한 실수들을 피하도록 돕는 것이다. 언어 경찰을 실컷 빈정거리자마자 밝히는 목표가 이런 것이라니, 내가 모순된 말을 하는 것처럼 보일 수도 있겠다. 그러나 여러분이 만약 그런 생각이 든다면, 여러분은 깐깐이들이 퍼뜨려 둔 착각의 희생자인 셈이다. 어법을 대하는 태도는 딱 두 가지밖에 없다는 생각은 — 전통적인 규칙을 모두 따르든가, 아니면 무엇이든 다 용인하든가. — 깐깐이들의 창립 신화나 마찬가지이다. 어법 공부의 첫 단계는 이 신화가 왜 틀렸는지 이해하는 것이다.

신화의 내용은 대충 이렇다.

옛날 옛적, 사람들은 언어를 올바르게 사용하는 데 신경을 쓰면서 살았습니다. 사람들은 사전을 펼쳐서 단어의 뜻이나 문법 구조에 관한 정확한 정보를 찾아보았습니다. 그런 사전을 만든 사람들은 규범주의자(Prescriptivist)였습니다. 그들은 정확한 어법을 정하는 규범을 처방하는 사람들이었지요. 규범주의자들은 훌륭함의 기준을 고수하고, 우리 문명에서 최선의 상태를 존중합니다. 그들은 또 상대주의, 저속한 대중주의, 문자 문화의 하향 평준화에 맞서는 방벽입니다.

그러던 1960년대, 학술적 언어학과 진보 교육의 이론에 감화되어서 규범주의에 반대하는 학파가 등장했습니다. 그 주모자들은 기술주의자(Descriptivist)입니다. 이들은 언어가 어떻게 사용되어야 하는지를 규정하지 않고 언어가 실제로 어떻게 사용되고 있는지를 기술합니다. 기술주의자

들은 정확한 어법 규칙이란 지배 계급끼리 나누는 은밀한 악수에 지나지 않는다고 믿습니다. 대중을 현재의 위치에 묶어 두기 위해서 그들이 만들어 낸 한 수단이라는 것이죠. 기술주의자들은 언어는 인간의 창조성이 빚어낸 유기적 산물이고, 사람은 누구나 자기가 내키는 대로 글을 쓸 수 있어야 한다고 말합니다.

그런데 이 기술주의자들은 위선자들입니다. 이들은 자신이 글을 쓸 때는 어법 기준을 정확히 지키면서도 그런 기준을 남들에게 가르치고 전파하는 것은 권장하지 않는데, 그럼으로써 특권 계급이 아닌 이들의 사회적 출세 가능성을 막는 셈입니다.

기술주의자들은 1961년 출간된 『신 웹스터 국제 사전 3판(*Webster's Third New International Dictionary*)』을 자기들이 만들고 싶은 대로 만들었습니다. 그래서 그 사전은 ain't나 irregardless 같은 명백한 실수마저 괜찮다고 인정하고 받아들였습니다. 그 때문에 반발이 일었고, 이후 『아메리칸 헤리티지 영어 사전(*The American Heritage Dictionary of the English Laguage*)』 같은 규범주의적 사전들이 출간되었습니다. 그때부터 규범주의자들과 기술주의자들은 우리가 글을 쓸 때 정확함을 신경 써야 하는가 하는 문제를 놓고 줄곧 싸우고 있습니다.

이 설화에서 어떤 대목이 틀렸을까? 거의 전부 다 틀렸다. 우선, 언어에 객관적인 정확성이 있다는 생각부터 살펴보자.

문장을 전치사로 끝맺는 것은 틀린 문법이라는 말, 혹은 decimate를 '10분의 1을 제거하다.'라는 뜻 대신 '대부분을 제거하다.'라는 뜻으로 쓰는 것은 틀린 어법이라는 말, 이런 말은 정확히 무슨 뜻일까? 따지자면 이런 규칙들은 공리처럼 증명될 수 있는 논리적 진실이 아니고, 실험실에서 재현할 수 있는 과학적 발견도 아니다. 하물며 메이저리그 야구의 규칙처럼 모종의 관리 위원회가 정한 조항이 아닌 것은 더 말할 것도 없다. 많은 사람이 언어에도 그런 관리 위원회가 있지 않느냐고, 즉 사전 편찬자들이 있지 않느냐고 생각하지만, 내가 규범적이기로 이름난 『아메리칸 헤리티지 사전(*American Heritage Dictionary*)』어법 패널의 의장으로서 엄숙하게 알려드리는 바, 그 생각은 틀렸다. 내가 사전 편집자에게 그곳 편집진은 사전에 무엇을 넣을지를 어떻게 결정하느냐고 물었더니, 그는 이렇게 대답했다. "우리는 사람들이 언어를 사용하는 방식에 주의를 기울입니다."

그렇다. 언어의 정확성 문제에서는 어느 한 사람의 책임자가 있는 것이 아니다. 이곳은 정신병자들이 운영하는 정신병원이다. 사전 편집자들은 많이 읽으면서 많은 작가가 많은 맥락에서 사용한 새 단어와 새 의미를 눈을 크게 뜨고 찾아보고, 그것에 따라 단어의 정의를 추가하거나 바꾼다. 순수주의자들은 사전이 이런 식으로 씌어진다는 사실을 알면 곧잘 불쾌해한다. 문예 비평가 드와이트 맥도널드(Dwight Macdonald)는 『웹스터 3판』을 질책했던 유명한 1962년 글에서, 설령 영어 사용자의 10분의 9가 어떤 단어를 틀리게 쓰더라도(가령 nauseous를 '역겹게 하는'이라는 뜻이 아니라 '역겨운'이라는 뜻으로 쓰더라도) 나머지 10분의 1이 여전히 옳고(맥도널드는 무슨 기준에서 혹은 누구의 권위에서 이런지는 말하지 않았다.), 따라서 사전은 이 10분의 1을 지지해야 한다고 선언했다.[1] 그러나 어떤 사전 편찬자도 감히 맥도널드의 명령을 따를 수는 없다. 사용자에게 오해당할 것이 불 보듯 뻔한 어법을 가르치는 사전이란 몬티 파이선(Monty Python)의 코미디에 나왔던 헝가리어-영어 회화집, "기차역으로 가는 길을 알려주시겠습니까?"라는 문장을 "제발 내 엉덩이를 쓰다듬어 주세요."라고 번역해 놓았던 회화집만큼이나 무쓸모할 것이다.

그렇기는 하지만, 어법에는 객관적으로 옳다고 말할 수 있는 **어떤** 측면들이 있는 것도 사실이다. 조지 부시가 "Is our children learning? (우리 아이들이 잘 배우고 있습니까?)"라고 말한 것은 틀린 말이었다는 데 동의하지 않을 사람은 없을 것이다. 부시가 inebriating을 '신나는'이라는 뜻으로 썼을 때도, 그리스 시민을 "Grecians(그리션)"이라고 불렀을 때도, 사회를 (Balkanize(분열시키다) 하는 게 아니라) "vulcanize(유황 처리 하다)" 하는 정책을 개탄했을 때도 마찬가지였다. 부시 본인도 자기 비판적인 연설에서 저런 말들은 분명한 실수였다고 인정했다.[2]

그렇다면 우리는 어떤 어법은 확실히 틀렸다는 믿음과, 하지만 어법에서 시시비비를 결정할 권위는 존재하지 않는다는 사실을 어떻게 조화시킬 수 있을까? 핵심은 어법 규칙이 **암묵적 관습(tacit conventions)**이라는 사실을 이해하는 것이다. 관습이란 한 공동체의 구성원들이 어떤 일을 특정 방식으로만 하기로 합의한 것이다. 그 선택에 무슨 본질적 이득이 있어야 할 필요는 없다. 하지만 어떤 선택이 되었든 모두가 **같은** 선택을 내린다는 데는 분명 이득이 **있다**. 친숙한 예를 들자면 표준 도량형, 전압과 전선, 컴퓨터 파일 형식, 통화 등이 그렇다.

말글에 적용되는 관습에도 비슷한 표준화 현상이 있다. 수많은 관용구, 단어 뜻, 문법 구조는 영어 사용자들의 세계가 다 함께 만들어 내고 유통시킨 것이다. 언어학자들은 그 규칙성을 파악하여 '기술적 규칙'으로, 요컨대 사람들이 실제로 어떻게 말하고 이해하는가를 묘사한 규칙으로 정리한다. 몇 가지 예를 들면 다음과 같다.

- 시제가 있는 동사의 주어는 I, he, she, they 같은 주격이어야 한다.
- 동사 be의 일인칭 단수 형태는 am이다.
- 동사 vulcanize는 '고무 같은 질료에 황을 더한 뒤 열과 압력을 가함으로써 강화하다.'라는 뜻이다.

이런 규칙 중 다수는 방대한 영어 사용자 공동체에 깊이 뿌리내리고 있으며, 사람들은 구태여 따져 볼 필요도 없이 자연스럽게 그런 규칙을 존중한다. 우리가 쿠키 몬스터, 롤캣(LOLcat), 조지 부시를 비웃는 것은 그 때문이다.

그런 관습 중 일부에 해당하는 하위 집합은 그것보다는 덜 보편적이고 덜 자연스럽다. 하지만 학식 있는 사람들로 구성된 가

상의 작은 공동체는 정부, 언론, 문학, 기업, 학계 같은 공적 토론
장에서 쓰기 위해서 그런 관습을 받아들였는데, 그런 관습이 곧
'규범적 규칙'이다. 이것은 우리가 그런 토론장에서 어떻게 **말하
고 써야 하는가를** 규정한 규칙이다. 기술적 규칙과는 달리, 규범적
규칙은 반드시 명시적으로 표시되어야 하는 것이 많다. 왜냐하면
이런 규칙은 대부분의 사람에게는 제2의 본성처럼 와 닿지 않기
때문이다. 규범적 규칙은 입말에는 적용되지 않을 수도 있고, 작
가의 기억력을 괴롭히는 복잡한 문장에서는 적용하기가 까다로
울 수도 있다. (4장 참조) 이런 규칙의 예로는 문장 부호 규칙, 복
잡한 형태의 일치 규칙, militate(방해하다)와 mitigate(완화하다)의
차이나 credible(믿음직한)과 credulous(너무 쉽게 믿는)의 차이처
럼 쉽지 않은 단어들의 미세한 뜻 차이에 관한 규칙 등이 있다.

　이 말은 곧 세상에 규범주의자들과 기술주의자들의 '언어 전
쟁' 따위는 없다는 뜻이다. 일각에서 존재한다고 주장하는 그 전
쟁이란 **본성 대 양육**, 혹은 **미국: 사랑하거나 아니면 떠나라**처럼 흥미로
운 가짜 이분법일 뿐이다. 물론 기술적 규칙과 규범적 규칙이 다
르다는 것, 기술주의 문법학자와 규범주의 문법학자가 서로 다른
활동을 한다는 것은 사실이다. 그렇다고 해서 한쪽 문법학자가
옳은 경우 반대쪽 문법학자는 반드시 틀리는가 하면, 그것은 사
실이 아니다.

　이 점에서도 나는 나름대로 권위를 실어 말할 수 있다. 나는
무엇보다도 기술주의적 언어학자이다. 나는 미국 언어학회 정

식 회원이고, 사람들이 영어를 사용하는 방식을 주제로 많은 글과 책을 썼다. 내가 다룬 단어와 구조 중에는 순수주의자들이 눈살을 찌푸리는 사례들도 있었다. 그러나 얄궂게도 여러분이 지금 들고 있는 이 책은 명백히 규범주의적인 지침서이다. 이 책에서 나는 장장 수백 쪽에 걸쳐서 여러분에게 이래라저래라 훈수를 둔다. 나는 대중이 보여 주는 언어학적 풍성함에 매혹된 사람이기는 해도, 또한 글쓰기의 많은 영역에서는 규범적 규칙이 바람직하며 심지어 필수불가결하다는 주장을 누구보다도 앞장서서 제기할 사람이기도 하다. 규범적 규칙은 이해를 원활하게 하고, 오해를 줄이고, 문체와 우아함을 발전시킬 안정된 토대가 되어 주며, 작가가 문장을 다듬는 데 주의를 기울였다는 사실을 독자에게 알려준다.

규범적 규칙이 언어의 한 특수한 형태에서 통하는 관습이라는 점을 이해하는 순간, 대개의 ~주의자 논쟁은 감쪽같이 사라진다. 그런 예 중 하나는 보통 사람들이 흔히 ain't, brang, can't get no(이중 부정이라고 불리는 형태이다.) 같은 비표준 단어를 게으름이나 비논리의 결과로 여겨 비난하는 데 비해(여담이지만 이런 비난은 인종 차별, 계급에 대한 편견과 쉽게 뒤섞인다.) 언어학자는 옹호한다는 생각이다. 그런데 역사를 살펴보면, 표준 영어가 저 단어들의 대안인 isn't, brought, can't get any를 선호하게 된 것은 양쪽의 장점을 견주어 본 결과 표준 형태가 더 우월하다고 확인되었기 때문이 아니다. 그것은 그저 역사의 우연이 고착된 것뿐이었다.

요즘 영어의 '정확한' 형태란 지금으로부터 수백 년 전 문어체 영어가 처음 표준화되었을 때 우연히 런던 근처 방언에서 쓰였던 형태에 지나지 않는다. 역사가 다르게 펼쳐졌다면, 요즘 정확하다고 여겨지는 형태가 틀린 것으로 규정되었을 수도 있고 그 역이었을 수도 있다. 어쩌다 보니 런던 방언이 교육, 정부, 기업의 표준 영어가 되었고 모든 영어권 국가에서 좀 더 많이 배우고 부유한 사람들이 쓰는 방언이 되었는데, 그러자 곧 이중 부정이나 ain't나 그 밖의 비표준 형태는 좀 더 가난하고 덜 배운 사람들이 쓰는 방언, 위신이 좀 떨어진다고 여겨지는 방언과 연관되어 결국 틀린 어법으로 낙인 찍히게 되었다.

그러나 ain't에 본질적으로 잘못된 점은 없다는 말(이 말은 사실이다.)을 ain't가 표준 문어체 영어의 버젓한 관습이라는 말(이 말은 명백히 거짓이다.)과 헷갈려서는 안 된다. 순수주의자들은 이 구분을 이해하지 못한다. 그래서 만일 우리가 ain't 혹은 He be working 혹은 ax a question이라고 말하는 사람을 게으르거나 부주의한 사람이라고 비난하지 않는다면(각각 He is Working, ask a question이라고 말해야 한다. ─옮긴이) 학생들과 작가들에게 그런 표현을 피하라고 조언할 근거도 없어지는 셈이라고 착각한다. 그런 순수주의자들에게 이런 비유를 들려주고 싶다. 영국에서는 운전할 때 모두가 좌측 통행을 한다. 이 관습에 본질적으로 잘못된 점은 없다. 좌측 통행이 우측 통행보다 더 사악하거나, 비딱하거나, 사회주의적이거나 하는 것은 결코 아니다. 그럼에도 불구하고 우리는 누가 미국에서 운전을 하겠다고 하면 그에게 우측 통행을 하라고 권할 이유가 충분하다. 이런 농담이 있다. 한 자가용 통근자가 출근길에 아내에게 전화를 받았다. 아내가 말했다. "여보, 조심해. 라디오에서 들었는데 고속 도로에 역주행을 하는 웬 미친 사람이 하나 있대." 남자는 대답했다. "하나라고? 셀 수 없이 많아!"

그리고 설령 기술주의를 표방한다고 일컬어지는 사전이라도 독자가 어떤 단어가 표준인지 알 수 없게끔 항목을 적어 놓지는 않는다. 끝도 없이 언급되는 사례 중에는 『웹스터 3판』이 ain't 를 옳은 말로 인정했다더라는 소문이 있지만, 이것은 사실 잘못된 전설이다.[3] 이것은 출판사 홍보부가 보도 자료를 내면서 "마침내 ain't가 공식적으로 인정받게 되었습니다."라고 선언한 데서 생긴 오해였다. 사전은 독자가 그 단어를 알 수 있도록 항목을 포함시켰는데 이것은 썩 합리적인 판단이었고, 그 설명문에는 많은 사용자가 이 표현을 못마땅하게 여긴다는 사실도 똑똑히 적혀 있었다. 기자들이 사전에 아무런 다른 말 없이 ain't가 정식으로 등재된 것처럼 보도 자료를 오해한 것뿐이었다.

그리고 어법이 **암묵적** 관습이라는 사실을 상기하면, 우리는 또 하나의 격렬한 논쟁을 꺼뜨릴 수 있다. 표준 영어 규칙은 사전 편찬자로 구성된 재판소가 제정한 것이 아니다. 작가, 독자, 편집자로 구성된 가상의 공동체에서 형성된 묵시적 합의에 따라 만들어진 것이다. 그리고 세월이 흐르면 그 합의는 패션의 유행이 바

뛰는 것처럼 무계획적이고 통제 불가능한 과정에 따라 차츰 변할 수 있다. 1960년대에 웬 관료가 이제부터 점잖은 남녀들도 모자와 장갑을 벗어도 좋다고 허락한 것은 아니었고, 1990년대에 누군가가 이제부터 다들 피어싱과 타투를 해도 괜찮다고 허락한 것은 아니었다. 마오쩌둥만 한 권력을 휘두르는 사람이 아니고서야 누구도 그런 변화를 막으려 한들 막을 수도 없었을 것이다. 비슷하게, 지난 수백 년 동안 많은 존경할 만한 작가들이 언어의 옳고 그름에 대한 집단 합의를 서서히 바꿔 왔다. 그리고 그때 그들은 언어의 수호자를 자처한 사람들이 선포했던 칙령들, 지금은 까맣게 잊힌 그 칙령들은 가볍게 무시했다. 19세기 규범주의자 리처드 화이트(Richard White)는 standpoint(관점)와 washtub(빨래통)를 금지하려고 했지만 결국 뜻대로 되지 않았고, 같은 시대의 시인 윌리엄 컬런 브라이언트(William Cullen Bryant)가 commence(개시하다), compete(경쟁하다), lengthy(장황한), leniency(관용)를 막으려고 했던 것도 헛수고였다. 우리는 스트렁크와 화이트가 personalize(개인화하다), to contact(접촉하다), six people(여섯 사람)을 막는 데 얼마나 성공했는지도 익히 안다. 사전 편찬자들은 언제나 이 점을 이해했다. 편찬자들이 스스로 그저 끝없이 변하는 어법을 기록하는 역할로 물러난 것은 마거릿 풀러(Margaret Fuller)가 "나는 이 세상을 받아들이겠다."라고 말했을 때 토머스 칼라일(Thomas Carlyle)이 했던 대꾸에 담긴 지혜를 받아들인 것이었다. 칼라일은 이렇게 말했다고 한다. "맙소사!

그야 받아들이는 게 좋겠지."

사전 편찬자들은 언어 관습이 변하는 것을 막을 마음도 힘도 없지만, 그렇다고 해서 순수주의자들이 걱정하는 것처럼 어느 한 시점에 유효한 관습이 무엇인지 말하는 일까지 불가능한 것은 아니다. 이것이 바로 『아메리칸 헤리티지 사전』이 어법 패널을 두는 이유이다. 어법 패널은 그들이 쓰는 글로 보아 언어를 주의 깊게 선택한다는 것을 알 수 있는 저자, 기자, 편집자, 학자, 그 밖의 공인 200명으로 이루어진다. 이들이 매년 발음, 뜻, 어법에 관한 설문지를 작성하면, 사전은 그 결과를 문제적인 단어들의 설명에 참고 사항으로 덧붙여서 발표한다. 어법 패널은 신중한 작가들이 자신의 글을 읽을 독자로 상상하는 가상 공동체의 표본 역할을 할 집단이다. 최선의 어법을 논하는 문제에서라면 이것보다 더 높은 권위는 없다.

사전에게는 언어 변화를 막자는 규범주의자들의 꿈을 강제할 힘이 없지만, 그렇다고 해서 사전이 갈수록 나빠지기만 하는 상황을 그저 지켜보기만 할 운명에 처한 것도 아니다. 맥도널드의 1962년 『웹스터 3판』 서평 제목은 「조율이 흐트러진 현(The String Untuned)」이었다. 이 제목은 셰익스피어의 「트로일로스와 크레시다(Troilus and Cressida)」에서 율리시스가 우리가 자연의 질서를 거스르면 얼마나 끔찍한 결과가 날 것인지 예견한 대목에서 땄다. "바닷물이 불어 수위가 올라 해안선보다 높게 치솟고 온 지구의 육지를 잠기게 할 것입니다. 강자가 약자를 지배하게 되고, 막돼먹은 자식이 아비를 때려죽일 것입니다."『웹스터 3판』이 조율을 흩뜨린 바람에 닥칠지도 모르는 재앙의 예로, 맥도널드는 1988년의 사전은 mischievious, inviduous 같은 잘못된 철자와 nuclear를 "누쿨러"라고 읽는 잘못된 발음 따위를 아무 경고 없이 신게 되리라고 걱정했다. 현재 우리는 그의 예언에 규정된 날로부터 30여 년이 지나고 예측이 실시된 날로부터는 60년이나 지난 시점에 살고 있으므로, 결과가 어떻게 되었는지를 확인해 볼 수 있다. 여러분이 아무 사전이든 펼쳐서 저 단어들을 찾아보면, 사전 편찬자가 단속하지 않는 언어는 반드시 퇴락한다는 맥도널드의 예언이 틀렸다는 것을 알 수 있을 것이다. 그리고 비록 증명할 수는 없지만, 나는 설령 사전이 mischievious, inviduous, 누쿨러를 승인했더라도 바닷물이 해안선보다 높게 치솟는 일이나 막돼먹은 자식이 아비를 때려죽이는 일은 벌어지지 않았을 것이라고 생각한다.

그리고 이윽고 우리는 가짜 논쟁 중에서도 가장 가짜인 논쟁을 살펴볼 때가 되었다. 규범적 규칙 가운데 우리가 지킬 만한 것이 많다고 해서 그것이 곧 모든 트집쟁이의 모든 불평거리를, 전승으로 전해진 모든 문법 규칙을, 시슬보텀 선생님의 영어 교실에서 배웠으나 아스라한 기억으로만 남은 모든 교훈을 다 지켜야 한다는 뜻은 아니다. 곧 살펴보겠지만, 많은 규범적 규칙은 애초에 터무니없는 이유에서 생겨났고, 명료하고 우아한 글을 쓰는 데 도리어 방해가 되며, 지난 수백 년 동안 최고의 작가들에게 이미 무시되어 왔다. 이런 가짜 규칙들이 도시 전설처럼 무성하게 번지는 데다가 역시 도시 전설만큼 근절하기도 힘든 것은 흔히 볼 수 있는 서투른 편집과 젠체하는 우월 의식에 그 책임이 있다. 그런데도 언어를 다루는 학자들이 그런 규칙의 거짓을 폭로하려고 하면, 이분법적으로만 생각하는 사람들은 그 학자들이 글쓰기의 모든 기준을 폐지하려 드는 것이라고 착각한다. 이것은 누군가 말도 안 되는 법을 폐지하자고 제안했을 때, 가령 인종 간 결혼을 금하는 법처럼 말도 안 되는 법인데도 사람들이 그를 검은 옷을 입고 폭탄을 움켜쥔 무정부주의자로 몰아가는 것과 비슷한 상황이다.

어법 전문가들(이들을 순수주의자들과 헷갈려서는 안 되는데, 순수주의자들은 오히려 전문가라기보다는 무지한 사람일 때가 많다.)은 이런 가짜 규칙을 페티시, 전승, 도깨비, 미신, 헛소리, (내가 제일 좋아하는 표현은 이것인데) 이디시 어로 '할머니들이 하는 소리'라는 뜻인 bubble meises(부베 마이시스)라고 부르고는 한다.

언어의 부베 마이시스가 생기는 원인은 여러 가지이다. 일부는 17세기와 18세기에 처음 출판되어 이후 구전된 최초의 영어 작문 지침서들에서 비롯했다.[4] 그 시절 사람들은 라틴 어가 인간의 생각을 표현하기에 가장 이상적인 언어라고 여겼다. 영문법 안내서는 궁극적으로 라틴 어 문법을 익히기 위한 교육학적 징검돌로 씌어졌으므로, 라틴 어에 맞춰 설계된 언어 범주들에 영어의 문장 구조를 욱여넣었다. 그래서 완벽하게 괜찮은 영어 구조가 루

크레티우스나 키케로의 언어에서 대응할 구조를 찾을 수 없다는 이유만으로 틀린 것으로 낙인 찍혔다.

또 다른 도깨비들은 전문가를 자임하며 언어란 이래야 한다는 별스러운 이론을 지어낸 사람들의 발명품이었다. 그런 이들의 행동에는 사람들을 가만히 놓아두면 타락하기 마련이라는 청교도적 믿음이 깔려 있었다. 그런 이론의 예를 들면 그리스 어와 라틴 어 어형을 결합한 단어를 만들어서는 안 된다는 말이 있는데, 그렇다면 automobile(자동차)은 autokinetikon 아니면 ipsomobile이 되어야 하고, bigamy(중혼), electrocution(전기 사형), homosexual(동성애), sociology(사회학)는 가증스러운 게 된다. (물론 이 단어들이 가증스럽다는 말이다.) 또 다른 예는 단어를 역성(back-formation, 역형성)으로 형성해서는 안 된다고 규정하는 이론이다. 즉 복잡한 단어에서 한 조각을 떼어내어 별도의 단어로 써서는 안 된다는 것이다. 최근 그런 식으로 생긴 동사로는 commentate(중계하다), coronate(대관하다), incent(장려금을 주다), surveil(감독하다) 등이 있고, 좀 더 오래된 동사로는 intuit(직관하다), enthuse(열광하다)가 있다. 그러나 이 이론에 따르자면 더 멀리 소급해서 choreograph(안무하다), diagnose(진단하다), resurrect(부활하다), edit(편집하다), sculp(조각하다), sleepwalk(잠든 채 걷다)도 금지해야 할 테고, 그 밖에도 전혀 나무랄 데 없는 수많은 동사를 금지해야 할 것이다.

순수주의자들은 또 단어의 원뜻만이 정확한 뜻이라고 주장하고는 한다. 그들이 transpire는 '드러나다.'라는 뜻으로 쓰여야 할 뿐 '일어나다.'라는 뜻으로 쓰여서는 안 된다고 주장하는 것(라틴 어로 '숨 쉬다.'를 뜻하는 spirare에서 유래해 원래 '증기를 발산하다.'라는 뜻이었기 때문이다.)이나, decimate는 '10명 중 1명꼴로 죽이다.'라는 뜻으로만 쓰여야 한다고 주장하는 것(로마 제국에서 반란을 일으킨 부대를 처벌할 때 병사 10명 중 1명을 죽인 데서 유래했기 때문이다.)은 그래서이다. 이런 오해는 워낙 흔한지라, 어원학적 오류라는 이름까지 있다. 그러나 저런 생각이 잘못이라는 사실은 『옥스퍼드 영어 사전(*Oxford English Dictionary*)』처럼 단어의 역사를 알려주는 참고서를 아무 쪽이나 펼치면 금세 알 수 있으니, 사전을 보면 원뜻을 지금까지 유지하고 있는 단어가 오히려 극히 드물다는 사실을 확인할 수 있기 때문이다. deprecate(비난하다)는 원래 '기도로 물리치다.'라는 뜻이었고, meticulous(꼼꼼한)은 한때 '소심한'이라는 뜻이었고, silly(한심한)은 원래 '축복받은'이라는 뜻이었다가 '경건한'이 되었다가 '순수한'이 되었다가 '측은한'이 되었다가 '허약한'이 되었다가 비로소 오늘날의 '바보 같은'이 되었다. 그리고 메리엄-웹스터 사전의 편집자 코리 스탬퍼(Kory Stamper)가 지적했듯이, decimate를 '10명 중 1명을 죽이다.'라는 원뜻으로만 쓰자고 고집할 것이라면 December(12월)도 '달력에서 열 번째 달'이라는 원뜻으로 쓰자고 주장해야 공평하지 않겠는가?

깐깐이들이 최후의 보루로 삼는 근거는 정확한 어법이 그 대안들보다 더 논리적이라는 주장이다. 곧 살펴보겠지만, 이 주장은 사실 거꾸로이다. 오히려 작가들이 흔히 저지르는 어법 실수 중 많은 수는 관습에 고분고분 순응하기를 거부하고 논리적으로 깐깐하게 따져 본 결과로 생겨난다. lose(잃었다)를 loose라고 철자를 틀린 사람(choose와 같은 패턴을 따른 것이다.), it의 소유형을 쓸 때 it's라고 아포스트로피를 붙인 사람(Pat의 소유형을 Pat's라고 쓸 때처럼 한 것이다.), enormity(흉악함)를 '거대함'이라는 뜻으로 쓴 사람은(hilarity(우스움)가 우스운(hilarious) 성질을 뜻하듯이 enormous(거대한) 성질을 뜻한다고 여긴 것이다.) 비논리적이라서 이런 실수를 저지른 게 아니다. 오히려 **지나치게** 논리적으로 따진 것이고, 그러다 보니 그만 자신이 글말의 관습에 익숙하지 않다는 사실을 드러내고 만 것이다. 이런 실수는 독자에게는 작가를 의심하게 만드는 근거일 수 있겠고 작가에게는 자신을 개선할 계기일 수 있겠지만, 아무튼 일관성이나 논리가 부족해서 생기는 일은 결코 아니다.

그런데 이 대목에서 우리는 작가가 규범적 규칙의 일부를 따라야 하는 이유를 알 수 있다. (훌륭한 작가들이 늘 무시해 온 가짜 규칙이 아니라 그들이 받아들여 온 규칙들 말이다.) 한 이유는 작가가 그동안 편집된 글을 많이 읽어 왔으며 거기에 주의를 많이 기울여 왔다고 믿을 만한 근거를 독자에게 주려는 것이다. 또 다른 이유는 문법을 일관되게 사용하려는 것이다. 즉 일치처럼 모두가 존중하지만 복잡한 문장에서는 자칫 꼬이는 규칙을 제대로 따르기 위해서이다. (4장 참조) 독자는 문법이 일관된 글을 읽을 때 작가가 문장 구조에 신경을 쓴 것 같다고 안심하게 되고, 그러다 보면 작가가 문장을 넘어선 사실 확인이나 생각에도 신경을 썼을 것이라는 믿음이 커진다. 일관된 문법은 독자를 배려하는 일이기도 하다. 일관된 분지도는 분석하기가 더 쉽고 오해할 가능성은 더 적기 때문이다.

작가가 어법에 신경 써야 하는 또 다른 이유는 그것이 언어를 대하는 어떤 태도를 드러내는 셈이라서이다. 신중한 작가들과 감식안 있는 독자들은 어떤 두 단어도 엄밀히 따져서 완벽한 동의어는 되지 않는 영어의 풍성한 어휘를 기쁨으로 여긴다. 단어들은 제각기 다른 미묘한 뜻을 전달하고, 언어의 역사를 엿보게 하며, 깔끔한 조합 원칙에 순응하면서 독특한 이미지와 소리와 리듬으로 문장에 활기를 준다. 신중한 작가는 수천수만 시간의 독서를 통해 단어들의 조합과 맥락을 접함으로써 그 미묘한 뉘앙스를 익힌다. 한편 독자가 얻는 보상은 이 풍성한 세습 자산에 참여하는 것, 그리고 만일 독자 자신도 글을 쓴다면 그 유산의 보존을 거드는 것이다. 신중하지 못한 작가가 어떤 고급스러운 단어를 평범한 단어의 동의어로 착각해 문장을 치장하려고 가져다 쓰면, 가령 simple(단순한) 대신 simplistic(지나치게 단순한)을 쓰거나 full(가득한) 대신 fulsome(지나친)을 쓰면, 독자는 최악의 결론을 내릴 수도 있다. 그 작가가 그동안 남들의 글을 읽는 데 주의를 기울이지 않았고, 싸구려 단어로 세련된 분위기를 가장하려고 하며, 그리하여 공동의 자산을 오염시키고 있다는 결론 말이다.

그야 물론 언어는, 온 지구의 육지는 말할 것도 없고, 그런 실수들도 끄떡없이 견뎌낼 것이다. 오늘날 선호되는 단어 뜻 중에는 그동안 부주의한 작가들의 공격을 쉼 없이 받으면서도 굳게 버텨 온 것들이 많다. 어휘에는 나쁜 단어가 좋은 단어를 구축한다는 법칙, 요컨대 어휘의 그레셤 법칙 같은 것은 존재하지 않는다. 예를 들어, disinterested의 뜻으로 요즘 선호되는 '사심 없는'이라는 뜻은 요즘 사람들이 눈살을 찌푸리는 '무관심한'이라는 뜻과 수백 년 동안 공존해 왔다. 이것은 사실 놀랄 일이 아니다. 영어에는 원래 서로 다른 여러 의미를 행복하게 품고 있는 단어가 많기 때문이다. 가령 literate는 '읽을 줄 아는'이라는 뜻과 '문학에 밝은'이라는 뜻을 둘 다 띠고, religious는 '종교에 관한'이라는 뜻과 '강박적으로 독실한'이라는 뜻을 둘 다 띤다. 독자는 보통 맥락에서 어느 뜻인지 알아낼 수 있으므로, 두 뜻이 다 살아남는다. 언어에는 단어의 여러 뜻을 감싸 안을 여지가 있으며, 그런 다른 뜻 중에는 훌륭한 작가들이 보존하고 싶어 하는 것들도 있다.

그래도 작가는 독자들이 널리 인정한 뜻으로 단어를 사용하는 편이 자신에게 더 나은 것은 물론이거니와 세상의 즐거움을 늘리는 데도 더 나을 것이다. 그렇다면 어떻게 신중한 작가가 타당한 어법 규칙과 근거 없는 전통에 불과한 가짜 규칙을 구별할 것인가 하는 문제가 제기된다. 답은 어이없을 만큼 간단하다. 찾아보라. 현대 어법 지침서, 아니면 『메리엄-웹스터 대사전(*Merriam-Webster Unabridged*)』, 『아메리칸 헤리티지 사전』, 『엔카르타 세계 영어 사전(*Encarta World English Dictionary*)』,『랜덤 하우스 사전(*Random House Dictionary*)』(www.dictionary.com에 내용을 제공하는 사전이다.)처럼 어법 설명이 병기된 사전을 찾아보라. 사람들은, 특히 깐깐이들은, 언어 순수주의자를 자처한 이들이 멋대로 지어내어 공표한 모든 규칙을 사전들과 지침서들이 지지해 줄 것이라는 착각을 품고 있다. 그러나 언어의 역사, 문학, 실제 용법에 주의를 기울이는 그 참고서들이야말로 넌센스에 불과한 문법 규칙들의 실체를 가장 단호하게 폭로하는 장본인들이다. (신문이나 전문가 협회가 작성한 내부 양식 지침, 혹은 비평가나 기자 같은 아마추어가 작성한 글쓰기 안내서는 덜 그렇다. 이런 문건들은 옛 지침서들의 규칙을 아무 생각 없이 답습하는 경향이 있다.)[5]

전형적인 가짜 규칙이라고 할 수 있는 분리 부정사 금지를 예로 들어보자. 이 규칙에 따르면, 커크 선장은 to boldly go where no man has gone before(인간의 발길이 닿지 않은 곳까지 용감하게 항해한다)라고 말해서는 안 되고 to go boldly 아니면 boldly to go 라고 말했어야 한다. 주요한 참고서들에서 "분리 부정사" 항목을 찾아보면 이렇게 나온다.

『아메리칸 헤리티지 사전』: "이 구조를 비난하는 유일한 근거는 라틴 어와의 잘못된 비유에 바탕을 둔다. …… 어법 패널은 일반적으로 분리 부정사를 허용한다."

『메리엄-웹스터 대사전』 온라인판: "분리 부정사를 반대할 합리적 근거는 언제든 없었는데도, 이 문제는 문법에 관한 민간 신앙에서 단골로 나오는 사례였다. …… 현대 논평가들은 …… 명료함을 추구하기 위해서는 부정사를 분리해도 괜찮다고 말한다. 그런데 대개의 경우 명료함이야말로 부정사를 분리하는 이유이므로, 이 말은 곧 언제든 필요하다면 분리하라는 뜻이다."

『엔카르타 세계 영어 사전』: "분리 부정사를 거부할 문법적 근거는 없다."

『랜덤 하우스 사전』: "영어 부정사의 역사에서 …… 규칙으로 일컬어지는 이 금지를 지지하는 근거는 사실 전혀 없다. 오히려 많은 문장에서 …… 부사 수식어의 자연스러운 위치는 to와 동사 사이이다."

시어도어 번스타인, 『신중한 작가(*The Careful Writer*)』: "부정사 분리에 잘못된 점은 전혀 없다. …… 18세기와 19세기 문법학자들이 이런저런 이유에서 눈살을 찌푸렸다는 점 말고는."

조지프 윌리엄스, 『글쓰기: 명료함과 우아함을 향하여』: "오늘날 최고의 작가들은 분리 부정사를 아주 흔히 쓰므로, 우리가 구태여 분리하지 않으려고 애쓰면 오히려 의도했든 아니든 독자의 주의를 모을 것이다."

로이 코퍼루드(Roy Copperud), 『미국 어법과 문체: 합의(*American Usage and*

Style: The Consensus)』: "부정사를 분리하면 천국에 못 간다고 믿는 작가가 많다. …… 학자들은 (라틴 어에 기반한) 문법 체계의 어리석음을 알아차린 뒤 영어를 영어 자체로 분석해 보았고, 곧 분리 부정사를 금지했던 규칙을 폐기했다. …… 비평가 7명은 부정사를 분리하는 편이 문장을 더 매끄럽게 만들어 주고 어색한 느낌도 주지 않는다면 얼마든지 분리해도 좋다는 데 합의한다."

그러니 필요하다면 얼마든지 분리하라. 전문가들이 당신을 지지하고 있다.

자, 그러면 지금부터 나는 문법, 단어 선택, 문장 부호 사용법에서 가장 자주 제기되는 100가지 문제에 신중한 안내를 제공할 것이다. 이 문제들은 각종 단체의 지침, 깐깐이들의 불평 목록, 신문의 언어 칼럼, 편집자들이 받는 성난 편지, 학생들이 보고서에서 자주 저지르는 실수 목록 등에 반복적으로 등장하는 문제들이다. 나는 신중한 작가가 마땅히 고려해야 할 문제와 구전 혹은 미신을 구별하기 위해서 다음과 같은 기준을 쓰겠다. 규범적 규칙이 어떤 직관적 문법 현상의 논리를 좀 더 복잡한 경우로 확장한 것, 가령 분지도가 유달리 복잡한 문장에 일치를 적용하는 경우처럼 확장한 것에 해당하는가? 신중한 작가들이 무심코 그것을 어겼더라도 위반 사실을 지적받으면 자신이 잘못한 게 옳다고 인정하는 규칙인가? 과거의 훌륭한 작가들이 존중했던 규칙인가? 현재의 신중한 작가들이 존중하는 규칙인가? 규칙이 실제로 흥미로운 의미론적 차이를 전달한다는 합의가 분별 있는 작가들 사이에 있는가? 그 규칙을 위반한 사례들이 그저 잘못 들은 실수, 부주의한 독서, 고상한 척하려는 싸구려 시도에 불과한가?

대조적으로, 아래 질문 중 하나라도 대답이 "그렇다."라면 그 규칙은 청산해야 한다. 규칙의 근거가 어떤 괴짜스러운 이론, 가령 영어는 라틴 어를 모방해야 한다거나 단어의 원뜻만이 옳은 뜻이라거나 하는 이론뿐인가? 가령 명사를 동사로 전환해서는 안 된다는 규칙처럼, 영어에서 버젓이 관찰되는 사실로 즉각 반박되는 규칙인가? 스스로 전문가를 참칭하는 웬 괴짜의 불평에서 비롯한 규칙인가? 과거의 훌륭한 작가들이 줄곧 어겨 온 규칙인가? 현재의 신중한 작가들이 거부하는 규칙인가? 가령 어떤 문장 구조가 가끔 모호할 수도 있다고 해서 그것이 늘 틀린 문법이라고 주장하는 경우처럼, 문제는 타당하지만 진단을 잘못 내린 데서 비롯한 규칙인가? 그 규칙에 따라서 문장을 손보려고 시도하면 오히려 더 볼품없고 덜 명료한 문장이 만들어지는가?

마지막으로, 규칙이라고 일컬어지는 주장이 문법과 **격식**(formality)을 혼동하고 있는가? 모든 작가는 때와 장소에 적합한 문체를 그때그때 다양하게 구사할 줄 안다. 집단 학살 추모비에 새길 문장으로 적합한 격식 있는 문체는 친한 친구에게 보낼 이메일에 적합한 격식 없는 문체와는 다르다. 격식 있는 문체가 필요한 자리에 격식 없는 문체를 쓰면 글이 가볍고, 수다스럽고, 한가하고, 경박해 보인다. 격식 없는 문체가 필요한 자리에 격식 있는 문체를 쓰면 글이 고루하고, 젠체하고, 가식적이고, 오만해 보인다. 어느 쪽이든 실수이다. 그러나 많은 규범적 글쓰기 지침서는 이 차이를 깨닫지 못하고, 격식 없는 문체는 무조건 문법에 맞지 않는다고 착각한다.

내 조언은 순수주의자들에게 종종 충격을 안길 것이고, 단어의 이 뜻 혹은 문법의 저 어법은 실수가 아닐까 하고 짐작했던 독자들에게는 가끔 혼란을 안길 것이다. 그러나 내 조언의 내용은 철저히 관습에 따른 것이다. 나는 『아메리칸 헤리티지 사전』 어법 패널의 투표 결과, 여러 사전과 글쓰기 지침서의 어법 해설, 『메리엄-웹스터 영어 어법 사전』의 박식한 역사적 분석, 로이 코퍼루드의 『미국 어법과 문제: 합의』에 실린 메타 분석, 『케임브리지 영어 문법』과 블로그 '랭귀지 로그'로 대표되는 현대 언어학자들의 견해를 종합했다.[6] 전문가들의 의견이 갈리거나 사례들이 너무 중구난방일 때는 나 스스로 최선의 판단을 내려 보았다.

자, 그러면 지금부터 100가지 어법 문제를 크게 문법, 양과 질 표현, 단어 선택, 문장 부호 사용법으로 나눠서 살펴보자.

문법

형용사와 부사. 잊을 만하면 한 번씩 웬 언어 불평분자가 나타나서 영어에서 부사와 형용사의 구별이 사라지고 있다고 툴툴거린다. 사실 구별은 엄연히 살아 있지만, 이 문제는 부사란 동사를 수식하고 -ly로 끝나는 단어를 말한다는 막연한 기억을 넘어서는 두

가지 세부적 속성에 달려 있다.[7]

첫 번째 세부적 속성은 부사의 특징으로, 많은 부사가 그와 연관된 형용사와 똑같이 생겼다는 점이다. (단순형 부사(flat adverb)라고 불리는 종류이다.) 우리는 drive fast(빨리 몰다, 부사)라고 말할 수도 있고 drive a fast car(빠른 차를 몰다, 형용사)라고 말할 수도 있으며, hit the ball hard(공을 세게 치다)라고 말할 수도 있고 hit a hard ball(센 공을 치다)이라고 말할 수도 있다. 단순형 부사의 목록은 방언에 따라 다르다. 영어의 비표준 방언에서는 real pretty(정말 예쁜, really pretty 대신이다.) 혹은 The house was shaken up bad(집이 심하게 흔들렸다, badly 대신이다.)라는 표현이 흔히 쓰인다. 이런 표현은 표준 영어의 가볍고 소탈한 입말에까지 진출했다. 이런 교차 때문에 부사가 위기에 처했다는 느낌이 들 수도 있지만, 역사적 추세는 오히려 반대 방향이다. 부사와 형용사는 옛날보다 요즘 **더 많이** 구별된다. 예전에는 표준 영어에 지금보다 단순형 부사가 더 많았고, 그것들이 이후 쌍둥이 형용사에서 분리되어 모양이 달라졌다. 가령 monstrous fine(굉장히 훌륭한, 조너선 스위프트), violent hot(심하게 뜨거운, 대니얼 디포), exceeding good·memory(엄청나게 좋은 기억력, 벤저민 프랭클린) 등이 그랬다. 요즘 순수주의자들은 아직까지 남은 단순형 부사를 떠올릴 때, 가령 Drive safe(안전하게 운전하라), Go slow(천천히 가라), She sure fooled me(그녀는 확실히 나를 속였다), He spelled my name wrong(그는 내 이름을 틀리게 썼다), The moon

"전 영어 전공자의 아침 메뉴로 할게요. 달걀은 'over easily(뒤집어서 살짝 익힌 것)'
로." ('over easy'라고 단순형 부사 'easy'를 쓰는 통상적인 용법이 옳은데 이때 'easy'를
형용사로 착각하고 고친답시고 부사 'easily'를 쓴 것이다. ─ 옮긴이)

is shining bright(달이 밝게 빛난다) 같은 말을 들을 때 귓전에서
이것은 문법 오류라는 환청을 듣고는 She surely fooled me처
럼 지나치게 격식 차린 대안을 주장할 수도 있다. 혹은 위의 만화
같은 대안을 주장할 수도 있다.

두 번째 세부적 속성은 형용사의 특징으로, 형용사는 명사를
수식하는 일 외에 동사의 보어로 쓰일 수도 있다는 점이다. This

seems excellent(이것 훌륭해 보이네요), We found it boring(우리는 그것을 지루하게 느꼈다), I feel tired(난 피곤하게 느껴진다)처럼. 형용사는 또 동사구나 절의 부가어로도 쓰일 수 있는데, She died young(그녀는 젊어서 죽었다), They showed up drunk(그들은 취해서 나타났다)가 그렇다. 4장에서 나는 형용사 같은 문법 범주는 수식어나 보어 같은 문법 기능과는 다르다고 말했다. 그런데 범주와 기능을 혼동하는 사람은 앞 예문들의 형용사가 '동사를 수식'한다고 여기고는 그러니까 부사로 바꿔야 한다고 생각할 수도 있다. 그 결과는 I feel terribly(나는 끔찍하게 느껴진다, 사실 I feel terrible이 되어야 한다.) 같은 과잉 교정이다. 연관된 표현인 I feel badly(나는 나쁘게 느껴진다)는 어쩌면 이전 세대들이 I feel bad를 과잉 교정하다 보니 점차 널리 쓰이게 된 표현인지도 모르고, 그 덕분에 요즘은 badly가 아예 '슬퍼하는'이나 '후회하는'을 뜻하는 독자적 형용사가 되었다. 제임스 브라운이 "I Got You (I Feel Good)(나는 널 가졌고 (그래서 기분이 좋아))"를 "I Got You (I Feel Well)"으로 과잉 교정할까 하는 유혹에 빠지지 않았던 것은 참 잘된 일이다.

사람들이 애플 사의 슬로건 Think Different(다르게 생각하라)를 두고 문법이 틀렸다고 잘못 지적했던 것도 이처럼 형용사에는 여러 기능이 있음을 몰라서였다. 애플이 슬로건을 Think Differently라고 고치지 않은 것은 옳았다. 동사 think는 그 생각의 내용이 무엇인가 하는 속성을 언급하는 형용사 보어를 취할 수 있기 때문이다. 텍사스 사람들이 think big(크게 생각하다, largely가 아니다.)하는 것도, 뮤지컬 영화 「파리의 연인(Funny Face)」에서 화려한 군무 장면을 여는 광고 슬로건이 Think Pinkly가 아니라 Think Pink(분홍색으로 생각해 봐)인 것도 이 때문이다.[8]

학생들이 자주 저지르는 실수를 조사해 보면, 경험 없는 작가들이 형용사와 부사를 종종 뒤섞는 것은 사실이다. The kids he careless fathered(그가 부주의하게 낳은 아이들)이라는 구절은 그냥 부주의할 뿐이고, The doctor's wife act irresponsible and selfish(의사의 아내는 무책임하게 또한 이기적으로 행동한다)에서 작성자는 act가 형용사 보어를 취하는 능력을(가령 act calm(차분하게 행동하다)처럼 취한다.) 대부분의 독자가 받아들일 수준보다 지나치게 관대하게 적용했다.[9] (각각 carelessly, irresponsibly, selfishly가 되어야 한다. —옮긴이)

ain't. 사람들이 ain't에 눈살을 찌푸린다는 사실은 구태여 말할 필요도 없다. 아이들은 어려서부터 귀에 못이 박히도록 ain't를 금하는 경고를 듣기 때문에, 이런 줄넘기 노랫말까지 있다.

Ain't란 말은 쓰지 마, 아니면 엄마가 기절할 거야.

아빠가 페인트 통에 빠질 거야.

언니가 울 거야, 오빠가 죽을 거야.

강아지는 FBI를 부를 거야.

나는 규범적 규칙을 어겼을 때 어떤 일이 벌어질지 경고하는 이 시적인 노랫말이 바닷물이 해안선보다 높게 치솟아 온 지구의 육지를 잠기게 할 것이라던 드와이트 맥도널드의 경고보다 마음에 들지만, 그래도 둘 다 과장이기는 마찬가지이다. ain't는 원래 특정 지역과 하위 계층의 영어에서 비롯했다는 오명을 쓰고 있는데도, 또한 1세기 넘게 선생님들에게 악마 취급을 당해 왔는데도, 요즘도 여전히 잘나간다. 물론 ain't가 be, have, do의 표준 부정형 축약어로 버젓이 쓰인다는 말은 아니다. 그렇게까지 무신경한 작가는 없다. 그러나 분명 ain't에게는 그 타당성이 널리 인정되는 알맞은 장소가 몇 있다. 하나는 대중적인 노래 가사로, 이때 ain't는 발음이 더 거슬리는 데다가 중음절인 isn't, hasn't, doesn't를 대신해 간결하고 듣기 좋은 발음을 선사한다. It Ain't Necessarily So(꼭 그렇지만은 않아), Ain't She Sweet(그녀는 참 달콤하지 않나요), It Don't Mean a Thing (If It Ain't Got That Swing) (아무 의미도 없어 (스윙이 없다면)) 등이 그렇다. 또 다른 장소는 삶의 소박한 진실을 포착한 표현, 가령 If it ain't broke don't fix it(부러지지 않은 걸 구태여 고칠 필요는 없지), That ain't chopped liver(그건 절대 찬밥이 아냐), It ain't over till it's over(끝나기 전에는 끝난 게 아니다) 등이다. ain't를 이런 용도로 쓰는 것은 비교적 격식 있는 자리에서도 관찰되는데, 너무 뻔하기에 구태여 설명할 필요도 없는 사실을 강조할 때 마치 "상식이 눈곱만큼이라도 있는 사람이라면 다들 알겠지만" 하고 말하는 표현처럼 쓰인다. 20세기

후반 가장 영향력 있는 분석 철학자였던 힐러리 퍼트넘(Hilary Putnam)은 한 학술지에 「의미의 의미(The Meaning of Meaning)」라는 글을 발표한 적 있었다. 유명한 그 글의 한 대목에서, 퍼트넘은 자신의 주장을 이렇게 요약했다. "원하는 대로 얼마든지 나누시라. '의미'는 머릿속에 있는 게 아니니까! (Cut the pie any way you like, 'meanings' just ain't in the head!)" 내가 아는 한, 이 때문에 퍼트넘의 어머니가 의식을 잃거나 하지는 않았다.

and, because, but, or, so, also. 아이들은 문장을 접속사(나는 지금까지 등위 접속사라고 불렀다.)로 시작하는 것은 문법에 맞지 않는다고 배울 때가 많다. 왜냐하면 아이들이 가끔 문장을 단편적으로 쓰기 때문에. 그리고 언제 마침표를 찍어야 할지 잘 모르기 때문에. 그리고 언제 대문자를 써야 하는지도. 교사는 문장 나누는 법을 아이들에게 쉽게 가르칠 방법이 필요하기 때문에, and를 비롯한 접속사로 문장을 시작하는 것은 틀린 문법이라고 말해 버린다.

아이들에게 잘못된 정보를 가르치는 것이 교육학적으로 얼마나 장점이 있는지는 몰라도, 어른들에게는 좌우간 이 조언이 좋지 않다. 문장을 등위 접속사로 시작해서 안 될 것은 전혀 없다. 5장에서 보았듯이 and, but, so는 가장 자주 쓰이는 일관성 표지들이다. 만일 연결되는 절이 너무 길거나 복잡해서 하나의 거대한 문장에 끼워넣기 힘들다면, 얼마든지 이런 등위 접속사를 시작으로 삼아서 별도의 문장을 열어도 된다. 나도 이 책에서 and나 but으로 시작한 문장이 100개는 될 것이다. 일례로 "그리고 우리는 스트렁크와 화이트가 personalize(개인화하다), to contact(접촉하다), six people(여섯 사람)을 막는 데 얼마나 성공했는지도 익히 안다."라는 문장은 순수주의자들이 언어 변화를 막는 데 늘 실패해 왔다는 이야기를 여러 문장으로 늘어놓은 뒤 마무리로 덧붙인 문장이었다.

등위 접속사 because도 얼마든지 문장 첫머리에 올 수 있다. 가장 흔한 경우는 Because you're mine, I walk the line(당신이 내 사람이기 때문에, 나는 제대로 살고 있어)처럼 설명구가 주절 앞으로 옮겨진 경우이다. 또 because는 왜냐는 질문에 대한 답을 알려주는 단독절을 열 수도 있다. 이때 질문은 Why can't I have a pony? Because I said so(왜 전 망아지를 못 갖죠? 내가 안 된다고 했으니까)처럼 명시적일 때도 있고, 아니면 연관된 일련의 문장들이 하나의 설명을 요구하는 경우처럼 암묵적일 때도 있는데, 후자의 경우에는 작가가 그 설명을 because로 시작되는 단독된 절로 제시하게 된다. 알렉산드르 솔제니친(Alexandr Solzhenitsyn)이 20세기 집단 학살 폭군들을 고찰한 다음 예문이 그렇다.

Macbeth's self-justifications were feeble — and his conscience devoured him. Yes, even Iago was a little lamb too. The imagination and the spiritual strength of Shakespeare's evildoers stopped short at a dozen corpses. Because they had no *ideology*. (맥베스의 자기 정당화는 미약했다. 그리고 그의 양심이 그를 집어삼켰다. 그렇다, 이아고마저도 실은 순한 새끼

양에 지나지 않았다. 셰익스피어의 악당들이 품었던 상상력과 정신력은 겨우 10여 구의 시체로 끝났다. 그들에게는 이데올로기가 없었기 때문에.)

between you and I. 흔히 들을 수 있는 이 표현은 종종 극악한 문법 실수로 지목된다. 나는 4장에서 Give Al Gore and I a chance to bring America back(앨 고어와 내게 미국을 되찾을 기회를 주십시오)라는 문장을 예로 들면서 이유를 설명했다. 우리가 분지도 논리를 엄밀하게 적용하자면, 아무리 복잡한 구라도 분지도가 같되 더 단순한 구와 똑같이 행동해야 한다. between 같은 전치사의 목적어는 대격이어야 하므로, 우리는 between us(우리 사이에)나 between them(그들 사이에)이라고 말할 수는 있어도 between we나 between they라고는 말할 수 없다. 그리고 앞의 논리에 따르면 등위 관계의 두 명사가 모두 대격이어야 하므로, between you and me(너와 나 사이에)라고 말해야 옳다. between you and I라는 표현은 과잉 교정인 것 같다. 아마 Me and Amanda are going to the mall(나랑 어맨다는 쇼핑몰에 갈 거야) 같은 문장을 지적받았던 사람들이 그런 실수를 피하려면 me and X나 X and me라고 말하지 말고 늘 X and I라고 말하라는 편법적인 조언을 마음에 새긴 탓일 것이다.

그러나 사실 between you and I가 실수라는 믿음은 재고할 필요가 있다. 이 구가 과잉 교정이라는 해석도 마찬가지이다. 충분히 많은 신중한 작가와 화자가 구문론의 명령을 지키지 못하는 경우, 이것은 문제가 그 작가들이 아니라 이론이라는 뜻일 수도 있다.

등위 관계 구는 희한한 존재라, 다른 영어 구문에서는 잘만 적용되는 분지도 논리가 여기에서는 적용되지 않는다. 대개의 구에는 핵어, 즉 구의 성격을 결정 짓는 하나의 단어가 있다. The bridge to the islands(섬들로 가는 다리)의 핵어는 bridge이고, 이것은 단수 명사이므로, 우리는 이 구를 명사구라고 부르고, 이 구가 어느 특정한 다리를 지칭한다고 해석하고, 이 구를 단수로 취급한다. The bridge to the islands is crowded(섬들로 가는 다리는 붐빈다)라고 말해야지 are crowded라고 말해서는 안 된다는데 모두가 동의하는 까닭이다. 등위 관계 구는 다르다. 등위 관계 구는 핵어가 없고, 구의 어느 성분과도 구 전체를 등치할 수 없다. The bridge and the causeway(다리와 둑길)이라는 등위 관계 구에서 첫 명사구 the bridge는 단수이고, 두 번째 명사구 the causeway도 단수이지만, 등위 관계 구 전체는 복수이다. 따라서 The bridge and the causeway are crowded(다리와 둑길은 붐빈다)라고 말해야지, is crowded라고 말해서는 안 된다.

어쩌면 격도 마찬가지인지 모른다. 등위 관계 구 전체에 적용되는 격이 구의 일부 성분에 적용되는 격과 반드시 같으란 법은 없는 것이다. 우리가 글을 쓰면서 분지도 논리를 적용하려고 할때, 우리는 어떻게든 부분과 전체를 조화시키려고 이마를 찌푸리며 애쓴다. 하지만 등위 관계 구는 핵어가 없기 때문에 우리가 문법적 직관으로부터 그 조화를 알아낼 수는 없고, 따라서 늘 일관되게 조화를 지킬 줄 아는 사람은 극히 드물다. 아무리 성실한 화자라도 Give Al Gore and I a chance 혹은 between you and I라고 말할 수 있는 것이다. 『케임브리지 영문법』에 따르면, 현대 영어에서 많은 화자는 등위 접속사 and 뒤에 I나 he 같은 주격 대명사를 허용하는 규칙을 받아들인다. 그리고 and 앞에 대격 대명사를 허용하는 화자—Me and Amanda are going to the mall이라고 말하는 사람들이다.—는 그것보다 더 많다. 이 선호는 자연스럽다. 대격은 영어에서 기본 설정에 해당하는 격이기 때문이다. 대격은 다양한 맥락(가령 Me!? 같은 외마디 감탄사로도 쓰인다.)에 등장하고, 그보다 더 선택적인 주격이나 속격이 미리 차지하지 않은 자리라면 거의 어디서든 등장한다.

여러분은 분지도 분석을 철통같이 적용하는 표준 규범적 권고가 더 논리적이고 우아하다고 생각할 수도 있다. 우리가 모두 그 권고를 좀 더 열심히 이행해 언어를 좀 더 일관되게 만들어야 한다고 생각할 수도 있다. 하지만 등위 관계 구에서라면 그것은 영영 이룰 수 없는 꿈에 불과하다. 구 전체의 문법적 수가 그 속에 든 명사들의 수와 다를뿐더러 가끔은 등위 관계 구의 수와 인칭을 분지도에서 결정할 수 없을 때도 있다. 아래 네 쌍의 문장 중 어느 쪽이 옳을까?[10]

Either Elissa or the twins are sure to be there.	Either Elissa or the twins is sure to be there.	(엘리사 혹은 쌍둥이 둘 중 하나가 틀림없이 거기에 있다.)
Either the twins or Elissa is sure to be there.	Either the twins or Elissa are sure to be there.	(쌍둥이 혹은 엘리사 둘 중 하나가 틀림없이 거기에 있다.)
You mustn't go unless either I or your father comes home with you.	You mustn't go unless either I or your father come home with you.	(나나 네 아빠 둘 중 하나가 너와 함께 귀가하지 않는 한, 넌 가서는 안 돼.)
Either your father or I am going to have to come with you.	Either your father or I is going to have to come with you.	(네 아빠나 나 둘 중 하나가 너와 함께 가야 해.)

분지도를 아무리 따져 봐도 소용없을 것이다. 글쓰기 안내서들 조차 두 손을 들고, 작가들에게 왼쪽 예문들처럼 단어열에서 동사와 가장 가까운 명사구에 동사를 일치시키라고 권한다. 요컨대 등위 관계 구는 핵어가 있는 여느 구의 논리를 따르지 않는 것이다. 물론 between you and I 같은 표현은 많은 독자를 거슬리게 할 테니 피하라는 조언은 타당하지만, 그렇다고 해서 그것이 극악무도한 실수는 아니다.

can 대 may. 다음 만화는 흔한 두 법조동사를 구별하는 전통적 규칙을 보여 준다. 최소한 오맬리 씨는 아이가 can으로 요청했을 때 어른들이 보통 하는 대답, "You can, but the question is, may you? (해도 좋아, 하지만 질문은, 메이로 해 줄래?)"라고 대답하지는 않았다. 내 동료 중 한 사람은 어릴 때 Daddy, can I ask you a question?(아빠, 질문 하나 해도 돼요?)라고 물으면 아버지의 대답은 늘 You just did, but you may ask me another(방금 했잖니, 하지만 하나 더 물어도 된단다)였다고 회상한다.

만화의 청년이 어리둥절한 것처럼, can(능력 혹은 가능성)과 may(허락)의 전통적 구별은 전혀 확연하지 않다. 문법 깐깐이들조차 자신의 확신에 자신이 없을 때가 많다. 어법 지침서를 쓴 한 전문가는 책의 한 대목에서 이 둘을 꼭 구별해야 한다고 우겼으면서 다른 대목에서는 그만 스스로 규칙을 어기고 어떤 동사는

"오맬리 씨, 에다하고 제가 점심을 먹으려고 하는데요⋯⋯. 이 참치 캔 따도 되나요?"

"허락을 요청할 때는 'can'이 아니라 'may'를 써야지."

"이 참치 '메이' 따도 되나요?"

"can only be followed by for(for 뒤에만 올 수 있다)"라고 적었다.[11] (잡았다! 여기서는 may를 썼어야 한다.) 거꾸로, may는 허락이 아니라 가능성을 뜻하는 용도로 흔히 아무렇지도 않게 쓰인다. 가령 It may rain this afternoon(오늘 오후에 비가 올 수도 있다)처럼.

격식 있는 글에서는 허락을 구할 때 may를 선호하는 경향이 있기는 하다. 하지만 오맬리 씨가 암시하듯이, may가 선호되는 것은 남에게 허락을 구할 때(혹은 내줄 때)뿐이지 그 사실을 그냥 말할 때는 아니다. Students can submit their papers anytime Friday(학생들은 보고서를 금요일에 아무 때나 제출해도 된다)라는 말은 한 학생이 다른 학생에게 하는 말일 수 있겠지만, Students may submit their papers anytime Friday(학생들은 보고서를 금요일에 아무 때나 제출해도 좋다)라는 말은 교수가 방침을 선언하는 말처럼 들린다. 대부분의 글은 허락을 내주는 것도 구하는 것도 아니니까 보통은 구별할 필요가 없고, 따라서 두 단어를 거의 동등하게 바꿔 써도 좋다. (혹은 된다.)

현수 수식어. 다음 문장들에 문제가 있다고 생각하는가?

Checking into the hotel, it was nice to see a few of my old classmates in the lobby. (호텔에 체크인하면서, 로비에서 옛날 급우를 몇 명 만난 것이 반가운 일이었다.)

Turning the corner, the view was quite different. (모퉁이를 도니, 경치가 아주 달랐다.)

Born and raised in city apartments, it was always a marvel to me. (도시의 아파트에서 나고 자라서, 그것은 늘 내게 놀라움으로 느껴졌다.)

In order to contain the epidemic, the area was sealed off. (전염병을 저지하기 위해서, 일대가 봉쇄되었다.)

Considering the hour, it is surprising that he arrived at all. (시간을 고려하면, 그가 아무튼 도착했다는 것은 놀라운 일이다.)

Looking at the subject dispassionately, what evidence is there for this theory? (그 주제를 냉철하게 살펴보면, 이 이론을 지지하는 무슨 증거가 있는가?)

In order to start the motor, it is essential that the retroflex cam connecting rod be disengaged. (모터를 켜려면, 뒤로 굽은 연결봉이 반드시 떼어 내어져야 한다.)

To summarize, unemployment remains the state's major economic and social problem. (요약하자면, 실업은 여전히 국가적으로 제일 중요한 경제 및 사회 문제이다.)

옛 '현수 수식어(dangling modifier)' 규칙에 따르면, 이 예문들은 문법이 틀렸다. (이 규칙은 가끔 '현수 분사(dangling participle)', 즉 −ing로 끝나는 동사 동명사형이나 보통 −ed 혹은 −en으로 끝나는 수동형에 적용되는 규칙이라고 불릴 때도 있지만, 앞의 예문들에는 그 외에 부정사형 수식어도 포함되어 있다.) 이 규칙에 따르면, 수식어의 함축된 주어는(체크인하고, 돌고, 기타 등등을 한 행위자는) 주절의 드러난 주어와(it(그것),

the view(경치) 등과) 같아야 한다. 앞의 예문들의 경우 대부분의 교정자는 주절을 다시 써서, 수식어가 붙기에 적절한 주어(밑줄 친 단어)로 바꿔 준다.

Checking into the hotel, I was pleased to see a few of my old classmates in the lobby. (호텔에 체크인하면서, 나는 로비에서 옛날 급우를 몇 명 만나서 반가웠다.)

Turning the corner, I saw that the view was quite different. (모퉁이를 도니, 나는 아주 다른 경치를 보게 되었다.)

Born and raised in city apartments, I always found it a marvel. (도시의 아파트에서 나고 자라서, 나는 그것이 늘 놀랍게 느껴졌다.)

In order to contain the epidemic, authorities sealed off the area. (전염병을 저지하기 위해서, 당국이 일대를 봉쇄했다.)

Considering the hour, we should be surprised that he arrived at all. (시간을 고려하면, 우리는 그가 아무튼 도착했다는 것을 놀랍게 여겨야 한다.)

Looking at the subject dispassionately, what evidence do we find for this theory? (그 주제를 냉철하게 살펴보면, 우리는 이 이론을 지지하는 무슨 증거를 찾을 수 있는가?)

In order to start the motor, one should ensure that the retroflex cam connecting rod is disengaged. (모터를 켜려면, 작업자는 뒤로 굽은 연결봉을 반드시 떼어 내어야 한다.)

To summarize, we see that unemployment remains the state's major economic and social problem. (요약하자면, 우리는 실업이 여전히 국가적으로 제일 중요한 경제 및 사회 문제임을 알 수 있다.)

신문 칼럼에는 이런 구조를 지적하도록 훈련받은 옴부즈맨이나 편집장이 가려낸 '실수'를 사과하는 말이 늘 실린다. 현수 수식어는 무척 흔하다. 마감에 쫓기는 기자들의 글뿐 아니라 유명한 작가들의 글에도 흔하다. 이런 구조가 편집된 글에 종종 나타나고 신중한 작가들마저 쉽게 받아들인다는 점을 고려하면, 두 가지 결론이 가능하다. 현수 수식어가 유난히 음흉한 문법 실수이므로 작가들이 민감한 레이더를 발달시켜야 한다는 결론, 그리고 이것이 아예 실수가 아니라는 결론이다.

옳은 결론은 두 번째이다. 어떤 현수 수식어는 피해야 하지만, 그렇다고 해서 그것이 문법 실수는 아니다. 현수 수식어의 문제는 주어가 본질적으로 모호하기 때문에 가끔 문장이 본의 아니게 독자를 잘못된 길로 이끈다는 점이다. 글쓰기 지침서들은 그처럼 의도와는 달리 우스꽝스러운 해석을 낳는 현수 수식어 사례들을 많이 소개하는데(혹은 지어내는데), 리처드 레더러(Richard Lederer)의 『고통 받는 영어(*Anguished English*)』에서 인용한 예문들이 그렇다.

Having killed a man and served four years in prison, I feel that Tom Joad is ripe to get into trouble. (사람을 죽이고 4년 동안 옥살이를 했으니,

나는 톰 조드가 말썽쟁이임을 알 수 있다.)

Plunging 1,000 feet into the gorge, we saw Yosemite Falls. (협곡으로 1,000피트나 낙하하는 동안, 우리는 요세미티 폭포를 감상했다.)

As a baboon who grew up wild in the jungle, I realized that Wiki had special nutritional needs. (야생의 정글에서 자란 개코원숭이라서, 나는 위키 에게는 특별한 영양 섭취가 필요하다는 것을 깨달았다.)

Locked in a vault for 50 years, the owner of the jewels has decided to sell them. (50년 동안 금고에 갇혀 있어서, 주인은 그 보석들을 팔기로 결정했 다.)

When a small boy, a girl is of little interest. (어린 남자아이일 때, 여자아이 는 별 흥미가 없는 법이다.)

이 문제는 주어 통제라는 문법 규칙을 어긴 경우로 ─ 잘 못 ─ 진단하기가 쉽다. 주어 없는 보어를 취하는 대개의 동사는, 가령 Alice tried to calm down(앨리스는 진정하려고 애썼다)에서 try 같은 동사는 드러난 주어와 사라진 주어가 반드시 같아야 한 다는 규칙을 따른다. 우리는 이 문장을 '앨리스는 앨리스가 진정 하도록 만들려고 애썼다.'라고 해석해야 하지, '앨리스는 다른 누 군가가 진정하도록 만들려고 애썼다.' 혹은 '앨리스는 모두가 진 정하도록 만들려고 애썼다.'라고 해석해서는 안 된다. 그러나 수 식어 구가 있는 경우에는 이 규칙이 적용되지 않는다. 사라진 수 식어 주어는 독자가 문장을 읽을 때 채택하는 시점의 소유자와 동일한데, 그 소유자가 대개 주절의 문법 주어이기는 해도 꼭 그래야만 하는 것은 아니다. 이 문제는 문법 위반의 문제라기보다는 4장의 예문들과 비슷한 애매함의 문제이다. 50년 동안 금고에 갇혀 있었던 보석 주인은 네 교수와 함께하는 섹스에 관한 패널, 아무런 자격 조건이 없는 지원자에 대한 추천과 같은 경우인 셈이다.

이른바 현수 분사 중 일부는 아무런 문제 없이 용납된다. according(~에 따라), allowing(~를 허용해도), barring(~이 없다면), concerning(~에 관해), considering(~를 감안해), excepting(~를 빼고), excluding(~를 제외하고), failing(~가 실패하면), following(~에 이어서), given(~를 고려해), granted(~를 인정해도), including(~를 포함해), owing(~에 기인해), regarding(~에 관해), respecting(~에 대해) 등등 많은 분사가 전치사로 변했고, 이런 분사에는 주어가 필요 없다. 이런 현수 분사를 피하려고 주절에 we find(우리는 ~를 확인했다)나 we see(우리는 ~를 깨달았다) 따위를 넣으면 문장이 고루해지고, 지나치게 자의식적으로 보인다. 좀 더 일반적으로, 앞 예문에서 To summarize(요약하자면)이나 In order to start the motor(모터를 켜려면)처럼 함축된 수식어의 주어가 작가나 독자인 경우에는 현수 수식어를 써도 괜찮다. 또 주절의 주어가 it이나 there 같은 허수아비 주어일 때는 현수 분사 주어와 같아야 한다는 생각이 떠오르지 않기 때문에 독자도 그냥 슥 넘어간다.

수식어 주어와 주절 주어가 일치하도록 문장을 다시 쓸 것인가 말 것인가 하는 결정은 판단의 문제일 뿐 문법의 문제는 아니다. 물론 무신경하게 방치된 현수 수식어는 독자를 헷갈리게 만들거나 읽는 속도를 늦출 수 있고, 가끔은 우스꽝스러운 해석으로 꾀어 들일 수도 있다. 그리고 많은 독자가 현수 수식어를 잘못으로 지적하도록 교육받았기 때문에, 설령 잘못 해석될 위험이 없는 경우라도 그것을 놓아두는 작가는 칠칠맞지 않다는 평가를 받을 위험이 있다. 그러니 격식 있는 글을 쓸 때는 현수 수식어를 유심히 찾아보고 눈에 거슬리는 것을 수정하는 전략도 나쁘지 않다.

접합된 분사(소유형으로 표시된 동명사). 당신은 She approved of Sheila taking the job?(그녀는 실라가 그 일자리를 맡는 것을 승인했어?)이라는 문장에서 문제를 느끼는가? 그 대신 She approved of Sheila's taking the job?이라고 써서 동명사(taking)의 주어(Sheila's)를 속격으로 표시해야 한다고 생각하는가? 당신은 동명사의 주어를 표시하지 않은 첫 번째 문장이 갈수록 자주 보이는 현상은 오늘날 나태해진 문법의 징후라고 여길지도 모른다. 만일 그렇다면, 당신은 이른바 '접합된 분사(fused participle)'라는 가짜 규칙의 희생자이다. (이 용어를 만든 것은 파울러로, 그는 분사 taking이 명사 Sheila에 잘못 접합되어서 Sheila-taking이라는 잡종 단어를 만들어 냈다는 뜻으로 이 말을 썼다. 그의 이론은 말이 안 되지만, 용어는 살아남았다.) 사실 주어가 표시되지 않은 동명사는 역사적으로 더 이른 형태였고, 예전부터 최고의 작가들이 써 왔으며, 완벽하게 관용적인 표현이다. 분사를 접합시키지 않으면 오히려 문장이 어색하거나 가

식적일 수 있다.[12]

Any alleged evils of capitalism are simply the result of people's being free to choose. (자본주의의 악덕이라고들 말하는 것은 모두 그저 사람들이 자유롭게 선택한 결과이다.)

The police had no record of my car's having been towed. (경찰에는 내 차가 견인된 기록이 없었다.)

I don't like the delays caused by my computer's being underpowered. (내 컴퓨터가 성능이 달려서 지연이 빚어지는 것이 싫다.)

The ladies will pardon my mouth's being full. (숙녀들은 내 입이 음식으로 가득 찬 걸 양해해 줄 것이다.)

접합을 피하는 것이 아예 어려울 때도 있다. 접합을 피한 다음 예문들은 이상하게 들린다.

I was annoyed by the people behind me in line's being served first. (나는 줄에서 내 뒤에 선 사람들이 먼저 음식을 받는 것에 짜증이 났다.)

You can't visit them without Ethel's pulling out pictures of her grandchildren. (그들의 집을 방문하기만 하면 반드시 에설이 손자들의 사진을 꺼내는 걸 겪게 된다.)

What she objects to is men's making more money than women for the same work. (그녀가 반대하는 것은 똑같은 일을 하는데도 남자가 여자보다 돈

을 더 많이 받는 현상이다.)

Imagine a child with an ear infection who cannot get penicillin's losing his hearing. (아이가 귀가 감염되었지만 페니실린을 쓸 수 없어서 청력을 잃는 걸 상상해 보라.)

앞 예문들에서 's를 지워서 가령 I was annoyed by the people behind me in line being served first라고 말해도 완벽하게 괜찮은 문장이다. 『아메리칸 헤리티지 사전』어법 패널의 대다수는 이른바 접합된 분사를 받아들인다. 앞과 같은 복잡한 문장들에서만이 아니라 I can understand him not wanting to go(그가 가기 싫어하는 것을 나는 이해할 수 있다)처럼 단순한 문장에서도. 같은 문장을 토씨 하나 안 바꾸고 수십 년 동안 제시해 온 어법 패널 설문에서, 이 용례를 인정하는 응답자 비율은 과거에서 현재로 올수록 늘었다.

그렇다면 작가는 어떻게 선택해야 할까? 두 형태에 별다른 의미 차이는 없는 듯하므로, 선택은 주로 스타일에 달려 있다. 속격 주어(I approve of Sheila's taking the job)는 격식 있는 글에 어울리고, 속격 표시 없는 주어(I approve of Sheila taking the job)는 격식 없는 글과 말에 어울린다. 문법 주어의 성질도 중요하다. 앞의 어색한 예문들을 보면, 주어가 길고 복잡할 때는 속격을 표시하지 않는 편이 낫다는 걸 알 수 있다. 반면 주어가 대명사처럼 단순한 경우는 가령 I appreciate your coming over to help(네가 와서 도와주면 고맙겠어)처럼 속격을 써도 보기 좋다. 두 형태가 초점이 살짝 다르다고 느끼는 작가들도 있다. 문장의 초점이 사건 전체일 때, 즉 개념적으로 하나로 뭉쳐진 상황 전체일 때는 속격 주어가 더 낫게 느껴진다. 만일 실라가 그 일자리를 얻는다는 사실이 사전에 이미 언급되었다면, 그리고 지금 우리는 (실라에게만이 아니라 회사와 실라의 친구들과 가족들 모두에게) 그 사실이 좋으냐 나쁘냐를 논하는 것이라면, 나는 I approve of Sheila's taking the job라고 말할 것 같다. 반면 문장의 초점이 주어에 있고 그 주어가 앞으로 취할 수 있는 행동에 있다면, 가령 내가 실라의 친구여서 실라가 학교에 남아야 하느냐, 일자리를 받아들여야 하느냐 하는 문제를 놓고 그동안 실라에게 조언을 해 온 처지라면, 이때는 I approve of Sheila taking the job이라고 말할 것 같다.

if-then. 다음 문장들은 어딘지 살짝 이상하다. 하지만 정확히 어디가 이상할까?

If I didn't have my seat belt on, I'd be dead. (만약 내가 안전띠를 매지 않았다면, 나는 죽었을 것이다.)

If he didn't come to America, our team never would have won the championship. (만약 그가 미국으로 오지 않았다면, 우리 팀은 결코 우승하지 못했을 것이다.)

If only she would have listened to me, this would never have happened. (그녀가 내 말을 들었더라면, 이 일은 결코 벌어지지 않았을 텐데.)

조건문(if와 then이 나오는 문장을 말한다.)은 어떤 시제나 법이나 조동사를 써도 좋은가 하는 문제에, 특히 had와 would의 쓰임에 당황스럽도록 까다롭게 구는 듯하다. 다행히 깔끔한 조건문을 쓰도록 해 주는 공식이 있고, 여러분도 일단 두 가지 사항을 구별할 줄 알게 되면 공식을 똑똑히 이해할 수 있을 것이다.

첫 번째 구별할 사항은 영어에는 두 종류의 조건문이 있다는 점이다.[13]

> If you leave now, you will get there on time. (네가 지금 떠나면, 제시간에 거기 도착할 거야.) [열린 가능성의 조건문]
>
> If you left now, you would get there on time. (네가 지금 떠난다면, 제시간에 거기 도착할 수 있을 텐데.) [희박한 가능성의 조건문]

첫 번째 문장은 열린 가능성의 조건문이라고 불리는데, '열린 가능성(an open possibility)'이라는 표현에서 딴 이름이다. 이 조건문은 글쓴이가 불확실하게 여기는 상황을 뜻하며, 독자에게 그 상황에 관해 나름대로 결론을 끌어내거나 예측을 해 보라고 권한다. 다음은 두 가지 다른 예문이다.

> If he is here, he'll be in the kitchen. (그가 만약 여기 있다면, 아마 부엌에 있었을 거야.)
>
> If it rains tomorrow, the picnic will be canceled. (내일 비가 오면, 소풍이

취소될 거야.)

이런 조건문에서는, 아무렇게나 써도 된다. if-절과 then-절에 거의 아무 시제든 다 써도 된다. 문제의 사건이 벌어지거나 발견된 시점에만 신경 써서 시제를 고르면 된다.

두 번째 조건문이 희박한 가능성의 조건문이라고 불리는 것은 '희박한 가능성(a remote possibility)'이라는 표현에서 딴 것이다. 이 조건문은 사실에 반하거나, 가능성이 몹시 작거나, 비현실적이거나, 가상으로 꾸며 본 세상을 가리킨다. 글쓴이는 그 상황이 사실일 가능성이 없다고 생각하지만, 그래도 그 의미를 살펴볼 가치는 있다고 여긴다.

If I were a rich man, I wouldn't have to work hard. (만약 내가 부자라면, 일을 열심히 안 할 텐데.)

If pigs had wings, they would fly. (만약 돼지에게 날개가 있다면, 녀석들도 날 수 있을 텐데.)

까다로운 것은 바로 이 희박한 가능성의 조건문이다. 그러나 이 조건문의 요구 사항이 그렇게까지 제멋대로는 아니다. 공식은 이렇다. if-절에는 과거 시제 동사가 와야 하고, then-절에는 would 혹은 could, should, might 같은 조동사가 와야 한다. 우리가 전형적인 이중 would 조건문(다음 왼쪽 문장)에서 if-절을 과거 시제로 바꾸면, 문장이 좀 더 세련되게 들린다.

If only she would have listened to me, this would never have happened.	If only she had listened to me, this would never have happened.	(그녀가 내 말만 들었다면, 이 일은 결코 벌어지지 않았을 텐데.)

왼쪽 문장의 문제는 would have가 if-절에는 속하지 않고 then-절에만 속하는 표현이라는 점이다. 조건문의 would가 하는 일은 가상 세상에서 벌어질 일을 설명하는 것일 뿐, 그 세상을 가정하는 일은 하지 않는다. 가정을 세우는 일은 엄격히 따져서 if-절의 과거 시제 동사가 맡는 역할이다. 덧붙이자면, 이 규칙은 비단 if-then 조건문만이 아니라 모든 형태의 반사실적 조건문에 일반적으로 적용된다. 다음 예문에서 오른쪽이 더 낫게 들리지 않는가?

I wish you would have told me about this sooner.	I wish you had told me about this sooner.	(네가 나에게 이 일을 더 일찍 말해 줬으면 좋았을 텐데.)

이제 이 공식의 논리를 알아보자. 내가 if-절은 과거 시제여야 한다고 말했을 때, 그것은 **과거 시간**(past time)을 뜻하는 말은 아니었다. '과거 시제(past tense)'란 영어에서 동사가 취할 수 있

는 한 형태를 가리키는 문법 용어이다. 보통 동사에 -ed를 더한 형태이거나 불규칙 동사라면 make-made, sell-sold, bring-brought 같은 변형 형태를 가리킨다. 대조적으로 '과거 시간'은 화자가 문장을 말하거나 쓰는 시점보다 이전에 벌어졌던 사건을 가리키는 의미론적 개념이다. 영어에서 과거 시제는 보통 과거 시간을 뜻하는 데 쓰이지만, 그것과는 다른 두 번째 의미로도 쓰일 수 있다. 바로 **가능성이 희박한 사실**(factual remoteness)을 뜻하는 용도이다. 과거 시제가 if-절에서 뜻하는 것이 바로 이 의미이다. If you left tomorrow, you'd save a lot of money(만약 네가 내일 떠난다면, 돈을 많이 아낄 수 있을 텐데)라는 문장을 생각해 보자. 여기서 동사 left는 과거에 벌어진 사건을 가리키는 말일 수 없다. 문장에 버젓이 "내일"이라는 단어가 있으니까. 그래도 과거 시제를 쓴 것은 괜찮은데, 왜냐하면 (사실일 가능성이 희박한) 가상 사건을 가리키기 때문이다.

(덧붙이자면, 흔한 영어 동사 중 99.98퍼센트는 과거 시제 형태 하나로 과거 시간과 희박한 가능성을 둘 다 뜻한다. 그러나 단 하나의 동사만은 희박한 가능성을 뜻할 때 특수한 형태를 취하는데, 바로 be이다. If I was와 If I were는 뜻이 구별된다. 이 이야기는 가정법을 다룰 때 다시 하겠다.)

조건문의 두 번째 부분인 then-절, 조동사 would, could, should, might가 와야 하는 이 부분은 어떻게 쓰면 될까? 사실 이 조동사들의 처지는 if-절의 동사의 처지와 같다. 이 조동사들도 과거 시제를 써서 가능성이 희박한 사실을 뜻하고 있다. 이때 단서는 조동사 끝에 붙은 d나 t인데, would는 will의 불규칙 과거 시제이고 could는 can의 과거 시제, should는 shall의 과거 시제, might는 may의 과거 시제일 뿐이다. 현재 시제로 쓴 열린 가능성의 조건문과 과거 시제로 쓴 희박한 가능성의 조건문을 비교하면 차이를 확실히 알 수 있다.

If you leave now, you <u>can</u> get there on time.	If you leave now, you <u>could</u> get there on time.	(만약 네가 지금 나선다면, 거기에 제때 도착할 수도 있을 텐데.)
If you leave now, you <u>will</u> get there on time.	If you leave now, you <u>would</u> get there on time.	(만약 네가 지금 나선다면, 거기에 제때 도착할 텐데.)
If you leave now, you <u>may</u> get there on time.	If you leave now, you <u>might</u> get there on time.	(만약 네가 지금 나선다면, 거기에 제때 도착할지도 모르는데.)
If you leave now, you <u>shall</u> get there on time.	If you leave now, you <u>should</u> get there on time.	(만약 네가 지금 나선다면, 거기에 제때 도착하게 될 텐데.)

따라서 희박한 가능성의 조건문 규칙은 생각보다 단순한 셈이다. if-절의 동사는 어떤 가상 상황을 설정하고, then-절의 법조동사는 그 상황에서 어떤 일이 벌어질지를 알아본다. 두 절 모두 과거

시제를 써서 '가능성이 희박한 사실'이라는 뜻을 전달하고 있다.

세련된 조건문을 쓸 때 고려할 사항이 하나 더 있다. 조건문에는 왜 had라는 동사 형태가 자주 나올까? 가령 If I hadn't had my seat belt on, I'd be dead(만약 내가 안전띠를 매지 않았다면, 난 죽었을 거야)가 If I didn't have my seat belt on, I'd be dead보다 더 낫게 들리지 않나? 핵심은 if-절이 가리키는 사건이 정말로 **과거에** 벌어졌던 사건일 때는 had가 나온다는 것이다. 기억하겠지만, 희박한 가능성의 조건문에서 if-절은 과거 시제를 쓰기는 해도 과거 시간과는 관계가 없다. 그런데 우리가 희박한 가능성의 조건문에서 정말로 과거 시간에 벌어졌던 사건을 말하고 싶다면, 과거 시제의 과거 시제를 써야 하는 셈이다. 이 과거의 과거를 과거 완료 시제라고 부르고, 조동사 had를 붙여서 I had already eaten(난 벌써 먹었어)처럼 쓴다. 그러니 if-절이 말하는 가상 상황의 시점이 글 쓰는 시점보다 앞설 경우, if-절은 과거 완료 시제가 되어야 한다. If you had left earlier, you would have been on time(만약 네가 더 일찍 나섰다면, 넌 제때 갈 수 있었을 텐데)처럼.

조건문의 규칙은 완벽하게 논리적이지만, 잘 따르기는 쉽지 않다. 사람들이 과거 시간을 뜻하는 if-절에서 had를 빼먹는 경우도 있지만, 거꾸로 had를 너무 많이 써서 벌충하려고 드는 경우도 있다. If that hadn't have happened, he would not be the musician he is today(만약 그 일이 벌어지지 않았다면, 그는 오늘날과 같은 음악가가 되지 못했을 거야) 같은 문장이 그렇다. 이런 과잉 교정을 가끔 과거 과거 완료라고도 부른다. have는 한 번이면 충분하므로, 이 문장은 If that hadn't happened로 고쳐야 한다.

like, as, such as. 옛날 옛적 라디오와 텔레비전에서 담배 광고가 흘러나오던 드라마 「매드맨(Mad Men)」의 시절, 담배 브랜드들은 저마다 슬로건이 있었다. "I'd walk a mile for a Camel. (카멜을 위해서라면 1마일이라도 걷겠다.)" "Lucky Strike means fine tobacco. (좋은 담배의 이름 럭키스트라이크.)" "Come to where the flavor is. Come to Marlboro Country. (풍미가 있는 곳으로 오세요. 말버러의 땅으로 오세요.)" 그중에서도 가장 악명 높은 슬로건은 이것이었다. "Winston tastes good, like a cigarette should. (윈스턴은 맛이 좋습니다, 담배라면 그래야 하듯이.)"

악명은 담배 회사가 귀에 착 붙는 시엠송을 써서 사람들을 발암 물질에 중독시켰다는 사실에서 오지 않았다. 시엠송에 문법 실수가 있다고 여겨진 것이 문제였다. 비난자들의 말에 따르면, like는 전치사라서 목적어로 명사구만 취할 수 있다. Crazy like a fox(여우처럼 교활한)이나 like a bat out of hell(지옥에서 나오는 박쥐처럼 쏜살같이)처럼. 《뉴요커》는 회사의 실수를 비웃었고, 오그던 내시(Ogden Nash)는 이 주제로 시를 썼고, 월터 크롱카이트(Walter Cronkite)는 방송에서 슬로건 읽기를 거부했으며, 스트렁크와 화이트는 무식한 문장이라고 선언했다. 그들은 입을 모아 저 슬로건은 "Winston tastes good, **as** a cigarette should"라고 고쳐야 한다고 말했다. 그러나 광고 대행사와 담배 회사는 공짜 홍보에 반색했고, 후렴구를 만들어 실수를 고백하며 그저 좋아라 했다. "What do you want, good grammar or good taste? (뭘 원하십니까, 좋은 문법 아니면 좋은 맛?)"

어법을 둘러싼 많은 논쟁이 그렇듯이, like a cigarette should 를 둘러싼 난리법석은 문법 실력 부족과 역사에 대한 무지 탓이 다. 우선, like가 전치사이고 보통 보어로 명사구를 취한다고 해 서 절을 보어로 취할 수 없다는 뜻은 아니다. 4장에서 보았듯이 after나 before 같은 많은 전치사가 둘 다 보어로 취할 수 있으므 로, like가 접속사냐 아니냐 하는 문제는 논점을 벗어난 소리이 다. 설령 like가 전치사라도 그 뒤에 절이 올 수 있다.

더 중요한 점은, 광고에서 like를 절과 함께 사용한 방식이 최 근 등장한 문법 타락이 아니라는 것이다. 이 조합은 영어권에서 600년 내내 쓰였고, 19세기 들어 특히 미국에서 더 자주 쓰이게 되었다. 이 조합은 많은 훌륭한 작가들(셰익스피어, 찰스 디킨스, 마크 트웨인, H. G. 웰스, 윌리엄 포크너)의 문학 작품에 쓰였으며, 순수주 의자들의 레이더까지 슬쩍 통과해 그들이 쓴 글쓰기 책에도 등장 하고는 했다. 이 사실은 순수주의자들도 인간이라 실수를 저지르 기 마련이라는 점을 보여 주는 것이 아니다. 실수라고들 하는 표 현이 실수가 아님을 보여 줄 뿐이다. R. J. 레이놀즈 담배 회사는 저지르지도 않은 죄를 고백한 셈이었다. 그들의 슬로건은 문법에 완벽하게 맞았다. 작가들은 like와 as 중 아무거나 써도 된다. 단

as가 좀 더 격식 있게 들린다는 점, 그리고 맛있는 담배 윈스턴 논쟁이 문법 전쟁에서 워낙 상징적인 전투이기 때문에 실제로는 문제가 없는데도 독자들은 글쓴이가 실수했다고 착각할 수도 있다는 점을 염두에 두라.

연관된 또 다른 미신으로 많은 교정자가 가차 없이 적용하는 규칙이 있으니, 사례를 나열할 때는 like를 쓰면 안 된다는 규칙이다. 가령 교정자들은 Many technical terms have become familiar to laypeople, like 'cloning' and 'DNA'('클론'이나 'DNA' 같은 많은 전문 용어는 보통 사람들에게도 익숙해졌다)라는 문장을 보면 such as 'cloning' and 'DNA'라고 고칠 것이다. 이 규칙에 따르면, like는 I'll find someone like you(난 너 같은 사람을 찾을 거야)나 Poems are made by fools like me(시는 나 같은 바보들이 쓰는 거지)처럼 예시와의 유사성을 뜻할 때만 써야 한다고 한다. 그러나 이 가짜 규칙을 일관되게 따르는 사람은 거의 없다. 이것이 규칙이라고 고집하는 자칭 전문가들도 그렇다. (일례로 한 자칭 전문가는 "Avoid clipped forms like bike, prof, doc. (Bike, prof, doc 같은 단축된 형태를 피하라.)"라고 썼다.) such as가 like보다 좀 더 격식 있게 들리지만, 둘 다 괜찮다.

소유형 선행사. 순수주의자들이 또 쓸데없이 역정 낸 사례를 보겠는가? 2002년 대학 입학 자격 시험에 나왔던 문제를 보자. 학생들에게 만약 다음 문장에 문법 실수가 있다면 어느 대목인지 짚으라고 한 문제였다.

Toni Morrison's genius enables her to create novels that arise from and express the injustices African Americans have endured. (토니 모리슨의 천재성은 그녀로 하여금 아프리카계 미국인들이 견뎌 온 불의로부터 비롯하고 또한 그 불의를 표현한 소설을 쓰게 했다.)

공식 정답은 이 문장에는 실수가 없다는 것이었다. 그러나 웬 고등학교 교사가 실수가 있다고 이의를 제기했는데, Toni Morrison's라는 소유형 구는 대명사 her의 선행사로 기능할 수 없다는 것이 그 이유였다. 대학 위원회는 교사의 압력에 굴복해 her가 틀렸다고 썼던 학생들에게 점수를 주기로 소급 적용했으며, 세칭 전문가들은 기다렸다는 듯이 나빠지기만 하는 문법 수준을 탄식했다.[14]

그러나 소유형(정확히 말하자면 속격) 선행사를 금하는 규칙은 순수주의자들의 오해에서 비롯한 헛소리일 뿐이다. 영어에서 잘 확립된 문법이기는커녕, 이 규칙은 1960년대 한 어법광이 근거 없이 지어낸 것이었고 이후 다른 사람들은 그의 말을 무턱대고 베낀 것이었다. 속격 선행사는 영어 역사 내내 문제 없는 형태로 여겨졌다. 셰익스피어, 킹 제임스 성경("And Joseph's master took him, and put him into the prison. (그래서 요셉의 주인은 그를 잡아 감옥에 처넣었다.)"), 디킨스, 윌리엄 새커리, 스트렁크와 화이트의 글("The writer's colleagues …… have greatly helped him in the preparation of his manuscript. (작가의 동료들은 …… 그가 원고를 준비하는 것을 많이 도와주었다.)")에 나오고, 웬 격분한 자칭 전문가의 글("It may be Bush's utter lack of self-doubt that his detractors hate most about him. (부시에게 자기 의심이 전혀 없다는 점이야말로 그를 비난하는 사람들이 그에 대해서 가장 싫어한 점일지 모른다.)")에도 나온다.

이처럼 완벽하게 자연스러운 구조를 왜 틀린 문법으로 여길까? 한 규칙 지지자의 논리는 "잘 보면 사실 대명사 him이 받는 대상에 해당하는 사람이 없기 때문"이라는 것이다. 뭐라고? 신경 장애가 없는 사람 중에서 Bob's mother loved him(밥의 엄마는 그를 사랑했다)나 Stacy's dog bit her(스테이시의 개가 그녀를 물었다) 속 대명사가 받는 대상이 누구인지를 감 못 잡는 사람이 세상에 있을까?

또 다른 논리는 대명사는 명사를 받아야 하는데 Toni Morrison's는 형용사라는 것이다. 그러나 Toni Morrison's는 red(빨간)나 beautiful(아름다운) 같은 형용사가 아니라 속격을 띤 명사구일 뿐이다. (어떻게 아느냐고? 명백히 형용사가 와야 하는 맥락에는 속격을 쓸 수 없기 때문이다. That child seems Lisa's(저 아이는 리사의 같다)나 Hand me the red and John's sweater(빨갛고 존의 스웨터를 건네줘) 같은 문장이 얼마나 이상한지 보라.) 사람들이 혼동하는 것은 저 명사구가 '수식어'라는 막연한 인상을 품기 때문이다. 그러나 이 인상은 문법 범주(형용사)와 문법 기능(수식어)을 헷갈린 것일 뿐 아니라 문법 기능조차 잘못 파악한 것이다. Toni Morrison's는 genius의 뜻을 좀 더 세분하는 수식어로 기능하는 것이 아니라, 관사 the

나 this처럼 지시 대상을 꼭 짚어 말하는 한정어로 기능한다. (어떻게 아느냐고? 가산 명사는 단독으로 쓰일 수 없는데—우리는 Daughter cooked dinner(한 딸이 저녁을 요리했다)라고만 말할 수는 없다.—이때 수식어는 붙여 봐야 소용없기 때문이다. Beautiful daughter cooked dinner(아름다운 딸이 저녁을 요리했다)라고 말해 봐야 여전히 이상한 문장이다. 하지만 관사를 붙여서 A daughter cooked dinner(딸이 저녁을 요리했다)라고 만들거나 속격을 붙여서 Jenny's daughter cooked dinner(제니의 딸이 저녁을 요리했다)라고 만들면 완전한 문장이 된다. 이것으로 보아 속격은 관사와 기능이 같은 것, 즉 한정어이다.)

대명사가 늘 그렇듯이, 글쓴이가 이런 구조에서 대명사의 선행사를 분명히 밝히지 않는다면 독자는 물론 헷갈린다. 가령 Sophie's mother thinks she's fat(소피의 엄마는 그녀가 뚱뚱하다고 생각한다)라고 말하면 독자는 뚱뚱하다고 생각되는 사람이 소피인지 그녀의 엄마인지 알 수가 없다. 하지만 이것은 대명사의 선행사가 속격인 것과는 무관한 문제이다. Sophie and her mother think she's fat(소피와 그녀의 엄마는 그녀가 뚱뚱하다고 생각한다)라고 말해도 똑같이 발생하는 문제인 것이다.

앞의 시험 문제에서 실수를 발견했다고 생각한 학생들에게 점수가 주어진 것은 공평했지만(학생들은 순수주의자들에게 잘못 교육받았을 테니까.), 언어 애호가들의 분노는 토니 모리슨에 관한 문장의 형식적 서투름을 겨냥해야 했지 그 문장에 있지도 않은 가상의 실수를 겨냥해서는 안 되었다.

문장 끝에 놓인 전치사. 전설과는 달리, 윈스턴 처칠(Winston Churchill)은 자기 글을 고친 편집자에게 "This is pedantry up with which I will not put. (이 잘난 척은 내가 참을 수 없는 것입니다.)"이라고 써서 답장하지 않았다.[15] 이 재치 부린 문장(원래 1942년 《월스트리트 저널》 기사에서 나온 이야기이다.)이 언어학에서 전치사 좌초(preposition stranding)라고 불리는 문장 구조의 썩 훌륭한 예인 것도 아니다. 전치사 좌초란 Who did you talk to?(너 누구랑 말했니?)나 That's the bridge I walked across(저게 내가 걸어서 건넌 다리야) 같은 구조이다. 처칠의 예에서 불변화사 up은 자동사로 쓰인 전치사라 목적어가 필요 없으므로, 제아무리 잘난 척하는 현학자라도 This is pedantry with which I will not put up이라고 뒤로 돌리는 데 반대하지 않을 것이다.

예문도 가짜이고 유래도 가짜이지만, 저 전설에 담긴 조롱에는 일리가 있다. 분리 부정사의 경우처럼, 절 끝에 전치사를 두면 안 된다는 규칙은 언어광들 사이에서도 미신으로 여겨진다. 사전이나 글쓰기 지침서라고는 평생 한 번도 안 열어 본 주제에 척척박사로 행세하는 사람들만 우길 따름이다. Who are you looking at?(너 누구를 보고 있니?) 혹은 The better to see you with(너와 함께 보면 더 좋아) 혹은 We are such stuff as dreams are made on(우리는 꿈의 재료다) 혹은 It's you she's thinking of(그녀가 생각하는 사람은 너야) 같은 구조에는 아무 문제가, 반복하지만 아무 문제가 없다. 이 사이비 규칙은 존 드라이든(John Dryden)이 라틴 어와의 말도 안 되는 비유를 근거로 지어낸 것이었는데(라틴 어는 전치사에 해당하는 요소가 명사에 아예 붙어 있기 때문에 명사로부터 떼어낼 수 없다.), 그 의도는 벤 존슨이 열등한 시인이라는 주장을 펼치기 위해서였다. 언어학자 마크 리버먼은 이렇게 말했다. "당시 존슨이 죽은 지 35년이나 되었던 것은 안타까운 일이다. 존슨이 살아 있었다면 드라이든에게 결투를 신청해 후세가 겪을 크나큰 괴로움을 덜어 주었을 텐데."[16]

전치사를 절 끝에 좌초시키는 구조의 대안은 전치사를 앞에 있는 wh-단어 옆에 두는 것으로, 언어학자 J. R. (하지) 로스(J. R. (Haj) Ross)는 이 방법을 홀려서 데려가기(pied-piping)라고 부른다. 하멜른의 피리 부는 사나이가 마을에서 쥐들을 꾀어냈던 방법이 떠오르기 때문이라고 한다. 영어의 표준 의문문 규칙에 따르면 You are seeing what?(너는 무엇을 보고 있다?)은 What are you seeing?(너는 무엇을 보고 있니?)으로 바뀌므로, 같은 원리에 따라 You are looking at what?(너는 무엇을 바라보고 있다?)은 What are you looking at?(너는 무엇을 바라보고 있니?)으로 바뀐다. 그런데 이때 홀려서 데려가기 규칙을 적용하면 what이 문장 앞으로 갈 때 at을 데려갈 수 있으므로, 문장은 At what are you looking?이 된다. 이 규칙을 관계절에 적용하면, the better with which to see you(너와 함께 보면 더 좋아)나 It's you of whom she's thinking(그녀가 생각하는 사람은 너야)처럼 전치사와 wh-단어로 시작되는 관계절이 만들어진다.

가끔은 정말 전치사를 절 끝에 좌초시키지 말고 절 앞으로 데려오는 편이 나을 때가 있다. 격식 있는 문체에서는 전치사를 데려온 문장이 더 낫게 들린다는 것이 가장 명백한 장점이다. 에이브러햄 링컨(Abraham Lincoln)이 "그들이 최선을 다해 헌신했던 대의에 우리도 더욱 헌신하는 것"이라는 뜻으로 "increased devotion to that cause which they gave the last full measure of devotion for"이라고 말하지 않고 "increased devotion to that cause for which they gave the last full measure of devotion"이라고 말했을 때, 그는 게티즈버그에서 쓰러진 병사들의 무덤 앞에서 자신이 무슨 말을 하는지를 똑똑히 알고 있었다. 전치사를 앞으로 데려오는 것은 좌초된 전치사가 자칫 자잘한 문법 단어들의 와자지껄함에 묻혀 버릴 수 있는 상황일 때도 좋은 선택이다. 가령 One of the beliefs which we can be highly confident in is that other people are conscious(우리가 꽤 강하게 확신할 수 있는 믿음들 중 하나는 남들에게도 의식이 있다는 사실이다) 같은 문장은 독자가 분석해 나가다가 복잡한 교차로에 이르기 전에 미리 전치사의 역할을 알 수 있도록 다음과 같이 바꾸는 편이 분석하기에 더 쉽다. One of the beliefs in which we can be highly confident is that other people are conscious.

언제 전치사를 앞으로 데려오고 언제 좌초시킬 것인가에 대한 좋은 조언은 시어도어 번스타인이 주었다. 그는 내가 4장에서 강조했던 원칙, 즉 무겁거나 정보가 있거나 둘 다인 구가 문장 맨 끝에 가도록 하라는 원칙과 관련해 이 문제를 언급했는데, 전치사가 좌초된 문장은 독자의 주의를 모으기에는 너무 가벼운 단어로 끝맺기 때문에 꼭 "털털거리다가 툭 꺼지는 엔진 소리"처럼 들리는 것이 문제라고 했다. 번스타인이 인용한 예문은 이랬다. He felt it offered the best opportunity to do fundamental research in chemistry, which was what he had taken his Doctor of Philosophy degree in. (그는 그것이 기초 화학 연구를 할 수 있는 최선의 기회라고 느꼈는데, 그가 박사 학위를 딴 분야가 바로 화학이었다.) 같은 원리에 따라, 혹 전치사가 중요한 정보의 일부인 경우에는 반드시 문장 끝에 좌초시켜야 한다. Music to read by(읽을 때 배경으로 깔아 둘 음악), something to guard against(경계해야 하는 무언가), that's what this tool is for(이 도구의 용도가 그거야) 같은 경우가 그렇다. 혹은 전치사가 관용구의 뜻을 정확히 짚어 줄 때에도 좌초시켜야 한다. It's nothing to sneeze at(그건 깔볼 게 못 돼), He doesn't know what he's talking about(그는 자기가 하는 말이 무슨 내용인지도 몰라), She's a woman who can be counted on(그녀는 믿을 수 있는 여자야) 같은 경우이다.

술어로 쓰인 주격. 당신은 하루 일을 마치고 귀가했을 때 배우자에게 이렇게 말하는가? "Hi, honey, it's I. (여보, 나 왔어.)" (대부분의 구어에서는 It's me(나야)라고 쓴다. ─옮긴이) 만약 그렇다면, 당신은 동사 be의 보어로 기능하는 대명사는 대격(me, him, her, us, them)이 아니라 반드시 주격(I, he, she, we, they)이어야 한다고 말하는 깐깐한 규칙의 희생자이다. 이 규칙에 따르자면 시편(120장 5절) 과 이사야서(6장 5절)와 예레미야서(4장 31절)와 오필리아는 "Woe is I. (슬프도다 내 신세.)"라고 울부짖었어야 하고, 유명 만화의 주 머니쥐 포고(Pogo)는 "We have met the enemy, and he is we. (우리는 적을 만났는데, 그는 바로 우리였어.)"라고 선언했어야 한다. (시편 등의 실제 문장은 "Woe is me."이고, 포고의 실제 대사는 "he is us."이 다. ─옮긴이)

이 규칙은 보통 세 가지 혼동에서 빚어진 결과이다. 영어와 라 틴 어를, 격식 없는 문체와 틀린 문법을, 구문과 의미를 혼동한 것이다. 그야 물론 be 뒤에 오는 명사구의 **지시 대상**은 주어와 동 일하지만(적 = 우리), 그 명사구의 **격**은 동사 뒤라는 위치에 따라 결정되는 것이므로 얼마든지 대격이 될 수 있다. (대격은 영어의 기 본 설정에 해당하는 격으로, 시제 표시된 동사의 주어 자리를 제외하고는 어 디서나 쓰인다. 그래서 우리는 대격을 hit me(나를 때리다), give me a hand(나 한테 도움을 줘), with me(나와 함께), Who, me?(누구, 나?), What, me get a tattoo?(뭐, 내가 문신을 새기라고?), Molly will be giving the first lecture, me the second(몰리가 첫 강연을 할 테고, 내가 두 번째야) 등등 실로 다채롭게 쓴다.) 수백 년 동안 많은 훌륭한 작가들(새뮤얼 피프스, 리처드 스틸, 어니스 트 헤밍웨이, 버지니아 울프)이 대격을 술어로 써 왔으며, It is he(그 것은 그다)와 It is him 중 어느 쪽을 택하는가는 격식 있는 문체 와 격식 없는 문체 중 어느 쪽을 택하는가의 문제일 뿐이다.

시제 일치와 그 밖의 시점 전환. 학생들이 흔히 저지르는 실수는 주절에서든 종속절에서든 같은 시점의 사건을 말하면서도 주절에서 종속절로 넘어갈 때 시제를 바꾸는 것이다.[17]

She started panicking and got stressed out because she doesn't have enough money. (그녀는 돈이 부족하기 때문에 겁먹기 시작했고 스트레스를 받았다.)

She started panicking and got stressed out because she didn't have enough money. (그녀는 돈이 부족했기 때문에 겁먹기 시작했고 스트레스를 받았다.)

The new law requires the public school system to abandon any programs that involved bilingual students. (새 법은 공립 학교들이 이중 언어 학생에 관련되었던 프로그램을 모두 그만두도록 요구한다.)

The new law requires the public school system to abandon any programs that involve bilingual students. (새 법은 공립 학교들이 이중 언어 학생에 관련된 프로그램을 모두 그만두도록 요구한다.)

왼쪽의 부정확한 문장을 읽으면 독자는 문장이 작성된 시점(현재)과 묘사된 상황이 벌어진 시점(과거) 사이에서 이리저리 떼밀리는 느낌을 받는다. 이 실수는 작가가 한 자리에서 일관된 관점을 유지하지 않고 여기서 휙 사라졌다가 저기서 휙 나타나는 등 '부적절한 전환'을 저지르는 실수라고 할 수 있다. 작가가 그렇게 한 문장에서 인칭(일인칭, 이인칭, 삼인칭), 태(능동태 혹은 수동태), 화법(보통 인용 부호를 써서 화자의 말을 고스란히 옮기는 직접 인용 화법, 혹은 보통 that을 써서 요지만 대신 전달하는 간접 화법)을 휙휙 바꾸면, 독자는 어지럼이 난다.

Love brings out the joy in people's
hearts and puts a glow in your eyes.
(사랑은 사람들의 마음에서 기쁨을 끌어내
고 당신의 눈을 빛나게 한다.)

People express themselves more
offensively when their comments
are delivered through the Internet
rather than personally. (사람들은 그
들의 의견이 대면해서 전달되지 않고 인터
넷으로 전달될 때 더 험한 표현을 쓴다.)

The instructor told us, "Please
read the next two stories before
the next class" and that she might
give us a quiz on them. (강사는 우리
에게, "다음 수업까지 다음 두 이야기를 읽
어 오세요."라고 말했고 그녀가 그 이야기
들에 대해서 우리에게 퀴즈를 낼지도 모른
다고 말했다.)

Love brings out the joy in people's
hearts and puts a glow in their eyes.
(사랑은 사람들의 마음에서 기쁨을 끌어내
고 그들의 눈을 빛나게 한다.)

People express themselves more
offensively when they deliver their
comments through the Internet
rather than personally. (사람들은 그
들의 의견을 대면해서 전달하지 않고 인터
넷으로 전달할 때 더 험한 표현을 쓴다.)

The instructor told us that we
should read the next two stories
before the next class and that she
might give us a quiz on them. (강
사는 우리에게 다음 수업까지 다음 두 이야
기를 읽어 오라고 했고 그녀가 그 이야기들
에 대해서 우리에게 퀴즈를 낼지도 모른다
고 말했다.)

일관된 관점을 고수하는 것은 복잡한 이야기에서 시제를 제대
로 쓰기 위한 첫 단계이지만, 그것만으로 충분하지는 않다. 작가
는 또 시제 일치 혹은 시제 전환이라고 불리는 체계에 따라 시제
들을 잘 조화시켜야 한다. 대부분의 독자는 다음 왼쪽 예문들을
읽으면 어딘지 묘하게 잘못되었다고 느낀다.

But at some point following the shootout and car chase, the younger brother fled on foot, according to State Police, who said Friday night they don't believe he has access to a car.

But at some point following the shootout and car chase, the younger brother fled on foot, according to State Police, who said Friday night they didn't believe he had access to a car.

(하지만 주 경찰에 따르면 총격전과 추격전이 벌어진 후 어느 시점엔가 형제 중 동생 쪽이 뛰어서 달아났는데, 주 경찰은 금요일 밤만 해도 그에게 차가 있다고 생각하지는 않는다고 말했다.)

Mark Williams-Thomas, a former detective who amassed much of the evidence against Mr. Savile last year, said that he is continuing to help the police in coaxing people who might have been victimized years ago to come forward.[18]

Mark Williams-Thomas, a former detective who amassed much of the evidence against Mr. Savile last year, said that he was continuing to help the police in coaxing people who might have been victimized years ago to come forward.

(마크 윌리엄스토머스, 전직 형사로 작년에 새빌에 대한 반대 증거를 많이 모은 그는 자신이 계속 경찰을 도와서 오래전에 피해를 당했을지도 모르는 사람들이 나서도록 설득하고 있다고 말했다.)

Security officials said that only some of the gunmen are from the Muslim Brotherhood.

Security officials said that only some of the gunmen were from the Muslim Brotherhood.

(보안 당국은 총잡이들 중 일부만이 무슬림 형제단 출신이라고 말했다.)

과거 시제로 된 간접 화법(뉴스 보도에서 주로 쓰는 화법이다.)에서는 동사 시제를 역시 과거로 맞춰 주는 편이 더 낫게 들릴 때가 많다. 말하는 사람의 관점에서는 사건이 현재 진행 중인 상황이라고 해도 마찬가지이다.[19] 이 점은 좀 더 단순한 문장을 보면 확실히 알 수 있다. 우리는 I mentioned that I was thirsty(나는 목이 말랐다고 말했다)라고 말하지, I mentioned that I am thirsty(나는 목이 마르다고 말했다)라고 말하지는 않는다. 과거에 실제로 했던 말은 I am thirsty(나는 목이 마르다)라도 말이다. 시점 전환은 보통 과거에 누군가 무슨 말을 했던 경우에 적용되지만, 과거에 사람들이 어떤 명제를 일반적으로 믿었던 경우에도 적용된다. This meant that Amy was taking on too many responsibilities(이것은 에이미가 너무 많은 책임을 지고 있다는 것을 뜻했다) 같은 경우이다.

시제 일치를 다스리는 갖가지 조건들은 언뜻 벅차게 느껴진다. 번스타인은 격식 차리지 않은 글쓰기 지침서인 『신중한 작가』에서 무려 5쪽을 들여 시제 일치의 열네 규칙, 그 예외들, 예외들의 예외들을 설명했다. 그러나 내가 장담하건대 아무리 신중한 작가라도 그 규칙들을 하나하나 외우지는 않을 것이다. 우리는 시제 일치 현상에만 적용되는 일련의 규정들을 외우는 것보다는 시간, 시제, 화법을 전반적으로 다스리는 소수의 원칙들을 이해하는 편이 더 낫다.

첫 번째 원칙은 과거 시제와 과거 시간이 같지 않음을 명심하는 것이다. 앞의 if-then 가정문 항목에서 말했듯이, 과거 시제는 과거에 벌어진 사건을 말할 때만 쓰이는 것이 아니라 가능성이 희박한 사건을 말할 때도 쓰인다. (If you left tomorrow, you'd save a lot of money(만약 네가 내일 떠났다면, 돈을 많이 아낄 수 있었을 텐데)처럼.) 그런데 이제 우리는 영어의 과거 시제가 취하는 세 번째 의미를 만났으니, 바로 한 문장에서 시제를 일치시키기 위해서 시제 전환된 사건이다. (시제 전환이 그저 과거 시간을 뜻하는 것처럼 보일 수도 있겠지만, 둘 사이에는 의미 면에서 미묘한 차이가 있다.)[20]

　두 번째 원칙은 시제 전환이 의무는 아니라는 것이다. 문장 속에서 이야기되는 내용을 현재 시제로 두도록 시제 일치 규칙을 어기는 것이 늘 실수는 아니라는 말이다. 문법학자들은 삽입된 동사 시제가 말하는 동사 시제에 은유적으로 이끌려서 일치하게 되는 '이끌린' 시제 혹은 전환된 시제와 삽입된 동사가 주절의 스토리라인을 은유적으로 뚫고 나와서 작가와 독자가 있는 시점에 놓이는 '생생한' 시제, 혹은 '자연스러운' 시제, 혹은 '돌출된' 시제를 구별한다. 문장 속에서 이야기되는 상황이 화자가 말을 하는 그 시점에만 진실인 것이 아니라 시점을 불문하고 늘 진실인 경우, 최소한 작가가 쓰고 독자가 읽는 시점에는 확실한 진실인 경우에는 전환되지 않은 생생한 시제가 더 자연스럽다. The teacher told the class that water froze at 32 degrees Fahrenheit(선생님은 학생들에게 물은 화씨 32도에서 얼었다고 말했다)라고 말한다면 좀 이상하다. 그러면 지금은 물이 화씨 32도에서 얼지 않는다는 뜻인가 싶으니까. 이런 경우에는 시제 전환 규칙을 어겨, The teacher told the class that water freeze at 32 degrees Fahrenheit(선생님은 학생들에게 물은 화씨 32도에서 언다고 말했다)라고 말해야 한다. 이 판단에는 재량의 여지가 많다. 작가는 과거에 유포된 어떤 생각의 진실성이 현재까지 이어지고 있다는 점을 강조하고 싶은가 아닌가에 따라 선택할 수 있다. Simone de Beauvoir noted that women faced discrimination(시몬 드 보부아르는 여성이 차별을 겪었다고 지적했다)이라고 시제 전환된 문장은 성차별이 현재까지 지속되고 있는가 하는 문제에 중립적 입장을 취하는 데 비해, Simone de Beauvoir noted that women face discrimination(시몬 드 보부아르는 여성이 차별을 겪는다고 지적했다.)이라는 문장은 성차별이 현재까지 확실히 지속되고 있다는 페미니스트적 입장을 취한다.

세 번째 원칙은 간접 화법이 늘 he said that(그는 ~라고 말했다), she thought that(그녀는 ~라고 생각했다) 같은 표현들과 함께 나타나지는 않는다는 것이다. 가끔은 맥락에서 암묵적으로 표현된다. 기자들은 he said(그는 ~라고 말했다)를 문장마다 반복하는 것이 지겨워질 수도 있고, 소설가들도 간간이 화자의 화법이 이야기 속 주인공의 독백과 통합되는 간접 자유 화법을 택함으로써 저런 표현이 반복되는 것을 피한다.

According to the Prime Minister, there <u>was</u> no cause for alarm. As long as the country kept its defense up and its alliances intact, all

<u>would be well.</u> (총리는 경보를 발령할 이유는 없다고 했다. 국가가 방어를 철저히 하고 동맹을 잘 유지하는 한, 모든 것이 괜찮을 것이라고 했다.)

Renee was getting more and more anxious. What <u>could</u> have happened to him? Had he leapt from the tower of Fine Hall? <u>Was</u> his body being pulled out of Lake Carnegie? (르네는 점점 불안해졌다. 그에게 무슨 일이라도 생겼을까? 그가 파인홀 탑에서 뛰어내렸을까? 그의 시신이 카네기 호수에서 건져졌을까?)

작가는 반대로 할 수도 있다. 간접 화법으로 말하던 도중에 잠시 중단하고는 전환된 시제를 뚫고 나와 현재 시제로 독자에게 직접 여담을 들려주는 것이다.

Mayor Menino <u>said</u> the Turnpike Authority, which <u>is</u> responsible for the maintenance of the tunnel, had set up a committee to investigate the accident. (메니노 시장은 턴파이크 당국이, 이곳이 터널 유지 보수를 책임지는 곳인데, 사고를 조사할 위원회를 꾸렸다고 말했다.)

시제 일치를 잘 쓰는 마지막 비결은 if-then 문장에서 했던 말로, can, will, may의 과거 시제는 could, would, might임을 명심하는 것이다. 따라서 시제 전환에서도 저런 형태를 쓰면 된다.

Amy can play the bassoon.
(에이미는 바순을 불 줄 안다.)

Amy said that she could play the bassoon. (에이미는 자신이 바순을 불 줄 안다고 말했다.)

Paul will leave on Tuesday. (폴은 화요일에 떠날 것이다.)

Paul said that he would leave on Tuesday. (폴은 화요일에 떠날 것이라고 말했다.)

The Liberals may try to form a coalition government. (자유당은 연합 정부를 구성하려고 할 수도 있다.)

Sonia said that the Liberals might try to form a coalition government. (소니아는 자유당이 연합 정부를 구성하려고 할 수도 있다고 말했다.)

그리고 과거 시제의 과거 시제(과거 완료)는 조동사 had를 쓴다. 따라서 시제 전환된 동사가 과거 시간을 가리킬 때는 had를 불러와야 한다.

He wrote it himself. (그는 그것을 직접 썼다.)

He said that he had written it himself. (그는 그것을 직접 썼다고 말했다.)

그러나 이것이 의무는 아니다. 작가들은 두 군데 다 간단히 과거 시제를 쓰기도 하는데(He said that he wrote it himself), 이 방식도 (여러 복잡한 이유에서) 시제 전환의 의미론적 원리에는 부합한다.

shall과 will. 또 다른 오래된 규칙에 따르면, 미래에 벌어질 사건을 말할 때는 일인칭에서는 shall을 써야 하지만(I shall, we shall) 이인칭과 삼인칭에서는 will을 써야 한다. (you will, he will, she will, they will) 그러나 결단이나 허락을 표현할 때는 거꾸로이다. 따라서 릴리언 헬먼(Lillian Hellman)은 1952년 하원 비미 활동 위원회에 저항하면서 I will not cut my conscience to fit this year's fashions(나는 올해의 유행에 맞추기 위해서 내 양심을 깎지는 않을 것이다)라고 말했을 때 will을 제대로 썼던 셈이다. 만약 헬먼의 동지들이 헬먼을 대신해 말했다면, 그 경우에는 She shall not cut her conscience to fit this year's fashions(그녀는 올해의 유행에 맞추기 위해서 그녀의 양심을 깎지는 않을 것이다)라고 말해야 했을 것이다.

이 규칙은 미래를 표현하는 것처럼 일상적인 표현의 규칙치고는 너무 복잡해서 의심스러운데, 아니나 다를까 알고 보면 규칙도 아니다. 『메리엄-웹스터 영어 어법 사전』 저자들은 지난 600년 동안 두 단어가 어떻게 쓰였는지를 조사한 뒤 이렇게 결론 내렸다. "shall과 will에 관한 전통적 규칙은 이 단어들의 실제 용례를 어느 시대에 대해서도 정확하게 반영하지 못하는 듯하다. 물론 이 규칙이 일부 시점에 일부 사람들이 썼던 용법을 반영하기야 하겠고, 이 규칙이 다른 지역보다 영국에서 더 널리 적용되기는 한다."

그러나 일부 시점의 일부 영국인이라도, 일인칭 미래를 표현한 말과 일인칭 결단을 표현한 말을 뚜렷이 구별하기는 어려울 수 있다. 이것은 미래 시점의 한 가지 형이상학적 특수성 때문인데, 곧 누구도 미래를 내다볼 수는 없지만 미래에 영향을 미치도록 노력할 수는 있다는 점이다.[21] 처칠이 "We shall fight on the beaches, we shall fight on the landing grounds …… we shall never surrender. (우리는 해변에서 싸울 것이고, 상륙지에서 싸울 것입니다. …… 우리는 결코 굴복하지 않을 것입니다.)"라고 말했을 때, 그는 영국 국민의 결단을 단호하게 선언한 것이었을까, 아니면 영국 국민의 결단 때문에 미래에 분명히 벌어질 사건을 차분하게 예견한 것이었을까?

스코틀랜드, 아일랜드, 미국, 캐나다에서는 (전통 영국식 교육을 받은 사람이 아닌 한) shall과 will을 구별하는 규칙이 예나 지금이나 적용되지 않는다. 어니스트 가워스(Ernest Gowers)는 『쉬운 말(Plain Words)』이라는 지침서에서 이런 오래된 농담을 들려주었다. "한 스코틀랜드 사람이 물에 빠져 죽어 가는데도 그 모습을 지켜보던 영국 사람들이 아무도 구하려고 나서지 않았는데, 왜냐하면 스코틀랜드 사람이 'I will drown and nobody shall save me! (난 빠져 죽을 테고 아무도 나를 구해 주지 않을 거야!)'라고 외쳤기 때문이다." 영국 밖에서는(영국에서도 갈수록 많은 화자가 그렇다.) 미래를 표현하는 데 shall을 쓰는 것이 지나치게 점잔 뺀 말처럼 들린다. 아무도 I shall pick up the toilet paper at Walmart this afternoon(나는 오늘 오후에 월마트에서 화장지를 살 거야)이라고는 말하지 않는다. shall을 쓰더라도, 특히 일인칭일 때, 예의 규칙과는 달리 미래가 **아닌** 시점의 허락(Shall we dance?(함께 춤추겠어요?))이나 결단(더글러스 맥아더(Douglas MacArthur) 장군의 유명한 선언 "I shall return. (나는 돌아올 것입니다.)", 민권 운동의 주제가나 다름없는 노래의 제목 "We Shall Overcome(우리는 이겨내리라)")을 뜻하는 편이다. 코퍼루드의 말을 빌리면, "사정이 이러하니 shall은 불운한 스코틀랜드 인처럼 곧 세상에서 사라질 운명인 듯하다."

분리 부정사. 대부분의 가짜 어법 규칙들은 사실이 아닐지언정 대체로 무해하다. 그러나 분리 부정사를 금하는 규칙(분리 부정사란 Are you sure you want to permanently delete all the items and subfolders in the 'Deleted Items' folder?('휴지통' 폴더에 든 파일들과 폴더들을 몽땅 영구적으로 지우고 싶은 게 정말로 확실해?)처럼 부정사 to와 delete를 분리하고 그 사이에 permanently 같은 다른 단어를 끼운 경우이다.), 좀 더 보편적으로 '분리 동사'를 금지하는 규칙(I will always love you(난 언제까지나 널 사랑할 거야)나 I would never have guessed(나는 절대 짐작하지 못했을 것이다)처럼 always나 never가 동사 사이에 낀 경우이다.)은 정말이지 몹시 해롭다. 훌륭한 작가들도 부정사를 분리하면 안 된다는 가짜 규칙에 세뇌된 나머지 아래와 같은 흉한 문장을 쓴다.

Hobbes concluded that the only way out of the mess is for everyone permanently to surrender to an authoritarian ruler. (홉스는 이 혼란통에서 벗어날 유일한 길은 모든 사람이 독재적 통치자에게 영구적으로 복종하는 것뿐이라고 결론 내렸다.)

David Rockefeller, a member of the Harvard College Class of 1936 and longtime University benefactor, has pledged $100 million <u>to increase dramatically</u> learning opportunities for Harvard undergraduates through international experiences and participation in the arts. (1936년 하버드 졸업생이자 대학의 오랜 후원자인 데이비드 록펠러는 하버드 학부생들이 예술 분야에서 국제적 체험과 참여를 통해 학습할 기회를 <u>극적으로 늘리기 위해서</u> 1억 달러를 낼 것을 약속했다.)[22]

분리 동사 미신은 심지어 통치 위기를 낳을 수도 있다. 2009년 대통령 취임식 때, 문법 깐깐이로 유명한 연방 대법원장 존 로버츠(John Roberts)는 차마 버락 오바마에게 "solemnly swear that I will faithfully execute the office of president of the United States(나는 미국 대통령 직을 성실히 이행할 것을 엄숙히 맹세합니다)"라고 말하도록 시킬 수 없었다. 평소 법 해석에서는 엄격한 문언주의자이지만, 이때 로버츠는 헌법 문장을 일방적으로 고쳐서 오바마에게 "solemnly swear that I will execute the office of president of the United States faithfully"라고 선언하도록 시켰다. 그러나 이처럼 멋대로 고친 선서로도 권력 이양이 적법하게 된 것일까 하는 걱정이 일었기에, 두 사람은 그날 오후 사적으로 만나서 분리 동사까지 고스란히 지킨 선서문을 다시 읽었다.

실은 '분리 부정사'와 '분리 동사'라는 용어 자체가 라틴 어와의 아둔한 비유에서 비롯했다. 라틴 어는 부정사가 한 단어이기 때문에, 가령 to love는 amare이기 때문에, 애초에 동사를 분리할 수가 없다. 그러나 영어에서는 부정사라고 불리는 to write가 하나가 아니라 두 단어로 이뤄져 있다. 이것은 종속 접속사 to와 동사 write의 기본형이 합해진 것이고, 가끔은 She helped him pack(그녀는 그가 짐 싸는 것을 도왔다)나 You must be brave(너는 용감한가 보구나)처럼 to 없이도 쓰일 수 있다.[23] 마찬가지로, 흔히들 분리할 수 없는 하나의 동사라고 말하는 will execute는 사실 하나가 아니라 동사 둘이다. 이것은 조동사 will과 본동사 execute가 합해진 것이다.

부사가 본동사 앞에 오는 것을 막을 이유는 눈곱만큼도 없으며, 영어권의 훌륭한 작가들은 수백 년 동안 부사를 그 위치에 두었다.[24] 실제로 부사가 가장 자연스럽게 놓일 만한 위치가 본동사 앞인 경우가 많다. 심지어 가끔은 그것이 **유일하게** 가능한 위치인데, 특히 수식어가 not이나 more than 같은 부정어나 양화사일 때가 그렇다. (5장에서 not의 위치는 부정이 적용되는 논리 범위를 규정하고 따라서 문장의 뜻까지 규정한다고 배웠던 것을 잊지 말자.) 다음 예문들에서, 오른쪽처럼 부정사를 분리하지 않으면 문장의 뜻이 바뀌거나 헷갈릴 수 있다.

The policy of the Army at that time was to not send women into combat roles.[25]	The policy of the Army at that time was not to send women into combat roles.	(당시 군대의 정책은 여성을 전투병으로 내보내지 않는 것이었다.)

I'm moving to France to not get fat. [《뉴요커》 만화의 캡션이었다.][26]	I'm moving to France not to get fat.	(나는 살찌지 않기 위해서 프랑스로 이주하려고 해.)
Profits are expected to more than double next year.[27]	Profits are expected more than to double next year.	(내년에는 이익이 2배를 넘을 것으로 예측된다.)

일반적으로, 동사 바로 앞은 부사가 동사를 모호하지 않게 수식할 수 있는 유일한 위치이다. 작가가 부정사를 분리하지 않으려고 무리하면, 가령 The board voted immediately to approve the casino(위원회는 카지노를 즉각 승인하기로 투표했다)라는 문장에서 독자는 즉각 이뤄진 것이 투표라는 말인지 승인이라는 말인지 헷갈린다. 이때 부정사를 분리하면—The board voted to immediately approve the casino—승인이 즉각 이뤄졌다는 뜻일 수밖에 없다.

그렇다고 해서 늘 부정사를 분리해야 한다는 말은 아니다. 수식어 부사가 길고 무겁다면, 혹은 문장에서 가장 중요한 정보를 담고 있다면, 무겁거나 새로운 정보를 담은 여느 구와 마찬가지로 이것도 맨 끝으로 옮겨져야 한다.

Flynn wanted to more definitively identify the source of the rising IQ scores.	Flynn wanted to identify the source of the rising IQ scores more definitively.	(플린은 IQ 점수가 점점 높아지는 원인을 좀 더 분명하게 확인하고 싶었다.)

Scholars today are confronted with the problem of how to <u>non-arbitrarily</u> interpret the Qur'an.	Scholars today are confronted with the problem of how to interpret the Qur'an <u>non-arbitrarily</u>.	(오늘날 학자들은 어떻게 하면 코란을 자의적이지 않 게 해석할 수 있을까 하는 문제에 직면했다.)

이처럼 부사를 동사구 끝으로 옮기면 어떨지를 따져라도 보는 것은 늘 좋은 습관이다. 중요한 정보를 전달하는 부사라면 마땅히 끝에 놓여야 하고, 중요한 정보를 전달하지 않는 부사라면 (really(정말로), just(그저), actually(실제로)처럼 얼버무리는 표현이라면) 아예 지우는 편이 나은 군더더기인지도 모르니까. 그리고 여러분이 부정사를 분리할 경우 웬 무지몽매한 깐깐이가 나타나서 실수라고 잘못 비난할 수도 있으므로, 문장의 뜻에 차이가 없다면 공연히 말썽을 자초할 필요는 없다.

마지막으로, 양화사는 자연스럽게 동사보다 왼쪽으로 이동하는 경향이 있다. 그래서 자연히 다음 오른쪽 예문들처럼 분리되지 않은 부정사가 남는다.

It seems monstrous <u>to even suggest</u> the possibility.	It seems monstrous <u>even to suggest</u> the possibility.	(그 가능성을 제시하는 것조차 끔찍한 일로 느껴진다.)
Is it better <u>to never have</u> been born?	Is it better <u>never to have</u> been born?	(아예 태어나지도 않는 것이 더 나을까?)

| Statesmen are not called upon to only settle easy questions. | Statesmen are not called upon only to settle easy questions.[28] | (정치인은 손쉬운 문제만 해결하자고 있는 사람이 아니다.) |
| I find it hard to specify when to not split an infinitive. | I find it hard to specify when not to split an infinitive. | (부정사를 언제 분리하지 않을지 규정하기가 어렵게 느껴진다.) |

내 귀에는 분리되지 않은 형태가 더 우아하게 들리지만, 이것이 내가 트집쟁이들의 비난을 피하느라 비겁하게 분리 부정사를 피하는 습관을 들여온 탓에 귀가 오염되어서 그런지 아닌지는 확실히 모르겠다.

가정법과 비현실 어법 were. 지난 수백 년 동안 영어 논평가들은 가정법의 임박한 죽음을 예측하거나 한탄하거나 축하했다. 그러나 21세기인 지금도 가정법은 죽지 않고 있다. 적어도 글말에서는. 이 점을 이해하려면, 가정법이 무엇인지부터 제대로 알아야 한다. 전통적 문법학자들을 포함해서 대부분의 사람이 곧잘 헷갈리는 문제이기 때문이다.

영어에는 가정법에 할당된 특별한 단어 형태는 없다. 가정법 문장은 동사에 아무 표시도 안 된 형태, 가령 live(살다), come(오다), be(~이다)를 그대로 쓴다. 우리가 가정법을 알아차리기 어려운 것은 이 때문이다. 가정법이 눈에 쉽게 띄는 경우는 동사의 주어가 삼인칭 단수일 때(이때 가정법이 아닌 보통의 경우라면 동사에 접미사 −s가 붙어 lives, comes가 된다.), 혹은 동사가 be일 때뿐이다. (이때 가정법이 아닌 보통의 경우라면 am, is, are로 형태가 바뀐다.) 가정법은 또 영어에서 가정법이 좀 더 흔했던 시절에 생겨나서 지금까지 전해진 몇몇 관용구에 등장한다.

So be it(할 수 없지), Be that as it may(그건 그렇더라도), Far be it from me(~할 마음은 없지만), If need be(필요하다면).

Long live our noble queen. (우리 고귀한 여왕께서 만수무강하시기를.)

Heaven forbid. (그런 일은 없을걸.)

Suffice it to say. (~라고만 말하면 충분하다.)

Come what may. (무슨 일이 있든.)

그러나 저런 경우가 아니고서는 가정법이 종속절에만 나타난다. 보통은 무언가를 요구하거나 무언가가 필요하다는 뜻을 담은 명령형 동사 혹은 형용사와 함께 나타난다.[29]

I insist that she be kept in the loop. (그녀도 연락망에 포함시켜야 한다는 것이 제 주장입니다.)

It's essential that he see a draft of the speech before it is given. (연설 전에 그가 반드시 연설문 원고를 봐야 한다.)

We must cooperate in order that the system operate efficiently. (시스템

이 효율적으로 작동하려면 우리가 반드시 협동해야 한다.)

가정법은 또 가상 상황을 규정하는 몇몇 전치사나 종속 접속사와 함께 나타난다.

> Bridget was racked with anxiety lest her plagiarism <u>become</u> known. (브리짓은 자신의 표절이 알려질까 봐 불안에 시달렸다.)
>
> He dared not light a candle for fear that it <u>be</u> spotted by some prowling savage. (그는 주변을 배회하는 웬 야만인의 눈에 띌까 봐 두려워서 감히 촛불을 켜지 못했다.)
>
> Dwight decided he would post every review on his Web site, whether it <u>be</u> good or bad. (드와이트는 잘 쓴 글이든 못 쓴 글이든 모든 리뷰를 자기 웹사이트에 게시하기로 결정했다.)

몇몇 예문은 격식이 지나친 느낌이고, 그냥 직설법으로 바꿔도 된다. 가령 It's essential that he sees a draft(그가 반드시 원고를 봐야 한다), whether it is good or bad(좋든 나쁘든)라고 쓰면 된다. 그러나 가정법은 가령 I would stress that people just be aware of the danger(나는 사람들이 위험을 제대로 인식해야 한다고 강조하고 싶습니다) 같은 일상적인 표현에서도 자주 쓰이므로, 가정법의 부고를 알렸던 말들은 과장이었던 셈이다.

전통적인 문법학자들은 동사 be의 두 형태인 be와 were(If I

were free(만약 내가 자유롭다면) 같은 문장의 were다.)를 '가정법'이라는 한 항목에 욱여넣는 실수를 저질렀다. 가끔은 be를 '가정법 현재'라고 부르고 were를 '가정법 과거'라고 부르기도 한다. 그러나 실제로 두 형태는 시제가 다른 것이 아니라 법이 다르다. Whether he be rich or poor(그가 부유하든 가난하든)는 가정법이지만, If I were a rich man(만일 내가 부자라면)은 비현실 어법이다. 영어 외에도 여러 언어에 있는 비현실 어법은 가설, 명령, 의문을 비롯해서 현실에서 벌어지지 않은 상황을 표현하는 데 쓰이는데, 영어에서는 이 비현실 어법이 were의 형태로만 존재하며 가능성이 희박한 사실을 뜻하는 데만 쓰인다. 이때 비현실 어법 명제는 그냥 가설이기만 한 것이 아니라(명제가 참인지 거짓인지 화자도 모르는 경우이다.) 확실히 사실에 반한다. (화자는 명제가 거짓이라고 믿는다.) 우유 장수 테비에는 결코 부자가 아니었고, 팀 하딘(Tim Hardin), 보비 대린(Bobby Darin), 조니 캐시(Johnny Cash), 로버트 플랜트(Robert Plant)(다들 If I Were a Carpenter(만일 내가 목수라면)를 불렀다.)는 자신이 목수인지 아닌지에 추호의 의문도 품지 않았다. 다만 반사실적 명제가 꼭 터무니없는 이야기여야 하는 것은 아니다. 그냥 '사실이 아니라고 알려진' 명제일 뿐이다. If she were half an inch taller, that dress would be perfect(만약 그녀가 반 인치만 더 컸다면 이 드레스가 완벽하게 어울렸을 텐데)라는 말도 가능하다.

자, 그러면 가능성이 희박한 사실을 뜻하는 맥락에서 쓰인 과거 시제 was와 역시 가능성이 희박한 사실을 뜻하는 비현실 어법의 were는 무슨 차이일까? 명백한 차이는 격식 수준이다. 비현실 어법 I wish I were younger(내가 더 젊었더라면 좋았을 텐데)는 과거 시제 I wish I was younger보다 더 고상하게 들린다. 또 섬세한 뉘앙스에서는 were가 was보다 가능성이 좀 더 희박하다는 느낌을 주어, 문제의 시나리오가 사실에 반대된다는 뜻을 전달한다. If he were in love with her, he'd propose(만약 그가 그녀를 사랑한다면, 그는 청혼을 할 텐데)는 그가 그녀를 사랑하지 않는다고 비난하는 느낌이지만, If he was in love with her, he'd propose는 가능성을 살짝 열어 둔 느낌이다. 한편 아예 현재 시제를 쓴 열린 가능성의 조건문 If he is in love with her, he'll propose에서는 화자가 어느 쪽으로 생각하는지 알 수 없다.

어떤 작가들은 막연히 were가 더 고상하게 들린다고 여겨, 열린 가능성을 뜻하는 문장에도 were를 써서 과잉 교정한다. He looked at me as if he suspected I were cheating on him(그는 꼭 내가 그를 속이는 게 아닐까 의심하는 것처럼 나를 보았다) 혹은 If he were surprised, he didn't show it(그가 설령 놀랐더라도, 그는 그 사실을 드러내지 않았다)라고 말하는 것이다.[30] 두 경우 모두 was가 적합하다.

than과 as. 다음 왼쪽 문장에 이상한 점이 있는가?

Rose is smarter than him.	Rose is smarter than he.	(로스가 그보다 더 똑똑하다.)

| George went to the same school as me. | George went to the same school as I. | (조지는 나와 같은 학교를 다녔다.) |

학생들은 왼쪽 문장이 문법에 맞지 않는다고 배울 때가 많다. than과 as는 (뒤에 절이 와야 하는) 접속사이지 (뒤에 명사구가 오는) 전치사가 아니라서 그렇다는 것이다. 이 단어들 뒤에는 반드시 절이 와야 한다는 것, 설령 술어가 일부 생략된 절이더라도 하여간 절이 와야 한다는 것이다. 앞의 예문들을 온전하게 복구하면 Rose is smarter than he is, George went to the same school as I did이 된다. 요컨대 than이나 as 뒤에 오는 명사구는 사실 술어가 잘려 나간 절의 주어에 해당하므로 당연히 주격인 he나 I 여야 한다는 것이다.

그러나 만일 당신이 오른쪽의 '옳은' 문장들은 거북할 만큼 깐깐하다는 느낌이 든다면, 문법과 역사가 당신의 편이니 안심하라. 앞에서 보았던 before나 like처럼, than과 as는 사실 접속사가 아니라 절을 보어로 취하는 전치사이다.[31] 유일한 의문은 이 단어들이 명사구도 보어로 취할 수 있는가 하는 점이다. 수백 년 동안 훌륭한 작가들—밀턴, 셰익스피어, 알렉산더 포프, 조너선 스위프트, 새뮤얼 존슨, 제인 오스틴, 제임스 서버, 윌리엄 포크너, 제임스 볼드윈—이 펜으로 투표해 왔고, 그 답은 가능하다였다. 차이라면 문체로, than I는 격식 있는 글에 좀 더 어울리고 than me는 입말에 가까운 글에 어울린다.

than과 as가 접속사라고 우기는 사람들의 주장은 틀렸지만, 그들이 그렇게 판단한 근거인 분지도적 사고는 타당하다. 첫째, 만일 격식 있는 문체를 택하더라도, 지나치게 열 올린 나머지 It affected them more than I(그것은 나보다 그들에게 더 많이 영향을 미쳤다)처럼 써서는 안 된다. Than 뒤에 잘려 나간 말은 it affected I가 아니라 it affected me이므로, 아무리 깐깐한 문법광이라도 이 문장에서는 me를 써야 한다고 말할 것이다. 둘째, 비교되는 두 요소가 문법적으로나 의미론적으로나 동등해야 하는데, 혹 첫 번째 요소가 복잡할 때는 이 규칙을 어기기가 쉽다. The condition of the first house we visited was better than the second(첫 번째 집의 상태가 두 번째보다 나았다)라는 문장은 말로는 스리슬쩍 넘어갈 수 있겠지만 글로는 거슬린다. 흡사 사과(상태)와 오렌지(집)를 비교하는 격이기 때문이다. 주의 깊은 독자는 was better than that of the second(두 번째의 상태보다)라는 표현을 더 기꺼워할 것이다. 이처럼 내용 없는 단어를 덧붙이는 비용은 대구를 이룬 구문과 의미가 주는 기쁨으로 상쇄되고 남는다.(양쪽 모두 상태를 지칭하게 되었다.) 마지막으로, 격식 없는 형태(than me, as her 등)는 뜻이 애매할 수 있다. Biff likes the professor more than me(비프는 나보다 교수를 더 좋아한다)라는 말은 비프가 나를 좋아하는 마음보다 교수를 좋아하는 마음이 더 크다는 뜻일 수도 있고, 내가 교수를 좋아하는 마음보다 비프가 교수를 좋아하는 마음이 더 크다는 뜻일 수도 있다. 이런 경우,

Biff likes the professor more than I(나보다 비프가 교수를 더 좋아한다) 하는 식으로 주격 주어를 쓰면 뜻은 명료해지지만 문장이 약간 고루해진다. 최선의 해법은 문장을 덜 생략해서 Biff likes the professor more than I do라고 풀어 쓰는 것이다.

than의 문법 범주를 둘러싼 논쟁은 우리가 than을 명사구를 목적어로 취하는 전치사로 간주해 가령 different than the rest(나머지와는 다른)라고 말해도 괜찮은가, 아니면 논란의 여지 없는 전치사인 from을 써서 different from the rest라고만 말해야 하는가 하는 논쟁으로 이어진다.『아메리칸 헤리티지 사전』어법 패널에게 물었을 때는 "different than 명사구"가 싫다고 응답한 사람이 근소한 차이로 다수를 차지했지만, 이 용법은 사실 신중하게 작성된 글말에서 과거부터 흔히 쓰였다. 헨리 루이스 멩켄(Henry Louis Mencken)에 따르면, 1920년대 일각에서 이 용법을 금하려고 했으나 허사로 돌아간 사건을 두고《뉴욕 선》편집자들이 이런 논평을 냈다. "훌륭한 문법학자들, 스스로 정확하고자 애쓰고 남들의 실수를 바로잡고자 애쓰는 규칙주의자들이 특정 단어나 구절을 금지할 수 있는 힘이란 회색큰다람쥐가 제 꼬리를 살랑거려 오리온자리의 빛을 꺼뜨리려는 것만큼이나 무력한 수준이다."[32]

that과 which. 가짜 규칙은 우유부단한 작가가 영어의 풍성함으로 인해 발생하는 선택의 기로에 직면했을 때 우물쭈물하지 않도록 도와주겠노라는 지침으로 만들어졌을 때가 많다. 혼란스러워하는 작가를 위한 지침은 편집자의 작업에도 도움이 되므로 편집

지침서에도 실리고, 그러다 보면 어느새 경험적 규칙에 불과했던 것이 문법 규칙으로 변신하고 (차선책일망정) 아무 탈 없는 문장 구조가 틀린 문법으로 악마화된다. 이런 전환 과정을 잘 보여 주는 예로 언제 which를 쓰고 언제 that을 써야 하는가 하는 규칙, 사이비이지만 널리 퍼진 이 규칙만 한 것이 없다.[33]

전통적 규칙에 따르면, 둘 중 어느 단어를 택할 것인가는 단어가 이끄는 관계절이 비제한적 관계절과 제한적 관계절 중 어느 쪽이냐에 달려 있다고 한다. 비제한적 관계절은 쉼표, 줄표, 괄호로 시작되고, 글쓴이의 사소한 의견을 표현한다. 가령 The pair of shoes, which cost five thousand dollars, was hideous(그 신발은, 5,000달러짜리인데, 흉측했다) 하는 식이다. 반면 제한적 관계절은 문장의 뜻에 꼭 필요한 내용으로, 명사의 지시 대상을 여러 대안 중 하나로 정확하게 짚어 주는 역할을 할 때가 많다. 우리가 이멜다 마르코스(Imelda Marcos)의 방대한 신발 컬렉션을 소개하는 다큐멘터리에서 내레이션을 맡았다면, 그런데 그중 가격이 얼마인 한 신발을 꼭 짚은 뒤 그 신발 이야기를 더 하고 싶다면, 우리는 The pair of shoes that cost five thousand dollars was hideous(5,000달러짜리 그 신발은 흉측했다)라고 말할 것이다. 이 규칙에서는 that과 which의 선택이 간단하다. 비제한적 관계절은 which로 이끌고 제한적 관계절은 that으로 이끌면 된다고 한다.

이 규칙에서 절반은 옳다. 비제한적 관계절에서 that을 쓰면 정말로 이상하다. 가령 The pair of shoes, that cost five thousand dollars, was hideous라고 쓰면 이상하다. 그런데 정말로 이상하기 때문에, 이것이 규칙이든 아니든 이렇게 쓰는 사람은 애초에 거의 없다.

한편 규칙의 나머지 절반은 거짓말이다. 제한적 관계절을 이끌 때 which를 써서 The pair of shoes which cost five thousand dollars was hideous라고 말해도 틀린 점은 전혀 없다. 오히려 일부 제한적 관계절에서는 which가 유일한 선택지로, 가령 That which doesn't kill you makes you stronger(우리를 죽이지 않는 것은 우리를 더 강하게 만들 뿐이다)나 The book in which I scribbled my notes is worthless(내가 메모를 끼적여 둔 책은 가치가 없다) 같은 문장이 그렇다. 그리고 꼭 which를 써야 하는 상황이 아닐 때도 과거의 많은 작가가 which를 써 왔다. 셰익스피어는 "Render therefore unto Caesar the things which are Caesar's. (황제의 것은 황제에게 돌려주라.)"라고 말했고, 프랭클린 루스벨트(Franklin Roosevelt)는 "a day which will live in infamy(영원히 불명예로 기억될 날)"이라고 말했다. 언어학자 제프리 풀럼은 디킨스, 콘래드, 멜빌, 브론테 같은 고전 작가들의 소설을 표본으로 삼아서 이 표현을 찾아보았는데, 그 결과 그 시절만 해도 독자가 which가 이끄는 제한적 관계절을 만날 확률은 평균적으로 전체의 3퍼센트 정도였다.[34] 다음으로 풀럼이 21세기의 편집된 글들을 살펴보았더니, 미국 신문에서는 제한적 관계절의 약 5분의 1이 which로 시작되었고 영국 신문에서는 그 비율이 2분의 1이 넘었다. 문법 선생들조차 이 표현을 잘 피하지 못한다. 『영어 글쓰기의 기본』에서 "which 마녀 사냥"을 권했던 화이트도 「어느 돼지의 죽음(Death of a Pig)」이라는 고전적인 에세이에서 이렇게 적었다. "The premature expiration of a pig is, I soon discovered, a departure which the community marks solemnly on its calendar. (때 이른 돼지의 죽음은, 내가 곧 알게 되는 바, 공동체가 침통하게 달력에 표시해 두는 비일상적 사건이다.)"

제한적 관계절에 which를 쓰면 안 된다는 가짜 규칙은 헨리 파울러가 1926년 『현대 영어 어법』에서 펼친 백일몽에서 탄생했다. "만약 작가들이 that은 제한적 관계 대명사로 쓰고 which는 비제한적 관계 대명사로 쓰기로 합의한다면, 명료함과 수월함 양쪽에서 이득이 클 것이다. 지금도 이 원칙을 따르는 사람들이 조금 있기는 하다. 그러나 대부분의 작가들 혹은 최고의 작가들이 이렇게 쓰는 듯 말하는 것은 근거 없는 말이 되리라." 사전 편찬자 버건 에번스(Bergen Evans)는 다음과 같은 대꾸로 파울러의 몽상을 산산조각 냈는데, 우리는 마땅히 이 말을 작은 종이에 돋을새김으로 인쇄해서 언어 현학자들에게 나눠 줘야 한다. "대부분의 작가들 혹은 최고의 작가들이 쓰지 않는 말은 우리의 공통어가 아니다."[35]

우리는 어떻게 선택해야 할까? 우리가 결정할 문제는 that을 쓰느냐 which를 쓰느냐가 아니라 제한적 관계절을 쓰느냐 비제한적 관계절을 쓰느냐이다. 만일 명사에 대한 정보를 담은 어떤 관계절을 문장에서 아예 지우더라도 뜻이 실질적으로 달라지지 않는다면, 그리고 우리가 그 문장을 읽을 때 관계절에 이르러 잠시 멈춘 뒤 주절과는 다른 어조로 읽게 된다면, 이때는 그 관계절을 쉼표(혹은 줄표, 혹은 괄호)로 시작해야 옳다. 가령 The Cambridge restaurant, which had failed to clean its grease trap, was infested with roaches(그 케임브리지 식당은, 하수구의 찌꺼기 트랩을 청소하지 않은 곳인데, 바퀴벌레가 들끓었다)처럼. 그리고 일단 이렇게 쓰기로 정했다면, that을 쓰느냐 which를 쓰느냐를 놓고 고민할 필요는 없다. 이때 that을 쓰고 싶은 마음이 든다면, 당신은 200세가 넘은 사람이거나 아니면 언어 감각이 워낙 어그러져 있는지라 that이냐 which냐 하는 선택은 당신이 고민해야 할 문제의 축에도 못 낄 테니까.

반면 관계절에 담긴 명사에 관한 정보가 문장의 의미에 꼭 필요한 내용이라면(가령 Every Cambridge restaurant which failed to clean its grease trap was infested with roaches(하수구의 찌꺼기 트랩을 청소하지 않은 모든 케임브리지 식당은 바퀴벌레가 들끓었다)에서 밑줄 친 구절을 지우면 뜻이 완전히 달라진다.), 그리고 그 관계절이 명사와 같은 어조로 읽힌다면, 이때는 문장 부호로 관계절을 시작하지 마라. 그러면 이제 which냐 that이냐 골라야 하는데, 결정하기가 주저된다면 일반적으로 that을 쓰면 틀릴 일이 없다. 당신은 편집자의 마음에 드는 착한 작가가 될 것이고, 많은 독자가 흉한 발음이라고 여기는 which의 치찰음을 피할 수 있을 것이다. 단 관계절과 그 수식을 받는 명사의 거리가 멀 때는 which로 바꾸라고 권하는 지침서도 있다. 가령 An application to renew a license <u>which had previously been rejected</u> must be resubmitted within thirty days(발급이 한 차례 거부되었던 면허증 갱신 신청서는 30일 내에 다시 제출해야 한다.)에서, 밑줄 친 관계절은 바로 옆 명사 license가 아니라 멀리 있는 명사 application을 꾸민다. 이때 제한성의 정도에 따라 that으로 기울 수도 있다. 즉 문장의 뜻이 관계절에 얼마나 결정적으로 의존하는가에 따라 적절히 선택하라는 말이다. 일례로 명사에 every, only, all, some, few 같은 양화사가 붙어 있을 때는 관계절이 문장의 뜻을 완전히 바꿔 놓는다. Every iPad that has been dropped in the bathtub stops working(욕조에 빠뜨린 모든 아이패드는 먹통이 된다)는 Every iPad stops working(모든 아이패드는 먹통이 된다)와는 전혀 다른 뜻이다. 이때는 that을 쓰는 편이 좀 더 낫게 들린다. 아니면 여러분은 그냥 자기 귀를 믿어도 되고, 동전을 던져서 정해도 된다. 이 문제에서는 격식 수준도 도움되지 않는다. 여느 구전되는 사이비 규칙들은 대안들이 격식 수준이 다른 경우가 많지만, which와 that은 어느 쪽이 더 격식 있거나 없거나 하지 않다.

동사화를 비롯한 신어들. 많은 언어 애호가가 다음 만화처럼 명사가 동사화해 만들어진 신어에 반발한다.

명사에서 파생된 동사로 역시 강박적 꼼꼼쟁이들의 세상을 혼란시켰던 단어로는 author(저술하다), conference(회의하

다), contact(접촉하다), critique(비평하다), demagogue(선동하
다), dialogue(대화하다), funnel(쏟아붓다, 집중시키다), gift(거저 주
다), guilt(죄책감을 갖게 하다), impact(충격을 주다), input(입력하다),
journal(기록하다), leverage(영향을 미치다), mentor(조언자가 되다),
message(메시지를 보내다), parent(양육하다), premiere(초연하다),
process(처리하다) 등이 있다.

그런데 만일 꼼꼼쟁이들이 그 무질서를 명사에 -ize, -ify,
en-, be- 같은 접사를 붙이지 않은 채 동사화하는 영어 규칙 탓
으로 돌린다면, 그것은 잘못된 진단이다. (생각해 보면 그들은 접사
를 붙여 동사화한 incentivize(장려하다), finalize(완결하다), personalize(개인
화하다), prioritize(우선 순위를 정하다), empower(권한을 주다) 등도 대개 싫어한
다.) 모든 영어 동사의 5분의 1가량은 명사나 형용사로 삶을 시
작했고, 요즘의 어떤 글을 보아도 그런 단어를 흔히 찾을 수 있

앤 L. 리텐티브
"앤, 자네에게 업무를 과하려고
(to task) 하는데."

"끄아악!! task는 동사가 아니라고
요!! 내 세상이 무너지고 있어!"

"내일은 앤에게 프로젝트를 타임
라인하라고(to timeliine)
지시해야지."

6장 옳고 그름 가리기   453

다.[36] 나는 오늘 자 《뉴욕 타임스》에서 독자들이 이메일로 가장 많이 퍼간 기사들을 얼른 훑어본 것만으로도 그런 신흥 동사를 잔뜩 발견했다. biopsy(생체 검사를 하다), channel(~로 돌리다), freebase(코카인을 순화하다), gear(조정하다), headline(대서특필하다), home(향하다), level(평평하게 하다), mask(가리다), moonlight(부업하다), outfit(갖춰 주다), panic(당황하다), post(발표하다), ramp(경사로를 만들다), scapegoat(죄를 떠넘기다), screen(차단하다), sequence(배열하다), showroom(매장에서 먼저 살펴보다), sight(보다), skyrocket(치솟다), stack up(쌓이다), tan(그을리다). 명사나 형용사에 접사를 붙여 동사화한 단어도 많았다. cannibalize(분해하다), dramatize(극화하다), ensnarl(뒤얽히다), envision(그리다), finalize(완결하다), generalize(일반화하다), jeopardize(위태롭게 하다), maximize(극대화하다), upend(뒤집다).

영어는 동사로의 범주 전환을 환영한다. 지난 1,000년 동안에도 계속 환영했다. 과거 순수주의자들이 거슬린다고 느꼈던 동사 신어가 그들의 장성한 자녀들에게는 아무렇지도 않은 경우가 많다. 이제는 어엿한 필수 단어가 된 contact(접촉하다), finalize(완결하다), funnel(쏟아붓다), host(주최하다), personalize(개인화하다), prioritize(우선 순위를 정하다) 등에 아직까지 화를 내기는 어렵다. 명사에서 나온 동사 중 고작 지난 10~20년 동안 확산된 단어도 벌써 어휘에 굳게 자리 잡은 것이 많은데, 이것은 그런 단어가 그 대안이 되는 표현보다 더 투명하고 간결하게 뜻을 전달하기 때문이다. incentivize(장려하다), leverage(영향을 미치다), mentor(조언하다), monetize(통화로 삼다), guilt(She guilted me into buying a bridesmaid's dress(그녀는 내게 죄책감을 주어 신부 들러리 드레스를 사게 만들었다) 같은 용법이다.), demagogue(Weiner tried to demagogue the mainly African-American crowd by playing the victim(웨이너는 희생자인 척함으로써 주로 아프리카계 미국인인 군중을 선동하려고 했다) 같은 용법이다.) 등이 그렇다.

리텐티브 양 같은 깐깐쟁이들의 신경을 거스르는 것은 엄밀히 따져 동사화 자체라기보다는 세상의 특정 영역에서 비롯한 신어들이다. 기업에서 태어난 유행어, 가령 drill down(심층 분석하다), grow the company(회사를 성장시키다), new paradigm(새로운 패러다임), proactive(선행적), synergies(시너지) 같은 표현에는 많은 사람이 짜증을 낸다. 단체 심리 치료나 면담에서 태어난 정신 의학적 군소리에도 질색하는 사람이 많다. conflicted(갈등을 겪는), dysfuntional(역기능), empower(권한을 주다), facilitate(촉진하다), quality time(단란한 시간), recover(회복하다), role model(역할 모델), survivor(생존자), journal(기록하다), issues(걱정거리), process(심사숙고하다), share(말하다) 등이다.

최근에 동사화한 단어를 비롯해 모든 신어의 문제는 취향의 문제이지, 문법에 맞고 안 맞고의 문제가 아니다. 우리가 그런 단어를 모두 수용할 필요는 당연히 없다. 특히 no-brainer(쉬운 결정), game-changer(판세를 바꾸는 것), think outside the box(고정 관념을 벗어나서 생각하다)처럼 현재 뜨겁게 유행하는 관용적인 표현, 또 interface(인터페이스), synergy(시너지), paradigm(패러다임), parameter(변수), metrics(지표)처럼 진부한 뜻을 전문적인 분위기로 세련되게 포장하는 단어는 조심해야 한다.

그러나 그 밖의 많은 신어는 그 말이 없었다면 우회해서 장황하게 표현해야 했을 개념을 쉽게 표현하도록 해 줌으로써 언어에 제자리를 차지한다. 2011년 출간된 『아메리칸 헤리티지 사전』 5판은 10년 전의 4판에 새 단어와 뜻을 1,000개 추가했다. 대부분은 중요한 새 개념을 표현한 단어, 가령 adverse selection(역선택), chaos(혼돈 이론), comorbid(동반성), drama queen(드라마 퀸), false memory(거짓 기억), parallel universe(평행 우주), perfect storm(최악의 상황), probability cloud(확률 구름), reverse-engineering(역분석), short-sell(공매), sock puppet(다중 계정), swiftboating(정치인을 부당하게 비난하는 일) 등이었다. 이런 신어는 비유적으로 그런 것이 아니라 실질적으로 생각을 돕는다. 20세기에 사람들의 IQ 점수가 10년마다 3점씩 올랐다는 사실을 발견했던 철학자 제임스 플린(James Flynn)은 상승 요인의 하나로 학계와 기술계의 전문 개념들이 일반인의 일상 사고에도 흘러든 점을 꼽았다.[37] 그런데 그런 이동은 추상 개념을 간결하게 표현한 용어, 가령 causation(인과 관계), circular argument(순환 논증), control group(통제군), cost-benefit analysis(비용 편익 분석), correlation(상관 관계), empirical(경험적), false positive(허위 양성), percentage(퍼센트), placebo(위약 효과), post hoc(인과 오류),

proportional(비례하는), statistical(통계적), tradeoff(교환 관계), variability(가변성) 같은 단어들이 널리 퍼진 덕분에 더 빨라질 수 있었다. 새 단어의 유입을 막아 어휘를 현 상태로 고착시키려는 시도, 그럼으로써 화자들이 새 개념을 효율적으로 공유할 도구를 얻지 못하도록 방해하는 시도는 어리석으며, 다행히도 애초에 불가능하다.

신어는 또 어휘 재고를 계속 보충함으로써 피치 못하게 사라지는 단어들과 훼손되는 의미들의 공백을 메운다. 글쓰기의 즐거움은 언어가 제공하는 수많은 단어 중 원하는 것을 잘 골라 쇼핑하는 데 있으며, 우리는 그 단어가 모두 처음에는 신어였다는 사실을 기억해야 한다. 『아메리칸 헤리티지 사전』 5판에 새로 등재된 아래 단어들은 언어의 풍요로움과 최근 영어권 문화의 역사를 잘 보여 주는 진열장이다.

Abrahamic(아브라함계 (종교)), air rage(기내 난동), amuse-bouche(아뮤즈 부세, 전채), backward-compatible(하위 호환되는), brain freeze(브레인 프리즈, 찬 것을 먹었을 때 찌르르 하는 감각), butterfly effect(나비 효과), carbon footprint(탄소 발자국), camel toe(너무 붙는 옷 때문에 여성의 음부 형태가 드러난 것), community policing(지역 방범 제도), crowdsourcing(크라우드 소싱), Disneyfication(디즈니화, 어떤 장소를 모두에게 안전하고 재미있게만 만들려는 행위), dispensationalism((기독교) 세대주의), dream catcher(드림 캐처), earbud(이어폰), emo(이모), encephalization(대뇌화), farklempt(감정이

북받친), fasionista(패셔니스타), fast-twitch(빠른 연축 (근섬유)), Goldilocks zone(골디락스 영역), grayscale(그레이스케일), Grinch(그린치, 흥을 깨는 사람), hall of mirrors(거울 복도 (효과)), hat hair(모자에 눌린 머리카락), heterochrony(이시성), infographics(인포그래픽), interoperable(상호 호환적), Islamofascism(이슬람 과격주의), jelly sandal(젤리 샌들), jiggy(멋진), judicial activism(사법 적극주의), ka-ching(카칭 하는 현금 등록기 소리, 돈벌이), kegger(맥주 파티), kerfuffle(난리법석), leet(리트, 키보드의 다른 기호로 알파벳을 표현한 언어), liminal(경계의), lipstick lesbian(립스틱 레즈비언), manboob(남자의 유방), McMansion(맥맨션), metabolic syndrome(대사 증후군), nanobot(나노봇), neuroethics(신경 윤리학), nonperforming(부실, 불량), off the grid(공공 전력망에 연결되지 않은, 자급하는), Onesie(원지, 점프슈트), overdiagnosis(과잉 진단), parkour(파쿠르), patriline(부계), phish(피싱), quantum entanglement(양자 얽힘), queer theory(퀴어 이론), quilling(퀼링), race-bait(인종 차별), recursive(재귀적), rope-a-dope(로프어도프(전략)), scattergram(산포도), semifreddo(세미프레도), sexting(섹스팅, 음란 문자), tag-team(태그팀, 2인조 팀), time-suck(시간을 많이 빼앗는 활동), tranche(트랑슈, 분할 발행), ubuntu(우분투 (정신)), unfunny(재밌지 않은), universal Turing machine(만능 튜링 기계), vacuum energy(진공 에너지), velociraptor(벨로키랍토르), vocal percussion(보컬 타악), waterboard(물고문), webmistress(여성 웹마스터), wetware(웨트웨어, 뇌), Xanax(자낙스), xenoestrogen(제노에스트로젠), x-ray fish(투명어), yadda yadda yadda(어쩌고저쩌고), yellow dog(비겁한 인간), yutz(얼간이), Zelig(자유자재로 변신하는 사람), zettabyte(제타바이트),

zipline(집라인)

내가 만일 무인도에 갈 때 한 권의 책만 갖고 갈 수 있다면, 그것은 사전일 것이다.

who와 whom. 희극 배우 그루초 막스는 언젠가 너무 길고 거창한 질문을 받고는 이렇게 대답했다. "Whom knows? (누가 알겠습니까?)" 조지 에이드(George Ade)의 1928년 단편에는 이런 문장이 있다. "'Whom are you?' he said, for he had been to night school. ('당신 누구를 압니까?' 그는 야학에 다녔기 때문에 이렇게 말했다.)" 2000년 만화 「마더 구스와 그림(Mother Goose and Grimm)」에는 올빼미가 나무에서 "Whom. (훔.)" 하고 울자 땅에 있던 미국너구리가 "Show-off! (잘난 척은!)" 하고 대꾸하는 장면이 있다. 「문법 달렉(Grammar Dalek)」이라는 제목의 한 만화에서는 한 로봇이 "I think you mean Doctor Whom! (나는 네가 닥터 훔을 말하는 줄 알았지!)" 하고 외친다. 그리고 옛날 만화 영화 「로키와 불윙클(Rocky and Bullwinkle)」에는 포트실베이니아의 스파이들인 보리스 바데노프와 나타샤 파탈레가 나누는 이런 대화가 있다.

나타샤: Ve need a safecracker! (우리 금고털이가 필요해!)

보리스: Ve already got a safecracker! (우리 벌써 금고털이가 있어!)

나타샤: Ve do? Whom? (우리 있어? 누구를?)

보리스: Meem, dat's whom! (자기, 저게 그 누구를이야!)

whom 유머의 인기에서, 우리는 who와 whom을 구별하는 문제에 관한 두 사실을 알 수 있다.[38] 첫째, 사람들은 오래전부터도 whom은 격식 있는 느낌을 넘어 젠체하는 느낌마저 주는 표현이라고 여겼다. 둘째, 많은 사람이 whom 사용법을 어렵게 느끼고, 그 탓에 고상하게 들리고 싶을 때면 무턱대고 whom을 쓰고는 한다.

4장에서 보았듯이, who와 whom의 구분은 사실 복잡할 것이 없다. wh-단어를 문장 맨 앞으로 옮기는 이동 규칙을 머릿속에서 되감아 보면 who와 whom의 구분은 he와 him의 구분, she와 her의 구분과 같아지는데, 이런 구분을 어렵게 느끼는 사람은 아무도 없다. She tickled him(그녀는 그를 간지럽혔다)라는 평서문은 Who tickled him?(누가 그를 간지럽혔지?)라는 의문문으로 바뀔 수 있고, 이때 wh-단어는 주어를 대체하니까 주격인 who이 쓰인다. 혹은 Whom did she tickle?(그녀가 누구를 간지럽혔지?)라는 의문문으로 바뀔 수도 있는데, 이때는 wh-단어가 목적어를 대체하니까 대격인 whom이 쓰인다.

그러나 머릿속으로 이동 규칙을 되감는 데 드는 수고, 여기에 영어에서 (인칭 대명사와 속격 's를 제외하고는) 격 표시가 차츰 사라져 온 추이가 결합해, 영어 화자들은 오래전부터 이 구분을 어려워했다. 셰익스피어와 그 동시대 사람들은 규칙상 whom이 와야 할 곳에 자주 who를 썼고, 거꾸로도 썼다. 규범주의적 문법학자들이 이후 1세기 내내 잔소리했는데도, 여전히 입말과 격식 없는 글말에서는 who와 whom이 거의 구분되지 않는다. 짧은 의문문이나 관계절 앞에서도 whom을 쓰는 것은 고루한 자들 중에서도 고루한 자들뿐이다.

Whom are you going to believe, me or your own eyes? (넌 누구를 믿겠니, 나 아니면 네 자신?)

It's not what you know; it's whom you know. (네가 무엇을 아는가가 아니라 네가 누구를 아는가가 중요하다.)

Do you know whom you're talking to? (넌 네가 말하는 사람이 누구인지 알고 있어?)

그리고 사람들은 정작 whom을 쓸 때는 자주 실수한다.

In 1983, Auerbach named former Celtics player K. C. Jones coach of the Celtics, whom starting in 1984 coached the Celtics to four straight appearances in the NBA Finals. (1983년, 아우어바크는 한때 셀틱스 선수였던 K. C. 존스를 셀틱스 코치로 임명했고, 존스는 1984년부터 셀틱스 코치로 일하면서 팀을 연속 네 번 NBA 결승에 진출시켰다.)

Whomever installed the shutters originally did not consider proper build out, and the curtains were too close to your window and door frames. (누군지 몰라도 원래 셔터를 설치했던 사람은 증축을 제대로 고려하지 않았고, 커튼은 너희 집 창틀하고 문틀에 너무 바싹 붙어 있었어.)

우리가 4장에서 구문 분지도를 살펴볼 때, whom 실수 중에서도 유난히 잦은 실수가 있다고 했다. 문장의 심층 구조에서 wh-단어가 어떤 절의 주어일 때(따라서 who가 와야 한다.), 그러나 어쩌다 보니 그 단어가 그 절을 보어로 취하는 동사 옆에 놓일 때(우리에게 whom이라고 속삭이는 셈이다.), 우리는 그만 분지도를 잊고 바로 옆 동사에게 시선을 빼앗겨 The French actor plays a man whom she suspects ___ is her husband(그 프랑스 배우는 그녀가 자기 남편이라고 추측하는 남자를 연기한다)처럼 쓰고 만다. (200~202쪽을 보라.) 이런 실수는 너무나 오래 너무나 흔했기 때문에, 또한 신중한 작가들마저 이 실수에 별 반응을 보이지 않기 때문에, 언어학자 중에는 이것이 이제 더 이상 실수가 아니라고 주장하는 사람들도 있다. 이런 방식으로 쓰는 작가들의 방언에서는 설령 대명사가 절의 주어일지라도 동사 뒤에 올 때는 whom을 쓰는 것이 이미 규칙이 되었다는 것이다.[39]

한편 대명사 whom이 가정법처럼 영어에서 차츰 사라지고 있다고 생각하는 사람이 많다. 인쇄된 글에서 그 사용 빈도를 헤아린 결과, whom의 사용 빈도는 실제로 200년 가까이 지속적으로 줄었다. whom의 기우는 운명은 영어 문법의 변화를 반영하는 것은 아닐 테고, 그것보다는 영어권 문화의 변화, 즉 글말이 차츰 탈격식화해 갈수록 입말에 비슷해지는 변화를 반영할 것이다. 그러나 내리막 추세를 계속 외삽해 바닥까지 잇는 것은 늘 위험한 일이고, 실제로 1980년대 이래 whom의 곡선은 차츰 평탄해지는 듯하다.[40] 짧은 의문문이나 관계절에서는 whom이 허식 같아도, 어떤 경우에는 설령 격식이 없는 글이나 말이라도 whom이 자연스러운 선택이다. 우리는 Who's dating whom?(누가 누구랑 데이트하지?) 같은 이중 질문, To whom it may concern(누구든 관계자인 분에게)나 With whom do you wish to speak?(너는 누구랑 말하고 싶니?) 같은 정례적 표현, 그리고 작가가 전치사를 절 끝에 좌초시키는 대신 앞으로 데려오기로 결정한 문장에서는 여전히 whom을 쓴다. 내가 받은 이메일들에서 whom을 검색해 보니 결과가 수백 건 나왔다. (표준 문안인 "The information in this email is intended only for the person to whom it is addressed. (이 이메일의 정보는 수신자만 알아야 합니다.)"가 포함된 이메일은 제외해도 그랬다.) 아래는 분명 격식 없는 문장인데도 whom이 아주 자연스러워서 눈길조차 끌지 않는 문장의 예들이다.

I realize it's short notice, but are you around on Monday? Al Kim from Boulder (grad student friend of Jesse's and someone with whom I've worked a lot as well) will be in town. (너무 촉박한 연락이라는 건 알지만, 혹 월요일에 학교에 있습니까? 볼더의 앨 킴이 (제시의 대학원생 친구이고 나도 같이 일을 많이 한 친구입니다.) 방문할 예정이거든요.)

Not sure if you remember me; I'm the fellow from Casasanto's lab with whom you had a hair showdown while at Hunter. (저를 기억하지 못할지도 모르겠습니다. 저는 카사산토의 연구실에 있는 연구원인데, 당신이 헌터

대학에 왔을 때 저와 함께 헤어스타일 대결을 펼친 적 있죠)

Hi Steven. We have some master's degree applicants for whom I need to know whether they passed prosem with a B+ or better. Are those grades available? (안녕하세요, 스티븐. 우리한테 접수된 석사 학위 응시자들이 대학원 세미나를 B+ 이상의 성적으로 통과했는지 아닌지 확인하고 싶어서요. 그 성적을 알려줄 수 있나요?)

Reminder: I am the guy who sent you the Amy Winehouse CD. And the one for whom you wrote "kiss the cunt of a cow" at your book signing. (저는 에이미 와인하우스 CD를 보냈던 사람입니다. 그리고 사인회에서 당신이 책에 "암소 보지에 뽀뽀나 하라지."라고 사인해서 주었던 사람이기도 합니다.)[41]

내가 작가들에게 줄 수 있는 최선의 조언은 문장 구조의 복잡성과 자신이 바라는 격식성 정도에 따라 whom 사용을 조정하라는 것이다. 격식 없는 글에서는 전치사의 목적어처럼 who를 쓰면 틀린 것이 확연히 드러나는 자리에만 whom을 쓰라. 다른 용도는 모두 허식으로 들릴 것이다. 격식 있는 글에서는 wh-단어를 머릿속에서 분지도의 원래 위치로 옮긴 뒤 그에 따라 who나 whom 중에서 골라야 한다. 하지만 격식 있는 글이라도 작가가 장식적이고 화려한 말투보다 간결하고 직설적인 말투를 원할 수 있는데, 그럴 때는 단순한 구조에 한해 who를 써도 괜찮다. 《뉴욕 타임스》에 「언어에 관하여(On Language)」라는 칼럼을 연재했고 자기 자신을 지칭해 언어광(language maven)이라는 용어를 처음 만들었던 윌리엄 새파이어가 "Let tomorrow's people decide who they want to be president. (미래의 사람들이 누구를 대통령으로 원하는지는 미래의 사람들이 결정하게 하자.)"라고 쓸 수 있다면, 여러분도 당연히 써도 된다.[42]

양, 질, 정도

지금까지 살펴본 어법 규칙들은 문법 범주들의 구별, 시제와 법 표시 같은 문법적 형태들을 논하는 문제였다. 한편 또 다른 종류의 규범적 규칙들―양, 질, 정도를 표현하는 데 적용되는 규칙들이다.―은 문법 관습이라기보다는 논리적, 수학적 진리에 가까운 규칙들이라고 일컬어진다. 순수주의자들은 그래서 이런 규칙을 어기는 것은 한갓 사소한 실수가 아니라 이성 자체를 공격하는 행위라고 주장한다.

이런 투의 주장은 늘 수상쩍다. 언어가 우리에게 논리적으로 미묘한 차이를 표현할 수단을 제공하는 것은 사실이지만, 그 차이란 단 하나의 단어나 구조로 기계적으로 전달되는 것이 아니다. 모든 단어는 각자 뜻이 여러 개라 독자는 맥락으로 그중 무엇인지 가려내야 하고, 그 각각의 뜻도 순수주의자들이 말하는 것보다는 훨씬 미묘하기 마련이다. 자, 그러면 논리적 혹은 수학적 일관성만으로 어법 문제를 해결할 수 있다는 주장에 깔린 궤변을 몇 가지 살펴보자.

절대적 성질과 등급이 있는 성질(very unique(아주 독특한)). 약간만 결혼하거나 약간만 임신할 수는 없다는 말이 있는데, 순수주의자들은 이 말이 몇몇 형용사의 경우에도 마찬가지라고 믿는다. 순수주의자들의 민감한 감수성을 공격하는 표현 중에서도 흔히 쓰이는 것은 very unique(아주 독특한)라는 표현, 더불어 그 밖에도 '절대적'이거나 '비교 불가능'한 형용사를 more(더), less(덜), somewhat(조금), quite(꽤), relatively(비교적), almost(거의)처럼 정도를 나타내는 부사로 수식하는 표현이다. 순수주의자들은 독특함이란 결혼이나 임신과 같다고 주장한다. 어떤 것은 (유일하다는 의미에서) 독특하거나 독특하지 않거나 둘 중 하나일 뿐이니 독특함의 정도를 말하는 것은 무의미한 소리라는 것이다. 마찬가지로 absolute(절대적인), certain(확실한), complete(완전한), equal(동등한), eternal(영원한), perfect(완벽한), the same(같은) 등도 합리적으로 따지자면 수식될 수 없는 형용사라고 한다. 어떤 진술이 다른 진술보다 more certain(더 확실한)이라거나, 재고가 more complete(더 완전한) 상태라거나, 아파트가 relatively perfect(비교적 완벽한) 상태라는 표현은 쓸 수 없다는 것이다.

그러나 우리가 현실의 용례를 대충만 살펴봐도 당장 경고의 경적이 울린다. A more perfect union(더 완벽한 결합)을 추구했던 미국 헌법 입안자들을 위시해 많은 훌륭한 작가들이 수백 년 동안 절대적 형용사에 수식어를 붙여 왔다. 신중한 작가들도 그런 표현을 그냥 넘길 때가 많고, 『아메리칸 헤리티지 사전』 어법 패널의 대다수도 nothing could be more certain(무엇도 이보다 더 확실할 수 없다), there could be no more perfect spot(이보다 더 완벽한 지점은 없다), a more equal allocation of resources(더 균등한 자원 할당) 같은 표현을 인정했다. 사람들은 very unique(아주 독특한)는 대체로 경멸하지만 unique(독특한)에 다른 수식어가 붙은 표현에는 그다지 반대하지 않는다. 마틴 루서 킹은 "나는 설교자의 아들이자 손자이자 증손자라는 점에서 상당히 독특한(rather unique) 처지입니다."라고 말했다. 최근 《뉴욕 타임스》과학면 기사에는 이런 문장이 있었다. "이 생물은 생활 양식도 생김새도 너무 독특해서(so unique), 그것을 발견한 생물학자들은 고유 종명을 부여하는 데 그치지 않고 …… 아예 완전히 새로운 문으로 분류했다."

어쩌면 very unique(아주 독특한)마저도 쓸모가 있을지 모른다. 간밤에 나는 프로빈스타운을 걷다가, 카바레의 쇼를 선전하느라 행인들에게 나눠 주는 번들번들한 엽서형 전단을 받았다. 전단에는 근육질 몸에 은색 라메천 디너 재킷을 입고 그것과 한 벌인 나비넥타이를 맸으며 젖꼭지 가리개와 샅주머니를 착용했을 뿐 그 밖에는 아무것도 입지 않은 남자가 있었고, 풍만한 몸매에 머리를 한껏 부풀린 남녀 쇼걸들이 그를 둘러싸고 있었으며, 남자의 발치에는 스팽글이 달린 청록색 세일러복을 입고 가는 콧수염을 기르고 비쩍 마른 양성적 모델이 있었다. 광고 문구는 이랬다. "The Atomic Bombshells. A Drag-tastic burlesque Extravaganza! Featuring Boyleseque superstar Jett Adore! Hosted by Seattle's Premiere Fancy Lady Ben DeLaCreme. (섹시한 미인들. 드랙-테이스틱 벌레스크 쇼! 보이리스크 슈퍼스타 제트 어도어 출연! 시애틀 제일의 섹시한 숙녀 벤 들라크렘이 진행합니다.)" 내게 전단을 건넨 호스티스는 "very unique show(아주 독특한 쇼)"라고 약속했다. 누가 반박하겠는가?

순수주의자들의 논리에 담긴 허점은 독특함이 임신이나 결혼과는 **다르다**는 데 있다. 독특함은 어떤 척도를 잣대로 삼아 측정되어야 하는 성질이다. 눈송이는 하나하나 다 독특하다고들 하고, 현미경으로 보면 정말 그렇겠지만, 솔직히 말해 내 눈에는 모든 눈송이가 다 같아 보인다. 거꾸로 콩깍지에 든 콩알 두 쪽은 똑같이 생겼다는 표현이 있지만, 확대경으로 집중해서 살펴보면 두 콩알은 각각 독특해 보인다. 이것은 세상에는 사실 독특한 것이란 없다는 뜻인가? 아니면 세상의 모든 것이 사실 독특하다는 뜻인가? 둘 다 아니다. '독특함'이라는 개념은 우리가 구체적으로 어떤 성질에 관심이 있는지, 그리고 구체적으로 어떤 해상도 혹은 입도를 적용해 그 성질을 살펴볼 것인지를 정했을 때만 의미가 생기는 개념이라는 뜻이다.

가끔은 우리가 어떤 성질을 볼 것인지를 뻔히 알 수 있는 데다가 그것을 측정하는 척도도 불연속적일 때가 있다. Hawaii is unique among states in being surrounded by water(하와이는 바다에 둘러싸였다는 점에서 미국의 주들 가운데 독특하다) 혹은 The number 30 may be factored into the unique set of primes 2, 3, and 5(수 30은 소수 2, 3, 5의 독특한 집합으로 인수 분해된다) 같은 문장에서 그렇다. 순수주의자들은 아마 이런 상황에만 unique(독특한)라는 단어를 쓰고 싶을 테고, 이런 상황에서는 실제로 비교를 뜻하는 부사를 덧붙이는 것이 어색하다. 그러나 이것과 달리 어떤 경우에는 우리가 여러 가지 성질을 볼 수 있고, 그 성질 중 일부는 연속적이며, 우리가 고려하는 특정 항목이 그 연속 척도에서 다른 항목들에 비해 특정 기준에 더 가깝거나 훨씬 더 멀거나 할 수도 있다. 우리가 무엇이 quite unique(꽤 독특한)라거나 very unique(아주 독특한)라고 말하는 것은 그 무엇이 특별히 많은 성질 측면에서 다른 항목들과는 다르다는 뜻, 아니면 특별히 큰 정도로 차이가 난다는 뜻, 아니면 둘 다를 뜻한다. 요컨대 우리가 그 어떤 척도나 기준을 잡더라도 그 항목은 여전히 독특할 것이라는 뜻이다. '뚜렷한'을 암시하는 이 뜻은 unique(독특한)라는 단어가 널리 쓰이기 시작한 시절부터 '비슷하거나 같은 것이 없음'을 암시하는 뜻과 공존해 왔다. 이 밖에도 역시 절대적 형용사라고 여겨지는 다른 형용사들 또한 비교에 쓰이는 척도에 달린 성질이므로, 그 척도가 얼마나 굵은가 혹은 세밀한가에 따라 얼마든지 수식을 받을 수 있다.

그렇다고 해서 여러분이 very unique(아주 독특한)를 맘껏 써도 된다는 말은 아니다. 설령 섹시한 미인들을 선전하는 전단을 나눠 줄 때라도. 2장에서 보았듯이, very(아주)는 최선의 상황에서도 흐리터분한 수식어일 뿐이다. 게다가 unique(독특한)와의 조합은 많은 독자의 귀에 거슬리기 때문에, 피하는 것이 상책이다. (꼭 이 단어를 수식해야겠다면 차라리 really unique(정말 독특한)나 truly unique(진짜 독특한)처럼 뚜렷함의 정도가 아니라 확신의 정도를 전달하는 수식어를 쓰는 편이 반발을 덜 살 것이다.) 그렇지만 이른바 절대적 형용사에 비교를 적용하는 것이 비논리적인 일은 아니고, 심지어 어쩔 수 없이 그렇게 해야만 하는 경우도 있다.

단수와 복수(none is 대 none are). 영어 문법이 단수와 복수를 이분법으로 깔끔하게 나눈다는 점 때문에, 우리는 이러지도 저러지도 못하는 처지로 내몰리게 될 때가 많다. 문제는 영어 문법에 반영된 단순화된 수 이론과 수학적, 논리적 복잡성을 온전히 갖춘 진정한 수의 성질 사이에는 괴리가 있다는 데 있다. 상상해 보자. 내가 어떤 물건들을 거명하면서 여러분에게 그것들을 두 종류로 분류하라고 한다. 한쪽에는 양이 1인 것을 두고, 반대쪽에는 양이 1보다 많은 것을 둔다. 대화는 이렇게 진행될 것이다. 준비되었는가?

"컵 하나. (A cup.)"	쉽네요! 1.
"화분들. (The potted plants.)"	쉽네요! 1보다 많음.
"컵 하나와 숟가락 하나. (A cup and a spoon.)"	역시 쉽네요! 1 + 1 = 2, 따라서 1보다 많음.

"장갑 한 켤레. (A pair of gloves.)"

음, 상황에 따라 다른데요⋯⋯. 내 눈에 보이는 물체는 2개이지만, 구매 영수증에서는 하나의 항목으로 헤아려지고 가게에서 소량 물품 신속 계산대를 이용해도 되느냐 여부를 결정할 때도 하나의 항목으로 여겨지죠.

"응접실 가구 세트. (The dining room set.)"

으, 이것도 상황에 따라 다른데요. 세트로는 하나이지만, 구체적으로는 의자 4개와 탁자 하나죠.

"화분 밑 자갈. (The gravel under the flowerpot.)"

저, 자갈을 하나하나 다 헤아려야 하는 건가요, 아니면 한 줌의 자갈을 하나로 간주해도 되는 건가요?

"아무것도 없음. (Nothing.)"

으음⋯⋯, 어느 쪽도 아닌 것 같은데요. 이제 어쩌죠?

"책상 혹은 의자. (The desk or the chair.)"

에?

"방 안의 물건 각각. (Each object in the room.)"

잠깐만요. 내가 뒤로 물러나서 방 안의 모든 물건을 한눈에 바라보기를 바라는 건가요? (그 경우 1보다 많겠죠?) 아니면 한 번에 물건 하나씩 차근차근 살펴보기를 바라는 건가요? (그 경우 각각에 대해서 1이겠죠?)

앞의 질문들은 영어를 쓰는 작가들이 none, every, 그 밖의 양화사가 붙은 표현을 단수-복수 이분법에 욱여넣을 때 해결해야 할 골칫거리이다.

순수주의자들은 none이 'no one(아무도 아님)'을 뜻하므로 단수여야 한다고 우긴다. None of them was home(그들 중 아무도 집에 없었다)라고 말해야 하지, None of them were home이라고 말하면 안 된다는 것이다. 이것은 틀린 말이다. 찾아보면 금세 알 수 있다. None은 글쓴이가 집단 전체를 한꺼번에 고려하는가, 그 구성원들을 개별적으로 고려하는가에 따라 늘 단수로도, 복수로도 쓰였다. 단수형(None of the students was doing well(학생들 중 아무도 잘하지 못했다))이 복수형(None of the students were doing well)보다 좀 더 구체적이고 강조하는 느낌이 들며, 그 때문에 문체 면에서 종종 더 선호된다. 하지만 수식어가 추가로 붙어서 집합 내에서도 특정 하위 집합이 규정되고 그 하위 집합에 관해 무슨 할 말이 있을 때, 이때는 우리가 저절로 복수형을 쓰게 된다. Almost none of them are honest(그들 중 정직한 사람은 거의 아무도 없다. is가 아니다), None but his closest friends believe his alibi(그의 친한 친구들 외에는 아무도 그의 알리바이를 믿지 않는다. believes가 아니다.)처럼. any도 양쪽으로 쓰일 수 있다. Are any of the children coming?(그 아이들 중 어느 한 명이라도 오니?)라고도 쓰고 Any of the tools is fine(그 도구들 중 어느 것이라도 괜찮다)라고도 쓴다. no도 마찬가지로, no가 양을 한정한 명사의 수에 따라 결정된다. 그래서 No man is an island(어떤 인간도 섬이 아니다)라고 도 쓰고, No men are islands라고도 쓴다.

이 세 용어는 순수하게 '아무것도 아니다.'라는 성질을 규정하므로 내재된 수랄 것이 없지만, 이것과 달리 어떤 양화사들은 한 번에 한 개체만 지목해서 살펴본다. 가령 neither는 '둘 중 어느 쪽을 보아도 아님'을 뜻하고, 단수이다. 우리는 Neither book was any good(어느 책도 전혀 쓸모가 없었다)라고 하지, Neither book were any good이라고는 하지 않는다. either도 마찬가지이다. 한 쌍에서 한 항목을 고를 때도 그렇다. Either of the candidates is experienced enough to run the country(두 후보 중 어느 쪽이라도 나라를 운영하기에 충분한 경험이 있다)라고 하지, are 를 쓰지는 않는다. 마찬가지로 anyone과 everyone의 철자에 담긴 one, somebody와 everybody의 철자에 담긴 body, nothing의 철자에 담긴 thing은 이 단어들이 한 번에 한 항목만 가리킨다는 뜻을 암시하므로(설령 이 단어들이 온 우주의 모든 개체를 망라하더라도 그렇다.), 이것들은 모두 단수이다. Anyone is welcome to try(누구라도 맘껏 시도해 보세요), Everyone eats at my house(모두가 우리 집에서 식사를 한다), Everybody is a star(모든 사람이 스타다), Nothing is easy(쉬운 것은 아무것도 없다).

두 단수 명사가 and로 등위 접속된 구는 보통 복수이다. 언어가 꼭 1 더하기 1은 2라는 사실을 아는 것 같다. 따라서 A fool and his money are soon parted(바보와 돈은 금세 헤어지게 되어 있다), Frankie and Johnny were lovers(프랭키와 조니는 연인이었다)라고 쓴다. 그러나 작가의 머릿속에서 그 두 가지가 하나의 개체로 뭉쳐져 있을 때는 단수가 될 수도 있다. One and one and one is three(하나 그리고 하나 그리고 하나는 셋이다), Macaroni and cheese is a good dinner for kids(마카로니와 치즈는 아이들에게 좋은 저녁 식사이다)처럼. 이것은 관념적 일치라고 불리는 폭넓은 문법 현상에 해당하는 경우로, 명사구에 붙은 **문법 표지**가 단수인가 복수인가가 아니라 작가가 그 명사구의 지시 대상을 단수와 복수 중 어느 쪽으로 **여기느냐**에 따라 명사구의 문법적 수가 결정되는 현상이다. 작가는 연결된 구를 머릿속에서 하나의 단위로 묶을 수도 있고(Bobbing and weaving is an effective tactic(몸을 아래위로 좌우로 흔드는 것은 효과적인 전략이다)), 거꾸로 단수형 집합 명사의 속을 꿰뚫어 보아 그 집합을 구성하는 개체들의 복수성을 표현할 수도 있다. (The panel were informed of the new rules(패널은 새 규칙을 전달받았다)처럼) 후자의 표현은 영국 영어에서 훨씬 흔하다. 미국인은 The government are listening at last(정부가 마침내 귀 기울이고 있다), The *Guardian* are giving you the chance to win books(《가디언》이 여러분에게 책을 받을 기회를 제공합니다), Microsoft are considering the offer(마이크로소프트는 그 제안을 고려하고 있다) 같은 문장을 보면 무심코 읽다가도 한 박자 늦게 놀란다.

명사들을 잇는 다른 단어, 가령 with, plus, or는 어떨까? with는 전치사이므로, a man with his son(아들과 함께 있는 남자)라는 구절은 등위 접속구가 아니라 a man이라는 핵어를 with his son이 수식하는 평범한 명사구이다. 명사구는 핵어의 수를 그대로 물려받으므로, 우리는 A man with his son is coming up the walk(아들과 함께 있는 남자가 걸어오고 있다)라고 말한다. 한편 plus는 전치사로 시작된 단어이므로, 이번에도 우리는 All that food plus the weight of the backpack is a lot to carry(그 많은 음식에 배낭의 무게까지 더하면 제법 무거운 짐이다)라고 말한다. 하지만 plus는 차츰 등위 접속사로도 쓰이고 있기 때문에, The hotel room charge plus the surcharge add up to a lot of money(호텔 숙박 요금에 추가 요금까지 더하면 큰돈이다)라고 말해도 자연스럽다.

그다음으로 우리는 or를 어떻게 할지 결정해야 한다. (393~394쪽에서 언급했던 문제이다.) 두 단수 명사의 논리합은 단수이다. 그래서 우리는 Either beer or wine is served(맥주 혹은 와인이 제공된다)라고 말한다. 두 복수 명사의 논리합은 복수이다. 그래서 우리는 Either nuts or pretzels are served(견과류 혹은 프레첼이 제공된다)라고 말한다. 그런데 단수 명사와 복수 명사의 논리합이라면? 전통적 문법 책들은 동사에 더 가까운 명사의 수와 일치시키라고 말한다. Either a burrito or nachos are served(부리토 혹은 나초가 제공된다)라고 하되 Either nachos or a burrito is served(나초 혹은 부리토가 제공된다)라고 하라는 것이다. 그러나 많은 작가가 이 정책을 미덥지 않게 여긴다. (『아메리칸 헤리티지 사전』의 어법 패널은 반반으로 나뉘었다.) 어쩌면 독자가 무리해서 문법적 직관을 발휘하지 않아도 되도록 문장을 아예 다시 쓰는 편이 나을 수도 있다. 가령 They serve either nachos or a burrito(그들은 나초 혹은 부리토를 제공한다)처럼.

명사 중에는 어떤 양을 측정하겠다고 규정한 뒤 of-구를 써서 정확히 무엇을 측정하겠다는 것인지를 밝히는 종류가 있다. a lot of peanuts(많은 땅콩), a pair of socks(양말 한 켤레), a majority of the voters(다수의 투표자) 같은 경우이다. 이렇게 자유자재 변신하는 명사는 of-구의 수에 따라 단수도 되고 복수도 된다. A lot of work was done(많은 일이 처리되었다)도 가능하고 A lot of errors were made(많은 실수가 저질러졌다)도 가능한 것이다. (둘의 분지도가 다를 가능성도 있다. 앞 문장에서는 a lot이 명사구의 핵어이지만 뒤 문장에서는 핵어 errors에 붙는 한정어일 수도 있다.) 혹시 of-구가 없는 경우에는 작가가 머릿속에서 채워 넣었던 구, 독자의 눈에는 보이지 않는 그 구가 수를 결정한다. A lot (of people) were coming(많(은 사람들)이 오고 있다), A lot (of money) was spent(많(은 돈)이 쓰였다) 하는 식이다. 그 밖에도 카멜레온 같은 양화사로는 couple(둘), majority(다수), more than one(하나 이상), pair(쌍), percentage(퍼센트), plenty(충분), remainder(나머지), rest(나머지), subset(하위 집합)이 있다.

또 one of those who(~하는 사람들 중 하나)라는 헷갈리는 구조가 있다. 얼마 전 더글러스 호프스태터(Douglas Hofstadter)와 에마뉘엘 상데르(Emmanuel Sander)의 책에 추천사를 쓰게 되었을 때, 나는 이런 문장으로 시작했다. "I am one of those cognitive scientists who believes that analogy is a key to explaining human intelligence. (나는 유비가 인간 지성을 설명하는 데 열쇠라고 믿는 인지 과학자들 중 한 명이다.)" 그런데 호프스태터가 고맙다고 인사를 전하면서, 내게 혹시 who believes를 who believe로 고쳐도 괜찮겠느냐고 소심하게 물었다. 나는 호프스태터보다 더 소심하게 괜찮다고 답했다. 호프스태터가 (그의 독자라면 당연히 예상할 수 있듯이) 나무랄 데 없는 분지도 분석에 따라 내린 결론이었기 때문이다. 내가 쓴 문장에서 who로 시작되는 관계절은 복수인 cognitive scientists(인지 과학자들)에 붙는 것이지, 단수인 one(한 명)에 붙는 것이 아니다. 유비를 중요하게 여기는 인지 과학자들(복수이다.)이 있고 내가 그중 한 명이라는 뜻이니, 마땅히 동사는 복수형 believe가 되어야 한다.

그런데 내가 썼던 표현을 옹호할 수는 없었지만 그래도 여전히 내 귀에는 그 문장도 괜찮게 들렸기 때문에, 조사를 좀 해 보았다. 알고 보니 나만 그렇게 생각하는 것이 아니었다. 단수 one의 유혹하는 목소리가 복수 those의 구문적 정당성을 압도한 역사는 1,000년이 넘었고, 그동안 수많은 작가가 단수형을 썼다. 여기에는 최고의 순수주의자 제임스 킬패트릭(James Kilpatrick)도 포함되어 있다. 스스로도 분했을 텐데, 그는 '킬패트릭 너마저도 클럽'의 지적을 받은 뒤에도 자신도 모르게 계속 단수형을 썼다. (일례로 그는 이렇게 썼다. "In Washington, we encounter 'to prioritize' all the time; it is one of those things that makes Washington unbearable. (워싱턴에서는 '우선시하다'는 단어를 계속 만나게 되는데, 그것은 워싱턴을 견디기 힘든 곳으로 만드는 여러 이유들 중 하나이다.)") 기술적으로 옳은 문장이 오히려 이상하게 들릴 때도 많다. 『아메리칸 헤리티지 사전』 어법 패널의 40퍼센트 이상이 The sports car turned out to be one of the most successful products that were ever manufactured in this country(그 스포츠카는 이 나라에서 만들어진 가장 성공적인 제품들 중 하나가 되었다)라는 문장을 승인하지 않았다. 이때 말을 교묘하게 다듬어서 딜레마를 피할 수 있는 경우도 있지만(앞 문장에서는 that were를 아예 지우면 된다.), 늘 가능한 것은 아니다. 가령 Tina is one of the few students who turns to the jittery guidance counselor, Emma, for help with her feelings(티나는 자신의 감정을 다룰 방법을 찾기 위해서 신경 과민의 학생 생활 상담사 에마를 찾은 소수의 학생들 중 하나이다)에서 turns를 turn으로 바꾸면 호응상 her feelings(자신의 감정)도 their feelings(그들의 감정)로 바꿔야 할 텐데, 그러면 꼭 모든 학생이 각자 자신의 감정이 아니라 다른 모든 학생의 감정 때문에 상담사를 찾은 것처럼 들린다.

『케임브리지 영문법』은 이 구조가 독자의 머릿속에서 두 분지도가 혼성을 이룬 경우인지도 모른다고 보았다. 한 분지도에서는 관계절이 아래쪽 명사에 붙어 있고(cognitive scientists who believe(~라고 믿는 인지 과학자들)), 이 분지도가 뜻을 결정한다. 반면 다른 분지도에서는 관계절이 위쪽 명사에 붙어 있는데(one …… who believes(~라고 믿는 …… 한 명)), 수 일치는 이 분지도가 결정하는 것이다. 요즘의 어법 지침서들은 작가의 마음에서 one과 those 중 어느 쪽이 더 크게 느껴지는가에 따라 단수든 복수든 다 쓸 수 있다고 말한다.[43]

양수와 복수(between/among, 그리고 둘과 둘보다 큰 수를 나누는 또 다른 표현들). 많은 언어가 수 체계에서 양을 세 단계로 구별한다. 단수(하나), 양수(둘), 복수(많이) 일례로 히브리 어에는 '하루'를 뜻하는 yom(욤), '이틀'을 뜻하는 yomayim(요마임), '여러 날'을 뜻하는 yamim(야밈)이 각기 다른 단어로 있다. 영어에는 이런 양수 표시 체계가 없지만, 그래도 pair(쌍)나 couple(짝)처럼 둘이라는 성질을 표현하는 단어가 있다. 그리고 다양한 수준의 논쟁이 있기는 하지만, 수량을 뜻하는 또 다른 단어들도 양수를 표현하는 데 쓰이고는 한다.

• between(~사이에)과 among(~사이에). 학생들은 항목이 둘일 때는 between을 쓰고(tween이 two(둘)와 twain(둘)과 관계된 표현이기 때문에) 둘보다 많을 때는 among을 쓰라고 배운다. between you and me(너와 나 사이에)라고 말하지만 among the three of us(우리 셋 사이에)라고 말하라는 것이다. 이 규칙은 절반만 옳다. 두 항목 사이에 among을 쓰면 안 되는 것은 사실이다. among you and me라고 말할 수는 없다. 그러나 between을 두 항목 사이에만 써야 한다는 것은 사실이 아니다. 아무도 I've got sand among my toes(발가락 사이에 모래가 꼈어), I never snack among meals(난 절대 식사 사이에 간식을 먹지 않아), Let's keep this among you, me, and the lamppost(이 일은 너랑 나랑 가로 등 사이의 비밀로 하자)라고 말하지는 않는다. 그런데도 어떤 작가들은 이 사이비 규칙을 철두철미 따른 나머지 다음과 같은 야단스러운 표현들을 써낸다. Sexual intercourse among two men and a woman(두 남자와 한 여자 사이의 성관계), a book that falls among many stools(많은 의자들 사이에 떨어진 책), The author alternates among mod slang, clichés, and quotes from literary giants(저자는 유행어, 관용구, 문학 거장들의 글에서 가져온 인용구 사이를 오간다). 진짜 원칙은 한 개체가 다른 개체들과 관계를 맺되 다른 개체들의 수가 얼마가 되었든 한 번에 하나하고만 짝지어 생각될 때는 between을 쓰고, 한 개체가 무정형의 무리나 집합체와 관계를 맺을 때는 among을 쓰라는 것이다. Thistles grew between the roses(엉겅퀴는 장미들 사이에 자라났다)라는 표현은 단정하게 줄지어 가꾼 정원을 연상시키는 데 비해, Thistles grew among the roses라는 표현은 식물들이 어지럽게 뒤엉켜 자란 모습을 연상시킨다.

• each other(서로)와 one another(서로). 비슷한 종류의 또 다른 전통적 규칙에 따르면, 두 사람 사이에는 each other를 써야 하고 그것보다 큰 집단에서는 one another를 써야 한다고 한다. 여러분이 자기 귀를 못 믿겠다면 그냥 이 규칙을 따르면 된

다. 그러면 문제에 휘말릴 일이 없을 것이다. 어법 패널의 다수도 그래야 한다고 응답했다. 그러나 실제로는 사람들이 둘을 흔히 호환해서 쓰며 ─ the teammates hugged each other(팀원들은 서로 껴안았다)라고도 하고 the teammates hugged one another라고도 한다. ─ 주요 사전들과 어법 지침서들도 그래도 괜찮다고 말한다.

• alternatives(대안들). 규범주의자들의 나라에는 alternative가 두 가지 가능성을 가리키는 말일 뿐 셋 이상의 가능성을 가리키는 말은 아니라는 주장이 있다. 헛소리이다. 잊어버리라.

• either(어느 쪽)와 any(어느 쪽). either의 경우에는 두 항목으로만 한정되어야 한다는 주장에 근거가 좀 더 탄탄하다. 적어도 명사나 한정어로 쓰일 때는 그렇다. Either of the three movies(세 영화 중 어느 것이나) 혹은 Either boy of the three(세 소년 중 아무나) 같은 표현은 확실히 이상하므로, 이때는 either를 any로 바꿔 줘야 한다. 그러나 either가 either-or 구조에 쓰일 때는, 늘 우아하게 들리는 것은 아니지만, 아무튼 셋을 뜻하는 경우가 용납된다. Either Tom, Dick, or Harry can do the job(톰, 딕, 해리 중 아무나 그 일을 할 수 있다), Either lead, follow, or get out of the way(이끌거나, 따르거나, 비키거나 중에서 하나)라고 말할 수도 있는 것이다.

• -er와 -est, more와 most. 형용사는 어형 변화로 정도를 뜻할 수 있다. 비교급(harder(더 힘든), better(더 좋은), faster(더 빠른),

stronger(더 강한))이나 최상급(hardest(가장 힘든), best(가장 좋은), fastest(가장 빠른), strongest(가장 강한))이 되는 것이다. 전통적 규칙에 따르면, 비교급은 두 대상에게만 써야 하고 그것보다 수가 많을 때는 최상급을 써야 한다. the faster of the two runners(두 주자 중 더 빠른 사람)이라고 말해야 하지 이때 the fastest(가장 빠른 사람)이라고 하면 안 되지만, the fastest of three runners(세 주자 중 가장 빠른 사람)은 괜찮은 것이다. 이 규칙은 형용사가 다음절이라서 -er나 -est로 변화하는 대신 more나 most가 붙는 경우에도 마찬가지이다. the more intelligent of the two(둘 중 더 똑똑한 사람), the most intelligent of the three(셋 중 가장 똑똑한 사람)이라고 한다. 그러나 이것이 고정 불변의 규칙은 아니다. 우리는 May the best team win(최고의 팀이 이기기를)이라고 말하지 better team(더 나은 팀이)라고는 말하지 않으며, Put your best foot forward(최고의 발을 내보이라)고 말하지 your better foot(더 나은 발을)이라고 말하지 않는다. (문자적 해석은 '두 발 중 더 나은 발을 내밀라.'이지만 관용구로 쓰일 때는 그냥 '최선의 면을 내보이라.'라는 뜻이다.—옮긴이) 여기서도 문제는 전통적 규칙이 너무 거칠게 표현되었다는 점에 있다. 사실 선택은 항목의 수 자체가 아니라 항목들이 비교되는 방식에 달려 있다. 두 항목이 직접 대비되는 경우에는 비교급 형용사가 옳다. 반면 최상급은 한 항목이 현재 눈에 들어온 다른 한 대안보다 낫기만 한 것이 아니라 눈에 보이지 않는 더 큰 대조군 전체보다 더 나을 때 쓰인다. 어쩌다 보니 우사인 볼트(Usain Bolt)와 내가 올림픽 대표팀 자리를 두고 경쟁하게 되었다면, 이때 두 사람 중 더 빠른 사람을 뽑았다고 말하는 것은 정확한 뜻을 전달하는 것이 아니다. 이때는 가장 빠른 사람을 뽑았다고 말해야 한다.

낱개의 물체들과 집합적 물체(가산 명사, 물질 명사, 그리고 ten items of less(물건 10개 미만)). 마지막으로 pebbles(조약돌들)과 gravel(자갈)의 문제를 살펴보자. 두 단어는 영어 사용자가 집합체를 개념화할 수 있는 두 방식을 대변한다. 하나는 그것들을 낱낱의 물체로 보아 가산 명사 복수형으로 표현하는 방법이고, 다른 하나는 연속된 물질로 보아 물질 명사로 표현하는 방법이다. 일부 양화사들은 어느 명사에 가서 붙을 것인가를 까다롭게 고른다. 우리는 many pebbles(많은 조약돌)라고 말하지만 much pebbles라고는 말하지 않고, much gravel(많은 자갈)이라고 말하지만 many gravel이라고는 말하지 않는다. 까다롭지 않은 양화사도 있다. 우리는 more pebbles(더 많은 조약돌)라고도 말하고 more gravel(더 많은 자갈)이라고도 말한다.[44]

이렇게 more(더)가 가산 명사와 물질 명사에 두루 쓰일 수 있다면, less(덜)도 마찬가지 아닐까? 그렇지는 않다. 우리가 less gravel(더 적은 자갈)을 가질 수는 있겠지만, 작가 대부분은 우리가 less pebbles(더 적은 조약돌)를 가질 수는 없으며 오직 fewer pebbles만 가질 수 있다고 말한다. 이 구분은 합리적이다. 문제는 순수주의자들이 이 규칙을 지나치게 확장했다는 데 있다. 순수주의자들은 슈퍼마켓 신속 계산대 위 표지판에 적힌 TEN ITEMS OR LESS(물건 10개 미만)를 문법 실수라고 비난했고, 그들의 트집에 못 이겨 홀 푸즈를 비롯한 고급 슈퍼마켓들은 표지판을 TEN ITEMS OR FEWER라고 바꿨다. 자전거 이용 연맹(Bicycle Transportation Alliance) 책임자는 단체가 제작한 인기 좋은 티셔츠에 ONE LESS CAR(차 한 대 줄이기)라고 적힌 것을 사과하면서 ONE FEWER CAR라고 적었어야 옳다고 동의했다. 이 논리라면 주류 판매점은 21세 미만(fewer than) 손님에게는 맥주를 팔지 말아야 하고, 준법 운전자는 시속 70마일 미만(fewer than)으로 운전해야 하고, 빈곤선은 연간 1만 1500달러 미만(fewer than)을 버는 사람으로 정의되어야 한다. 그리고 여러분이 이 구분을 다 익혔다면, 걱정거리가 하나 준(one fewer) 셈이다.[45]

만일 내 말이 갈수록 이상하게 들렸다면, 여러분만 그런 것이 아니니 안심하라. 다음 만화는 칠칠맞지 못한 문법이 매력 감소 요인이라고는 해도 문법을 지나치게 따지는 융통성 없는 태도도 마찬가지라는 사실을 알려준다.

어떻게 된 것일까? 많은 언어학자가 지적했듯이, 순수주의자들이 less-fewer 구분을 망쳐 버렸다. 낱낱의 항목을 지칭하는 가산 명사 복수형에 less를 쓰면 어색하다는 것은 사실이다. 정말 less pebbles보다는 fewer pebbles가 더 낫게 들린다. 하지만 less를 가산 명사에 쓰면 무조건 안 된다는 말은 사실이 아

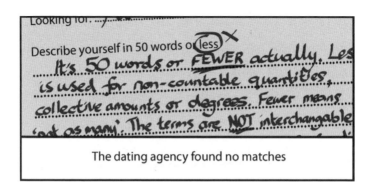

The dating agency found no matches

(질문) 자신을 50단어 미만으로(50 words or less) 소개하세요.

(답) 정확하게는 FEWER라고 써야 합니다. less는 불가산적인 양, 집합적인 양이나 정
도에만 쓰입니다. fewer는 '그렇게 많지는 않은'이라는 뜻입니다.

두 용어는 호환되지 않습니다.

데이트 주선 업체는 어울리는 상대를 찾아주지 못했다.

니다. One less car(한 대 더 적은 차), one less thing to worry
about(하나 더 적어진 걱정거리)처럼 가산 명사 단수형에 less를 쓰
는 것은 완벽하게 자연스럽다. 양화사로 한정되는 대상이 연속된
존재일 때, 혹은 단위를 뜻하는 가산 명사일 때도 less가 자연스
럽다. 엄밀히 따지자면 6인치, 6개월, 6마일, 6달러 지폐 같은 표
현들이 실제로 어떤 물질 여섯 덩어리를 가리키는 것은 아니지
않은가. 영화 「이것이 스파이널 탭이다」에서 나이절 터프넬(Nigel
Tufnel)이 좋아하는 앰프에 눈금이 1부터 11까지 있었던 것처럼,
세상의 모든 단위는 사실 임의적이다. 따라서 단위와 함께 쓸 때
는 less가 자연스럽고, fewer는 과잉 교정이다. 그리고 어떤 양

을 기준과 비교하는 관용적 표현, 가령 He made no less than fifteen mistakes(그는 실수를 자그마치 15개나 저질렀다)나 Describe yourself in fifty words or less(자신을 50단어 미만으로 소개하세요) 같은 경우에도 less가 쓰인다. 이런 관용구가 최근의 타락인가 하면, 그렇지도 않다. 영어 역사에서 대부분의 기간 동안 less는 오늘날 more처럼 가산 명사와 물질 명사 양쪽 모두에 쓰일 수 있었다.

수상쩍은 어법 규칙이 종종 그렇듯이, less-fewer 규칙은 글을 쓰는 사람에게 주는 조언으로는 일말의 타당성이 있다. Less/fewer than twenty of the students voted(학생 20명 미만이 투표했다)처럼 less와 fewer가 둘 다 가능한 경우, 고전적 스타일에서는 fewer를 쓰는 편이 더 낫다. 생생함과 구체성을 강화하기 때문이다. 하지만 그렇다고 해서 less가 문법적으로 틀린 것은 아니다.

똑같은 판단이 over와 more than 사이의 선택에도 적용된다. 복수형이 가산적 물체를 가리키는 경우에는 more than을 쓰는 편이 낫다. He owns more than a hundred pairs of boots(그는 부츠를 100켤레 넘게 갖고 있다)가 He owns over a hundred pairs of boots보다 고전적 스타일로 들리는데, 왜냐하면 부츠들을 무정형의 집합으로 뭉뚱그려 떠올리는 대신 낱낱으로 떨어뜨려 떠올리도록 해 주기 때문이다. 그러나 These rocks are over five million years old(이 바위는 나이가 500만 년이 넘었다)처럼 복수형이 측정 척도의 한 지점을 가리키는 경우, 이때도 꼭 more than five million years old라고 써야 한다고 우기는 것은 지나치다. 누구도 나이를 따질 때 한 해 한 해 헤아리지는 않으니까. 어법 지침서들은 두 경우 모두 over를 쓰는 것이 잘못된 문법이 아니라는 데 동의한다.

/

나는 이 꼭지에서 지금까지 한 이야기를 작가 로런스 부시 (Lawrence Bush)의 짧은 글로 마무리하고 싶다는 유혹을 이기지 못해, (그의 너그러운 허가 아래) 다음 인용문으로 실었다. 이 이야기는 우리가 지금까지 점검한 어법 세목들 중 여러 가지를 상기시키며(여러분도 몇 가지나 찾을 수 있는지 살펴보라.), 전통적 규칙들이 소통에서 오해의 여지를 줄인다는 주장이 과연 사실인지를 묻는다.[46]

나는 클럽에 도착하자마자 로저와 마주쳤다. 인사말을 나눈 뒤, 그가 목소리를 낮추어 내게 물었다. "마사와 나를 가능성 있는 짝으로 어떻게 생각해? (What do you think of Martha and I as a potential twosome?)"

"그건," 나는 대답했다. "실수 같은데. 마사와 내가 더 낫지. (Martha and me is more like it.)"

"너도 마사한테 관심 있어?"

"나는 명료한 소통에 관심 있어."

"좋아." 그가 동의했다. "더 나은 사람이 이기도록 하자고." 그러더니 그가 한숨을 쉬었다. "우리가 아주 독특한(very unique) 커플이 될 게 분명하다고 생각했는데."

"두 사람이 아주 독특한 커플이 될 수는 없어, 로저."

"응? 왜 그렇지?"

"마사가 약간만 임신할(a little pregnant) 수는 없어, 그렇지?"

"뭐라고? 너 지금 생각하는 게 마사와 나를……. (You think that Martha and me…….)"

"마사와 내가. (Martha and I.)"

"아." 로저는 얼굴이 빨개지더니 술잔으로 눈길을 떨어뜨렸다. "세상에, 몰랐네."

"물론 몰랐겠지." 나는 그를 안심시켰다. "대부분의 사람이 몰라."

"내가 아주 미안하게 느낌이 드네. (I feel very badly about this.)"

"그렇게 말하면 안 돼. 내가 미안한(I feel bad)……."

"제발, 그러지 마." 로저가 말했다. "잘못한 사람이 있다면, 나야."

남성형과 여성형(성차별적이지 않은 언어와 단수형 they(그들)). 2013년 보도 자료에서 대통령 버락 오바마는 연방 대법원의 차별적 법률 폐지 결정을 칭찬하며 이렇게 말했다. "어떤 미국인도 단지 그들의 외모 때문에 남들의 의혹을 받으며 살아가는 일이 있어서는 안 된다. (No American should ever live under a cloud of suspicion just because of what they look like.)"[47] 이 말로 오바마는 지난 40년 동안 가장 뜨거웠던 어법 쟁점 하나를 건드린 셈이었다. No American(어떤 미국인도)처럼 문법적으로 단수형에 해당하는 선행사를 they(그들이), them(그들을), their(그들의), themselves(그들 자신의) 같은 복수형 대명사로 받는 것이 타당한가 하는 문제이다. 대통령은 왜 because of what he looks like(그의 외모 때문에) 혹은 because of what he or she looks like(그 혹은 그녀의 외모 때문에)라고 쓰지 않았을까?

순수주의자들은 단수형 they가 '이 글은 우리 고양이가 썼습니다.' 농담에 알맞은 수준의 실수라고 주장하며, 사람들이 이런 실수를 참아 주는 것은 여성 운동의 비위를 맞추려는 것일 뿐이라고 말한다. 순수주의자들은 대명사 he(그)가 전혀 나무랄 데 없는 성 중립형 대명사라고 주장한다. 문법을 배우는 학생들이 종종 듣는 말을 빌리자면, "문법에서도 남성적인 것이 여성적인 것을 포괄한다."라는 것이다. 그러나 페미니스트들의 감수성은 남성형 대명사로 두 성별을 모두 대표하는 관행에서 느껴지는 성차별의 기미, 실제로는 존재하지 않는 성차별의 낌새마저 견디지 못했고, 그래서 거추장스럽게도 he or she(그 혹은 그녀)를 쓰라고 명령하는 언어 개조 캠페인에 나섰으며, 그러다 보니 종국에는 우리가 단수형 they를 쓰게 되었다는 것이다. 컴퓨터 과학자 데이비드 겔런터(David Gelernter)는 이렇게 말했다. "날렵한 스포츠카 같은 영어 문체를 80톤 대형 트럭으로 들이받은 것으로도 모자라, (페미니스트들은) 문법의 다리를 총으로 쏘아 버렸다. 주어와 대명사 일치는 선택적인 문제라고 선언되자, 문법은 쿵 쓰러지고 말았다."[48] (겔런터는 사실 "선행사와 대명사"라고 썼어야 한다. 이 문제는 주어와는 무관하다.)

웹툰을 그리는 라이언 노스(Ryan North)는 이 문제를 좀 더 가볍게, 그리고 페미니즘에 대한 적대감 없이 다뤘다. 만화의 한 주인공인 티렉스는 영어가 실제로 날렵한가 하는 점에 겔런터보다는 회의적이다. 그래서 티렉스는 영어에게 직접 말을 걸어, 제발 지난 몇 년 동안 제안된 성 중립형 대명사들, 가령 hir(히어), zhe(지), thon(돈) 같은 단어들 중 하나를 승인하라고 요구한다. 그러나 이어지는 장면에서, 말하는 공룡은 마음이 흔들린다. 처음에는 "새로 발명된 대명사는 늘 이상하게 들린단 말야." 하고 걱정하더니, 금세 그 의견을 번복해 어쩌면 이제 진짜로 There comes a time when thon must look thonself in the mirror(그(thon)가 그 자신(thonself)를 거울에 비춰 봐야 한다)라는 말을 배워야 할지도 모르겠다고 생각한다.

상황을 정리해 보자. 우선, 티렉스가 옳고 순수주의자들이 틀렸다. 영어에는 성 중립형 대명사가 없다. 적어도 문법에서는, 남성적인 것이 여성적인 것을 포괄하지 않는다. 실험으로 이미 확인된 바, 사람들은 he라는 단어를 읽으면 작가가 남성을 지칭한다고 생각하기 쉽다.[49] 사실은 실험까지 해 볼 필요도 없다. 영어에서 he는 남성형일 뿐 통성형 대명사가 아니라는 것은 엄연한 현실이기 때문이다. 못 믿겠다면, 다음 예문들을 읽어 보라.[50]

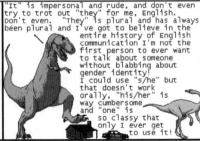

"모든 공룡의 삶에는 그 혹은 그녀가 그 혹은 그녀의 거울에 그 혹은 그녀 자신을 비춰 봐야……."

"잠깐."

"영어! 대체 이게 뭐야?"

"우리에게는 성 중립형 대명사가 필요해, 과거에 있었던 것처럼!"

"'it'은 비인칭이고 무례해. 그리고 내 앞에서 'they'를 꺼낼 생각일랑 접어 두시지, 영어. 꿈도 꾸지 마. 'they'는 복수형이고 과거에도 늘 복수형이었어. 영어 소통의 역사를 통틀어, 상대의 성별 정체성을 떠벌리지 않고도 그 사람에 대한 이야기를 하고 싶어 했던 화자가 내가 처음은 아닐 텐데! 's/he'를 써도 되지만 입말로는 불가능하고, 'his/her'는 너무 번거롭고, 'one'은 너무 고상하게 들려서 나 말고는 쓰는 이를 못 봤다고!"

Is it your brother or your sister who can hold his breath for four minutes? (네 남동생과 여동생 중에서 4분 동안 그의 숨을 참을 수 있는 게 누구니?)

The average American needs the small routines of getting ready for work. As he shaves or pulls on his pantyhose, he is easing himself by small stages into the the demands of the day. (보통의 미국인은 매일 반복되는 사소한 일과를 통해서 출근 준비를 한다. 그가 면도를 하거나 팬티스타킹을 끌어 올릴 때, 그는 그런 작은 단계를 하나하나 거치면서 마음을 달래어 또

하루의 일에 나설 차비를 하는 것이다.)

She and Louis had a game – who could find the ugliest photograph of himself. (그녀와 루이스는 게임을 했다. 누가 가장 못생긴 그 자신의 사진을 찾아내는가 하는 게임이었다.)

I support the liberty of every father or mother to educate his children as he desiresd. (나는 모든 아버지 혹은 어머니에게 그의 자녀를 그가 바라는 대로 교육할 자유가 있어야 한다고 생각한다.)

이런데도 여전히 he가 성 중립적이라고 생각하는가? 우리는 영어에 결함이 있다고 했던 티렉스의 말에 동의할 수밖에 없다. 그렇다면 양화사로 한정된 문장에서 두 성별을 다 포괄하고 싶은 작가는 No American should be under a cloud of suspicion because of what they look like(어떤 미국인도 단지 그들의 외모 때문에 남들의 의혹을 받으며 살아가는 일이 있어서는 안 된다)처럼 수 일치를 어기거나, No American should be under a cloud of suspicion because of what he look like(어떤 미국인도 단지 그의 외모 때문에 남들의 의혹을 받으며 살아가는 일이 있어서는 안 된다)처럼 성별 실수를 저지르거나 둘 중 한쪽을 골라야 할 것만 같다. 공룡이 설명했듯이, 다른 해법들 — it, one, he or she, s/he, his/her, 혹은 thon 같은 새로운 대명사 — 도 각자 나름대로 문제가 있다.

이론적으로 가능한 한 대안은 현실적으로는 더 이상 대안이 아니다. 성별 포괄성 문제를 잊고 그냥 남성형 용어를 써서 독자가 행간을 읽어 그 속에 여성도 포함되어 있음을 짐작하도록 만드는 방법이다. 그러나 오늘날 어떤 주요 출판물도 이런 '성차별적 어법'을 허용하지 않을 것이며, 그들이 허용해서도 안 된다. 인류 전체에 관한 진술에서 인류의 절반을 빼고 말해서는 안 된다는 도덕적 원칙은 제쳐두더라도, 이제 우리는 성차별적이지 않은 언어에 대한 주요 반론들이 40년 전 처음 제기된 이래 지금까지 오면서 대부분 반박되었다는 사실을 안다. 우리가 남성형 용어를 성 중립형 용어로 바꿨어도(가령 man(인류)을 humanity로, fireman(소방관)을 firefighter로, chairman(의장)을 chair로) 영어의 우아함과 표현력이 멀쩡히 살아남은 것은 물론이거니와, 새 표준을 접하면서 자란 세대가 오늘날 글을 읽다가 깜짝 놀라는 지점은 전통주의자들이 놀랐던 지점과는 정반대이다. 요즘 독자들은 성차별적 어법을 만났을 때 오히려 읽던 것을 문득 멈추게 되고 주의력이 흐트러지는 것이다.[51] 일례로 어느 노벨상 수상자가 1967년에 쓴 유명한 글을 읽다가 다음과 같은 문장을 만났을 때, 우리는 절로 움찔한다. "In the good society a man should be free ······ of other men's limitations on his beliefs and actions. (좋은 사회라면, 인간은 ······ 다른 인간들이 그의 신념과 행동을 제약하는 일을 겪지 말아야 한다.)"[52]

그래서 우리는 단수형 they라는 해법으로 돌아오고 만다. 우리가 맨 먼저 알아야 할 사실은 이 어법이 1970년대 전투적 페미니스트들의 강요로 유통된 최신 발명품이 아니라는 점이다. 겔런터는 "셰익스피어의 가장 완벽한 문장"과 제인 오스틴의 "순수하고 단순한 영어"를 애타게 그렸지만, 이 말은 사실 슬랩스틱 수준의 황당한 실수이다. 알고 보면 두 작가 모두—그렇다, 여러분이 짐작하는 대로—단수형 they를 많이 썼다. 셰익스피어는 최소 네 번 썼고, 영어학자 헨리 처치야드(Henry Churchyard)가 「모두가 자신의 제인 오스틴을 사랑한다(Everyone Loves Their Jane Austen)」라는 논문에서 밝힌 바에 따르면 오스틴의 작품에는 단수형 they가 총 87번 나오는데 그중 37번은 등장 인물이 아니라 오스틴 자신의 목소리였다. (가령 『맨스필드 파크(*Mansfield Park*)』에는 "Every body began to have their vexation. (모든 사람이 그들 나름의 짜증을 느끼기 시작했다.)"라는 문장이 있다.)[53] 초서, 킹 제임스 성경, 조너선 스위프트, 바이런 경, 윌리엄 새커리, 이디스 워튼, 조지 버나드 쇼, W. H. 오든도 단수형 they를 썼으며, 『옥스퍼드 영어 사전 보충판(*Supplement to the Oxford English Dictionary*)』과 『파울러 현대 영어 어법』 최신판을 편집한 로버트 버치필드(Robert Burchfield)도 썼다.

단수형 they에 대해서 두 번째로 이해해야 할 점은, 이것이 성 중립형 대명사가 필요할 때 쓸 수 있는 간편한 해법이기는 해도 그 점이 유일한 매력은 아니고 심지어 최대의 매력도 아니라는 것이다. 많은 작가가 성별이 확연히 남성 혹은 여성인 경우에도 이 어법을 쓴다. 조지 버나드 쇼는 "No man goes to battle to be killed. (어떤 남자도 죽으려고 전쟁터에 나서진 않아.)", "But they do get killed. (하지만 그들은 결국 죽지.)"라는 문장을 썼다. 이 대화는 명백히 남자들에 관한 이야기였으므로 쇼는 페미니즘에 잘 보이려고 굴 하등의 이유가 없었는데, 그래도 그는 단수형 they를 썼다. 왜냐하면 더 정확한 형태라고들 하는 he로 바꿀 경우 대화가 뒤죽박죽이 되기 때문이다. "No man goes to battle to be killed. (어떤 남자도 죽으려고 전쟁터에 나서진 않아.)" "But he does get killed. (하지만 그는 결국 죽지.)" (내가 두 단락 전에 썼던 문장도 마찬가지이다. "No major publication today will allow this 'sexist usage,' nor should they. (오늘날 어떤 주요 출판물도 이런 '성차별적 어법'을 허용하지 않을 것이며, 그들이 허용해서도 안 된다.)" 여기서 대신 nor should it(그것이 허용해서도 안 된다)라고 쓰면, 꼭 특정 출판물을 염두에 둔 말처럼 들린다. 자연히 독자는 '어떤 출판물이 그러지 말아야 한다는 거야?' 하고 의아해할 것이다.) 확연히 여성을 지시하는 경우에도 단수형 they를 쓴 최근 사례는 숀 오노 레논(Sean Ono Lennon)의 인터뷰에서 찾아볼 수 있다. 그는 자신이 연애 상대로 바라는 사람을 묘사하면서 이렇게 말했다. "Any girl who is interested must simply be born female and between the ages of 18 and 45. They must have an IQ above 130 and they must be honest. (내게 관심이 있는 여자는 그냥 출생 성별이 여성이고 나이가 18세와 45세 사이면 됩니다. 그들은 IQ가 130 이상이어야 하고, 정직해야 합니다.)"[54] 이때 레논도 꼭 성 중립형 대명사 they를 쓸 필요는 없었다. 자신이 바라는 짝의 선천적 성별과 현재 성별(요즘은 아마 둘 다 명시해야 할 것이다.)을 이미 밝혔으니까. 그래도 그는 어느 특정 여성이 아니라 여성 전체를 말하는 것이었기 때문에 they가 더 적절하다고 여겼다. 이런 사례에서 they는 관념적 일치를 수행하는 셈이다. no man(어떤 남자도)와 any girl(어떤 여자든)은 문법적으로는 단수이지만 심리적으로는 복수이다. 많은 개인으로 구성된 집단을 뜻하는 것이다. 이 부조화는 None are coming(아무도 안 온다)나 Are any of them coming?(그들 중 누구라도 오나?) 같은 문장에서 드러난 부조화와도 비슷하다.

사실은 '단수형 they'라는 용어 자체가 잘못 붙인 이름이다. 이런 구조에서 they는 each dinosaur(각각의 공룡), everyone(모든 이), no American(어떤 미국인도), the average American(보통의 미국인은), any girl(어떤 여자든) 같은 단수형 선행사와 수를 일치시키기 위해서 억지로 단수형 대명사처럼 쓰인 것이 아니다. 앞에서 우리가 물체들에 관한 묘사를 '하나' 혹은 '하나보다 많은'으로 분류해 보았던 것이 기억나는가? 그때 우리는 nothing(아무것도), each object(각각의 물체) 같은 표현에서는 애초에 수가 모호한 개념임을 깨달았다. no American(어떤 미국인도)는 한 미국인을 뜻하는가, 많은 미국인을 뜻하는가? 누가 알겠는가? $0 \neq 1$ 이지만, 그렇다고 해서 $0 > 1$도 아니다. 이런 불확정성 때문에, 우리는 앞 예문들 속 they가 가령 The musicians are here and they expect to be fed(연주자들이 도착했고 그들은 식사를 하기를 기대하고 있다)처럼 통상적인 대명사와 선행사의 의미로 쓰인 것은 아니라고 생각할 수밖에 없다. 이때 대명사 they는 일종의 경계 변수로 기능한다. 어떤 개체가 여러 번 언급될 때 독자가 그 개체를 잘 추적하도록 해 주는 기호인 셈이다. 단수형 they란 사실 "모든 x에 대해서, 만약 x가 미국인이라면 x는 x의 외모 때문에 의혹을 받으며 살아서는 안 된다." 혹은 "모든 x에 대해서, 만약 숀 오노 레논이 x와 결혼할 것을 고려한다면 그때 x는 여성이다 & x는 IQ가 130 이상이다 & x는 정직하다." 같은 표현에서 'x'에 해당하는 기호이다.[55]

그러니 단수형 they는 역사와 논리의 지지를 받는 셈이다. 사람들이 문장을 이해하는 데 걸리는 시간을 1,000분의 1초 단위로 측정한 실험에 따르면, 단수형 they는 해독을 거의 혹은 전혀 지체시키지 않지만 총칭형 he는 오히려 아주 많이 지체시킨다.[56] 「공룡 코믹스(Dinosaur Comics)」의 티렉스도 후속 편(다음 쪽)에서 자신의 순수주의가 실수였음을 인정했다.

우리가 thon을 쓰자는 캠페인을 벌일 마음은 없다면, 이제 그만 단수형 they를 받아들여도 되는 것일까? 대답은 격식의 수준, 선행사의 속성, 가능한 대안의 유무에 달려 있다. 분명 격식 있는 글에서는 격식 없는 글에서보다 단수형 they가 덜 용인된다. 또 선행사가 a man(남자) 같은 부정 명사구일 때는 이 구가 풍기는 단수의 향기 때문에 외모가 복수형인 they가 더 도드라져 보인다. 한편 everyone(모든 사람)처럼 전칭 양화사가 붙은 선행사일 때는 단수형 they가 덜 이상해 보이고, no나 any처럼 부정 양화

"좋아, 단수형이자 성 중립형인 'they'는 길고 자랑스러운 역사를 갖고 있다는 거지."

"심지어 윌리 T. 셰익스피어도 'they'를 이런 식으로 썼다는 거지!"

"그리고 내가 'they'는 늘 복수형이라고 말했던 것은 논쟁의 여지 없이 옳은 말이 아니었다는 거지. 좋아. 누구나 실수는 하잖아. 나도 마침내 매를 맞게 된 건 공평한 일이라고 해 두지. 그렇다고 해서 영어가 살짝 빠져나갈 수 있느냐 하면, 그건 아냐! 여전히 우리에게는 논쟁의 여지 없는 성 중립형 대명사가 필요하다고."

"'thon(돈)'은 어떻게 됐어?"

"대답을 외쳐 줄까?"

"그(thon)는 왜 아무도 그(thon)를 안 좋아하는지 이유를 모른다."

사가 붙은 선행사일 때는 눈에 거의 띄지도 않는다.

어법 패널은 이런 차이에 민감하게 반응했다. 어법 패널 중 A person at that level should not have to keep track of the hours they put in(그런 수준의 사람은 자신들이 들이는 시간을 일일이 기록하지 말아야 한다)이라는 문장에 찬성한 사람은 소수였다. 다만 그 소수의 규모는 지난 10년 동안 2배로 늘어, 원래 20퍼센트였

글쓰기의 감각

던 것이 지금은 40퍼센트 가까이 된다. 이 수치는 우리가 단수형 they를 인정하는 수준이 그것이 순수주의자들의 탄압을 받기 전에 누렸던 19세기 수준으로 회복되고 있음을 보여 주는 여러 증거 중 하나이다. 한편, If anyone calls, tell them I can't come to the phone(만약 누가 전화를 걸어오면, 그들에게 내가 전화를 받을 수 없는 처지라고 말해 주세요), Everyone returned to their seats(모든 사람이 그들의 자리로 돌아갔다)라는 문장은 어법 패널 중 근소한 차이로 다수가 받아들였다. 여러분이 단수형 they를 쓸 때 가장 큰 위험은 여러분보다 더 문법적인 독자가 여러분에게 실수를 저질렀다고 비난할지도 모른다는 점이다. 만약 그런 지적을 받는다면, 그 독자에게 제인 오스틴도 나도 괜찮다고 생각한다더라 하고 말해 주라.

그동안 어법 지침서들은 단수형 대명사 함정에서 빠져나갈 도피구를 두 가지로 추천했다. 제일 쉬운 방법은 수량을 복수형으로 쓰는 것이다. 그러면 they가 문법적으로 떳떳한 대명사가 되니까. 가령 당신이 제인 오스틴의 문장을 개선할 수 있다고 여긴다면, Every body began to have their vexation(모든 사람이 그들 나름의 짜증을 느끼기 시작했다)을 They all began to have their vexations(그들은 모두 그들 나름의 짜증을 느끼기 시작했다)라고 바꿔 볼 수 있다. 이 해법은 노련한 작가들이 자주 쓰는 해법이다. 여러분도 얼마나 많은 총칭 혹은 전칭 양화사 문장을 복수형 주어로 고쳐 쓸 수 있는지를 알면, 게다가 그렇게 바꿔도 아무도 눈치 채지 못한다는 것을 알면, 놀랄 것이다. Every writer should shorten their sentences(어느 작가라도 그들의 문장을 줄여야 한다)는 All writers should shorten their sentences(모든 작가들은 그들의 문장을 줄여야 한다)로 쉽게 바꿀 수 있고, 그냥 Writers should shorten their sentences(작가들은 그들의 문장을 줄여야 한다)라고만 해도 된다.

또 다른 도피구는 대명사를 부정형 혹은 총칭형 대안으로 바꾼 뒤, 독자가 지시 대상을 제대로 읽어 내기를 기대하는 것이다. Every body began to have their vexation(모든 사람이 그들 나름의 짜증을 느끼기 시작했다)을 Every body began to have a vexation(모든 사람이 짜증을 느끼기 시작했다)이라고 바꾸고, Every dinosaur should look in his or her mirror(모든 공룡은 자신의 거울을 보아야 한다)를 Every dinosaur should look in the mirror(모든 공룡은 거울을 보아야 한다)로 바꾸는 것이다.

어느 해법도 완벽하지는 않다. 가끔은 작가가 정말 한 개인에 집중해야 하고, 그럴 때는 복수형이 부적절하다. Americans must never live under a cloud of suspicion just because of what they look like(미국인들은 그저 그들의 외모 때문에 남들의 의심을 받으며 살아서는 안 된다)에서 Americans(미국인들)는 '전형적인 미국인' 혹은 '대부분의 미국인'으로 해석될 수도 있는데, 그 경우에는 단 한 사람의 예외도 없이 모든 미국인이 차별로부터 자유로워야 한다는 오바마의 선언이 훼손된다. 쇼의 대화를 Men never go to battle to be killed. But many of them do get killed(남자들은 죽으려고 전쟁터에 나서는 게 아냐. 하지만 그들 중 많은 사람이 죽지)처럼 복수형 주어로 바꾸면, 청자로 하여금 개개의 지원병이 얼마나 무모한지를 생각해 보게 만드는 대화의 요지가 약화된다. 또 어떤 한 개인이 죽을 확률은 낮지만 그들 중 누군가 죽을 확률은 높다는 사실을 병치시킨 쇼의 의도가 훼손된다. 대명사를 부정형 혹은 총칭형 명사로 바꾸는 것이 늘 가능하지도 않다.

During an emergency, every parent must pick up their child. (위급 상황에서는 모든 부모가 자신들의 아이를 챙겨야 한다.)	During an emergency, every parent must pick up a child. (위급 상황에서는 모든 부모가 아이를 챙겨야 한다.)

오른쪽처럼 바꾸면, 부모에게 각자 자기 아이를 챙길 의무가 있다는 뜻이 아니라 모든 부모가 아무 아이나 무작위로 챙겨도 된다는 뜻처럼 들린다.

　이런 복잡한 문제들이 있으므로, 작가들은 늘 영어로 총칭 정보를 전달할 때 쓸 수 있는 각종 도구들, 각각은 저마다 다른 이유에서 완벽하지 않은 도구들을 전부 고려해 보아야 한다. he, she, he or she, they, 복수형 선행사, 대명사를 교체하기, 그리고 또 누가 알겠는가, 언젠가 thon도 고려 대상이 될지 모르는 일이다.

일부 순수주의자들은 이런 복잡성을 핑계로 들먹이며, 그러니까 성별 포괄성 문제는 아예 따지지 말고 흠이 있더라도 he라는 선택지를 고수하자고 말한다. 겔런터는 이렇게 불평했다. "내가 왜 글을 쓸 때 페미니즘 이데올로기를 염려해야 하는가? …… 글쓰기는 그러잖아도 온전한 집중을 요구하는 까다로운 작업인데." 하지만 이것은 정직하지 못한 반응이다. 작가는 문장 하나하나를 쓸 때마다 한편으로는 명료함, 간결함, 어조, 운율, 정확성을, 다른 한편으로는 그 밖의 가치들을 두고 둘 사이에서 타협을 이루려고 애쓴다. 그런데 왜 하필 여성을 배제하지 말아야 한다는 가치만은 이 방정식에서 그 중요성이 0이 되어야 한단 말인가?

단어 선택

전통적 문법 규범을 회의적으로 바라보는 작가들도 단어 선택에 관한 규범은 좀 더 존중하는 경향이 있다. 단어의 뜻을 둘러싼 미신은 문법을 둘러싼 미신보다 훨씬 적은데, 그것은 사전 편찬자들이란 꼭 산림쥐(pack rats)가 식량을 비축하듯이 예문을 잔뜩 모아두기를 좋아하는 족속인 데다가 안락 의자에 앉아 영어란 이래야 하는 법이라고 어설픈 이론을 중뿔나게 제시하기보다는 경험적으로 단어의 정의를 작성하는 사람들이기 때문이다. 그 덕분에 요즘 사전들에 실린 정의는 보통 실제 독자들의 합의를 충실하게 따른다. 그러니 만일 어떤 단어에 대해 언중이 합의한 뜻이 무엇인지 모르겠다면, 우스꽝스러운 오용으로 스스로 창피를 사고 독자에게 짜증을 안기기 전에 부디 사전을 찾아보라. (여담이지만, '말의 우스운 오용'이라는 뜻의 malapropism을 줄인 단어 malaprop은 리처드 셰리던(Richard Sheridan)의 1775년 희곡 「라이벌들(The Rivals)」에 등장하는 맬러프롭 부인의 이름에서 왔다. 이 부인은 늘 단어를 잘못 써서 좌중을 웃기는데, 가령 apprehend(이해하다)를 써야 할 때 reprehend(꾸짖다)를 쓰고, epithet(별명)을 써야 할 때 epitaph(묘비명)를 쓰는 식이다.)

단어의 뜻에 관한 말도 안 되는 규칙은 문법에 관한 규칙보다는 적지만, 그래도 아주 없지는 않다. 자, 그러면 지금부터 『아메리칸 헤리티지 사전』 어법 패널의 데이터, 여러 사전에서 얻은 역사적 분석, 그리고 약간의 개인적 판단을 근거로 삼아 몇 가지 단어 규칙을 살펴보겠다. 우선 여러분이 안심하고 무시해도 좋은 쓸데없는 규칙들부터 보고, 다음으로 여러분이 존중하는 편이 나은 유의미한 규칙들을 보자.

단어	순수주의자들이 허용하는 유일한 의미	흔히 쓰이는 의미	의견
aggravate	악화시키다(aggravate the crisis(위기를 악화시키다))	짜증나게 하다 (aggravate the teacher(선생을 짜증나게 하다))	'짜증나게 하다.'라는 의미는 17세기부터 쓰였고, 어법 패널의 83퍼센트가 받아들인다.
anticipate	대비하다(We anticipated the shortage by stocking up on toilet paper. (우리는 부족에 대비해 화장지를 비축했다.))	기대하다(We anticipated a pleasant sabbatical year. (우리는 즐거운 안식년을 기대했다.))	어법 패널의 87퍼센트가 '기대하다.'라는 의미를 받아들인다.
anxious	걱정하는(Flying makes me anxious. (비행은 나를 걱정하게 만든다.))	바라는(I'm anxious to leave. (나는 몹시 떠나고 싶다.))	어법 패널은 50 대 50으로 갈라진다. 하지만 '바라는'이라는 의미는 오래전부터 쓰였고, 대부분의 사전에 별다른 단서 없이 수록되어 있다.
comprise	포함하다(The US comprises 50 states. (미국은 50개 주를 포함한다.))	구성하다(The US is comprised of 50 states. (미국은 50개 주로 구성되어 있다.))	'구성하다.'라는 의미도 자주 쓰이고, 점점 더 널리 인정되고 있다. 특히 수동태로.

단어	순수주의자들이 허용하는 유일한 의미	흔히 쓰이는 의미	의견
convince	믿게 만들다(She convinced him that vaccines are harmless. (그녀는 그에게 백신의 무해성을 납득시켰다.))	행하게 만들다(She convinced him to have his child vaccinated. (그녀는 그를 설득해 그의 아이에게 백신을 맞히도록 만들었다.))	convince는 아마 '행하게 만들다.'라는 뜻인 persuade와 대비되는 단어이겠지만, 그것까지 신경 쓰는 사람은 거의 없다.
crescendo	점진적 증가(a long crescendo(긴 크레셴도))	클라이맥스, 절정(reach a crescendo(절정에 도달하다))	'증가'라는 의미로만 써야 한다고 우기는 것은 이 단어가 이탈리아 어에서 왔다는 점과 음악의 전문 용어라는 점을 근거로 삼은 어원학적 오류이다. '클라이맥스'라는 의미도 확고하게 자리 잡았고, 근소한 차이로 어법 패널의 다수가 인정한다.
critique	명사(a critique(비평))	동사(to critique(비평하다))	동사형을 싫어하는 사람이 많지만, 존중할 만한 단어다. 그리고 criticize(비판하다)와는 달리 비난보다 분석에 치중한다는 느낌을 준다는 점에서 유용하다.

단어	순수주의자들이 허용하는 유일한 의미	흔히 쓰이는 의미	의견
decimate	10분의 1을 제거하다	대부분을 제거하다	로마 제국에서 반란을 일으킨 부대를 처벌했던 방식을 근거로 삼아 고집되는 어원학적 오류이다.
due to	형용사(The plate crash was due to a storm. (그 비행기 추락 사고는 폭풍우 때문이었다.))	전치사(The plane crashed due to a storm. (그 비행기는 폭풍우 때문에 추락했다.))	사실은 양쪽 다 전치사이고, 양쪽 다 괜찮다.[57]
Frankenstein	소설 속 과학자	소설 속 괴물	만약 당신이 "우리는 프랑켄슈타인의 괴물을 만든 거야!"라고 말하기를 고집한다면, 당신은 아마 2001년 1월 1일에 샴페인을 따면서 왜 다른 사람들은 축하하지 않는지 의아했을 것이다. ("그렇잖아, 0년이란 건 없었으니까, 세 번째 천 년은 사실 2001년에 시작되는 거야……") 포기하시라.

단어	순수주의자들이 허용하는 유일한 의미	흔히 쓰이는 의미	의견
graduate	타동사이고 보통 수동태(She was graduated from Harvard. (그녀는 하버드를 졸업했다.))	자동사(She graduated from Harvard. (그녀는 하버드를 졸업했다.))	수동태로 쓰인 '정확한' 의미는 점점 사라지고 있다. 단 Harvard graduated more lawyers this year(하버드는 올해 더 많은 변호사를 졸업시켰다)처럼 능동태로는 계속 많이 쓰인다. 어법 패널은 자동사 형태도 받아들이지만, 이것을 다시 타동사로 뒤집어서 She graduated Harvard(그녀는 하버드를 졸업했다)처럼 쓰는 것은 싫어한다.
healthy	건강한(Mabel is healthy. (메이블은 건강하다.))	건강에 좋은(Carrot juice is a healthy drink. (당근 주스는 건강한 음료이다.))	'건강에 좋은'이라는 의미의 'healthy'는 지난 500년 동안 healthful(건강에 좋은)이라는 단어보다 오히려 더 많이 쓰였다.

단어	순수주의자들이 허용하는 유일한 의미	흔히 쓰이는 의미	의견
hopefully	동사구 부사: 희망을 품은 태도로(Hopefully, he invited her upstairs to see his etchings. (희망을 품고서, 그는 그녀에게 위층으로 올라가서 자신의 예칭 작품을 보자고 청했다.))	문장 부사: ~을 바라건대(Hopefully, it will stop hailing. (바라건대, 우박이 그쳤으면 한다.))	candidly(솔직하게), frankly(솔직하게), mercifully(다행히도) 등 많은 부사가 부사구도 문장도 둘 다 수식한다. hopefully는 그들보다 최근에 생겼고 1960년대에 순수주의자들의 단골 쟁점이 되었던 것뿐이다. 비합리적 저항이 남아 있기는 하지만, 점점 더 많은 사전과 신문이 받아들이는 추세이다.
intrigue	명사: 음모(She got involved in another intrigue. (그녀는 또 다른 음모에 연루되었다.))	동사: 흥미를 일으키다(This really intrigues me. (이것은 정말로 내 흥미를 일으킨다.))	이 죄 없는 동사는 두 가지 사이비 이론의 표적이다. 명사에서 온 동사는 나쁘다는 이론, 프랑스 어에서 빌려온 단어는 나쁘다는 이론.
livid	검푸른, 멍의 색깔	성난	찾아보라.

단어	순수주의자들이 허용하는 유일한 의미	흔히 쓰이는 의미	의견
loan	명사(a loan(대출))	동사(to loan(빌려주다))	동사의 역사는 1200년대로 올라가지만, 17세기 이후 영국에서는 사라졌고 미국에서만 남았다. 겨우 이 사실 때문에 이 단어는 오명을 얻었다.
masterful	지배하려 드는(a masterful personality (지배하려 드는 성격))	전문가다운, 대가다운(a masterful performance(대가다운 공연))	영어를 단정하게 정리하려 했던 파울러의 무모한 시도 중 하나. 소수의 순수주의자들이 맹종해 파울러의 규칙을 자신들의 지침서에 실었지만, 작가들은 싹 무시한다.
momentarily	잠시(It rained momentarily. (잠시 비가 내렸다.))	금세(I'll be with you momentarily. (금세 너한테 갈게.))	'금세' 의미가 더 최근에 생겼고, 영국에서는 미국에서보다 덜 쓰이지만, 아무 문제 없이 인정할 만하다. 두 뜻은 맥락에서 충분히 구별된다.

단어	순수주의자들이 허용하는 유일한 의미	흔히 쓰이는 의미	의견
nauseous	역겹게 하는 (a nauseous smell(역겹게 하는 냄새))	역겨운 (The smell made me nauseous. (그 냄새에 나는 역겨웠다))	맹렬한 반대에도 불구하고, '역겨운'이라는 의미가 더 우세해졌다.
presently	곧	지금	뜻이 좀 더 명백하게 와닿는 '지금'이라는 의미는 500년 동안 지속적으로 쓰였고, 특히 입말에서 자주 쓰이며, 맥락이 있다면 애매할 일이 거의 없다. 어법 패널의 약 절반이 이 의미를 거부하지만, 딱히 그럴듯한 이유가 없다.
quote	동사(to quote(인용하다))	명사, quotation을 줄인 말(a quote(인용구))	스타일의 문제이다. 입말과 격식 없는 글에서는 명사도 괜찮지만, 격식 있는 글에서는 그렇지 않은 편이다.

단어	순수주의자들이 허용하는 유일한 의미	흔히 쓰이는 의미	의견
raise	가축이나 작물을 기르다(raise a lamb(양을 기르다), raise corn(옥수수를 기르다))	아이를 기르다(raise a child(아이를 기르다))	자녀 양육이라는 의미는 영국 영어에서는 사라졌지만 미국에서는 남았고, 어법 패널의 무려 93퍼센트가 받아들인다.
transpire	드러나다(It transpired that he had been sleeping with his campaign manager. (그가 자신의 캠페인 관리자와 동침하고 있다는 사실이 드러났다.))	일어나다(A lot has transpired since we last spoke. (우리가 마지막으로 대화를 나눈 이래 많은 일이 일어났다.))	'드러나다.'라는 의미는 사라지고 있고, '일어나다.'라는 의미가 우세해졌다. 그러나 이 뜻으로 쓰는 표현은 허식적이라고 생각하는 사람이 많다.
while	동안(While Rome burned, Nero fiddled. (로마가 불타는 동안, 네로는 악기를 연주했다.))	한편(While some rules make sense, others don't. (어떤 규칙들은 말이 되는 한편, 다른 규칙들은 그렇지 않다.))	'한편'이라는 의미는 1749년부터 표준으로 인정되었고 '동안'이라는 의미만큼 흔히 쓰인다. 보통은 전혀 애매할 일이 없지만, 만에 하나 애매해 보인다면 문장을 다시 쓰라.

단어	순수주의자들이 허용하는 유일한 의미	흔히 쓰이는 의미	의견
whose	사람에 대해(a man whose heart is in the right place(기본 심성이 바른 사람))	사물에 대해(an idea whose time has come(아직 제 때를 만나지 못한 발상), trees whose trunks were coated with ice(가지가 얼음에 뒤덮인 나무들))	이 간편한 대명사는 자칫 꼴사나워질 수도 있는 많은 구를 구해 준다. 가령 trees the trunks of which were coated with ice(가지가 얼음에 뒤덮인 나무들)이라고 써야 한다면 어떻겠는가. 이 대명사를 사람이 아닌 다른 선행사에는 쓰지 말아야 할 이유는 전혀 없다.

그리고 이윽고 내가 기다리던 순간이 왔다. 내가 순수주의자가 되는 순간! 다음은 내가 여러분에게 비표준 의미로는 쓰지 말라고 설득하고 싶은 단어들이다. (언어학의 관행을 따라 비표준 어법에는 별표 *를 찍어 표시해 두겠다.) 비표준 어법은 대부분 발음을 잘못 들었거나 뜻을 잘못 이해한 데서 온 실수, 혹은 고상하게 들리려는 값싼 시도에서 온 실수이다. 일반적으로 단어 실수를 피하고 싶을 때 명심할 규칙은 영어에는 어원이 같고 접사가 다르지만 뜻이 같은 단어가 둘씩이나 있는 경우는 절대 없음을 기억하는 것이다. 가령 amused(재미있어 하는)와 bemused(멍한), fortunate(운

좋은)와 fortuitous(우연한), full(가득한)과 fulsome(지나친), simple(단순한)과 simplistic(지나치게 단순한)이 그렇다. 여러분이 아는 어떤 단어와 비슷하지만 그것과는 다른 접미사나 접두사가 붙은 멋진 단어를 보았을 때, 그 단어를 아는 단어의 세련된 동의어로 쓰고 싶은 유혹에 넘어가면 안 된다. 그러면 독자들은 영화 「프린세스 브라이드(The Princess Bride)」의 이니고 몬토야처럼 반응할 것이다. 몬토야는 악당 비치니가 inconceivable(상상할 수 없는)이라는 단어를 자꾸 이미 벌어진 사건을 가리키는 데 쓰자, 참다못해 이렇게 말한다. "당신은 자꾸 그 단어를 쓰는군요. 하지만 그 단어는 당신이 생각하는 그 뜻이 아닐걸요."

단어	선호되는 용법	문제 있는 용법	의견
adverse	유해한(adverse effects(악영향))	싫어하는(averse), 내키지 않는(*I'm not adverse to doing that. (나는 그걸 하는 게 싫지 않아.))	I'm not averse to doing that이라고 써야 한다.
appraise	가치를 확인하다(I appraised the jewels. (나는 보석들을 감정했다.))	알리다(apprise)(*I appraised him of the situation. (나는 그에게 상황을 알렸다.))	I apprised him of the situation이라고 써야 한다.

단어	선호되는 용법	문제 있는 용법	의견
as far as	As far as the money is concerned, we should apply for new funding. (돈에 관한 한, 우리는 새 자금 지원을 신청해야 한다.)	*As far as the money, we should apply for new funding.	뒤에 붙은 is concerned(혹은 goes)는 사실 군더더기 말이지만, 이 말이 없으면 독자는 마음을 졸이며 기다리게 된다. 이 실수는 이 구가 as for(~에 관해서는)와 비슷한 데서 생기는데, as for 뒤에는 이렇게 따라오는 말이 없기 때문이다.
beg the question	증명해야 할 것을 도리어 사실로 가정하다(When I asked the dealer why I should pay more for a German car, he said I would be getting 'German quality,' but that just begs the question. (내가 중개인에게 왜 독일 차는 더 비싸냐고 물었더니 그는 '독일 품질'을 누리게 되기 때문이라고 답했는데, 하지만 그것은 답이 되지 못하는 소리이다.))	질문을 제기하다(*The store has cut its hours and laid off staff, which begs the question of whether it will soon be closing. (가게는 운영 시간을 줄이고 직원을 잘랐는데, 그래서 곧 문을 닫을 것인가 하는 질문이 떠오른다.))	'질문을 제기하다.'라는 의미가 좀 더 투명하고 (특히 시급한 질문일 때는 begging to be raised(제발 물어야 한다)라는 뜻처럼 들린다.) 흔히 쓰이기 때문에 많은 사전에도 기재되어 있다. 그러나 이 표현이 처음 생겨난 학계에서는 '순환 논증' 의미가 표준인 데다가 달리 대체할 표현이 없으므로, beg(회피하다)를 '제기하다.'라는 뜻으로 쓰면 그런 독자들에게 짜증을 유발할 것이다.

단어	선호되는 용법	문제 있는 용법	의견
bemused	멍한	재미있어 하는(amused)	이 문제에서는 사전들과 어법 패널의 입장이 확고하다.
cliché	명사(Shakespeare used a lot of clichés. (셰익스피어는 클리셰를 많이 썼다.))	형용사(*"To be or not to be" is so cliché. ("사느냐 죽느냐."는 너무 클리셰적이다.))	프랑스 어에서 –é가 붙은 단어는 passé(구식인), risqué(음란한)처럼 형용사가 될 때가 많다는 데 현혹되면 안 된다. 명사 talent(재능)이 '재능 있는'이라는 형용사가 될 때는 talented가 되는 것과 비슷하게, 이 단어의 실제 형용사는 clichéd이다.
credible	믿음직한(His sales pitch was not credible. (그의 상품 선전은 믿음이 가지 않았다.))	잘 속는(credulous)(*He was too credible when the salesman delivered his pitch. (판매원이 선전을 늘어놓을 때 그는 너무 잘 속았다.))	접사 –ible과 –able은 '할 수 있는'이라는 뜻이다. 이 경우 '믿어질 수 있는, 신용될 수 있는'이라는 뜻이다.

단어	선호되는 용법	문제 있는 용법	의견
criteria	criterion(기준)의 복수(These are important criteria. (이것은 중요한 기준들이다.))	criterion의 단수(*This is an important criteria. (이것은 중요한 기준이다.))	손톱으로 칠판을 긁는 소리처럼 귀에 거슬린다.
data	가산 명사의 복수형 (This datum supports the theory, but many of the other data refute it. (이 데이터는 이론을 지지하지만, 다른 많은 데이터들은 반박한다.))	질량 명사(*This piece of data supports the theory, but much of the other data refutes it. (이 하나의 데이터는 이론을 지지하지만, 다른 많은 데이터들은 반박한다.))	나는 data를 datum의 복수형으로 쓰고 싶지만, 이런 나는 과학자들 사이에서도 까다로운 소수에 속한다. 요즘은 오히려 data가 복수로 쓰이는 경우가 드문데, candelabra(촛대), agenda(의제)가 오래전부터 복수형이 아니게 된 것과 비슷하다. 그래도 나는 여전히 복수형으로 쓰는 것이 좋다.
depreciate	가치가 줄다(My Volvo has depreciated a lot since I bought it. (내 볼보는 내가 구매한 후 가치가 많이 줄었다.))	비난하다(deprecate), 깎아내리다(disparage) (*She depreciated his efforts. (그녀는 그의 노력을 깎아내렸다.))	'깎아내리다.'라는 의미가 오용은 아니고 사전에도 나와 있지만, 많은 작가는 그 의미로는 deprecate라는 단어를 쓰는 편이 낫다고 여긴다.

단어	선호되는 용법	문제 있는 용법	의견
dichotomy	서로 배타적인 두 대안 (the dichotomy between even and odd numbers(짝수와 홀수의 이분법))	차이, 불일치(*There is a dichotomy between what we see and what is really there. (우리가 보는 것과 현실 사이에는 차이가 있다.))	고급스러운 표현을 쓰려는 조잡한 시도의 결과. –tom은 '자르다.'를 뜻한다. atomic(원자의, 원래 '쪼갤 수 없는'이라는 뜻이었다.), anatomy(해부), tomography(엑스선 단층 촬영)처럼.
disinterested	사심 없는, 이해 관계가 없는(The dispute should be resolved by a disinterested judge. (그 분쟁은 공평무사한 판사가 해결해 줘야 한다.))	흥미 없는(uninterested) (*Why are you so disinterested when I tell you about my day? (넌 내가 하루에 있었던 일을 이야기할 때 왜 그렇게 흥미가 없어?))	'흥미 없는'이라는 의미가 더 오래되었고, 존중할 만한 역사를 갖고 있다. 그러나 여기에는 uninterested(흥미 없는)라는 대안 단어가 있는 데 비해 disinterested 에게는 다른 정확한 동의어가 없으므로, 이 구분을 지켜 주는 편이 독자에게 좋다.
enervate	진을 빼다, 약화시키다(an evernating commute(진을 빼놓는 통근))	활력을 주다(energize) (*an enervating double espresso(기운을 내게 하는 더블 에스프레소))	문자적으로 따지자면 '신경을 제거한다.'라는 뜻이다. (원래 '힘줄을 제거한다.'라는 뜻이었다.)

단어	선호되는 용법	문제 있는 용법	의견
enormity	흉악함	거대함(enormousness)	틀린 용법이라고 일컬어지는 의미도 오래되었고 흔히 쓰이지만, 많은 신중한 작가는 enormity를 악하다는 뜻으로만 쓴다. 이 단어를 '개탄할 만큼 엄청남'이라는 혼합된 뜻으로 쓰는 경우도 있다. 가령 인도의 인구 압박, 빈민가 교사들의 과제, 핵무기 재고 등을 enormity라고 표현하는 경우이다.
flaunt	과시하다(She flaunted her abs. (그녀는 자기 복근을 과시했다.))	어기다(flout)(*She flaunted the rules. (그녀는 규칙을 어겼다.))	비슷한 발음과 철자, 그리고 '뻔뻔한'이라는 의미가 공통된 데서 생겨난 오용.

단어	선호되는 용법	문제 있는 용법	의견
flounder	소용없이 버둥거리다(The indecisive chairman floundered. (우유부단한 의장은 허둥거렸다.))	침몰하다(founder), 바닥으로 가라앉다(*The headstrong chairman floundered. (고집불통의 의장은 침몰했다.))	현실에서는 flounder와 founder가 둘 다 서서히 망하는 것을 뜻하는 표현으로 바꿔 쓸 수 있을 때가 많다. 구분을 지키려면, flounder는 flounder(가자미)가 하는 일이고, founder는 foundation(기반)이나 fundamental(기본적인) 같은 다른 바다 관련 단어들과 연관된 단어라고 외우자.
fortuitous	우연한, 계획되지 않은(Running into my ex-husband at the party was purely fortuitous. (파티에서 전남편을 마주친 것은 순전히 우연이었다.))	운 좋은(fortunate)(*It was fortuitous that I worked overtime because I ended up needing the money. (내가 잔업을 한 것은 운 좋은 일이었는데, 결국 그 돈이 필요해졌기 때문이다.))	어법 패널의 다수를 비롯하여 많은 작가가 '운 좋은' 의미를 인정하고 (특히 우연히 운이 좋았다는 혼합된 뜻으로), 대부분의 사전에도 이 뜻이 나와 있다. 그래도 일부 독자들은 여전히 신경 질 낼 것이다.

단어	선호되는 용법	문제 있는 용법	의견
fulsome	지나친, 간살스러운, 가식적으로 지나치게 칭찬하는(She didn't believe his fulsome valentine for a second. (그녀는 그의 간살스러운 애정의 말을 한순간도 믿지 않았다.))	가득한(full), 풍성한 (*a fulsome sound(풍성한 소리), *The contrite mayor offered a fulsome apology. (시장은 뉘우치면서 풍성한 사과를 내놓았다.))	'풍성한' 의미는 역사적으로 존중할 만하지만, 어법 패널은 싫어한다. 그리고 이렇게 쓰면 오해를 낳을 수 있다. 당신의 의도와는 달리 독자는 당신이 무언가에 의혹을 제기한다고 여길 수도 있기 때문이다.
homogeneous	접미사 −eous를 쓰고, 발음은 "호모−지니어스"	접미사 −ous를 쓰고, 발음은 "호모제나이즈드"와 비슷하게	homogenous(동질적인)도 사전에 올라 있지만, 균질(homogenized) 우유가 대중화된 뒤 슬금슬금 생겨난 그릇된 형태일 뿐이다. 마찬가지로, heterogenous(이질적인)보다는 heterogeneous가 더 바람직하다.

단어	선호되는 용법	문제 있는 용법	의견
hone	갈다(hone the knife(칼을 갈다), hone her writing skills(그녀의 글쓰기 실력을 연마하다))	집중하다(home in on), 수렴하다(*I think we're honing in on a solution. (우리가 해답으로 수렴하고 있는 것 같아.))	『아메리칸 헤리티지 사전』은 hone in on을 인정한다. 하지만 이것은 to home(homing pigeon(전서구)들이 하는 것처럼 '집으로 돌아온다.'라는 뜻이다.)을 잘못 말한 것뿐이다. 그저 발음이 비슷해서 오용되는 것뿐이다.
hot button	감정적이고 분열적인 논쟁(She tried to stay away from the hot button of abortion. (그녀는 임신 중지라는 뜨거운 쟁점에는 거리를 두려고 애썼다.))	뜨거운 주제(*The hot button in the robotics industry is to get people and robots to work together. (로봇 산업의 뜨거운 주제는 사람과 로봇이 함께 일하도록 만드는 것이다.))	속어와 유행어가 오용을 낳기도 한다. (New Age, politically correct, urban legend 항목도 보라.) 여기서 button(버튼) 비유의 정확한 의미는 즉각적이고 반사적인 반응을 뜻한다. He tried to press my buttons(그는 내 반응을 끌어내려고 했다)처럼.

단어	선호되는 용법	문제 있는 용법	의견
hung	걸었다(hung the picture(그림을 걸었다))	죽을 때까지 목을 매달아 두었다(*hung the prisoner(죄수의 목을 걸었다))	Hung the prisoner(죄수의 목을 걸었다)가 틀린 것은 아니지만, 어법 패널을 비롯해 신중한 작가들은 hanged(걸었다)를 선호한다.
intern(동사)	억류하다, 구금하다(The rebels were interned in the palace basement for three weeks. (반역자들은 왕궁 지하에 3주간 억류되었다.))	매장하다(inter), 묻다(*The good men do is oft interned with their bones. (인간이 행하는 선은 종종 그의 시신과 함께 그저 조용히 묻힌다.))	Interred with their bones라고 해야 한다. 의미가 겹치지만, inter라는 단어 속에는 terr(terrestrial(육지의)처럼 땅을 뜻한다.)가 담겨 있고 intern은 internal(내부의)과 관계되는 단어라고 떠올려 기억하라.

단어	선호되는 용법	문제 있는 용법	의견
ironic	오싹할 만큼 이상한, 꼭 예상을 어기도록 설계된 것처럼 보이는(It was ironic that I forgot my textbook on human memory. (내가 하필이면 인간 기억 수업에 교과서를 깜박 잊은 것은 아이러니한 일이었다.))	불편한, 불운한(*It was ironic that I forgot my textbook on organic chemistry. (내가 유기 화학 수업에 교과서를 깜박 잊은 것은 아이러니한 일이었다.))	당신은 자꾸 그 말을 쓰는군요. 하지만 그 단어는 당신이 생각하는 그 뜻이 아닐걸요.
irregardless	없다.	~에 상관없이 (regardless), ~에 관계없이(irrespective)	순수주의자들은 부정을 뜻하는 ir-가 잘못 붙은 이 혼성어를 수십 년 동안 불평해 왔다. 그러나 흔하게 쓰이는 말도 아니고, 웹에서 검색해 보면 거의 모든 결과가 "irregardless는 단어가 아니다."라는 주장에 쓰인 경우뿐이다. 순수주의자들은 승리를 선언하고 이제 그만 넘어가라.

단어	선호되는 용법	문제 있는 용법	의견
literally	실제로(I literally blushed. (나는 말 그대로 얼굴을 붉혔다.))	비유적으로(*I literally exploded. (나는 말 그대로 폭발했다.))	'비유적으로' 의미는 흔한 과장법이고, 맥락에서 헷갈리는 경우는 거의 없다. 그러나 이 용법은 신중한 독자를 미치게 만든다. 여느 강조어가 그렇듯이 이 뜻은 보통 잉여의 단어이지만, '실제로' 의미는 꼭 필요한 데다가 다른 대체어가 없다. 그리고 비유적 용법은 우스운 이미지를 연상시킬 수 있고(가령 The press has literally emasculated the president. (언론은 대통령을 말 그대로 거세했다.)라면 어떻겠는가.), "나는 내가 하는 말이 무슨 뜻인지 모른다."라고 외치는 것이나 다름없다.

단어	선호되는 용법	문제 있는 용법	의견
luxuriant	풍부한, 장식적인 (luxuriant hair(풍성한 머리카락), a luxuriant imagination(풍성한 상상))	호화로운(luxurious)(*a luxuriant car(호화로운 차))	'호화로운' 의미가 틀린 것은 아니지만(모든 사전에 나와 있다.), 완벽하게 알맞은 단어가 따로 있는데 이 단어를 과시적인 동의어처럼 쓰는 것은 나쁜 취향일 뿐이다.
meretricious	저속한, 겉만 번지르르한(a meretricious hotel lobby(싸구려로 보이는 호텔 로비), a meretricious speech(겉만 번지르르한 연설))	칭찬할 만한 (meritorious)(*a meretricious public servant(칭찬할 만한 공복), *a meretricious benefactor(칭찬할 만한 후원자))	원래 매춘부를 지칭하던 말이다. 내가 드리는 조언: 무언가를 칭찬하려는 의도로 meretricious라는 단어를 써서는 절대 안 된다. fulsome, opportunism, simplistic 항목도 함께 보라.
mitigate	완화하다(Setting out traps will mitigate the ant problem. (함정을 설치해 두면 개미 문제가 완화될 것이다.))	영향을 미치다 (militate), 이유가 되다 (*The profusion of ants mitigated toward setting out traps. (개미가 하도 많아서 함정을 설치해 두게 되었다.))	몇몇 훌륭한 작가들도 mitigate를 militate의 뜻으로 쓴 적 있지만, 이것은 오용이라는 게 중론이다.

단어	선호되는 용법	문제 있는 용법	의견
New Age	영적인, 전체론적인(He treated his lumbago with New Age remedies, like chanting and burning incense. (그는 요통에 뉴에이지 처방법을, 가령 주문을 읊거나 향을 피우는 방법을 썼다.))	현대적인, 미래주의적인(*This countertop is made from a New Age plastic. (이 카운터 상판은 뉴에이지적 플라스틱으로 만들어졌다.))	어떤 표현에 new(새로운)라는 단어가 들어 있다고 해서 그것이 꼭 새로운 것을 뜻하는 표현은 아니다.
noisome	냄새 나는	시끄러운	annoy(불쾌하게 하다)에서 온 단어이지, noise(소음)에서 온 단어가 아니다.
nonplussed	어리벙벙한, 당혹한 (The market crash left the experts nonplussed. (시장의 폭락에 전문가들은 어리벙벙했다.))	지루한, 인상적이지 않은(*His market pitch left the investors nonplussed. (그의 선전에 투자자들은 지루해했다.))	'더 이상 아니다.'라는 뜻인 라틴 어 non plus에서 온 단어로, '더 이상 할 수 있는 일이 없다.'라는 뜻이다.

단어	선호되는 용법	문제 있는 용법	의견
opportunism	기회를 잘 포착하거나 착취하는 것(His opportunism helped him get to the top, but it makes me sick. (그는 기회주의 덕분에 정상에 올랐지만, 나는 그 사실이 역겹다.))	기회를 창조하거나 증진하는 것(*The Republicans advocated economic opportunism and fiscal restraint. (공화당은 경제적 기회주의와 재정 긴축을 지지했다.))	정확한 의미는 칭찬일 수도 있고('지략이 풍부함') 모욕일 수도 있는데('비양심적임'), 후자인 경우가 더 많다. fulsome처럼, 이 단어도 부주의하게 쓴다면 당신이 칭찬하려던 것을 도리어 모욕하는 결과를 낳을 수 있다.
parameter	변수(Our prediction depends on certain parameters, like inflation and interest rates. (우리 예측은 인플레이션이나 이자율 같은 몇몇 변수에 달려 있다.))	경계 조건, 한계(*We have to work within certain parameters, like out deadline and budget. (우리는 마감일이나 예산 같은 몇몇 한계 조건 내에서 작업해야 한다.))	전문 용어인 척하는 '경계' 의미는 perimeter(경계)와 뜻이 섞여서 만들어진 것으로, 이미 표준이 되었고 어법 패널도 대체로 받아들인다. 하지만 beg the question과 마찬가지로, 이 허술한 용법은 원래 의미를 꼭 간직할 필요가 있는 전문가 독자들의 신경을 거스른다.

단어	선호되는 용법	문제 있는 용법	의견
phenomena	phenomenon(현상)의 복수형(These are interesting phenomena. (이것은 흥미로운 현상들이다.))	phenomenon의 단수형 (*This is an interesting phenomena. (이것은 흥미로운 현상이다.))	criteria 항목을 보라.
politically correct	좌파적-자유주의적으로 교조적인(The theory that little boys fight because of the way they have been socialized is the politically correct one. (소년들이 싸우는 것은 그들이 사회화된 방식 탓이라는 이론이 정치적으로 올바른 이론이다.))	유행하는(*The Loft District is the new politically correct place to live. (로프트 디스트릭트는 요즘 거주지로 새롭게 유행하는 지역이다.))	hot button, New Age, urban legend 항목을 보라. 여기서 correct(올바른)는 냉소적인 표현으로, 오로지 한 가지 특정 정치적 의견만 표현해도 좋다는 생각을 놀리는 뜻이다.

단어	선호되는 용법	문제 있는 용법	의견
practicable	실천에 쉽게 옮길 수 있는(Learning French would be practical, because he often goes to France on business, but because of his busy schedule it was not practicable. (그는 프랑스로 출장을 자주 가니까 프랑스 어를 배우면 실용적이었겠지만, 바쁜 일과 탓에 그 계획이 좀처럼 실행 가능하지 않았다.))	실용적인(*Leaning French would be practicable, because he often goes to France on business. (그는 프랑스로 출장을 자주 가니까, 프랑스 어를 배우면 실용적일 것이었다.))	-able은 ability(능력)에서 알 수 있듯이 '할 수 있는'이라는 뜻이다. credible, unexceptionable 항목도 참고하라.
proscribe	비난하다, 금지하다 (The policies proscribe amorous interactions between faculty and students. (정책은 교수와 학생의 성적 관계를 금지한다.))	처방하다(prescribe), 권하다, 지시하다(*The policies proscribe careful citation of all sources. (정책은 모든 자료를 주의 깊게 인용할 것을 지시한다.))	의사가 당신에게 이렇게 저렇게 하라고 말하면서 작성하는 것은 금지(proscription)가 아니라 처방(prescription)이다.
protagonist	배우, 주역(Vito Corleone was the protagonist in The Godfather. (비토 코를레오네는 영화 「대부」의 주인공이었다.))	지지자(*Leo was a protagonist of nuclear power. (리오는 원자력의 지지자였다.))	'지지자' 의미는 확실한 실수이다.

단어	선호되는 용법	문제 있는 용법	의견
refute	거짓임을 밝히다(She refuted the theory that the earth was flat. (그녀는 지구가 평평하다는 이론을 반박했다.))	거짓이라고 주장하다, 반박하려고 시도하다 (*She refuted the theory that the earth was round. (그녀는 지구가 둥글다는 이론을 반박했다.))	refute는 know(알다), remember(기억하다)와 마찬가지로 명제의 객관적 참 혹은 거짓을 전제하고 말하는 동사, 이른바 서실(factive) 동사 혹은 성공(success) 동사이다. 근소한 차이로 다수에 해당하는 어법 패널과 그 밖의 많은 작가가 비서실적 용법인 '반박하려고 애쓰다.'라는 의미를 받아들이지만, 이 구분은 지킬 가치가 있다.
reticent	수줍은, 절제하는(My son is too reticent to ask a girl out. (우리 아들은 하도 말수가 없어서 여자아이에게 데이트 신청을 못 한다.))	내키지 않아 하는 (reluctant)(*When rain threatens, fans are reticent to buy tickets to the ballgame. (비 올 조짐이 보이면, 팬들은 야구 경기 표를 사기를 주저한다.))	어법 패널은 '내키지 않아 하는'이라는 의미를 싫어한다.

단어	선호되는 용법	문제 있는 용법	의견
shrunk, sprung, stunk, sunk	과거 분사(Honey, I've shrunk the kids. (여보, 내가 애들을 줄였어.))	과거 시제(*Honey, I shrunk the kids. (여보, 내가 애들을 줄였어))	Honey, I shrank the kids가 디즈니 영화 제목으로 썩 좋지 않았을 것이란 점은 인정한다. 그리고 과거 시제로 쓰이는 shrunk(줄였다)와 그 밖의 비슷한 형태들은 충분히 존중할 만하다. 그러나 과거와 분사를 구별하는 편이 (sank-has sunk(가라앉았다), sprang-has sprung(솟아났다), stank-has stunk(악취가 났다)), 그리고 다른 불규칙 동사 형태들, 가령 shone(빛났다), slew(죽였다), strode-has stridden(성큼성큼 걸었다), strove-has striven(분투했다) 등을 활용하는 편이 더 세련되게 들린다.

단어	선호되는 용법	문제 있는 용법	의견
simplistic	순진한 또는 지나치게 단순한(His proposal to end war by having children sing Kumbaya was simplistic. (아이들에게 쿰바야를 노래하게 함으로써 전쟁을 끝내자는 그의 제안은 너무 순진한 것이었다.))	단순한(simple), 기분 좋게 단순한(*We bought Danish furniture because we liked its simplistic look. (우리가 덴마크 가구를 산 것은 단순한 형태가 마음에 들었기 때문이다.))	예술과 디자인 저널리즘에서 드물지 않은 용법이기는 해도, simplistic을 simple 대신 쓰는 것은 많은 독자를 거슬리게 만든다. 게다가 칭찬하려던 것을 오히려 모욕하게 될 수도 있다. fulsome, opportunism 항목도 보라.
staunch	충성스러운, 견고한(a staunch supporter(든든한 지지자))	흐름을 막다, 지혈하다(stanch)(*staunch the bleeding(출혈을 막다))	사전들은 두 철자를 두 뜻으로 다 써도 괜찮다고 말하지만, 구분하는 편이 더 낫게 들린다.
tortuous	꼬인(a tortuous road(구불구불한 길), tortuous reasoning(비비 꼬인 논리))	고문처럼 괴로운(torturous)(*Watching Porky's Part VII was a tortuous experience. (포키스 7부를 보는 것은 고문 같은 경험이었다.))	두 단어 모두 torque(회전력), torsion(비틀림)과 마찬가지로 라틴어로 '비틀다.'를 뜻하는 단어에서 왔다. 사지를 비트는 것이 흔한 고문 기법이었기 때문이다.

단어	선호되는 용법	문제 있는 용법	의견
unexceptionable	반대할 것 없는(No one protested her getting the prize, because she was an unexceptionable choice. (누구도 그녀가 상을 받는 데 항의하지 않았으니, 그녀는 나무랄 데 없는 선택이었기 때문이다.))	특별할 것 없는 (unexceptional), 보통의(*They protested her getting the prize, because she was an unexceptionable actress. (그들은 그녀가 상을 받는 데 항의했는데, 왜냐하면 그녀는 특별할 것 없는 배우였기 때문이다.))	unexceptional은 '예외가 아닌'이라는 뜻이다. unexceptionable은 '누구도 여기에 이의를 제기할 수 없는'이라는 뜻이다.
untenable	변호할 수 없는, 지속할 수 없는(Flat-Earthism is an untenable theory. (지구 평평설은 변호할 수 없는 이론이다.), Caring for quadruplets while running IBM was an untenable situation. (IBM을 운영하면서 네쌍둥이를 돌본다는 것은 지속할 수 없는 상황이었다.))	고통스러운, 견딜 수 없는(*an untenable tragedy(견딜 수 없는 비극), *untenable sadness(견딜 수 없는 슬픔))	'도무지 견딜 수 없기에 지속 불가능한'이라는 혼합된 뜻은 어법 패널이 받아들인다. 이저벨 윌커슨의 글 중 "when life became untenable(삶이 더 이상 지속할 수 없는 것이 되었을 때)"이 이런 용법이었다.

단어	선호되는 용법	문제 있는 용법	의견
urban legend	내용이 흥미롭고 널리 유포되었지만 거짓인 이야기(Alligators in the sewers is an urban legend. (하수구에서 악어가 나왔다는 이야기는 도시 전설이다.))	도시에서 전설적인 인물(*Fiorello LaGuardia became an urban legend. (피로엘로 라과디아는 도시 전설이 되었다.))	hot button, New Age, politically correct 항목도 보라. 이 표현에서 단어 legend(전설)은 '세대에서 세대로 전수된 신화'라는 원뜻으로 쓰였지, '유명 인사'를 뜻하는 저널리즘적 용법으로 쓰인 것이 아니다.
verbal	언어의 형태로(Verbal memories fade more quickly than visual ones. (언어적 기억은 시각적 기억보다 더 빨리 희미해진다.))	구두의(*A verbal contract isn't worth the paper it's written on. (구두로 한 계약은 그것을 적은 종잇장만 한 가치가 없다.))	'구두의' 의미는 수백 년 동안 표준으로 쓰였으며, 틀린 것은 절대 아니다. (영화 제작자 새뮤얼 골드윈(Samuel Goldwyn)의 유명한 말실수라고 알려진 왼쪽 문장은 이 의미가 없다면 뜻이 통하지 않을 것이다.) 그러나 가끔 혼란스럽다.

이 밖에도 서로 비슷하게 들리는 단어들의 집합이 두 가지 더 있는데, 이것들은 워낙 꼬여 있기 때문에(그리고 고문처럼 괴롭기 때

문에) 좀 더 길게 설명해야 한다.

단어 affect와 effect는 둘 다 명사로도 쓰이고 동사로도 쓰인다. 둘을 혼동하기가 쉽지만, 구별하는 방법을 알아두는 것이 좋다. 세 번째 줄과 같은 흔한 실수를 저지르면 아마추어처럼 보이기 때문이다.

단어	정확한 용법과 철자	부정확한 용법과 철자
an effect	영향: Strunk and White had a big effect on my writing style. (스트렁크와 화이트는 내 글쓰기 스타일에 큰 영향을 미쳤다.)	*Strunk and White had a big affect on my writing style.
to effect	실행하다, 이행하다: I effected all the changes recommended by Strunk and White. (나는 스트렁크와 화이트가 권한 변화를 모두 실행했다.)	*I affected all the changes recommended by Strunk and White.
to affect (첫 번째 의미)	영향을 미치다: Strunk and White affected my writing style. (스트렁크와 화이트는 내 글쓰기 스타일에 영향을 미쳤다.)	*Strunk and White effected my writing style.

to affect	가장하다: He used big	*He used big words
(두 번째 의미)	words to affect an air of	to effect an air of
	sophistication. (그는 세련된	sophistication.
	분위기를 가장하려고 거창한 말	
	들을 썼다.)	

그러나 영어 어휘에서 모양도 비슷하고 뜻도 비슷한 단어들 중 최고로 복잡하게 꼬인 것은 lie와 lay에 연관된 단어들이다. 여기 그 섬뜩한 실상을 보시라.

동사	의미와 구문	현재 시제	과거 시제	과거 분사
to lie	눕다(불규칙 자동사)	He lies on the couch all day. (그는 소파에 종일 누워 있다.)	He lay on the couch all day. (그는 소파에 종일 누워 있었다.)	He has lain on the couch all day. (그는 소파에 종일 누워 있었다.)
to lay	눕히다, 눕게 하다(규칙 타동사)	He lays a book upon the table. (그는 책을 탁자에 놓는다.)	He laid a book upon the table. (그는 책을 탁자에 놓았다.)	He has laid a book upon the table. (그는 책을 탁자에 놓았었다.)

| to lie | 거짓말하다(규칙 자동사) | He lies about what he does. (그는 자신의 행동에 대해서 거짓말한다.) | He lied about what he did. (그는 자신의 행동에 대해서 거짓말했다.) | He has lied about what he has done. (그는 자신의 행동에 대해서 거짓말했었다.) |

난국은 서로 다른 두 동사가 lay라는 형태를 놓고 다투는 데서 비롯한다. lay는 lie(눕다)의 과거 시제인 동시에 lay(눕히다)의 기본형이다. 그러니 영어 화자들이 lay down(눕다), I'm going to lay on the couch(나는 소파에 누울 거야)처럼 lie(눕다)의 타동사 형태와 자동사 형태를 뭉쳐서 쓰는 실수를 자주 저지르는 것도 무리가 아니다. 아니면 이것은 lie(눕다)의 과거 시제와 현재 시제를 뭉친 것일까? 어느 경우든 결과는 같다.

동사	의미와 구문	현재 시제	과거 시제	과거 분사
*to lay	눕다(규칙 자동사)	*He lays on the couch all day. (그는 종일 소파에 누워 있다.)	*He laid on the couch all day. (그는 종일 소파에 누워 있었다.)	*He has laid on the couch all day. (그는 종일 소파에 누워 있었다.)

밥 딜런(Bob Dylan)이 "Lay, Lady, Lay. (누워요, 아가씨, 누워요.)"라고 노래했던 것이나 에릭 클랩튼(Eric Clapton)이 "Lay Down,

"Lay down! (누워!)"
"'Lay down'이 아니라 'Lie down'이야, 멍청아."

Sally. (누워 쉬어요, 샐리.)"라고 노래했던 것을 비난하지는 말자. 신중한 영어 작가들도 1300년부터 이렇게 써 왔고, 윌리엄 새파이어마저도 "The dead hand of the present should not lay on the future. (현재의 압박이 미래 위에 놓여 있어서는 안 된다.)"라고 쓴 적이 있다. (보나 마나 "새파이어 너마저도"를 외치는 항의 편지가 한 무더기 쏟아졌으리라.) 자동사 lay(눕다)도 결코 틀린 것은 아니지만, 많은 사람의 귀에는 lie(눕다)가 더 낫게 들린다.

문장 부호 사용법

문장 부호의 주된 임무는 인쇄된 글이 모음, 자음, 빈칸으로만 이루어졌을 경우에 발생해 독자를 잘못된 해석으로 이끌지도 모르는 애매함과 샛길을 없애는 것이다.[58] 문장 부호는 글말에는 없는 운율(억양, 휴지, 강세)을 일부 복원하고, 문장의 뜻을 결정하는 구문 분지도가 어떻게 생겼는지 알리는 단서를 준다. 티셔츠 문구로 유명한 다음 예문에서 알 수 있듯이, 문장 부호는 중요하다. Let's eat, Grandma(먹죠, 할머니)와 Let's eat Grandma(할머니를 먹자)는 전혀 다른 뜻이다.

작가가 겪는 문제는 문장 부호가 어떤 자리에서는 운율을 나타내지만 어떤 자리에서는 구문을 나타내고, 게다가 어느 경우에도 두 용법이 일관되게 쓰이지는 않는다는 것이다. 수백 년 동안 혼돈 상태였던 문장 부호 규칙이 정돈되기 시작한 것은 겨우 100여 년 전이었고, 지금도 미국과 영국의 규칙이 다른가 하면 이 출판물과 저 출판물의 규칙이 다르다. 규칙은 유행에 따라 변하기도 하는데, 모든 문장 부호를 최소한으로 줄이고자 하는 요즘의 지속적인 경향성도 그런 유행인 셈이다. 문장 부호 규칙은 참고서에서 수십 쪽을 채운다. 전문 교정자가 아니고서야 그것들을 다 외우는 사람은 아무도 없다. 문법 깐깐이들조차 어떻게 깐깐하게 굴지를 서로 합의하지 못하는 형편이다. 2003년 저널리스트 린 트러스(Lynne Truss)의 『먹고, 쏘고, 튄다: 한 치의 오차도 허용치 않는 영어 문장 부호 사용법(*Eats, Shoots & Leaves: The*

Zero Tolerance Approach to Punctuation)』은 뜻밖의 베스트셀러가 되었는데(제목은 웬 판다가 자신의 섭식 습관에 관한 문장을 읽었는데 그 문장에 문장 부호가 잘못 찍혀 있던 탓에 판다가 오해해 식당을 총으로 쏘고 말았다는 농담에서 왔다.), 책에서 트러스는 광고, 간판, 신문에서 목격하는 문장 부호 실수들을 비난했다. 그러자 2004년 《뉴요커》서평에서 비평가 루이 머낸드(Louis Menand)는 트러스의 책에서 발견한 문장 부호 실수를 비난했고, 그러자 영국 학자 존 멀런(John Mullan)은 《가디언》에 실은 글에서 머낸드의 서평에서 발견한 문장 부호 실수를 비난했다.[59]

그래도 몇몇 흔한 실수는 논쟁의 여지마저 없기 때문에―무종지문, 쉼표로 잇기, 청과물상의 아포스트로피, 주어와 술어 사이의 쉼표, 소유형으로 쓴 it's 등―이런 실수를 저지르는 것은 "나는 글을 잘 모릅니다."라고 고백하는 것이나 다름없고 따라서 어떤 작가도 결코 저지르지 말아야 한다. 앞에서도 지적했듯이, 이런 실수는 작가에게 논리적 사고가 부족하다는 점을 드러낸다기보다는 작가가 그동안 인쇄된 글말을 읽으면서 주의를 기울이지 않았다는 사실을 드러낸다는 점에서 문제가 된다. 여러분이 문장 부호의 논리적 속성과 비논리적 속성을 구별할 줄 알면 양쪽 모두 이해하기가 더 쉬울 것이라는 생각에서, 나는 지금부터 문장 부호 체계 전반을 짧게 설명하고 특히 그 속에 어떤 중요한 오류들이 속절없이 포함되어 있는지를 설명하겠다.

쉼표와 그 밖의 연결 부호(콜론, 세미콜론, 줄표). 쉼표의 두 중요한 기능 중 첫 번째는 어떤 사건이나 상태에 관한 삽입구—시간, 장소, 방식, 목적, 결과, 의미, 글쓴이의 의견, 그 밖에도 여담에 해당하는 발언—를 사건이나 상태 그 자체를 규정하는 데 꼭 필요한 단어들로부터 떼어놓는 것이다. 우리는 앞에서 제한적 관계절과 비제한적 관계절의 차이를 이야기할 때 이미 이 기능을 살펴보았다. 제한적 관계절은 쉼표가 없다. 따라서 가령 Sticklers who don't understand the conventions of punctuation shouldn't criticize errors by others(구두법 관행을 이해하지 못하는 깐깐이들은 남들의 실수를 비판하지 말아야 한다)라는 문장은 깐깐이들 중에서도 특정 부류, 즉 구두법 관행을 이해하지 못하는 깐깐이들만을 지목한다는 뜻이다. 반면 똑같은 구절인데도 앞에 쉼표가 와서 Sticklers, who don't understand the conventions of punctuation, shouldn't criticize errors by others(깐깐이들은, 그들은 구두법 관행을 이해하지 못하는 사람들인데, 남들의 실수를 비판하지 말아야 한다)라고 하면 이것은 전형적인 깐깐이의 능력을 조롱하는 발언이 되는데, 다만 그 험담은 문장 전체가 전달하는 내용과는 비교적 무관해지고, 문장 전체가 전달하는 내용은 모든 깐깐이들에게 주는 조언이 된다.

'제한적', '비제한적' 관계절이라는 전통적 용어는 사실 잘못된 이름이다. 쉼표가 없는 관계절이라고 해서(『케임브리지 영문법』은 이런 것을 "통합된 관계절"이라고 부른다.) 늘 명사의 지시 대상을 그 일부 집합으로 제한하는 역할을 하는 것은 아니기 때문이다. 실제 그 관계절의 역할은 문장을 참으로 만드는 데 꼭 필요한 정보를 알려주는 것이다. 가령 Barbara has two sons <u>whom she can rely on</u> and hence is not unduly worried(바버라는 의지할 아들이 둘이 있으므로 지나치게 걱정하지는 않는다)에서 밑줄 친 관계절은 바버라의 모든 아들 중 그녀가 의지할 만한 아들 2명으로 하위 집합을 지정하는 것이 아니다. 어쩌면 바버라에게는 아들이 둘뿐일 수도 있다. 저 관계절의 뜻은, 그 두 아들이 의지할 만하기 **때문에** 바버라는 걱정할 필요가 없다는 뜻이다.[60]

이 점을 알면, 다른 구조에서도 쉼표를 어디 찍을지 파악하는 데 도움이 된다. 쉼표는 문장의 핵심 요소가 아닌 구절, 따라서 문장 전체의 뜻을 이해하는 데 꼭 필요하지는 않은 구절을 열 때 쓰인다. Susan visited her friend Teresa(수전은 친구 테리사를 찾아갔다)라는 문장은 수전이 찾아갈 사람으로 하필이면 테리사를 고른 사실을 독자도 알아야 한다고 말하는 셈이다. 반면 Susan visited her friend, Teresa(수전은 친구를 찾아갔는데, 테리사라는 친구였다)라고 하면, 수전이 어떤 친구를 찾아갔다는 사실만 중요하다. (그런데 여담이지만 그 친구 이름은 테리사예요 하는 식이다.) 기사 제목인 NATIONAL ZOO PANDA GIVES BIRTH TO 2ND, STILLBORN CUB(국립 동물원 판다 두 번째, 사산된 새끼를 출산)에서 두 수식어 사이의 쉼표는 판다가 두 번째 새끼를 낳았고 (여기에 사실을 하나 더 덧붙이겠는데) 그 새끼가 사산이었다는 뜻이다. 만약 이때 쉼표가 없다면 구문 분지도에서 stillborn(사산된)이

2nd(두 번째) 아래에 포함되므로, 판다가 사산된 새끼를 낳은 것이 두 번째라는 뜻이 된다. 쉼표 없이 이어진 수식어들은 벤다이어그램에서 원 속에 원이 첩첩이 포함된 것처럼 명사의 지시 대상을 갈수록 더 좁히지만, 쉼표로 이어진 수식어들은 그냥 일부만 겹쳐진 원들처럼 지시 대상에 관한 흥미로운 사실을 계속 나열할 뿐이다. 만약 저 구절이 2nd, stillborn, male cub(두 번째이고, 사산되었고, 수컷인 새끼)였다면, 우리는 죽은 새끼에 대한 사실을 하나 더 알게 된다. 그 새끼가 수컷이었다는 사실을. 반면 저 구절이 2nd stillborn male cub(두 번째로 사산된 수컷 새끼)였다면, 우리는 이전에 사산되었던 새끼도 수컷이었다는 사실을 알게 된다.

이런 이야기는 전혀 어렵게 들리지 않는다. 그렇다면 왜 세상에는 한 치의 오차도 허용치 않는 깐깐이들이 노상 격분할 만큼 쉼표 실수가 잦은 것일까? 왜 쉼표 실수가 학생들이 저지르는 모든 작문 실수의 4분의 1 이상을 차지하고, 보고서 한 편당 약 네 번의 빈도로 나타나는 것일까?[61] 주된 이유는 쉼표가 구문의 휴지(더 큰 구에 포함되지 않는 구를 표시하는 용도)와 그것에 상응하는 의미의 휴지(문장의 뜻에 필수적이지는 않은 구를 표시하는 용도)만을 표시하는 것은 **아니기** 때문이다. 쉼표는 **운율**의 휴지, 즉 발음할 때 잠깐 쉬게 되는 대목도 표시한다. 물론 이 휴지들은 종종 겹친다. 쉼표가 있어야 하는 보충적 성격의 구를 읽을 때 우리는 보통 그 앞뒤에서 잠깐 쉰다. 그러나 종종 이 휴지들이 겹치지 않을 때도 있는데, 경험이나 주의력이 부족한 작가에게는 그런 문장이 지뢰

밭이 된다.

보충구가 짧다면 우리는 읽으면서 그다음 구로 쓱 넘어가기 마련이므로, 이때 작가는 발성을 좇는 요즘의 문장 부호 규칙에 따라 쉼표를 빼도 괜찮다. 내가 방금 "보충구가 짧다면(When a supplementary phrase is short)"에서 "짧다면(short)" 뒤에 쉼표를 찍지 않은 것이 바로 그런 예이다. 이렇게 쉼표를 누락하도록 허용하는 것은 한 문장에 쉼표가 다닥다닥 붙어 있으면 문장이 덜컥거리는 것처럼 느껴지기 때문이다. 또 문장이 여러 단계로 가지를 뻗은 구조일 수도 있는데, 우리가 종이에서 그 모든 가지를 구분하는 데 쓸 수 있는 도구는 보잘것없는 쉼표 하나뿐이므로, 우리는 분지도에서 더 굵은 가지를 표시하는 데 쓰려고 다른 곳에서는 쉼표를 아낄 수도 있다. 그러지 않고 여기저기 다 쉼표를 찍어 버리면 문장이 자잘한 조각 여러 개로 나뉘고, 그러면 독자가 재조립하는 데 힘이 더 들 테니까. 내가 "보충구가 짧다면" 뒤에 쉼표를 찍지 않은 것도 그래서였다. 나는 이 말이 포함된 절 전체의 끝과 다음 절의 시작을 알리는 지점에 쉼표를 찍음으로써 문장을 둘로 깔끔하게 나누고 싶었다. 그런데 만일 내가 첫 번째 절 속에도 쉼표를 찍어서 더 잘게 쪼갰다면, 절과 절 사이의 분리가 덜 또렷하게 느껴졌을 것이다. 아래는 역시 쉼표를 빼도 괜찮은 문장들, 적어도 문장 부호를 '적게' 쓰거나 '안 쓰는' 문체에서는 그래도 괜찮은 사례들이다. 모두 뒤에 이어지는 구가 짧고 명료해 구태여 그 앞에서 쉴 필요가 없기 때문이다.

Man plans and God laughs. (인간은 계획하고 신은 비웃는다.)

If you lived here you'd be home by now. (만약 네가 여기 살았다면 지금쯤 벌써 집에 갔을 텐데.)

By the time I get to Phoenix she'll be rising. (내가 피닉스에 도착할 즈음이면 그녀는 일어날 거야.)

Einstein he's not. (그는 아인슈타인이 아니다.)

But it's all right now; in fact it's a gas! (하지만 이제 괜찮아요. 사실은 재미있어요!)

Frankly my dear, I don't give a damn. (솔직히 말해서 자기, 난 아무 신경 안 써.)

(이 문장들이 짧지 않았다면 각각 'plans' 뒤, 'here' 뒤, 'Phoenix' 뒤, 'Einstein' 뒤, 'fact' 뒤, 'Frankly' 뒤에 쉼표가 찍혔을 것이다. ―옮긴이)

린 트러스도 『먹고, 쏘고, 튄다』의 헌사에서 이렇게 썼다.

To the memory of the striking Bolshevik printers of St Petersburg who, in 1905, demanded to be paid the same rate for punctuation marks as for letters, and thereby directly precipitated the first Russian Revolution. (상트페테르부르크에서 파업을 일으켰던 볼셰비키 식자공들을 기억하며, 그들은 1905년, 문장 부호도 문자와 똑같이 요금으로 계산되기를 요구했고, 그럼으로써 제1차 러시아 혁명을 직접적으로 촉발했다.)

머난드는 트러스를 놀리면서, who가 이끄는 관계절이 비제한적 관계절이니(트러스는 파업한 모든 식자공들에게 책을 바친 것이지 문장 부호에도 지불받기를 요구했던 일부 식자공들에게만 바친 것은 아니었다.) 그 앞에 쉼표가 와야 한다고 지적했다. 그러나 트러스를 옹호하는 사람들은 그 대안(To the striking Bolshevik printers of St Petersburg, who, in 1905, demanded……라고 쓰는 것이다.)은 쉼표가 거치적거릴 만큼 많아지기 때문에 독자가 단어를 한두 개씩 깡총깡총 뛰어넘어야 했을 것이라고 반박했다. 누군가는 머난드가 스스로 주로 글을 싣는 매체인 《뉴요커》의 문장 부호 정책을, 괴짜스럽기로 유명한 그 정책을 보편적으로 적용하려 든다고 지적했다. 《뉴요커》에서는 모든 보충구를 쉼표로 시작한다. 맥락상 필요 없더라도, 발음이 아무리 툭툭 끊기더라도. 2012년 공화당 선거 전략을 논한 《뉴요커》 기사에서 발췌한 다음 문장을 보라.[62]

Before (Lee) Atwater died, of brain cancer, in 1991, he expressed regret over the 'naked cruely' he had shown to (Michael) Dukakis in making 'Willie Horton his running mate.' (1991년, (리) 애트워터가 죽기 전, 사인은 뇌종양이었는데, 그는 사실상 '윌리 호턴을 러닝메이트로' 만듦으로써 (마이클) 두카키스에게 '노골적으로 잔인한 짓'을 가했던 것을 후회했다.)

of brain cancer(사인은 뇌종양이었는데)를 둘러싼 두 쉼표는 사인을 언급하는 것이 군더더기 말일 뿐임을 밝히고자 쓰였다. 애트

워터가 여러 번 죽었는데 다른 죽음 전에는 그러지 않고 오직 뇌 종양으로 죽기 전에만 후회를 드러냈다는 말이 아니라고 밝히고 싶었던 것이다. 일부 《뉴요커》 편집자들조차 이 정도로 깐깐한 것은 지나치다고 여겨, 한 편집자는 동료들에게 쉼표를 좀 덜 흩 뿌리라고 환기시키는 용도로 '쉼표 셰이커'를 자기 책상에 두었 다고 한다.[63]

이처럼 쉼표가 운율을 부분적으로만 조절하도록 허락하는 용 법이 당연한 규칙인가 하면, 그렇지 않다. 얼마 전까지만 해도 오 히려 쉼표의 제일가는 기능은 운율 조정이었다. 작가들은 독자가 문장을 읽다가 잠시 쉬어야 한다고 여기는 대목에서는 구문일랑 아랑곳하지 않고 아무 데나 쉼표를 찍었다.

It is a truth universally acknowledged, that a single man in possesion of a good fortune, must be in want of a wife. (보편적으로 사실로 인정되는 바는, 재산을 가진 독신 남성이라면, 당연히 아내가 필요하다는 것이다.)

A well-regulated militia, being necessary to the security of a free state, the right of the people to keep and bear arms, shall not be infringed. (잘 통제되는 민병대는, 자유 국가의 안보에 꼭 필요하므로, 시민들이 무 기를 소지할 권리는, 침해되어서는 안 된다.)

제인 오스틴도 미국 헌법의 입안자들도 요즘 작문 선생들에게는 좋은 점수를 받지 못할 것이다. 요즘은 쉼표가 운율을 규제하는 데는 덜 쓰이고 구문을 표시하는 데는 더 많이 쓰이기 때문이다. (《뉴요커》는 이 경향성을 극단으로 추구하는 셈이다.) 오스틴의 문장은 요즘이라면 쉼표가 둘 다 제거될 것이고, 수정 헌법 2조의 문장은 "free state" 뒤에 있는 쉼표 하나만 남을 것이다.

문장을 읽을 때 쓱 넘어갈 수 있는 경우라면 보충구를 표시하는 쉼표를 빼도 되지만, 거꾸로 하는 것은 안 된다. 하나로 통합된 구의 구성 성분들을 분리하는 데(가령 주어와 술어를 분리하는 데) 쉼표를 써서는 안 된다는 말이다. 읽는 사람이 아무리 그 대목에서 아무리 쉬고 싶어도 절대로 안 된다. 이처럼 쉼표 배치 규칙이 구문과 운율이 뒤죽박죽된 상황이니, 작문 선생들이 학생들의 쉼표 사용을 불평한 내용이 칼럼니스트 앤 랜더스(Ann Landers)에게 부부 간 섹스를 불평한 사람들의 고민 내용과 똑같은 범주로 나뉘는 것도 무리가 아니다. ① 너무 많거나, ② 너무 적거나.[64]

'너무 많음' 범주에는 학생들이 통합된 구 앞에 쉼표를 찍는 실수들이 포함된다. 보통 자신이 문장을 읽을 때 그 대목에서 쉴 것 같아서 찍는 것이다.

> **주어와 술어 사이에:** His brilliant mind and curiosity, have left. (그의 뛰어난 정신과 호기심이, 사라졌다.)
>
> **동사와 보어 사이에:** He mentions, that not knowing how to bring someone back can be a deadly problem. (그는 누군가를 돌아오게 만들 줄

모르는 것은 치명적인 문제라고, 말했다.)

어떤 생각을 뜻하는 명사와 그 생각의 내용을 말한 절 사이에: I believe the theory, that burning fossil fules has caused global warming. (나는 화석 연료 연소가 지구 온난화를 일으킨다는, 이론을 믿는다.)

명사와 그것에 통합된 절 사이에: The ethnocentric view, that many Americans have, leads to much conflict in the world. (많은 미국인이 가진, 그 자민족 중심적 견해는, 전 세계에서 많은 갈등을 낳는다.)

종속 접속사와 그것이 이끄는 절 사이에: There was a woman taking care of her husband because, an accident left him unable to work. (그 여자는 남편을 돌보고 있었는데 왜냐하면, 그가 사고로 일하지 못하게 되었기 때문이다.)

등위 접속사와 그것이 잇는 두 구 사이에: This conclusion also applies to the United States, and the rest of the world. (이 결론은 미국과, 나머지 세계에도 적용된다.)

부정 총칭 명사와 그 지시 대상을 뜻하는 이름 사이에: (이 경우 쉼표 둘 다 틀렸다.) I went to see the movie, "Midnight in Paris" with my friend, Jessie. (나는 영화, 「미드나이트 인 파리」를 친구, 제시와 함께 보러 갔다.)

'너무 적음' 범주의 경우, 학생들은 보충하는 성격의 단어나 구를 시작할 때 쉼표를 찍는 것을 잊는다.

문장 부사를 둘러싸고: In many ways however life in a small town is much more pleasant. (많은 경우 하지만 소도시의 삶이 훨씬 더 쾌적하다.)

전치된 부가어와 주절 사이에: Using a scooping motion toss it in the air. (퍼올리는 듯한 움직임으로 그것을 공중에 던져 올려라.)

결과를 뜻하는 부가어 앞에: The molecule has one double bond between carbons generating a monounsaturated fat. (그 분자는 탄소 사이에 이중 결합이 하나 있어 단일 불포화 지방을 형성한다.)

대비를 뜻하는 부가어 앞에: Their religion is all for equal right yet they have no freedom. (그들의 종교는 평등한 권리를 지지하지만 그들에게는 자유가 없다.)

보충하는 관계절 앞에: There are monounsaturated fatty acids which lack two hydrogen atoms. (단일 불포화 지방산이 있는데 수소 원자가 2개 부족한 지방산이다.)

직접 인용 앞에: She said "I don't want to go." (그녀는 말했다 "나는 가고 싶지 않아.") (이것과 상보적인 실수는 간접 인용에 쉼표를 찍는 것이다: She said that, she didn't want to go. (그녀는, 가고 싶지 않다고 말했다.))

(각각 'however' 앞뒤, 'toss' 앞, 'generating' 앞, 'yet' 앞, 'which' 앞, 따옴표 앞에 쉼표가 와야 한다. ─ 옮긴이)

칠칠맞지 못한 작가들은 또 보충구를 문장 한가운데 끼워 넣었을 때는 시작할 때만 쉼표를 찍을 것이 아니라 괄호를 열었으면 닫아야 하듯이 시작과 끝에 모두 찍어야 한다는 것을 잊는다.

Tsui's poem "A Chinese Banquet," on the other hand partly focuses on Asian culture. (추이의 시 「중국식 연회」는, 한편 아시아 문화에 약간 초점을 맞춘다.)

One of the women, Esra Naama stated her case. (여자들 중 한 명이, 이름은 에스라 나마인데 자기 이야기를 말했다.)

Philip Roth, author of "Portnoy's Complaint" and many other books is a perennial contender for the Nobel Prize. (필립 로스는, 『포트노이의 불평』을 비롯해 많은 책을 썼는데 노벨 문학상의 단골 후보자이다.)

My father, who gave new meaning to the expression "hard working" never took a vacation. (우리 아버지는, '근면함'이라는 표현에 새로운 의미를 부여한 분인데 절대로 휴가를 가지 않았다.)

(각각 'hand' 뒤, 'Naama' 뒤, 'books' 뒤, 'working'" 뒤에 쉼표가 하나 더 와야 한다. —옮긴이)

또 다른 쉼표 실수는 워낙 흔하기 때문에, 작문 교사들은 이 현상을 욕하는 용어까지 만들었다. 쉼표로 잇기, 쉼표 오류 등으로 불리는 이 실수는 각자 독자적으로 완전한 두 문장 사이에 쉼표를 찍어 하나로 잇는 것이다.

There isn't much variety, everything looks kind of the same. (다양성은 별로 없다, 모두 엇비슷해 보인다.)

I am going to try and outline the logic again briefly here, please let me know if this is still unclear. (나는 이 대목에서 다시 한번 논지를 개괄하겠다, 만약 그런데도 여전히 명료하지 않은 부분이 있다면 알려 달라.)

Your lecture is scheduled for 5:00 pm on Tuesday, it is preceded by a meeting with our seminar hosts. (당신의 강연은 화요일 오후 5:00로 잡혀 있습니다, 그 전에 우리 세미나 주최자들을 만나는 자리가 있습니다.)

There is no trail, visitors must hike up the creek bed. (길은 따로 나 있지 않다, 방문객들은 개울 바닥을 걸어서 올라가야 한다.)

서투른 작가들은 우리가 5장에서 이야기했던 여러 일관성 관계 중 하나로 두 문장이 연결될 때 두 문장을 하나로 잇고 싶은 마음에 그 사이에 쉼표를 두려고 한다. 그러나 쉼표로 잇기 실수는 두 가지 이유에서 신중한 독자를 미치게 만든다. (나는 학생들의 글에서 이 실수를 절대 용납하지 않는다. 이메일에서도.) 이 실수는 늘 샛길을 만들므로, 늘 독자의 주의를 흩뜨리고 짜증을 유발한다. 게다가 이 실수는 피하기 쉽다. 무엇이 독립적인 문장인가만 파악할 줄 알면 된다.

두 문장을 적절하게 잇는 방법은 여러 가지가 있고, 우리는 두 문장을 잇는 일관성 관계에 따라 개중 하나를 고르면 된다. 우선 두 문장이 개념상 거의 독립적일 때, 이때는 앞 문장은 마침표로 맺고 뒤 문장은 대문자로 시작해야 한다. 이쯤이야 3학년 때 다들 배웠으리라. 한편 두 문장이 개념상 이어져 있지만 둘을 잇는 일관성 관계를 구태여 명시적으로 보여 줄 필요는 없을 것 같을 때, 이때는 세미콜론으로 연결할 수 있다; 세미콜론은 쉼표로 잇기 실수를 피하게 해 주는 만능 도구이다. 다음으로 두 문장의 일관성 관계가 해설 혹은 예시일 때(that is(즉), in other words(달리 말해), which is to say(이 말인즉), for example(예를 들어), here's what I have in mind(내 말은 이런 것이다), Voilà!(자, 보라!) 같은 표현을 쓰고 싶은 경우에), 이때는 콜론으로 이어도 좋을지 모른다: 지금 이 문장처럼. 그리고 두 번째 문장이 이야기 흐름을 일부러 방해할 때, 그래서 독자에게 정신 차리고 다시 생각해 보라고 요구하거나 이야기에서 잠시 벗어나라고 요구할 때, 이때는 줄표를 쓸 수 있다. — 줄표는 삼가서 쓰기만 한다면 글을 생기 있게 만들어 준다. 또 작가가 자신이 염두에 둔 일관성 관계를 종속 접속사(and(그리고), or(또는), but(그러나), yet(그렇지만), so(그래서), nor(~도 아니다.)) 같은 명시적 연결어나 전치사(although(비록), except(제외하고), if(만약), before(전에), after(후에), because(왜냐하면), for(왜냐하면))로 구체적으로 밝히고 싶을 때, 이때는 쉼표를 써도 괜찮은데, 왜냐하면 이때는 이어지는 말이 보충하는 말에 지나지 않기 때문이다. (내가 쉼표로 이은 밑줄 부분이 그렇다.) 단 이런 연결어를 however(하지만), nonetheless(그럼에도 불구하고), consequently(따라서), therefore(그러므로) 같은 문장 부사와 혼동해서는 안 되는데, 문장 부사는 그 자체가 선행하는 절을 보충하는 말이다. 문장 부사로 시작되는 절은 독립적으로 존재하는 문장이다; 따라서(consequently), 앞 절에 쉼표로 이어져서는 안 된다. 정리하자면, 아래와 같은 선택지들이 있다. (별표(*)는 쉼표를 부적절하게 사용한 경우를 뜻한다.)

*Your lecture is scheduled for 5 PM, it is preceded by a meeting. (당신의 강연은 오후 5시로 잡혀 있습니다, 그 전에 모임이 있습니다.)

Your lecture is scheduled for 5 PM; it is preceded by a meeting. (당신의 강연은 오후 5시로 잡혀 있습니다; 그 전에 모임이 있습니다.)

Your lecture is scheduled for 5 PM — it is preceded by a meeting. (당신의 강연은 오후 5시로 잡혀 있습니다. — 그 전에 모임이 있습니다.)

Your lecture is scheduled for 5 PM, but it is preceded by a meeting. (당신의 강연은 오후 5시로 잡혀 있지만, 그 전에 모임이 있습니다.)

Your lecture is scheduled for 5 PM; however, it is preceded by a meeting. (당신의 강연은 오후 5시로 잡혀 있습니다; 하지만, 그 전에 모임이 있습니다.)

*Your lecture is scheduled for 5 PM, however, it is preceded by a meeting. (당신의 강연은 오후 5시로 잡혀 있습니다, 하지만, 그 전에 모임이 있습니다.)

쉼표에 관련된 용어 중 편집자들의 세계를 넘어 일반인들의 세계까지 퍼진 또 다른 용어는 연속 쉼표, 다른 말로 옥스퍼드 쉼표이다. 이것은 쉼표의 두 번째 중요한 기능, 즉 나열된 여러 항목을 따로따로 떼어 주는 기능과 관련된 용어이다. 항목 2개가 접속사로 이어질 때는 그 사이에 쉼표를 써서는 안 된다는 것, 이것은 누구나 아는 사실이다. 우리는 Simon and Garfunkel(사이먼과 가펑클)이라고 쓰지, Simon, and Garfunkel(사이먼과, 가펑클)이라고 쓰지 않는다. 하지만 항목이 셋 이상 나열될 때는 항목들 사이에 매번 쉼표를 찍어야 하는데, 단 — 이 대목이 쟁점이다. — 맨 마지막 항목 앞에서는 찍지 않는다. Crosby, Stills and Nash(크로스비, 스틸스 그리고 내시), Crosby, Stills, Nash and Young(크로스비, 스틸스, 내시 그리고 영)처럼 쓰라는 것이다. 이 쉼표를 둘러싼 논쟁의 한쪽에는 (옥스퍼드 대학교 출판부를 제외한) 대부분의 영국 출판사, 대부분의 미국 신문, 그리고 자신들을 Crosby, Stills and Nash(크로스비, 스틸스 그리고 내시)라고 부르는 록그룹이 있다. 이들은 항목을 나열할 때는 and(그리고)나 쉼표 둘 중에서 하나만 붙여야 하지 둘 다 붙여서는 안 된다고 주장한다. 논쟁 반대편에는 옥스퍼드 대학교 출판부, 대부분의 미국 출판사, 그리고 연속 쉼표를 빠뜨리면 애매한 문장이 만들어질 수도 있다는 사실을 깨달은 똑똑한 사람들이 있다.[65]

Among those interviewed were Merle Haggard's two ex-wives, Kris Kristofferson and Robert Duvall. (인터뷰한 사람들로는 멀 해거드의 두 전 부인, 크리스 크리스토퍼슨 그리고 로버트 듀발이 있다.)

This book is dedicated to my parents, Ayn Rand and God. (이 책을 나의 부모님, 에인 랜드 그리고 신에게 바칩니다.)

Highlights of Peter Ustinov's global tour include encounters with

Nelson Mandela, an 800-year-old demigod and a dildo collector. (피터 유스티노프의 세계 순회 공연 중 하이라이트로는 넬슨 만델라, 800세 된 반신 그리고 딜도 수집가와의 만남이 있었다.)

또한 구들을 나열할 때 연속 쉼표를 찍지 않으면 샛길이 만들어질 수 있다. He enjoyed his farm, conversations with his wife and his horse(그는 자신의 농장, 대화를 나누는 아내 그리고 자신이 기르는 말을 즐겼다.)는 잠시나마 독자의 머릿속에 그 유명한 말하는 말 에드 씨를 떠올리게 한다. 그리고 1970년대 팝 음악을 잘 모르는 독자는 다음 왼쪽의 예문을 읽다가 가공의 듀오 내시와 영에, 그리고 레이크와 파머 그리고 실즈와 크로프츠라고 이어진 대목에서 턱 걸릴 수도 있다.

연속 쉼표가 없을 때:

My favorite performers of the 1970s are Simon and Garfunkel, Crosby, Stills, Nash and Young, Emerson, Lake and Palmer and Seals and Crofts. (1970년대 가수들 중 내가 좋아하는 것은 사이먼과 가펑클, 크로스비, 스틸스, 내시와 영, 에머슨, 레이크와 파머 그리고 실즈와 크로프츠이다.)

연속 쉼표가 있을 때:

My favorite performers of the 1970s are Simon and Garfunkel, Crosby, Stills, Nash, and Young, Emerson, Lake, and Palmer and Seals and Crofts. (1970년대 가수들 중 내가 좋아하는 것은 사이먼과 가펑클, 크로스비, 스틸스, 내시, 그리고 영, 에머슨, 레이크, 그리고 파머, 그리고 실즈와 크로프츠이다.)

내 의견을 묻는다면, 소속된 단체의 편집 규칙으로 금지된 경우가 아닌 한 연속 쉼표를 쓰라. 그리고 목록의 목록을 나열할 때는 구조를 명시적으로 알려주는 영어의 몇 가지 문장 부호 기법 중 하나, 즉 쉼표를 포함한 구를 나열할 때 세미콜론을 쓰는 기법을 활용하면 애매함을 싹 없앨 수 있다.

My favorite performers of the 1970s are Simon and Garfunkel; Crosby, Stills, Nash, and Young; Emerson, Lake, and Palmer; and Seals and Crofts. (1970년대 가수들 중 내가 좋아하는 것은 사이먼과 가펑클; 크로스비, 스틸스, 내시, 그리고 영; 에머슨, 레이크, 그리고 파머; 그리고 실즈와 크로프츠이다.)

아포스트로피. 당신에게 상처를 줄 수 있는 문장 부호 실수는 연속 쉼표만이 아니다. 추측건대, 다음 쪽 만화에서 환멸을 느낀 애인이 말하는 실수란 아포스트로피 실수로 가장 흔한 세 가지 실수 중 하나일 것이다. 만일 내가 그녀의 친구라면, 나는 애인에게서 소중하게 여기는 가치가 무엇인지 생각해 보라고 조언할 것이다. 논리인지, 아니면 글쓰기 능력인지. 왜냐하면 세 가지 흔한 아포스트로피 실수는 통상적인 어법에는 어긋나지만 사실 논리적으로 따지자면 훨씬 더 체계적인 용법이기 때문이다.

첫 번째 실수는 이른바 청과물상의 아포스트로피로, APPLE'S 99 ₵ EACH(사과 하나에 99센트)라고 쓰는 것이다. 이 실수를 청과

"I was willing to overlook his comma abuse, but when he started misplacing his apostrophes I knew it was over."

"그의 쉼표 실수는 참아 주려 했어. 하지만 그가 아포스트로피를 잘못 붙이는 걸 보고는 우리 사이가 끝이란 걸 알았지."

물상들만 저지르는 것은 아니다. 요전에 영국 언론은 시위에 나선 한 학생이 플래카드에 DOWN WITH FEE'S(수업료를 낮춰라)라고 쓴 것을 보고는 신나게 놀렸다. 규칙은 간단하다. 명사에 s를 붙여 복수형을 만들 때 아포스트로피를 찍으면 절대로 안 된다는 것, apples(사과들), fees(수업료) 하는 식으로 아무 문장 부호 없이 바로 붙이라는 것이다.

청과물상들과 학생들이 이 실수에 끌리는 것은 세 가지 미끼가 있기 때문이다. 첫째는 복수형 s를 아포스트로피가 필요한 속격 's나 축약형 's와 혼동하기 쉽다는 점이다. 속격인 the apple's color(사과의 색깔)은 나무랄 데 없는 표현이고, 축약형 인 This apple's sweet(이 사과는 달다)도 그렇다. 둘째, 청과물상의 오류를 굳이 따지자면 오히려 문법 구조를 **지나치게** 의식했다는 점이다. 그들은 단어의 본질적 일부인 음소 s와 복수형을 표시할 때 덧붙는 형태소 −s의 차이를 알리고 싶어 하는 것 같다. 가령 lens(렌즈)와 pens(pen + −s, 펜들)의 차이, species(종)와 genies(genie + −s, 요정들)의 차이를. 형태소의 경계를 표시하고 싶은 마음은 단어가 모음으로 끝날 때 특히 커지는데, 왜냐하면 문장 부호를 찍지 않은 올바른 형태의 복수형은 왠지 전혀 다른 단어처럼 보이기 때문이다. radios(라디오들, 꼭 adios(안녕)처럼 보인다.), avocados(아보카도들, 꼭 asbestos(석면)처럼 보인다)처럼. 만일 세상 사람들이 청과물상들의 뜻에 따라 복수형에 늘 아포스트로피를 찍는다면(radio's, avocado's, potato's 하는 식으로), 아마 kudo 라고 잘못 말하는 사람은 사라질 테고(정확한 철자는 kudos(칭찬)로, '칭찬'을 뜻하는 그리스 어 단어 단수형이다.) 전 부통령 댄 퀘일(Dan Quayle)이 어느 아이가 쓴 potato(감자)를 potatoe라고 잘못 고쳐주었다가 망신을 사는 일도 벌어지지 않았을 것이다. 그런데 무엇보다도 유혹적인 미끼는, 복수형에 아포스트로피를 금하는 규칙이 내가 앞에서 말했던 것처럼 간단하지만은 않다는 점이다. 어떤 명사는 오히려 아포스트로피를 붙여야 한다. (혹은 적어도 옛날에는 붙여도 괜찮았다.) 알파벳 문자의 복수형에는 아포스트로피를 꼭 붙여야 하고(p's and q's(p들과 q들)), 단어를 단어로서 언급할 때도 보통 붙인다. (There are too many however's in this paragraph. (이 단락에는 하지만들이 너무 많다.)) 다만 dos and don't(행동 규칙), no ifs, ands, or buts(어떤 핑계도 금물)처럼 아예 관용구가 된 표현들에서는 예외이다. 요즘처럼 문장 부호를 적게 쓰는 유행이 있기 전에는 연도(the 1970's(1970년대)), 약어(CPU's(CPU들)), 기호(@'s(@들))의 복수형에도 아포스트로피를 종종 붙였다. 일부 신문들은 요즘도 그렇게 한다. (가령《뉴욕 타임스》가 그렇다.)[66]

규칙이 비록 비논리적일지라도, 만약 당신이 맞춤법에 밝은 애인을 떠나보내고 싶지 않다면 복수형에 아포스트로피를 붙여서는 안 된다. 언제 대명사에서 아포스트로피를 떼야 하는지 알아두는 것도 좋다. 데이브 배리의 또 다른 자아인 '언어 인간 씨'는 아래 질문을 이렇게 받아넘겼다.

질문: 많은 다른 미국인처럼, 나는 'your'와 'you're'의 대단히 미세한 차이를 제대로 이해하기가 어렵습니다.

대답: …… 둘을 구별하는 최선의 방법은 'you're'가 축약형이라는 사실을 기억하는 것입니다. 그러니까 이 단어는 분만 중에 쓰는 단어죠. ('축약형'을 뜻하는 'contraction'에 '진통, 수축'이라는 뜻도 있기에 한 말장난이다. ―옮긴이) "조금만 더 버텨, 말린, 여기 당신의 아기(you're baby)가 나오고 있어!" 하는 식으로요. 반면에 'your'는, 문법 세계의 인공 혈관 경색증 단어인데, 무슨 뜻인가 하면 인터넷 채팅방 논쟁에서 점수를 딸 때 쓰는 말이라는 뜻이죠. 'Your a looser, you morron! (너는 패배자야, 이 얼간아!)' 하는 식으로요.

대답에서 첫 번째 부분은 옳은 말이다. 아포스트로피는 you're(you are), he's(he is), we'd(we would) 하는 식으로 대명사에 붙은 조동사의 축약형을 표시할 때 쓰인다. 대답의 첫 예문도 (you're baby가 일부러 문장 부호를 틀린 농담이라는 점을 감안하고 보면) 옳은 말이다. 아포스트로피는 대명사의 속격(소유형)을 표시하는 데는 절대 쓰일 수 없다. 아무리 붙이는 편이 논리적인 것처럼 보여도 안 된다. 우리는 the cat's pajamas(고양이의 잠옷), Dylan's dream(딜런의 꿈)이라고 쓰지만, 여기서 명사를 대명사로 바꾸는 순간 아포스트로피는 추방된다. 따라서 '그것의 잠옷'은 it's pajamas가 아니라 its pajamas라고 써야 하고, '당신의 아기'는 you're baby가 아니라 your baby라고 써야 하고, '그들의 차'는 they're car이 아니라 their car라고 써야 하며, '저 모자는 그녀의 것, 우리의 것, 그들의 것이다.'는 Those hats are her's, our's, and their's가 아니라 Those hats are hers, ours, and theirs라고 써야 한다. 아스라한 옛날 어느 시점에 누군가가 아포스트로피는 소유형 대명사에 속하지 않는다고 정해 버렸으니, 우리는 이제 좋든 싫든 감수하고 살아가야 한다.

마지막 크나큰 아포스트로피 실수는 다음 만화에 설명되어 있다. 만화 속 남자아이는 통상적이지 않은 가정에서 자란다고 해서 반드시 통상적이지 않은 맞춤법을 쓰게 되는 것은 아니라는 사실을 잘 보여 준다.

단수 명사의 소유형은 's이라고 쓴다. He is his mother's

Happy Mothers' Day (어머니들의 날 축하해요.)

"전 엄마가 둘이에요. 아포스트로피가 어디에 붙어야 하는지는 저도 알아요."

son(그는 그의 어머니의 아들이다)처럼. 그러나 규칙 변화를 하는 명사의 복수 소유형은 s'라고 쓴다. He is his parents' son(그는 그의 부모의 아들이다)처럼, 만약 동성 커플이라면 He is his mothers' son(그는 그의 어머니들의 아들이다)처럼. 한편 Charles(찰스)나 Jones(존스)처럼 s로 끝나는 이름은 그냥 문법 논리를 지켜서 단수로 취급하면 된다. Charles's son(찰스의 아들)이라고 써야 하지 Charles' son이라고 쓰면 안 된다는 말이다. 일부 문법 지침서들은 Moses(모세)나 Jesus(예수) 같은 경우는 이 규칙에서 예외로 규정하는데, 문법학자들이 특정 종교만 존중하는 법칙을 만들어서야 안 되겠지만, 이 예외는 사실 종교 인물이 아닌 다른 고대 인물 중에서도 이름이 s로 끝나는 이들에게 두루 적용된다. (Achilles' heel(아킬레스의 발꿈치), Sophocles' play(소포클레스의 희곡))[67] 또 이미 ses(저스, 서스) 발음으로 끝나기 때문에 속격은 seses(저시스, 서시스)라고 혀가 꼬이게 되는 현대 이름들(Kansas'(캔자스의), Texas'(텍사스의))에게도 적용된다.

따옴표. 올바른 맞춤법이 겪는 또 다른 모욕은 따옴표를 강조의 뜻으로 쓰는 행위이다. 보통 간판에서 많이 보이는데, 가령 WE SELL "ICE"('얼음' 팝니다), CELL PHONES MAY "NOT" BE USED IN THIS AREA(이곳에서는 휴대 전화 사용 '금지'입니다.)라고 쓰는 것, 그리고 심란하게도 "FRESH" SEAFOOD PLATTER('신선한' 해산물 모듬)라고 쓰는 것, 그것보다 더 심란하게도 EMPLOYEES MUST "WASH HANDS"(직원들은 반드시 '손을 씻을 것')라고 쓰는 것이다. 이 실수가 얼마나 흔하던지 다음 쪽과 같은 만화도 있다.

왜 이렇게 많은 간판 제작자가 실수할까? 사실 그들은 인간이 워드프로세서를 쓰던 구석기 시대에 모든 사람이 했던 일을 하는 것뿐이다. 그 시절에는 단말기도 인쇄기도 이탤릭체나 밑줄을 표시할 수 없었기 때문에(요즘도 서식 없는 텍스트 포맷으로 이메일을 쓰는 사람들은 그렇다.), 단어를 강조하려면 기호로 묶어서 *이렇게*,

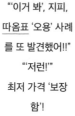

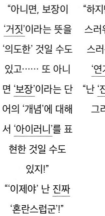
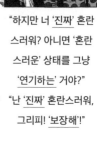

"이거 봐', 지피,
따옴표 '오용' 사례
를 또 발견했어!!"
"'저런!"
최저 가격 '보장
함'!

"'보장함'이라는 단
어에 '따옴표'를 친
건 저 보장이 '진지
한' 말이 아니라는
의미인데……."
"뭘 '모르고'
썼군!"

"아니면, 보장이
'거짓'이라는 뜻을
'의도한' 것일 수도
있고…… 또 아니
면 '보장'이라는 단
어의 '개념'에 대해
서 '아이러니'를 표
현한 것일 수도
있지!"
"'이제야' 난 진짜
'혼란스럽군'!"

"하지만 너 '진짜' 혼란
스러워? 아니면 '혼란
스러운' 상태를 그냥
'연기하는' 거야?"
"난 '진짜' 혼란스러워,
그리피! '보장해'!"

아니면 _이렇게_, 아니면 〈이렇게〉 썼다. 그러나 "이렇게" 쓰지는
않는다. 만화에서 그리피가 설명하듯이, 따옴표에는 이미 표준
기능이 부여되어 있다. 단어를 보통의 뜻으로 쓰는 것이 아니라
그저 그 단어 자체를 언급하려는 의도임을 알리는 용도이다. 그
러니 만약 당신이 따옴표를 강조하는 데 쓴다면, 독자들은 당신
이 제대로 교육받지 못했다고 생각할 테고 어쩌면 더 나쁘게 생
각할지도 모른다.

문장 부호 사용의 비논리성을 이야기하면서 따옴표와 쉼표의

순서, 혹은 따옴표와 마침표의 순서에 관한 악명 높은 규칙을 빠뜨려서야 안 될 것이다. 미국 출판물(영국인들은 이 문제에서 좀 더 분별이 있다.)의 규칙은 따옴표로 둘러싸인 말이 구나 문장의 맨 끝에 올 때는 닫는 따옴표를 쉼표나 마침표 안쪽에 "이런 식으로", 하고 두지 않고 **바깥에** "이런 식으로," 하고 두는 것이다. 이 관행은 명백히 비논리적이다. 따옴표는 구나 문장의 **일부를** 감싸고, 쉼표나 마침표는 구나 문장의 **전체가** 끝났음을 알리므로, 쉼표나 마침표를 따옴표 속에 두는 것은 바지 위에 팬티를 입는 슈퍼맨의 복장 불량 상태나 다름없는 짓이다. 그러나 오래전 미국의 일부 인쇄업자들이 맨 끝에 노출된 마침표나 쉼표의 위와 왼쪽에 남는 볼썽사나운 여백이 없으면 인쇄된 페이지가 더 예뻐 보인다고 결정했고, 그 탓에 우리는 그 과오를 감당하며 살아가게 되었다.

모든 컴퓨터 과학자, 논리학자, 언어학자는 미국의 이 규칙을 몹시 짜증스럽게 여긴다. 그들의 작업은 구분 문자의 배치 순서가 내용의 논리적 내포 상태를 제대로 반영하지 못한다면 엉망진창이 되어 버리기 때문이다. 게다가 이 규칙은 짜증스럽도록 비합리적인 데만 그치지 않는다. 이 규칙 때문에 우리는 특정 형태의 생각은 아무리 애써도 표현할 수가 없다. 제프리 풀럼은 1984년 「구두법과 인간의 자유(Punctuation and Human Freedom)」라는 농반진반의 제목으로 글을 썼는데, 그때 흔히 잘못된 형태로 인용되는 셰익스피어의 「리처드 3세」 중 첫 두 연을 예로 들었다. "Now is the winter of our discontent / Made glorious summer by this sun of York. (이제 우리 불만의 겨울은 / 요크의 태양 덕분에 찬란한 여름이 되었도다.)"[68] 많은 사람이 이 구절을 이렇게 잘못 기억한다. "Now is the winter of our discontent.(이제 계절은 우리 불만의 겨울이다.)", 끝. 그렇다면 우리가 사람들의 이 오해를 논하는 글을 쓰고 싶다고 하자. (이어진 두 연을 다 읽으면 겨울이 여름으로 바뀌었다는 뜻이지만 그중 첫 연만 읽으면 하필 그것도 문법적으로 옳은 문장이 되는 바람에 '겨울이다.'라는 정반대 뜻이 된다는 말이고, 이 오해를 논하려면 첫 연 끝에 마침표가 찍히지 않았다는 사실을 알릴 필요가 있는데 지금 미국 마침표 규칙으로는 알릴 길이 없다는 이야기이다. — 옮긴이)

Shakespeare's *King Richard III* contains the line "Now is the winter of our discontent". (셰익스피어의 「리처드 3세」에는 "이제 우리 불만의 겨울은"이라는 구절이 있다.)

이 문장은 참이다. 하지만 미국의 편집자는 문장을 다음처럼 고칠 것이다.

Shakespeare's *King Richard III* contains the line "Now is the winter of our discontent." (셰익스피어의 「리처드 3세」에는 "이제 계절은 우리 불만의 겨울이다."라는 구절이 있다.)

하지만 이 문장은 거짓이다. 설령 거짓까지는 아니더라도, 글쓴이가 참이든 거짓이든 애매하지 않게 표현할 도리가 없다. 풀럼은 시민 불복종 운동을 벌이자고 요청했고, 이후 인터넷의 부상에 힘입어 그 희망은 현실이 되었다. 오늘날 논리를 따르고 컴퓨터에 익숙한 많은 작가가 웹에서는 편집자의 손길을 거치지 않아도 된다는 점을 이용해 이 규칙을 노골적으로 어긴다. 가장 주목할 만한 웹사이트는 위키피디아로, 이 웹사이트는 논리적 문장부호 사용법(Logical Punctuation)이라는 대안 규칙을 따른다.[69] 문장 부호광들은 나도 이 글의 네 군데에서 미국 규칙에 반항했다는 사실을 알아차렸을지도 모르겠다. (밑줄 친 부분이다.)

The final insult to punctuational punctiliousness is the use of quotation marks for emphasis, commonly seen in sings like WE SELL "ICE", CELL PHONES MAY "NOT" BE USED IN THIS AREA, and disconcerting "FRESH" SEAFOOD PLATTER and even more disconcerting EMPLOYEES MUST "WASH HANDS". (올바른 맞춤법이 겪는 또 다른 모욕은 따옴표를 강조의 뜻으로 쓰는 행위이다. 보통 간판에서 많이 보이는데, 가령 '얼음' 팝니다, 이곳에서는 휴대 전화 사용 '금지'입니다라고 쓰는 것, 그리고 심란하게도 '신선한' 해산물 모둠이라고 쓰는 것, 이보다 더 심란하게도 직원들은 반드시 '손을 씻을 것'이라고 쓰는 것이다.)

But not like "this". (그러나 "이렇게" 쓰지는 않는다.)

Many people misremember it as "Now is the winter of our discontent", full stop. (많은 사람이 이 구절을 이렇게 잘못 기억한다. "이제 계절은 우리 불만의 겨울이다.", 끝.)

나는 문장에 인용한 구절들에서 문장 부호가 정확히 어느 위치에 찍히는지를 명료하게 밝히기 위해서 이런 시민 불복종 행위를 하지 않을 수 없었다. 여러분도 만약 인용이나 문장 부호에 관한 글을 쓴다면, 혹은 위키피디아를 비롯한 기술 친화적 플랫폼에서 써야 한다면, 혹은 타고난 성정이 논리적이면서도 반항적이라면, 이렇게 쓰라. 언젠가 이 운동은 1970년대 페미니즘 운동이 Miss(미스)와 Mrs.(미시즈)를 Ms(미즈)로 바꾸는 데 성공했던 것처럼 인쇄 관행을 바꿀지도 모른다. 하지만 실제 그런 날이 오기 전에는, 만약 여러분이 편집을 거치는 미국 출판물에 글을 쓴다면, 따옴표 안에 마침표나 쉼표를 찍는 비논리를 잠자코 받아들일 수밖에 없을 것이다.

내가 여러분에게 어법의 문제는 체스를 두거나, 정리를 증명하거나, 물리 교과서의 문제를 푸는 것과는 다르다는 사실을 충분히 납득시켰다면 좋겠다. 그런 활동들은 규칙이 명료하고, 규칙을 어기는 것은 엄연한 실수이다. 그러나 어법은 오히려 연구, 저널리즘, 비평처럼 분별을 행사해야 하는 활동들에 더 가깝다. 작가는 어법 문제를 고민할 때 서로 옳다고 우기는 주장들을 비판적으로 평가해 보아야 하고, 그중 의심스러운 주장은 버려야 하고, 상충하는 가치들 사이에서 어쩔 수 없이 타협해야 한다.

규범주의적 문법의 역사를 훑어본 사람이라면, 이 주제가 몇몇 사람들에게는 너무나도 격렬하지만 실제로는 번지수를 잘못 찾은 감정을 일으키는 주제라는 사실에 놀랄 것이다. 적어도 헨리 히긴스(Henry Higgins)가 "영어는 냉혹하게 살해되고 있다."라고 비난했던 때부터, 고상한 기준의 옹호자를 자처한 사람들은 품위 없는 비난을 경쟁적으로 내놓으며 갈수록 비난 수위를 높여갔다.[70] 데이비드 포스터 월리스(David Foster Wallace)는 "언어의 메테인 기체와도 같은 유행어"에 내재된 "악"에 "절망"을 느낀다고 말했다. 데이비드 젤런터는 단수형 they를 옹호하는 사람들을 "언어 강간범들"이라고 매도했고, 존 사이먼(John Simon)은 자신이 인정하지 않는 용법으로 단어를 사용하는 사람들을 노예 무역상인, 아동 추행범, 나치 포로 수용소의 보초들에 비유했다. 과장법은 종종 인간 혐오의 기색까지 띠어, 린 트러스는 아포스트로피를 잘못 쓰는 사람들은 "벼락에 맞아 그 자리에서 산산조각 난 뒤 이름 없는 무덤에 묻혀야 마땅하다."라고 말했다. 로버트 하트웰 피스크(Robert Hartwell Fiske)는 humongous(터무니없이 큰)이라는 단어는 "끔찍하고 흉측하다."라고 욕한 뒤, "이 단어를 쓰는 사람들도 마찬가지로 끔찍하고 흉측하다고 말하는 것은 부당한 일일 테지만, 실제로 우리는 살면서 어느 순간엔가는 우리가 하는 말이나 우리가 쓰는 글과 같은 사람이 된다. 적어도 그것으로 남들에게 알려진다."라고 말했다.

아이러니한 점은 저런 독설의 표적이 된 사람들이 오히려 역사와 어법의 지지를 받는 편일 때가 많고 저런 독설을 하는 사람들이 오히려 헛소리꾼일 때가 너무 많다는 것이다. '랭귀지 로그'라는 블로그를 운영하며 올바른 어법과 잘못된 어법에 관한 주장들을 분석해 온 제프리 풀럼은 이렇게 꼬집었다. "(트집쟁이들은) 참고 자료를 펼쳐서 자신이 과연 격분할 근거가 있는지를 확인하는 단계를 건너뛰고 곧바로 격분으로 넘어가는 경향이 있다. …… 사람들은 언어 문제에서는 참고서를 찾아볼 생각을 잘 하지 않는다. 작가라는 입장과 분노라는 감정이 결합되면 자신에게 저절로 자격이 주어진다고 생각하는 것 같다."[71]

올바른 어법을 추구하는 것은 충분히 가치 있는 일이지만, 우리는 어디까지나 거시적으로 봐야 한다. 다음 「XKCD」 만화가 알려주듯이, 제아무리 짜증스러운 실수라도 언어의 죽음을 알리는 전조는 아니고 하물며 문명의 죽음을 알리는 전조는 더욱더 아니다.

그렇다. 오늘날의 작가들은 가끔 나쁜 선택을 한다. 하지만 그것은 어제의 작가들도 마찬가지였고, 그제의 작가들도 마찬가지였다. 그리고 순수주의자들이 독설을 퍼붓는 표적인 오늘날의 아이들 중에서도 많은 수가 근사한 글을 쓰고, 어법 문제에서 예리한 의견을 내고, 심지어는 자신들 나름의 순수주의를 발전시킨다. (가령 수정액과 마커펜을 가지고 다니면서 청과물상의 간판에 나온 오류

"우우우우우우우"　　　　"이것이 미래다."　　　　"그리고 이것은 네가　　　"똑같아 보이는데요."

"유령!?"　　　　　　　　　　　　　　　　　　　　　'Literally(말 그대로)'라　　"우우우우우우우"

"네게 미래에 닥칠 일을　　　　　　　　　　　　　는 단어를 놓고 사람들　　"알았어요, 이해했어요."

경고하는 꿈을 보여　　　　　　　　　　　　　과 싸우는 일을 포기했　　"진짜야. 어어엄청

주마!"　　　　　　　　　　　　　　　　　　　을 때 닥칠 미래다."　　　한심한 짓이라고."

를 몰래 수정하는 '오자 근절 동맹(Typo Eradication Advancement League)'이 있
다.)[72]

　　그리고 올바른 어법에 관한 그 많은 독설에도 불구하고, 실상
어법은 좋은 글에서 제일 작은 부분에 지나지 않는다. 어법은 일
관성, 고전적 스타일, 지식의 저주 극복하기에 비하면 중요성이
한참 떨어지고, 지적 성실성을 지키는 일에 비하면 더 말할 것도
없다. 여러분이 정말로 더 나은 글을 쓰고 싶다면, 혹은 남들이
글쓰기에서 저지르는 죄악에 호통을 치고 싶다면, 여러분이 가장
걱정해야 할 문제는 접합된 분사나 소유형 선행사에 관한 원칙이
아니라 비판적 사고와 성실한 사실 확인에 관한 원칙이다. 다음

은 사람들이 흔하게 어기는 — 순수주의자들도 장광설을 늘어놓을 때 적잖이 어기는 — 몇몇 원칙들, 여러분이 종이에 펜을 대거나 자판에 손가락을 댈 때마다 되새길 가치가 있는 원칙들이다.

첫째, 사실을 반드시 확인하라. 우리 인간은 너무 쉽게 틀리는 기억과 자신의 지식에 대한 과잉 확신이라는 치명적 조합의 저주에 걸린 존재이다.[73] 게다가 인간의 사회적 관계망은, 전통적인 관계이든 전자적인 관계이든, 이 실수를 증폭시킨다. 그 때문에 우리가 아는 관습적 지혜란 대개 친구의 친구가 그랬다더라 하는 전설이거나 너무 그럴듯해서 오히려 진실이 아닐 가능성이 큰 이야기들이다. 마크 트웨인이 말했듯이, "세상의 문제는 사람들이 너무 적게 안다는 것이 아니라 사실이 아닌 것을 너무 많이 안다는 것이다." 그런데 트웨인은 사실 이런 말을 한 적이 없다. 내가 확인해 봤다.[74] 하지만 누가 되었든 저 말을 한 사람(아마 조시 빌링스(Josh Billings)가 했던 것 같다.)은 실로 중요한 점을 짚었다. 오늘날 우리가 사는 시대는 어떤 주제가 되었든 학자, 과학자, 기자가 이미 다 조사해 둔 복 받은 시대이다. 누구든 휴대용 컴퓨터나 스마트폰으로 몇 초만 검색하면, 혹은 도서관에 가서 몇 분만 찾아보면 그들의 연구 성과에 접근할 수 있다. 그러니 이 축복을 한껏 활용해 여러분의 지식을(아니면 적어도 여러분이 쓰는 글을) 사실로만 제한하는 것이 어떻겠는가?

둘째, 자신이 펼치는 논증이 견고한지 늘 확인하라. 만약 여러분이 사실적 주장을 펼친다면, 그 주장은 편집을 거친 자료를 근거로 증명될 수 있어야 한다. 편집자, 사실 확인자, 논문 검토자 같은 객관적 문지기들의 심사를 거친 자료를 말한다. 한편 여러분이 논증을 펼친다면, 그 논증은 합리적인 사람들이 이미 합의한 전제에서 출발해 매 단계 타당한 추론을 거침으로써 여러분만의 더 새롭고 더 논쟁적인 의견으로 나아가야 한다. 그리고 만약 여러분이 도덕적 주장을 펼친다면 ─ 무릇 사람들은 이렇게 해야 한다고 말하는 주장이라면 ─ 합리적인 사람들이 이미 합의한 어떤 원칙을 만족시키거나 어떤 선을 증진시키는 데 여러분의 주장이 어떻게 기여하는지 보여 줄 수 있어야 한다.

셋째, 하나의 일화 혹은 개인적 경험을 세상의 보편적 상태로 착각하지 마라. 여러분에게 무슨 사건이 일어났다고 해서, 혹은 여러분이 오늘 아침 신문이나 인터넷에서 어떤 사건에 관한 이야기를 읽었다고 해서 그 사건이 곧 경향성이 되는 것은 아니다. 70억 인구가 살아가는 이 세상에서는 상상할 수 있는 거의 무슨 일이든 어디에서 누구에겐가는 벌어지고 있다. 그 사건들 중에서도 대단히 특이한 사건들만 선별되어 뉴스로 보도되거나 친구들에게 전달되는 것이다. 어떤 사건이 실제로 유의미한 현상이 되려면 그것이 보통 발생할 확률에 비해 두드러지게 더 자주 발생해야 하고, 나아가 그것이 경향성이 되려면 그 발생 비율이 시간에 따라 뚜렷이 변화해야 한다.

넷째, 거짓 이분법을 경계하라. 복잡한 문제를 두 슬로건, 두 진영, 두 학파의 전쟁으로 환원하는 것은 물론 재미있다. 하지만 그것이 진정한 이해로 가는 길인 경우는 거의 없다. 훌륭한 발상치고 무슨 무슨 주의라는 용어 하나로 통찰력 있게 요약될 수 있는 발상은 거의 없으며, 우리가 떠올리는 생각이란 대체로 조잡하기 때문에 두 가지를 맞세워 승자독식 경쟁을 벌이는 것보다는 각각을 좀 더 분석하고 정련하는 것이 더 많은 진전을 이루는 길이다.

마지막으로, 논증은 합리적인 이유를 근거로 삼아야 하지 사람을 근거로 삼아서는 안 된다. 여러분이 동의하지 않는 의견을 가진 상대의 동기가 돈, 명예, 정치, 혹은 나태함이라고 비난한다고 해서, 혹은 상대를 simplistic(지나치게 단순하다), naïve(순진하다), vulgar(저속하다) 같은 표현으로 모욕한다고 해서 상대의 말이 틀렸음이 증명되는 것은 아니다. 여러분이 제기하는 반대나 비판이 상대보다 여러분이 더 똑똑하거나 더 고상하다는 사실을 보여 주기 위한 것이 되어서도 안 된다. 심리학자들이 이미 밝혔듯이, 어떤 분쟁에서든 사람들은 양측 모두 자신은 합리적이고 정직한 데 비해 상대는 고집불통이고 부정직하다고 믿는다.[75] 그러나 양쪽이 다 옳을 수는 없는 법이다. 적어도 늘 양쪽이 다 옳을 수는 없다. 언어학자 앤 파머(Ann Farmer)가 말한 지혜를 명심하자. "이것은 옳고 그른 문제가 아니다. 올바르게 이해하느냐의 문제이다."

이 모든 원칙은 애초에 왜 글쓰기에 신경 써야 하는가 하는 문제로 우리를 돌려보낸다. 사람들이 언어를 실제 사용하는 방식을 기술하는 것과 사람들에게 이렇게 하면 언어를 더 효과적으로 쓸 수 있다고 규범적으로 처방하는 것 사이에 진정한 이분법은 존재하지 않는다. 우리는 더 나은 글을 쓰기 위한 조언이 필요한 사람들을 깔보지 않고서도 우리가 아는 비법을 나눌 수 있다. 언어가 퇴락한다고 한탄하지 않고서도 오늘날의 글의 결함에 처방을 내릴 수 있다. 우리가 스스로 좋은 글을 쓰려고 노력해야 하는 이유를 늘 상기해 볼 수 있다. 그것은 우리의 생각을 더 잘 퍼뜨리기 위해서, 우리가 세세한 부분까지 주의를 기울였다는 것을 보여주기 위해서, 그리고 세상의 아름다움을 늘리기 위해서이다.

감사의 말

내 글쓰기의 감각과 『글쓰기의 감각』을 더 낫게 만들어 준 많은 분에게 고맙다.

카티아 라이스(Katya Rice)는 지난 30년 동안 내 책 6권을 정확하게, 사려 깊게, 고상하게 편집해 주었다. 내가 지금 글쓰기에 관해서 아는 지식은 카티아에게 배운 것이 많다. 카티아는 전문가로서 이 책의 초고도 읽어 주었고, 문제를 지적해 주었고, 현명한 조언을 해 주었다. 그러고는 물론 이 책도 편집해 주었다.

나는 참으로 운 좋은 사람이라, 내가 제일 좋아하는 작가와 결혼했다. 리베카 뉴버거 골드스타인은 자신만의 글쓰기 스타일로 영감을 주었을 뿐 아니라 이 집필 계획을 격려했고, 전문가로서 초고에 의견을 주었고, 제목을 생각해 주었다.

애석하게도 많은 학자가 '내 어머니'를 교양이 풍부하지 않은 독자의 약칭처럼 쓰고는 하지만, 내 어머니 로슬린 핑커(Roslyn Pinker)는 교양이 풍부한 독자이다. 어머니의 늘 예리한 어법 지적, 그동안 내게 보내 주신 수많은 언어 관련 기사, 이 책의 초고에 대한 날카로운 의견은 도움이 되었다.

내가 MIT에서 가르친 20년 동안 그곳 학제 너머 글쓰기(Writing Across the Curriculum) 센터의 운영자였던 레스 페렐먼

(Les Perelman)은 대학생들에게 글쓰기를 가르치는 일에 관해서 귀중한 지원과 조언을 주었다. 하버드 대학교 글쓰기 센터 (Writing Center of Harvard College)의 운영자 제인 로젠츠바이크 (Jane Rosenzweig)도 비슷하게 격려해 주었다. 두 사람은 이 책의 초고도 읽고 유용한 의견을 주었다. 하버드 학습 및 교육 계획(Harvard Initiative for Learning & Teaching)의 에린 드라이버린 (Erin Driver-Linn), 새뮤얼 몰턴(Samuel Moulton)에게도 고맙다.

『케임브리지 영문법』과 『아메리칸 헤리티지 사전』 5판은 이 분야가 21세기에 낳은 훌륭한 두 성과로, 나는 운 좋게도 그동안 그 편찬자들의 조언과 의견을 들을 수 있었다. 『케임브리지 영문법』의 공저자 로드니 허들스턴(Rodney Huddleston)과 제프리 풀럼, 『아메리칸 헤리티지 사전』의 편집국장 스티븐 클레인들러 (Steven Kleinedler)에게 고맙다. 나를 『아메리칸 헤리티지 사전』의 어법 패널 의장으로 초대해 내가 사전 작성 과정을 내부자로서 경험하도록 해 준 전 편집국장 조지프 피킷(Joseph Pickett)에게도 고맙고, 현 편집자인 피터 치프먼(Peter Chipman)과 루이즈 로빈스(Louise Robbins)에게도 고맙다.

이 대단한 전문가들의 지식에 더해, 다른 현명하고 박식한 동료들의 의견에서도 도움을 얻었다. 어니스트 데이비스 (Ernest Davis), 제임스 도널드슨(James Donaldson), 에드워드 깁슨(Edward Gibson), 제인 그림쇼(Jane Grimshaw), 존 헤이스(John R. Hayes), 올리버 캄(Oliver Kamm), 게리 마커스(Gary Marcus),

제프리 와투멀(Jeffrey Watumull)은 초고를 읽고 통찰력 있는 의견을 주었다. 폴 애덤스(Paul Adams), 크리스토퍼 차브리스(Christopher Chabris), 필립 코빗, 제임스 엔젤(James Engell), 니컬러스 에플리(Nicholas Epley), 피터 고든(Peter C. Gordon), 마이클 홀스워스(Michael Hallsworth), 데이비드 핼펀(David Halpern), 조슈아 하츠혼(Joshua Hartshorne), 새뮤얼 제이 카이저(Samuel Jay Keyser), 스티븐 코슬린(Stephen Kosslyn), 앤드리아 런스퍼드(Andrea Lunsford), 리즈 루트겐도르프(Liz Lutgendorff), 존 매과이어(John Maguire), 장바티스트 미셸(Jean-Baptiste Michel), 데브라 풀(Debra Poole), 제시 스네데커(Jesse Snedeker), 대니얼 웨그너(Daniel Wegner)는 질문에 답해 주고 적절한 자료를 알려주었다. 이 책의 수많은 예문은 벤 배커스(Ben Backus), 릴라 글라이트먼(Lila Gleitman), 캐서린 홉스(Katherine Hobbs), 야엘 골드스타인 러브(Yael Goldstein Love), 일라베닐 수비아(Ilavenil Subbiah), 그리고 여기 다 적을 수 없는 수많은 사람이 이메일로 제안해 주었다. 그중에서도 오랫동안 내게 어법의 여러 미묘한 변이와 차이를 알려주었고 이 책에 실린 도표와 분지도를 설계해 준 일라베닐에게 특별히 고맙다.

펭귄 출판사의 담당 편집자인 미국의 웬디 울프(Wendy Wolf), 영국의 토머스 펜(Thomas Penn)과 스테펀 맥그라스(Stefan McGrath), 그리고 저작권 대리인 존 브록먼(John Brockman)은 집필을 매 단계 지원해 주었다. 특히 웬디는 초고를 읽고 상세한 비평과 조언을 주었다.

　다른 가족의 사랑과 지지에도 감사한다. 아버지 해리 핑커(Harry Pinker), 의붓딸 야엘 골드스타인 러브와 대니엘 블라우(Danielle Blau), 조카들, 장인 장모인 마틴(Martin)과 크리스(Kris), 그리고 내가 헌사를 바친 여동생 수전 핑커(Susan Pinker)와 남동생 로버트 핑커(Robert Pinker)에게 고맙다.

6장의 일부는 내가 『아메리칸 헤리티지 사전』 5판에 실었던 어법에 관한 글과 2012년 《슬레이트(*Slate*)》에 발표했던 「언어 전쟁의 거짓 전선들(False Fronts in the Language Wars)」을 활용했다.

용어 해설

가능성이 희박한 사실(factual remoteness). 명제가 실현 가능성이 희박한 상황, 즉 사실이 아니거나, 가설에 가깝거나, 지극히 있을 법하지 않은 상황을 가리키는가 하는 점. If my grandmother is free, she'll come over(만약 우리 할머니가 자유롭다면, 여기 오실 텐데. 열린 가능성)와 If my grandmother had wheels, she'd be a trolley(만약 우리 할머니에게 바퀴가 있다면, 할머니는 트롤리가 되었을 거야. 희박한 가능성)의 차이이다.

가정법(subjunctive). 법의 일종. 주로 **종속절**로 표시되고, 동사의 기본형을 써서 어떤 가설적 상황, 요구되는 상황, 필요한 상황을 나타낸다. It is essential that I be kept in the loop(내가 계속 정보를 전달받는 것이 꼭 필요하다), He bought insurance lest someone sue him(그는 누군가 그를 고소할까 봐 보험에 들었다).

간접 목적어(indirect object). 동사의 두 목적어 중 첫 번째로 나오는 것. 보통 수신인이나 수혜자를 가리킨다. If you give a moose a muffin(네가 무스에게 머핀을 준다면), Cry me a river(내 앞에서 펑펑 울어 보든가).

격(case). 명사의 **문법 기능**을 알리기 위해서 명사에 붙은 표시. 주격(주어에 쓴다.), 속격(소유형을 포함해 한정어에 쓴다.), 대격(목적어와 그 밖의 기능에 쓴다.)이 있다. 영어에서는 격이 대명사에만 표시된다. (주격은 I(나는), he(그는), she(그녀는), we(우리는), they(그들은)이고, 대격은 me(나를), him(그를), her(그녀를), us(우리를), them(그들을)이며, 속격은 my(나의), your(너의), his(그의), her(그녀의), our(우리의), their(그들의)이다.) 단 속격은 예외로, 속격만큼은 단수 명사구에 접미사 's를 붙이거나 복수 명사구에 s'를 붙여서 표시된다.

고전적 글쓰기 스타일(classic prose). 문학 연구자 프랜시스노엘 토머스와 마크 터너가 1994년 책 『진실처럼 간단명료하게』에서 제안한 용어로, 작가가 독자를 대화에 끌어들임으로써 세상에 존재하는 어떤 객관적, 구체적 진실로 시선을 이끄는 듯한 산문 스타일을 말한다. 실용적 스타일, 자의식적 스타일, 사색적 스타일, 웅변적 스타일 등과 대비된다.

과거 시제(past tense). 과거 시간, **가능성이 희박한 사실**, **시제 일치**를 나타낼 때 사용되는 동사 형태. She left yesterday(그녀는 어제 떠났다), If you left tomorrow, you'd save money(만약 네가 내일 떠난다면, 돈을 아낄 수 있을 텐데), She said she left(그녀는 떠난다고 말했다). 대부분의 동사는 접미사 −ed가 붙어서 규칙적인 과거 시제 형태(I stopped(나는 멈췄다))로 바뀌지만, 약 165개의 동사는 불규칙한 형태(I gave it away(나는 그것을 줘 버렸다), She brought it(그녀는 그것을 가져왔다))로 바뀐다. 과거형이라고도 한다.

과잉 교정(hypercorrection). 규범적 규칙을 어설프게 이해한 나머지 그 규칙이 적용될 수 없는 경우에까지 적용하는 실수. 가령 I feel terribly(나는 기분이 끔찍하다), They planned a party for she and her husband(그들은 그녀와 그녀의 남편을 위한 파티를 계획했다), one fewer car(차 한 대 적은), Whomever did this should be punished(누구인지 이 짓을 한 사람은 처벌받아야 한다)는 모두 과잉 교정이다. (과도 교정이라고도 한다. ― 옮긴이)

관계절(relative clause). 명사를 수식하는 절로, 명사가 구에서 맡는 역할을 가리키는 빈칸을 포함할 때가 많다. five fat guys who ___ rock(멋진 뚱뚱한 남자 다섯), a clause that ___ modifies a noun(명사를 수식하는 절), women we love ___(우리가 사랑하는 여자들), violet eyes to die for ___(아주 멋진 보라색 눈동자), fruit for the crows to pluck ___(까마귀들이 따 먹을 과일).

관사(article). 명사구의 한정성을 표시해 주는 작은 문법 범주로, 정관사 the와 부정관사 a, an, some이 있다. 『케임브리지 영문법』은 관사를 더 큰 범주인 **한정사**에 포함시킨다. 한정사에는 관사 외에도 **양화사**, 그리고 this, that 같은 지시사가 포함된다.

구(phrase). 문장을 구성하는 단위로 행동하며 보통 일관된 의미를 담고 있는 한 무리의 단어들을 말한다. in the dark(어둠 속에서), the man in the gray suit(회색 양복을 입은 남자), dancing in the dark(어둠 속에서 춤추기), afraid of the wolf(늑대를 두려워하는).

구문(syntax). 단어들을 배열해 구와 문장을 만드는 규칙을 가리키는 문법 요소.

능동태(active voice). 절의 표준 형태. 행위자나 원인(그런 것이 있다면 말이다.)이 문법 주어인 절이다. A rabbit bit him. (토끼가 그를 물었다.) (이것과 대비되는 **수동태**로 고치면 이렇다. He was bitten by a rabbit. (그는 토끼에게 물렸다.))

단어 선택(diction). 이 책에서는 명료한 발음을 뜻하는 말로 쓰이지 않았다.

단어 형성법(word-formation). 형태론이라고도 한다. 단어의 형태 변화를 규정하는 문법 요소(rip(찢다) → ripped(찢었다)), 혹은 옛 단어에서 새 단어를 만들어 내는 것(a demagogue(선동가) → to demagogue(선동하다), priority(우선 순위) → prioritize(우선 순위를 정하다), crowd(군중) + source(자원) → crowdsource(크라우드소싱))을 뜻한다.

담화(discourse). 하나로 이어진 문장들의 연쇄. 가령 하나의 대화, 하나의 단락, 하나의 편지, 하나의 포스팅, 하나의 에세이를 일컫는다.

대명사(pronoun). 명사의 하위 범주로 인칭 대명사(I, me, my, mine, you, your, yours, he, him, his, she, her, hers, we, us, our, ours, they, them, their, theirs), 의문 대명사, 관계 대명사(who, whom, whose, what, which, where, why, when)를 포함한다.

동명사(gerund). 동사에 접미사 -ing가 붙은 형태로 종종 명사처럼 기능한다. His drinking got out of hand. (그의 음주는 감당할 수 없는 수준이 되었다.)

동사(verb). 문법 범주의 하나. 어형 변화를 통해 시제를 나타내고 종종 행동이나 상태를 지시하는 단어를 말한다. He kicked the football(그는 축구공을 찼다), I thought I saw a pussycat(나는 고양이를 봤다고 생각했다), I am strong(나는 강하다).

동사구(verb phrase). 동사가 핵어인 구로, 동사와 더불어 그 **보어와 부가어**를 포함한다. He tried to kick the football but missed(그는 축구공을 차려고 했지만 빗맞혔다), I thought I saw a pussycat(나는 고양이를 봤다고 생각했다), I am strong(나는 강하다).

등위 관계(coordination). 기능이 같은 둘 이상의 구로 이뤄진 구로, 보통 등위 접속사로 이어져 있다. parsley, sage, rosemary, and thyme(파슬리, 세이지, 로즈메리, 그리고 타임), She is poor but honest(그녀는 가난하지만 정직하다), To live and die in LA(LA에서 살고 죽기), Should I stay or should I go?(나는 남을까 갈까?), I came, I saw, I conquered(왔노라, 보았노라, 정복했노라).

등위 관계 구(coordinate). **등위 관계**로 이어진 둘 이상의 구 중 하나를 가리키는 말.

등위 접속사(coordinator). 기능이 같은 구를 둘 이상 잇는 데 쓰이는 단어들을 지칭하는 문법 범주로, 가령 and, or, nor, but, yet, so 등이 있다.

메타 담화(metadiscourse). 현재의 담화를 지시하는 말들. To sum up(요약하자면), In this essay I will make the following seventeen points(이 글에서 나는 다음 17가지 요점을 주장할 것이다), But I digress(주제에서 빗나간 말이지만).

명사(noun). 사물, 사람, 그 밖에도 명명할 수 있거나 생각할 수 있는 개체를 가리키는 단어들을 뜻하는 문법 범주. lily(백합), joist(들보), telephone(전화기), bargain(흥정), grace(은혜), prostitute(매춘부), terror(테러), Joshua(조슈아), consciousness(의식).

명사구(noun phrase). 명사가 핵어인 구. Jeff(제프), the muskrat(그 사향뒤쥐), the man who would be king(왕이 될 남자), anything you want(뭐든지 네가 원하는 것).

명사류(nominal). 명사스러운 것. 명사, 대명사, 고유명, 명사구 등을 말한다.

명사 파생 동사(denominal verb). 명사에서 만들어진 동사. He elbowed his way in(그는 밀치며 나아갔다), She demonized him(그녀는 그를 악마화했다).

명사화(nominalization). 동사나 형용사에서 만들어진 명사. a cancellation(취소), a fail(낙제), an enactment(입법), protectiveness(보호), a fatality(사망자).

목적어(object). 동사나 전치사에 따르는 보어로 보통 행동, 상태, 상황을 정의하는 데 꼭 필요한 개체를 가리킨다. spank the monkey(원숭이를 때렸다), prove the theorem(정리를 증명하다), into the cave(동굴 속으로), before the party(파티 전에). **직접 목적어, 간접 목적어, 사격 목적어가 있다.**

문법 기능(grammatical function). 구가 더 큰 구 속에서 수행하는 역할을 말한다. 주어, 목적어, 술어, 한정어, 핵어, 보어, 수식어, 부가어 등이 있다.

문법 범주(grammatical category). 구문에서의 위치, 그리고 어형 변화 방식이 서로 호환 가능한 단어들의 집합을 가리키는 말. **명사, 동사, 형용사, 부사, 전치사, 한정사**(관사가 여기 포함된다.), **등위 접속사, 종속 접속사, 감탄사**가 있다. 품사라고도 한다.

법(mood). **법성**이라는 의미론적 차이를 전달하는 동사나 절의 문법 형태 차이. 가령 **직설법**(He ate(그는 먹었다)), 질문(Did he eat?(그는 먹었니?)), **명령**(Eat!(먹어!)), **가정법**(It's important that he eat(그가 먹는 것이 중요하다)), 그리고 동사 be의 경우에는 **비현실 어법**(If I were you(내가 너라면))이 서로 다른 것을 뜻한다.

법성(modality). 명제의 사실 지위에 관련된 의미의 양상. 명제가 사실로 단언되었는가, 가능성으로 제안되었는가, 질문으로 제기되었는가, 혹은 명령이나 요구나 의무로 말해졌는가 하는 것을 뜻한다. 이런 의미들은 **법**이라는 문법 체계로 표현된다.

법조동사(modal auxiliary). 조동사 will, would, can, could, may, might, shall, should, must, ought. 법성과 관련된 필요, 가능성, 의무, 미래 시간, 그 밖의 개념을 전달하는 조동사들이다.

보어(complement). 핵어와 함께 쓰이도록 허락되거나 요구되는 구로, 핵어의 뜻을 보완한다. smell the glove(장갑을 냄새 맡다), scoot into the cave(동굴로 서둘러 들어가다), I thought you were dead(난 네가 죽은 줄 알았어), a picture of Mabel(메이블의 사진), proud of his daughter(그의 딸을 자랑스러워 하는).

보충어(supplement). 말에서는 휴지로, 글에서는 문장 부호로 문장의 나머지 부분과 떨어진 채 느슨하게 붙어 있는 **부가어** 혹은 **수식어**. Fortunately, he got this job back(다행히, 그는 일자리를 되찾았다), My point — and I do have one — is this(내 요지는 — 물론 요지가 있는데 — 이것이다), Let's eat, Grandma(먹죠, 할머니), The shoes, which cost $5,000, were hideous(그 신발은, 5,000달러짜리인데, 흉측했다).

부가어(adjunct). 어떤 사건이나 상태의 시간, 장소, 방식, 목적, 결과, 그 밖의 속성에 관한 정보를 더해 주는 **수식어**이다. She opened the bottle with her teeth(그녀는 이빨로 병을 열었다), He teased the starving wolves, which was foolish(그는 굶주린 늑대들을 골렸는데, 멍청한 짓이었다), Hank slept in the doghouse(행크는 개집에서 잤다.).

부사(adverb). 문법 범주의 하나로 동사, 형용사, 전치사, 다른 부사를 수식한다. tenderly(다정하게), cleverly(똑똑하게), hopefully(바라건대), very(아주), almost(거의).

부정사(infinitive). 동사에 시제가 표시되지 않은 기본 형태로, 가끔(늘 그런 것은 아니다) **종속 접속사** to와 함께 나타난다. I want to be alone(나는 혼자 있고 싶어), She helped him pack(그녀는 그가 짐싸는 것을 도왔다), You must go(너는 가야 해).

분사(participle). 시제가 표시되지 않은 동사 형태로, 일반적으로 조동사나 다른 동사와 함께 나타나야 한다. 영어에는 분사가 두 종류 있다. 과거 분사는 수동태(It was eaten(그것은 먹혔다))와 완료 시제(He has eaten(그는 이미 먹었다))에 쓰이고, 동명사형 분사는 현재 진행 시제(He is running(그는 달리고 있다))와 동명사(Getting there is half the fun(그곳까지 가는 것 자체가 사실 재미다))로 쓰인다. 대부분의 동사는 접미사 −ed가 붙어서 규칙적인 과거 분사 형태로 바뀌지만(I have stopped(나는 멈췄다), It was stopped(그것은 중단되었다)), 약 165개의 불규칙 동사는 불규칙한 형태로 바뀐다(I have given it away(나는 그것을 줘버렸다), It was given to me(그것은 내게 주어졌다), I have brought it(나는 그것을 가져왔다), It was brought here(그것은 이곳으로 옮겨졌다)). 영어에서 모든 동명사형 분사는 −ing를 붙여서 만들어진다.

비현실 어법(irrealis). 말 그대로 '현실이 아닌' 말. 가능성이 희박한 사실임을 뜻하는 동사 형태를 말한다. 영어에서는 동사 be에서만 표시된다. If I were a rich man(만약 내가 부자라면)은 비현실 어법이지만, If I was sick, I'd have a fever(만약 내가 아프다면, 열이 있을 거야)는 아니다. 옛 문법에서는 **가정법**과 융합해서 이야기하고는 한다.

사격 목적어(oblique object). 전치사의 목적어. under the door(문 밑에).

생략(ellipsis). 꼭 있어야 하는 구이지만 독자가 맥락에서 복구할 수 있기 때문에 빠뜨리는 것을 말한다. Yes we can ___! Abe flossed, and I did ___ too(물론 우리는 (___를) 할 수 있어! 에이브는 치실질을 했고, 나도 (___를) 했다), Where did you go? ___ To the lighthouse(당신 어디 갔었어? 등대로 (___)).

선행사(antecedent). 대명사가 지시하는 대상을 명시한 명사구. Biff forgot his hat(비프는 그의 모자를 잊었다), Before Jan left, she sharpened her pencils(잰은 떠나기 전, 그녀의 연필들을 깎았다).

속격(genitive). 과거에 느슨하게 '소유형(possessive)'이라고 불렸던 것을 가리키는 용어로, Ed's head(에드의 머리)나 my theory(나의 이론)처럼 한정어로 기능하는 명사의 격을 말한다. 영어에서는 특정 대명사(my, your, his, her, their 등)를 선택함으로써 표시하고, 그 밖의 모든 명사구에서는 접미사 's나 s'를 붙여 표시한다. John's guitar(존의 기타), The Troggs' drummer(트로그스의 드러머).

수동태(passive voice). 영어의 두 가지 태 중 하나. 보통의 문장에서는 목적어에 해당할 것이 주어로 나오고, 주어에 해당할 것이 by의 목적어로 나오거나 아예 안 나오는 구조이다. He was bitten by a rabbit(그는 토끼에게 물렸다, **능동태**인 A rabbit bit him(토끼가 그를 물었다)과 비교해 보라.), We got screwed(우리는 망했다), Attacked by his own supporters, he had no where else to turn(자신의 지지자들에게 공격당했으니, 그는 이제 달리 의지할 곳이 없었다).

수식어(modifier). 핵어에 관한 언급이나 정보를 덧붙이는 선택적 구. a nice boy(착한 소년), See you in the morning(아침에 봐), The house that everyone tiptoes past(사람들이 모두 까치걸음으로 지나치는 집).

술어(predicate). 동사구의 **문법 기능**으로, 주어에 대해 사실로 단언된 어떤 상태, 사건, 관계에 해당한다. The boys <u>are back in town</u>(남자애들이 마을에 돌아왔다), Tex <u>is tall</u>(텍스는 키가 크다), The baby <u>ate a slug</u>(그 아기가 달팽이를 먹었다). 간혹 이 용어가 술어의 핵어에 해당하는 동사를 가리킬 때(가령 앞의 예문에서 ate) 도 있고, 동사가 be라면 그 보어의 핵어에 해당하는 동사, 명사, 형용사, 전치사를 가리킬 때(가령 앞의 예문에서 tall)도 있다.

시제(tense). 어떤 상태나 사건이 발생한 시점이 문장이 발화되는 시점에 대해 언제인지를 알리기 위해서 동사에 가하는 표시. 현재 시제(He <u>mows</u> the lawn every week(그는 매주 잔디를 깎는다)), 과거 시제(He <u>mowed</u> the lawn last week(그는 지난주에 잔디를 깎았다))가 있다. 시제는 시간을 뜻하는 표준적 의미 외에 다른 여러 의미들도 띠는데, **과거 시제** 항목을 참고하라.

시제 연속법(sequence of tenses). **시제 일치** 항목을 보라.

시제 일치(backshift). (보통 간접 화법에서) 동사의 시제를 바꿔서, 그 내용을 진술하거나 믿는다는 뜻을 나타내는 다른 동사의 시제와 통일하는 일. Lisa said that she <u>was</u> tired(리사는 피곤하다고 말했다. 직접 화법과 비교해 보라. Lisa said, "I <u>am</u> tired." (리사는 '난 피곤해.'라고 말했다.)) 예전에는 시제 연속법이라는 용어를 썼다.

약강격(iambic). 약-강을 띠는 **율격**. MiCHELLE(미셸), aWAY(멀리), To BED!(침대로!).

약약강격(anapest). 약-약-강 율격을 지닌 **음보**. Anna LEE should <u>get a LIFE</u>(애나 리는 사는 것처럼 좀 살아야 해), <u>badda-BING</u>!(바

다-빙!), to the DOOR(문으로).

양화사(quantifier). 핵어 명사의 양을 규정하는 단어(보통 **한정사**이다.)를 말한다. all, some, no, none, any, every, each, many, most, few.

어형 변화(inflection). 단어가 문장에서 맡은 역할에 맞게 그 형태를 변형시키는 일. 명사는 곡용(duck(오리), ducks(오리들), duck's(오리의), ducks'(오리들의))이라고 하고, 동사는 활용(quack(꽥꽥거리다), quacks(꽥꽥거리다), quacked(꽥꽥거렸다), quacking(꽥꽥거림))이라고 한다. **억양**이나 **운율**과 헷갈리지 말 것.

억양(intonation). 말의 선율 혹은 음높이의 곡선.

열린 가능성의 조건문(open conditional). 열린 가능성, 즉 화자가 참인지 거짓인지 모르는 상황을 가리키는 if-then(만일 ~라면) 진술. If it rains, we'll cancel the game. (만약 비가 오면, 우리는 게임을 취소할 거야.)

AHD. 『아메리칸 헤리티지 영어 사전』.

운율(prosody). 말의 멜로디, 박자, 리듬.

율격(meter). 한 단어나 여러 단어들의 리듬. 약한 음절과 강한 음절이 구성하는 패턴을 말한다.

음보(foot). 하나의 통일된 단위로, 또한 특정한 리듬으로 발음되는 연속된 음절. The SUN / did not SHINE. / It was TOO / wet to PLAY. (해는 / 비치지 않았다. / 그것은 너무 / 젖어서 놀 수 없었다.)

음소(phoneme). 발성된 모음이나 자음으로 구성된 최소 발음 단위. p-e-n(펜), g-r-oa-n(신음하다).

의미론(semantics). 단어, 구, 문장의 의미. 정확한 정의를 놓고 지나치게 시시콜콜 따지는 것을 뜻하지 않는다.

인칭(person). 화자(일인칭), 수신자(이인칭), 대화에 참여하지 않는 사람들(삼인칭)을 구별하는 문법 구분. 대명사에만 표시된다. 일인칭은 I, me, we, us, my, our이고, 이인칭은 you, your, 삼인칭은 he, him, she, her, they, their, it, its이다.

일관성 연결어(coherence connective). 한 절이나 구가 바로 앞 절이나 구와 의미 면에서 어떤 관계인지를 알려주는 단어나 구나 문장 부호. Anna eats a lot of broccoli, because she likes the taste. Moreover, she thinks it's healthy. In contrast, Emile never touches the stuff. And neither does Anna's son. (애나는 브로콜리를 많이 먹는데, 그 맛을 좋아하기 때문이다. 게다가 몸에도 좋다고 생각한다. 대조적으로, 에밀은 브로콜리에는 손도 안 댄다. 그리고 애나의 아들도 마찬가지이다.)

일치(agreement). 어떤 단어를 다른 단어나 구와 맞추기 위해서 형태를 바꾸는 것. 가령 영어에서 현재 시제 동사는 주어와 인칭과 수가 일치해야 한다. I snicker(나는 킥킥거린다), He snickers(그는 킥킥거린다), They snicker(그들은 킥킥거린다).

자동사(intransitive). 직접 목적어를 취할 수 없는 동사. Martha fainted(마사가 기절했다), The chipmunk darted under the car(얼룩다람쥐가 차 밑에서 쏜살같이 달렸다).

전치사(preposition). 보통 공간이나 시간 관계를 표현하는 단어들을 가리키는 **문법 범주**를 말한다. in, on, at, near, by, for, under, before, after, up.

절(clause). 문장에 상응하는 구로, 단독으로 있을 수도 있지만 더 큰 절에 포함될 수도 있다. Ethan likes figs(이선은 무화과를 좋아한다), I wonder whether Ethan likes figs(이선이 무화과를 좋아하는지 궁금하다), The boy who likes figs is here(무화과를 좋아하는 소년이 여기 있다), The claim that Ethan likes figs is false(이선이 무화과를 좋아한다는 주장은 거짓이다).

접사(affix). 접두사 혹은 접미사. enrich(더 풍요롭게 하다), restate(다시 말하다), blacken(검게 만들다), slipped(미끄러진), squirrels(다람쥐들), cancellation(취소), Dave's(데이브의).

접속사(conjunction). 두 구를 잇는 단어를 가리키는 옛 문법 범주로, 등위적 접속사(and, or, nor, but, yet, so)와 종속적 접속사(whether, if, to)가 있다. 나는 『케임브리지 영문법』을 따라서, 이 용어들 대신 **등위 접속사**와 **종속 접속사**라는 용어를 썼다.

조동사(auxiliary). 동사의 특별한 종류로, **시제**, **법**, 부정을 비롯해 절의 진실성에 관련된 정보를 전달한다. She doesn't love you(그녀는 너를 사랑하지 않아), I am resting(나는 쉬고 있다), Bob was criticized(밥은 비판받았다), The train has left the station(기차가 역을 떠났다), You should call(너는 전화를 해야 해), I will survive(난 이겨 낼 거야).

좀비 명사(zombie noun). 쓸데없는 **명사화**로 행동 주체가 감춰진 것을 가리켜 헬렌 소드가 붙인 별명. 소드가 든 예는 다음과 같다. The proliferation of nominalizations in a discursive formation may be an indication of a tendency toward pomposity and abstraction. (담화 형성에서 명사화의 확산은 거만함과 추상성을 띠는 경향성의 징후인지도 모른다.) (대신 Writers who overload their sentences with nouns derived from verbs and adjectives tend to sound pompous and abstact(작가가 동사나 형용사에서 파생된 명사를 너무 많이 쓰면 문장이 젠체하고 추상적인 것처럼 들린다)라고 쓰면 되었을 것이다.)

종속절(subordinate clause). 더 큰 구에 내포된 절로, 문장의 주절과 대비된다. She thinks I'm crazy(그녀는 내가 미쳤다고 생각한다), Peter repeated the gossip that Melissa was pregnant to Sherry(피터는 멜리사가 임신했다는 소문을 셰리에게 전했다).

종속 접속사(subordinator). 종속절을 이끄는 소수의 단어들을 포함하는 문법 범주. She said that it will work(그녀는 이 방법이 통할 거라고 말했다), I wonder whether he knows about the party(그가 파티에 대해서 아는지 궁금하다), For her to stay home is unusual(그녀가 집에 머무는 것은 특이한 일이다). 옛 문법에서 종속적 접속사라고 했던 범주와 대충 일치한다.

주어(subject). 술어가 무엇에 대한 이야기인가 하는 구를 뜻하는 문법 기능. 행위 동사가 능동태로 쓰인 문장에서는 행위자나 행동의 원인에 해당한다. <u>The boys</u> are back in town(남자애들이 마을에 돌아왔다), <u>Tex</u> is tall(텍스는 키가 크다), <u>The baby</u> ate a slug(그 아기가 달팽이를 먹었다), <u>Debbie</u> broke the violin(데비가 바이올린을 망가뜨렸다). 수동태 문장에서는 보통 영향을 입는 대상에 해당한다. <u>A slug</u> was eaten(달팽이가 먹혔다).

주절(main clause). 문장의 주된 단언을 표현한 절. 종속절을 담고 있을 수도 있다. <u>She thinks</u> (I'm crazy)(그녀는 (내가 미쳤다고) 생각한다), <u>Peter repeated the gossip</u> (that Melissa was pregnant) <u>to Sherry</u>(피터는 (멜리사가 임신했다는) 소문을 셰리에게 전했다).

주제(topic). 문장의 주제란 그 문장이 무엇에 관한 이야기인지를 알리는 구를 뜻한다. 영어에서는 보통 주어가 문장 주제이지만, <u>As for fish</u>, I like scrod(생선의 경우, 나는 대구 새끼가 좋다)처럼 부가어가 주제일 수도 있다. 한편 **담화**의 주제란 그 대화나 텍스트가 무엇에 관한 이야기인가 하는 것이다. 담화 전반에서 반복적으로 언급될 수도 있고, 가끔은 서로 다른 표현을 동원해 언급된다.

지배(government). 구의 핵어가 같은 구에 있는 다른 단어들의 문법 성질, 가령 일치, 격 표시, 보어 선택 등을 결정하는 현상을 가리키는 옛 문법 용어.

직설법(indicative). 사실을 평범하게 진술하는 **법**을 가리키는 옛 문법 용어. 가정법, 명령법, 의문법 같은 다른 법들과 대비된다.

직접 목적어(direct object). 동사의 목적어(동사에 목적어가 2개라면 두 번째 목적어이다.)로, 보통 어떤 행동을 통해 옮겨지거나 간접적으로 영향을 받는 대상을 가리킨다. spank the monkey(원숭이를 찰싹 때렸다), If you give a muffin to a moose(네가 머핀을 무스에게 준다면), If you give a moose a muffin(네가 무스에게 머핀을 준다면), Cry me a river(내 앞에서 평평 울어 보든가).

『케임브리지 영문법(*Cambridge Grammar*)』. 2002년 출간된 참고서로, 언어학자 로드니 허들스턴과 제프리 풀럼이 다른 언어학자 13명과 함께 썼다. 현대 언어학을 활용해서 영어의 거의 모든 문법 구조를 체계적으로 분석했다. 내 책의 용어와 분석은 『케임브리지 영문법』을 기본으로 삼았다.

타동사(transitive). 목적어가 있어야 하는 동사. Biff fixed the lamp. (비프는 램프를 고쳤다.)

태(voice). **능동태** 문장(Beavers build dams(비버는 댐을 짓는다))과 **수동태** 문장(Dams are built by beavers(댐은 비버에 의해 지어진다))의 차이.

품사(part of speech). 문법 범주의 옛 용어.

한정사(determinative). **한정어**로 기능하는 단어들을 뜻하는 **문법 범주**를 가리키는 『케임브리지 영문법』의 용어. **관사**와 **양화사**가 포함된다.

한정성(definiteness). 명사구에 있는 **한정어**가 표시하는 의미론적 차이로, 핵어 명사의 내용이 담화 맥락에서 지시 대상을 확인하는 데 충분한지 아닌지를 알려준다. 만일 내가 I bought the car(나는 그 차를 샀다)라고 말한다면, 내가 말하는 차가 무엇인지를 당신이 이미 안다고 가정하는 셈이다. (정관사로 한정된 것이다.) 반면 내가 I bought a car(나는 차를 샀다)라고 말한다면, 당신에게 차를 처음 소개하는 것이다. (부정관사이므로 한정되지 않은 것이다.)

한정어(determiner). 핵어 명사의 지시 대상을 한정하도록 돕는 명사구의 일부로, '어떤 것?' 혹은 '얼마나 많이?' 하는 질문의 답이 되어 준다. **관사**(a, an, the, this, that, these, those), **양화사**(some, any, many, few, one, two, three), **속격**(my mother(내 어머니), Sara's iPhone(세라의 아이폰))이 한정어 기능을 수행한다. 명심할 점은 **한정어는 문법 기능**이지만 **한정사는 문법 범주**라는 것이다.

핵어(head). 자신이 속한 구 전체의 의미와 성질을 결정하는 단어. the <u>man</u> who knew too much(너무 많이 알았던 남자), <u>give</u> a moose a muffin(무스에게 머핀을 주다), <u>afraid</u> of his own shadow(자신의 그림자를 두려워하는), <u>under</u> the boardwalk(산책로 아래에서).

형용사(adjective). 문법 범주의 하나로 보통 속성이나 상태를 가리킨다. big(큰), round(둥근), green(초록색), afraid(두려워하는), gratuitous(쓸데없는), hesitant(주저하는).

형태소(morpheme). 단어가 의미를 간직한 채 쪼개질 수 있는 최소 조각. walk-s(걷다), in-divis-ibil-ity(불가분성), crowd-sourc-ing(크라우드소싱).

희박한 가능성의 조건문(remote conditional). 가능성이 희박한 상황, 즉 화자가 거짓이라고 믿거나, 가설일 뿐이라고 믿거나, 실현 가능성이 극히 희박하다고 믿는 상황을 가리키는 if-then(만일 ~라면)

진술. If wishes were horses, beggars would ride(만약 희망이 말이라면, 거지들이 타고 다닐 수 있을 텐데(바란다고 다 이뤄지는 것은 아니다)), If pigs had wings, they could fly(만약 돼지에게 날개가 있다면, 녀석들도 날 수 있을 텐데).

후주

서론

1. 다음 책 서문에서 인용했다. *The Elements of Style* (Strunk & White, 1999), p. xv.

2. Pullum, 2009, 2010; J. Freeman, "Clever horses: Unhelpful advice from 'The Elements of Style,'" *Boston Globe*, April 12, 2009.

3. Williams, 1981; Pullum, 2013.

4. Eibach & Libby, 2009.

5. 예는 다음에서 가져왔다. Daniels, 1983.

6. Lloyd-Jones, 1976, 다음에 인용되어 있다. Daniels, 1983.

7. 스트렁크와 화이트가 평이한 스타일을 고집했던 데 대한 비판에 관해서는 다음을 보라. Garvey, 2009. 그리고 자신이 "책들"이라고 부르는 글쓰기 지침서들이 글쓰기 스타일에 일차원적으로 접근한다고 비판한 라넘의 책도 참고하라. Lanham, 2007.

8. Herring, 2007; Connors & Lunsford, 1988; Lunsford & Lunsford, 2008; Lunsford, 2013; Thurlow, 2006.

9. Adams & Hunt, 2013; Cabinet Office Behavioural Insights Team, 2012; Sunstein, 2013.

10. Schriver, 2012. 쉬운 언어로 법률 용어를 순화하는 것에 대해 더 알고 싶다면 다음 단체들의 홈페이지를 참고하라. Center for Plain Language (http://centerforplainlanguage.org), Plain (http://www.plainlanguage.gov), Clarity (http://www.clarity-international.net).

11. K. Wiens, "I won't hire people who use poor grammar. Here's why," *Harvard Business Review Blog Network*, July 20, 2012. http://blogs. hbr.org/cs/2012/07/i_wont_hire_people_who_use_poo.html.

12. http://blog.okcupid.com/index.php/online-dating-advice-exactly- what-to-say-in-a-first-message/. 인용한 말은 다음 글에서 재인용했 다. Twist Phelan, "Apostrophe now: Bad grammar and the people who hate it," *BBC News Magazine*, May 13, 2013.

1장 잘 쓴 글

1. 다음 글에서 가져왔다. "A few maxims for the instruction of the over- educated." 원래 다음에 익명으로 실렸던 글이다. *Saturday Review*, Nov. 17, 1894.

2. 흔히 윌리엄 포크너(William Faulkner)가 한 말이라고 하지만, 사실 이것은 영어 교수였던 아서 퀼러카우치(Arthur Quiller-Couch) 경이 1916년 '글쓰 기의 기술(On the art of writing)'이라는 강연에서 했던 말이다.

3. R. Dawkins, *Unweaving the rainbow: Science, delusion and the appetite for wonder* (Boston: Houghton Mifflin, 1998), p. 1.

4. 구글 엔그램 뷰어로 검색한 결과이다. http://ngrams.googlelabs.com.

5. R. N. Goldstein, *Betraying Spinoza: The renegade Jew who gave us modernigy* (New York: Nextbook/Schocken, 2006), pp. 124-125.

6. Kosslyn, Thompson, & Ganis, 2006; Miller, 2004-2005; Sadoski, 1998; Shepard, 1978.

7. M. Fox, "Maurice Sendak, author of splendid nightmares, dies at 83," *New York Times*, May 8, 2012; "Pauline Phillips, flinty adviser to millions as Dear Abby, dies at 94," *New York Times*, Jan. 17, 2013; "Helen Gurley Brown, who gave 'Single Girl' a life in full, dies at

90," *New York Times*, Aug. 13, 2013. 이 책의 형식에 맞추기 위해서 문장 부호를 살짝 수정했다. 필립스의 부고를 인용한 대목에서는 원문에 인용된 「친애하는 애비에게」 편지 네 통 중 두 통만을 골라 순서를 바꿨다.

8. Poole et al., 2011.

9. McNamara, Crossley, & McCarthy, 2010; Poole et al., 2011.

10. Pinker, 2007, chap. 6.

11. M. Fox, "Mike McGrady, known for a literary hoax, dies at 78," *New York Times*, May 14, 2012.

12. I. Wilkerson, *The warmth of other suns: The epic story of America's great migration* (New York: Vintage, 2011), pp. 8-9, 14-15.

2장 세상으로 난 창

1. 비슷한 말을 한 사람은 그 밖에도 많다. 글쓰기 연구자 제임스 레이먼드 (James C. Raymond), 심리학자 필립 고프(Philip Gough), 문학 연구자 베치 드레인(Betsy Draine), 시인 메리 루플(Mary Ruefle)도 비슷한 말을 했다.

2. 언어에서 구체적 비유가 보편적으로 쓰이는 현상에 관해서는 다음을 보라. Pinker, 2007, chap. 5.

3. Grice, 1975; Pinker, 2007, chap. 8.

4. Thomas & Turner, 1994, p. 81.

5. Thomas & Turner, 1994, p. 77.

6. 두 인용문 모두 앞의 책 79쪽에서 가져왔다.

7. B. Greene, "Welcome to the multiverse," *Newseek/The Daily Beast*, May 21, 2012.

8. D. Dutton, "Language crimes: A lesson in how not to write, courtesy of the professoriate," *Wall Street Journal*, Feb. 5, 1999, http://denisdutton.com/bad_writing.htm.

9. Thomas & Turner, 1994, p. 60.

10. Thomas & Turner, 1994, p. 40.

11. 아마 캔자스의 신문 편집자 윌리엄 앨런 화이트(William Allen White)가 한 말일 것이다. http://quoteinvestigator.com/2012/08/29/substitute-damn/.

12. "진부한 관용구를 역병처럼 피하라."라는 조언은 자신이 한 말을 스스로 위반하는 글쓰기 규칙들 중 하나로, 윌리엄 새파이어가 1990년 쓴 책 『실수하는 규칙들(*Fumblerules*)』로 유명해졌다. 이 장르의 역사는 최소한 1970년대 대학가에서 복사물로 돌던 농담집까지 거슬러 올라간다. 다음을 보라. http://alt-usage-english.org/humorousrules.html.

13. Keysar et al., 2000; Pinker, 2007, chap. 5.

14. 역사학자 니얼 퍼거슨(Niall Ferguson)의 글이다.

15. 언어학자 제프리 풀럼의 글이다.

16. 정치가, 법률가, 기업가, 그리고 몬트리올 커네이디언스의 불멸의 골키퍼였던 켄 드라이든(Ken Dryden)의 말이다.

17. 역사학자 앤서니 패그던(Anthony Pagden)의 글이다.

18. 디킨스의 비유는 『데이비드 코퍼필드(*David Copperfield*)』에서 가져왔다.

19. 로저 브라운(Roger Brown)의 미발표 논문에서.

20. A. Bellow, "Skin in the game: A conservative chronicle," *World Affairs*, Summer 2008.

21. H. Sword, "Zombie nouns," *New York Times*, July 23, 2012.

22. G. Allport, "Epistle to thesis writers." 하버드 대학교 심리학과 대학원생들 사이에 복사물로 면면히 전해지는 글로, 작성 일시는 적혀 있지 않지만 아마 1960년대 글일 것이다.

23. 다음 법률 조항에서 가져왔다. Pennsylvania Plain Language Consumer Contract Act, http://www.pacode.com/secure/data/037/chapter307/

s307.10.html.

24. G. K. Pullum, "The BBC enlightens us on passives," *Language Log*, Feb. 22, 2011, http://languagelog.ldc.upenn.edu/nll/?p=2990.

3장 지식의 저주

1. Sword, 2012.

2. 아서 블로흐(Arthur Bloch)의 다음 책에 글을 실었던 로버트 핸런(Robert J. Hanlon)의 이름을 딴 용어이다. A. Bloch, *Murphy's Law book two: More reasons why things go wrong!* (Los Angeles: Price/Stern/Sloan, 1980).

3. "지식의 저주"라는 용어를 만든 사람은 로빈 호가스(Robin Hogarth)였다. 용어는 다음 책에 실리면서 유명해졌다. Camerer, Lowenstein, & Weber, 1989.

4. Piaget & Inhelder, 1956.

5. Fischhoff, 1975.

6. Ross, Greene, & House, 1977.

7. Keysar, 1994.

8. Wimmer & Perner, 1983.

9. Birch & Bloom, 2007.

10. Hayes & Bajzek, 2008; Nickerson, Baddeley, & Freeman, 1986.

11. Kelley & Jacoby, 1996.

12. Hinds, 1999.

13. 나 외에도 이렇게 주장했던 연구자로는 존 헤이스(John Hayes), 캐런 슈라이버(Karen Schriver), 패멀라 하인즈(Pamela Hinds) 등이 있다.

14. Cushing, 1994.

15. 어깨너머로 독자가 보고 있다고 상상하라는 표현은 1943년 씌어진 다음 글쓰기 지침서의 제목에서 가져왔다. R. Graves & A. Hodge, *The reader*

over your shoulder: A handbook for writers of prose (New York: Random House; revised edition 1979).

16. Epley, 2014.

17. Fischhoff, 1975; Hinds, 1999; Schriver, 2012.

18. Kelley & Jacoby, 1996.

19. Freedman, 2007, p. 22.

20. 2판(1972년)의 73쪽에서 가져왔다.

21. 세심한 독자라면 여기서 쌍서법의 정의가 내가 1장에서 센닥의 부고를 설명하면서 언급했던 액어법의 정의와 비슷하다는 점을 알아차렸을지도 모르겠다. 수사학 어구를 전공하는 전문가들도 두 용어가 어떻게 다른지에 대해 일관된 설명을 주지 못한다.

22. G. A. Miller, 1956.

23. Pinker, 2013.

24. Duncker, 1945.

25. Sadoski, 1998; Sadoski, Goetz, & Fritz, 1993; Kosslyn, Thompson, & Ganis, 2006.

26. Schriver, 2012.

27. Epley, 2014.

4장 그물, 나무, 줄

1. Florey, 2006.

2. Pinker, 1997.

3. Pinker, 1994, chap. 4.

4. Pinker, 1994, chap. 8.

5. 나는 『케임브리지 영문법(*The Cambridge Grammar of the English Language*)』(Huddleston & Pullum, 2002)의 분석 기법을 살짝 단순화해 사용하겠다. 그

책의 참고서 격인 『학생용 영문법 입문서(*A Student's Introduction to English Grammar*)』(Huddleston & Pullum, 2005)에 나온 분석도 활용했다.

6. 이 일화는 다음에 소개되어 있다. Liberman & Pullum, 2006.

7. Huddleston & Pullum, 2002; Huddleston & Pullum, 2005.

8. Bock & Miller, 1991.

9. Chomsky, 1965. 다음도 보라. Pinker, 1994, chaps. 4 and 7.

10. Pinker, 1994, chap. 7. 독자가 문장을 처리하는 과정을 실험으로 확인한 최근 연구들에 관한 리뷰는 다음을 보라. Wolf & Gibson, 2003; Gibson, 1998; Levy, 2008; Pickering & van Gompel, 2006.

11. 다음에서 가져왔다. Liberman & Pullum, 2006.

12. 주로 2013년 8월 6일 칼럼에서 가져왔다.

13. 나는 199쪽의 분지도를 더 단순화했다. 『케임브리지 영문법』의 분석을 따를 경우, Did Henry kiss whom이라는 절에서 주어와 조동사의 어순 도치를 표시하기 위해서는 추가로 두 단계의 내포 수준이 더 필요할 것이다.

14. 첫 번째 예문은 《뉴욕 타임스》의 「마감 후」 칼럼에서 가져왔고, 두 번째 예문은 다음에서 가져왔다. Bernstein, 1965.

15. Pinker, 1994; Wolf & Gibson, 2003.

16. 예문 중 일부는 다음에서 가져왔다. Smith, 2001.

17. R. N. Goldstein, *36 Arguments for the existence of God: A work of fiction* (New York: Pantheon, 2010), pp. 18-19.

18. "Types of sentence branching," *Report writing at the World Bank*, 2012. http://colelearning.net/rw_wb/module6/page7.html.

19. 이 대목을 비롯해 책 전체에서 나는 『케임브리지 영문법』이 "명사류(Nominal)"라고 부르는 것을 명사구라고 부를 것이다.

20. Zwicky et al., 1971/1992. 다음도 보라. http://itre.cis.upenn.edu/~myl/languagelog/archives/001086.html.

21. Pinker, 1994, chap. 4; Gibson, 1998.

22. *Boston Globe*, May 23, 1999.

23. Fodor, 2002a, 2002b; Rayner & Pollatsek, 1989; Van Orden, Johnston, & Hale, 1988.

24. R. Rosenbaum, "Sex week at Yale," *Atlantic Monthly*, Jan./Feb. 2003; reprinted in Pinker, 2004.

25. 출처를 밝히지 않은 이메일 자료 대부분은 다음에서 인용했다. Lederer, 1987.

26. 다음에서 발견했다. *Language Log*, http://languagelog.ldc.upenn.edu/ nll/?p=4401.

27. Bever, 1970.

28. Pinker, 1994, chap. 7; Fodor, 2002a; Gibson, 1998; Levy, 2008; Pickering & van Gompel, 2006; Wolf & Gibson, 2003.

29. Nunberg, 1990; Nunberg, Briscoe, & Huddleston, 2002.

30. Levy, 2008.

31. Pickering & Ferreira, 2008.

32. Cooper & Ross, 1975; Pinker & Birdsong, 1979.

33. 예는 제프리 풀럼에게서 가져왔다.

34. Gordon & Lowder, 2012.

35. Huddleston & Pullum, 2002; Huddleston & Pullum, 2005.

5장 일관성의 호

1. 주로 다음에서 가져왔다. Lederer, 1987.

2. Wolf & Gibson, 2006.

3. Bransford & Johnson, 1972.

4. M. O'Connor, "Surviving winter: Heron," *The Cape Codder*, Feb. 28,

2003; reprinted in Pinker, 2004.

5. Huddleston & Pullum, 2002; Huddleston & Pullum, 2005.

6. Huddleston & Pullum, 2002; Huddleston & Pullum, 2005.

7. Gordon & Hendrick, 1998.

8. 주로 다음에서 가져왔다. Lederer, 1987.

9. Garrod & Sanford, 1977; Gordon & Hendrick, 1998.

10. Hume, 1748/1999.

11. Grosz, Joshi, & Weinstein, 1995; Hobbs, 1979; Kehler, 2002; Wolf & Gibson, 2006. 흄이 원래 말했던 생각들의 연결 관계는 켈러가 구분한 것과 똑같지는 않았지만, 아무튼 흄의 세 분류는 일관성 관계들을 정돈하는 방법으로 유용하다.

12. Clark & Clark, 1968; Miller & Johnson-Laird, 1976.

13. Grosz, Joshi, & Weinstein, 1995; Hobbs, 1979; Kehler, 2002; Wolf & Gibson, 2006.

14. Kamalski, Sanders, & Lentz, 2008.

15. P. Tyre, "The writing revolution," *The Atlantic*, Oct. 2012. http://www.theatlantic.com/magazine/archive/2012/10/the-writing-revolution/309090/.

16. Keegan, 1993, p. 3.

17. Clark & Chase, 1972; Gilbert, 1991; Horn, 2001; Huddleston & Pullum, 2002; Huddleston & Pullum, 2005; Miller & Johnson-Laird, 1976.

18. Gilbert, 1991; Goldstein, 2006; Spinoza, 1677/2000.

19. Gilbert, 1991; Wegner et al., 1987.

20. Clark & Chase, 1972; Gilbert, 1991; Miller & Johnson-Laird, 1976.

21. Huddleston & Pullum, 2002.

22. Liberman & Pullum, 2006. 다음 블로그에도 "착오 부정"에 관한 글이 많다. *Language Log*, http://languagelog.ldc.upenn.edu/nll/.

23. Wason, 1965.

24. Huddleston & Pullum, 2002.

25. Huddleston & Pullum, 2002.

26. 케네디가 실제 한 말은 이랬다. "우리는 이번 10년 내로 달에 가기로 하고 그 밖의 일들도 해내기로 선택했는데, 그것은 그 일이 쉽기 때문이 아니라 어렵기 때문입니다. (We choose to go to the moon in this decade and do the other things, not because they are easy, but because they are hard.)" http://er.jsc.nasa.gov/seh/ricetalk.htm.

27. Keegan, 1993, pp. 3-4.

28. Keegan, 1993, p. 5.

29. Keegan, 1993, p. 12.

30. Williams, 1990.

31. Mueller, 2004, pp. 16-18.

6장 옳고 그름 가리기

1. Macdonald, 1962.

2. G. W. Bush, "Remarks by the President at the Radio-Television Correspondents Association 57th Annual Dinner," Washington Hilton Hotel, March 29, 2001.

3. Skinner, 2012.

4. Hitchings, 2011; *Merriam-Webster's Dictionary of English Usage*, 1994.

5. Lindgren, 1990.

6. *American Heritage Dictionary*, 2011; Copperud, 1980; Huddleston

& Pullum, 2002; Huddleston & Pullum, 2005; Liberman & Pullum, 2006; *Merriam-Webster's Dictionary of English Usage*, 1994; Soukhanov, 1999. 온라인 사전: *The American Heritage Dictionary of the English Language* (http://www.ahdictionary.com/); *Dictionary.com* (http://dictionary.reference.com); *Merriam-Webster Unabridged* (http://unabridged.merriam-webster.com/); *Merriam-Webster Online* (http://www.merriam-webster.com/); *Oxford English Dictionary* (http://www.oed.com); *Oxford Dictionary Online* (http://www.oxforddictionaries.com). *Language Log*, http://languagelog.ldc.upenn.edu/nll. 이 논의에서 참고한 다른 자료로는 다음이 있다. Bernstein, 1965; Fowler, 1965; Haussaman, 1993; Lunsford, 2006; Lunsford & Lunsford, 2008; *Oxford English Dictionary*, 1991; Siegal & Connolly, 1999; Williams, 1990.

7. M. Liberman, "Prescribing terribly," *Language Log*, 2009, http://languagelog.ldc.upenn.edu/nll/?p=1360; M. Liberman, 2007, "Amid this vague uncertainty, who walks safe? *Language Log*, http://itre.cis.upenn.edu/~myl/languagelog/archives/004231.html.

8. E. Bakovic, "Think this," *Language Log*, 2006, http://itre.cis.upenn.edu/~myl/languagelog/archives/003144.html.

9. 실수들은 다음에서 가져왔다. Lunsford, 2006; Lunsford & Lunsford, 2008.

10. Haussaman, 1993; Huddleston & Pullum, 2002.

11. *Merriam-Webster's Dictionary of English Usage*, 1994, p. 218.

12. Nunnally, 1991.

13. 이 분석은 다음 자료에 의지했다. Huddleston & Pullum, 2002.

14. G. K. Pullum, "Menand's acumen deserts him," in Liberman &

Pullum, 2006, 그리고 *Language Log*, 2003, http://itre.cis.upenn.
edu/~myl/languagelog/archives/000027.html.

15. B. Zimmer, "A misattribution no longer to be put up with,"
Language Log, 2004, http://itre.cis.upenn.edu/~myl/languagelog/
archives/001715.html.

16. M. Liberman, "Hot Dryden-on-Jonson action," *Language Log*, 2007,
http://itre.cis.upenn.edu/~myl/languagelog/archives/004454.html.

17. 이것을 비롯해 학생들의 보고서에 등장한 실수의 예는 다음에서 가져와서
살짝 수정했다. Lunsford, 2006; Lunsford & Lunsford, 2008. 시제와 시
간의 관계에 대한 설명은 다음을 보라. Pinker, 2007, chap. 4.

18. 《뉴욕 타임스》의 2013년 5월 14일 자 「마감 후」 칼럼이 실수라고 지적했던
문장이다.

19. Huddleston & Pullum, 2002.

20. Huddleston & Pullum, 2002, pp. 152-154.

21. Pinker, 2007, chap. 4.

22. G. K. Pullum, "Irrational terror over adverb placement at Harvard,"
Language Log, 2008, http://languagelog.ldc.upenn.edu/nll/?p=100.

23. Huddleston & Pullum, 2002, pp. 1185-1187.

24. M. Liberman, "Heaping of catmummies considered harmful,"
Language Log, 2008, http://languagelog.ldc.upenn.edu/nll/?p=514.

25. G. K. Pullum, "Obligatorily split infinitives in real life," *Language Log*,
2005, http://itre.cis.upenn.edu/~myl/languagelog/archives/002180.
html

26. A. M. Zwicky, "Not to or to not," *Language Log*, 2005, http://itre.cis.
upenn.edu/~myl/languagelog/archives/002139.html.

27. A. M. Zwicky, "Obligatorily split infinitives," *Language Log*, 2004,

http://itre.cis.upenn.edu/~myl/languagelog/archives/000901.html.

28. 윈스턴 처칠의 말이다.

29. 이 분석은 다음에 의존했다. Huddleston & Pullum, 2002, 특히 pp. 999-1000.

30. Huddleston & Pullum, 2002, p. 87.

31. Huddleston & Pullum, 2002; Huddleston & Pullum, 2005.

32. *Merriam-Webster's Dictionary of English Usage*, 1994, p. 343.

33. G. K. Pullum, "A rule which will live in infamy," *Chronicle of Higher Education*, Dec. 7, 2012; M. Liberman, "A decline in *which*-hunting?" *Language Log*, 2013, http://languagelog.ldc.upenn.edu/nll/?p=5479#more-5479.

34. G. K. Pullum, "More timewasting garbage, another copy-editing moron," *Language Log*, 2004, http://itre.cis.upenn.edu/~myl/languagelog/archives/000918.html; G. K. Pullum, "*Which* vs *that*? I have numbers!" *Language Log*, 2004, http://itre.cis.upenn.edu/~myl/languagelog/archives/001464.html.

35. *Merriam-Webster's Dictionary of English Usage*, 1994, p. 895.

36. Pinker, 1999/2011.

37. Flynn, 2007; 다음도 보라. Pinker, 2011, chap. 9.

38. M. Liberman, "*Whom* humor," *Language Log*, 2004, http://itre.cis.upenn.edu/~myl/languagelog/archives/000779.html.

39. *Merriam-Webster's Dictionary of English Usage*, 1994, p. 958; G. K. Pullum, "One rule to ring them all," *Chronicle of Higher Education*, Nov. 30, 2012, http://chronicle.com/blogs/linguafranca/2012/11/30/one-rule-to-ring-them-all/; Huddleston & Pullum, 2002.

40. 구글 엔그램 뷰어로 검색한 결과이다. http://ngrams.googlelabs.com.

41. 15세기에 욕으로 쓰였던 저 표현은 내가 『생각거리(The Stuff of Thought)』 7장에서 이야기했던 것이다.

42. 다음에 인용되어 있다. Merriam-Webster's Dictionary of English Usage, 1994, p. 959.

43. Merriam-Webster's Dictionary of English Usage, 1994, pp. 689-690; Huddleston & Pullum, 2002, p. 506; American Heritage Dictionary, 2011, Usage Note for one.

44. 낱낱의 물체와 집합적 물체를 가리키는 언어에 관한 분석은 다음을 참고하라. Pinker, 2007, chap. 4.

45. J. Freeman, "One less thing to worry about," Boston Globe, May 24, 2009.

46. 원래 다음으로 발표되었다. "Ships in the night," New York Times, April 5, 1994.

47. White House Office of the Press Secretary, "Statement by the President on the Supreme Court's Ruling on Arizona v. the United States," June 25, 2012.

48. D. Gelernter, "Feminism and the English language," Weekly Standard, March 3, 2008; G. K. Pullum, "Lying feminist ideologues wreck English language, says Yale prof," Language Log, 2008, http://itre.cis.upenn.edu/~myl/languagelog/archives/005423.html.

49. Foertsch & Gernsbacher, 1997.

50. 다음에서 가져왔다. G. K. Pullum, "Lying feminist ideologues wreck English language, says Yale prof," Language Log, 2008, http://itre.cis.upenn.edu/~myl/languagelog/archives/005423.html, 그리고 Merriam-Webster's Dictionary of English Usage, 1994.

51. Foertsch & Gernsbacher, 1997.

52. G. J. Stigler, "The intellectual and the market place," Selected Papers No. 3, Graduate School of Business, University of Chicago, 1967.

53. H. Churchyard, "Everyone loves their Jane Austen," http://www. crossmyt.com/hc/linghebr/austheir.html.

54. G. K. Pullum, "Singular *they* with known sex," *Language Log*, 2006, http://itre.cis.upenn.edu/~myl/languagelog/archives/002742.html.

55. Pinker, 1994, chap. 12.

56. Foertsch & Gernsbacher, 1997; Sanforth & Filik, 2007; M. Liberman, "Prescriptivist science," *Language Log*, 2008, http://languagelog.ldc. upenn.edu/nll/?p=199.

57. Huddleston & Pullum, 2002, pp. 608-609.

58. Nunberg, 1990; Nunberg, Briscoe, & Huddleston, 2002.

59. Truss, 2003; L. Menand, "Bad comma," *New Yorker*, June 28, 2004; Crystal, 2006; J. Mullan, "The war of the commas," *The Guardian*, July 1, 2004, http://www.theguardian.com/books/2004/jul/02/ referenceandlanguages.johnmullan.

60. Huddleston & Pullum, 2002; Huddleston & Pullum, 2005, p. 188.

61. Lunsford, 2006; Lunsford & Lunsford, 2008; B. Yagoda, "The most comma mistakes," *New York Times*, May 21, 2012; B. Yagoda, "Fanfare for the comma man," *New York Times*, April 9, 2012.

62. B. Yagoda, "Fanfare for the comma man," *New York Times*, April 9, 2012.

63. M. Norris, "In defense of 'nutty' commas," *New Yorker*, April 12, 2010.

64. Lunsford, 2006; Lunsford & Lunsford, 2008; B. Yagoda, "The most comma mistakes," *New York Times*, May 21, 2012.

65. 이어지는 예들은 위키피디아의 "Serial comma" 항목 페이지에서 가져왔다.

66. Siegal & Connolly, 1999.

67. 적어도 다음 지침서에서는 그렇다고 규정한다. *New York Times Manual of Style and Usage* (Siegal & Connolly, 1999). 다른 지침서들은 −as이나 −us로 끝나는 고전 이름은 이 예외에서도 예외라고 규정하고, 다만 Jesus(예수)만큼은 이 예외의 예외의 예외라고 규정한다. 그러나 예수는 어차피 발음 때문에라도 's가 붙지 않을 것이다.

68. Pullum, 1984.

69. B. Yagoda, "The rise of 'logical punctuation,'" *Slate*, May 12, 2011.

70. D. F. Wallace, "Tense present: Democracy, English, and the wars over usage," *Harper's*, April 2001; D. Gelernter, "Feminism and the English language," *Weekly Standard*, March 3, 2008; J. Simon, *Paradigms lost* (New York: Clarkson Potter, 1980), p. 97; J. Simon, "First foreword," in Fiske, 2011, p. ix; Fiske, 2011, p. 213; Truss, 2003.

71. G. K. Pullum, "Lying feminist ideologues wreck English, says Yale prof," *Language Log*, 2008, http://itre.cis.upenn.edu/~myl/languagelog/archives/005423.html. 다음도 보라. M. Liberman, "At a loss for lexicons," *Language Log*, 2004, http://itre.cis.upenn.edu/~myl/languagelog/archives/000437.html.

72. Deck & Herson, 2010.

73. Kahneman, Slovic, & Tversky, 1982; Schacter, 2001.

74. K. A. McDonald, "Many of Mark Twain's famed humorous sayings are found to have been misattributed to him," *Chronicle of Higher Education*, Sept. 4, 1991, A8.

75. Haidt, 2012; Pinker, 2011, chap. 8.

Adams, P., & Hunt, S. 2013. *Encouraging consumers to claim redress: Evidence from a field trial.* London: Financial Conduct Authority.

American Heritage Dictionary of the English Language (5th ed.). 2011. Boston: Houghton Mifflin Harcourt.

Bernstein, T. M. 1965. *The careful writer: A modern guide to English usage.* New York: Atheneum.

Bever, T. G. 1970. The cognitive basis for linguistic structures. In J. R. Hayes (ed.), *Cognition and the development of language.* New York: Wiley.

Birch, S. A. J., & Bloom, P. 2007. The curse of knowledge in reasoning about false beliefs. *Psychological Science, 18,* 382-386.

Bock, K., & Miller, C. A. 1991. Broken agreement. *Cognitive Psychology, 23,* 45-93.

Bransford, J. D., & Johnson, M. K. 1972. Contextual prerequisites for understanding: Some investigations of comprehension and recall. *Journal of Verbal Learning and Verbal Behavior, 11,* 717-726.

Cabinet Office Behavioral Insights Team. 2012. *Applying behavioural insights to reduce fraud, error and debt.* London: Cabinet Office Behavioural Insights Team.

Cemerer, C., Lowenstein, G., & Weber, M. 1989. The curse of knowledge in economic settings: An experimental analysis. *Journal of Political*

Economy, 97, 1232-1254.

Chomsky, N. 1965. *Aspects of the theory of syntax.* Cambridge, Mass.: MIT Press.

Clark, H. H., & Chase, W. G. 1972. On the process of comparing sentences against pictures. *Cognitive Psychology, 3,* 472-517.

Clark, H. H., & Clark, E. V. 1968. Semantic distinctions and memory for complex sentences. *Quarterly Journal of Experimental Psychology, 20,* 129-138.

Connors, R. J., & Lunsford, A. A. 1988. Frequency of formal errors in current college writing, or Ma and Pa Kettle do research. *College Composition and Communication, 39,* 395-409.

Cooper, W. E., & Ross, J. R. 1975. World order, In R. E. Grossman, L. J. San, & T. J. Vance (eds.), *Papers from the parasession in functionalism of the Chicago Linguistics Society.* Chicago: University of Chicago Press.

Copperud, R. H. 1980. *American usage and style: The consensus.* New York: Van Nostrand Reinhold.

Crystal, D. 2006. *The fight for English: How language pundits ate, shot, and left.* New York: Oxford University Press.

Cushing, S. 1994. *Fatal words: Communication clashes and aircraft crashes.* Chicago: University of Chicago Press.

Daniels, H. A. 1983. *Famous last words: The American language crisis reconsidered.* Carbondale: Southern Illinois University Press.

Deck, J., & Herson, B. D. 2010. *The great typo hunt: Two friends changing the world, one correction at a time.* New York: Crown.

Duncker, K. 1945. On problem solving. *Pshychological Monographs, 58.*

Eibach, R. P., & Libby, L. K. 2009. Ideology of the good old days: Exaggerated perceptions of moral decline and conservative politics. In J. T. Jost, A. Kay, & H. Thorisdottir (eds.), *Social and psychological bases of ideology and system justification*. Oxford: Oxford University Press.

Epley, N. 2014. *Mindwise: (Mis)understanding what others think, believe, feel, and want*. New York: Random House.

Fischhoff, B. 1975. Hindsight ≠ foresight: The effect of outcome knowledge on judgment under uncertainty. *Journal of Experimental Psychology: Human Perception and Performance, 1*, 288-299.

Fiske, R. H. 2011. *Robert Hartwell Fiske's Dictionary of Unendurable English*. New York: Scribner.

Florey, K. B. 2006. *Sister Bernadette's barking dog: The quirky history and lost art of diagramming sentences*. New York: Harcourt.

Flynn, J. R. 2007. *What is intelligence?* New York: Cambridge University Press.

Fodor, J. D. 2002a. Prosodic disambiguation in silent reading. Paper presented at the North East Linguistic Society.

Fodor, J. D. 2002b. Psycholinguistics cannot escape prosody. https://gc.cuny.edu/CUNY_GC/media/CUNY-Graduate-Center/PDF/Programs/Linguistics/Psycholinguistics-Cannot-Escape-Prosody.pdf.

Foertsch, J., & Gernsbacher, M. A. 1997. In search of gender neutrality: Is singular *they* a cognitively efficient substitute for generic *he*? *Psychological Science, 8*, 106-111.

Fowler, H. W. 1965. *Fowler's Modern English Usage* (2nd ed.; E. Gowers, ed.). New York: Oxford University Press.

Freedman, A. 2007. *The party of the first part: The curious world of legalese*. New York: Henry Holt.

Garrod, S., & Sanford, A. 1977. Interpreting anaphoric relations: The integration of semantic information while reading. *Journal of Verbal Learning and Verbal Behavior, 16*, 77-90.

Garvey, M. 2009. *Stylized: A slightly obsessive history of Strunk and White's "The Elements of Style."* New York: Simon & Schuster.

Gibson, E. 1998. Linguistic complexity: Locality of syntactic dependencies. *Cognition, 68*, 1-76.

Gilbert, D. T. 1991. How mental systems believe. *American Psychologist, 46*, 107-119.

Goldstein, R. N. 2006. *Betraying Spinoza: The renegade Jew who gave us modernity*. New York: Nextbook/Schocken.

Gordon, P. C., & Hendrick, R. 1998. The representation and processing of coreference in discourse. *Cognitive Science, 22*, 389-424.

Gordon, P. C., & Lowder, M. W. 2012. Complex sentence processing: A review of theoretical perspectives on the comprehension of relative clauses. *Language and Linguistics Compass, 6/7*, 403-415.

Grice, H. P. 1975. Logic and conversation. In P. Cole & J. L. Morgan (eds.), *Syntax & semantics* (Vol. 3, *Speech acts*). New York: Academic Press.

Grosz, B. J., Joshi, A. K., & Weinstein, S. 1995. Centering: A framework for modeling the local coherence of discourse. *Computational Linguistics, 21*, 203-225.

Haidt, J. 2012. *The righteous mind: Why good people are divided by politics and religion*. New York: Pantheon.

Haussaman, B. 1993. *Revising the rules: Traditional grammar and modern linguistics*. Dubuque, Iowa: Kendall/Hunt.

Hayes, J. R., & Bajzek, D. 2008. Understanding and reducing the knowledge effect: Implications for writers. *Written Communication*, *25*, 104-118.

Herring, S. C. 2007. Questioning the generational divide: Technological exoticism and adult construction of online youth identity. In D. Buckingham (ed.), *Youth, identity, and digital media*. Cambridge, Mass.: MIT Press.

Hinds, P. J. 1999. The curse of expertise: The effects of expertise and debiasing methods on predictions of novel performance. *Journal of Experimental Psychology: Applied*, *5*, 205-221.

Hitchings, H. 2011. *The language wars: A history of proper English*. London: John Murray.

Hobbs, J. R. 1979. Coherence and coreference. *Cognitive Science*, *3*, 67-90.

Horn, L. R. 2001. *A natural history of negation*. Stanford, Calif.: Center for the Study of Language and Information.

Huddleston, R., & Pullum, G. K. 2002. *The Cambridge Grammar of the English Language*. New York: Cambridge University Press.

Huddleston, R., & Pullum, G. K. 2005. *A Student's Introduction to English Grammar*. New York: Cambridge University Press.

Hume, D. 1748/1999. *An enquiry concerning human understanding*. New York: Oxford University Press.

Kahneman, D., Slovic, P., & Tversky, A. 1982. *Judgment under uncertainty: Heuristics and biases*. New York: Cambridge University

Press.

Kamalski, J., Sanders, T., & Lentz, L. 2008. Coherence marking, prior knowledge, and comprehension of informative and persuasive texts: Sorting things out. *Discourse Processes, 45,* 323-345.

Keegan, J. 1993. *A history of warfare.* New York: Vintage.

Kehler, A. 2002. *Coherence, reference, and the theory of grammar.* Stanford, Calif.: Center for the Study of Language and Information.

Kelley, C. M., & Jacoby, L. L. 1996. Adult egocentrism: Subjective experience versus analytic bases for judgment. *Journal of Memory and Language, 35,* 157-175.

Keysar, B. 1994. The illusory transparency of intention: Linguistic perspective taking in text. *Cognitive Psychology, 26,* 165-208.

Keysar, B. Shen, Y., Glucksberg, S., & Horton, W. S. 2000. Conventional language: How metaphorical is it? *Journel of Memory and Lauguage, 43,* 576-593.

Kosslyn, S. M., Thompson, W. L., & Ganis, G. 2006. *The case for mental imagery.* New York: Oxford University Press.

Lanham, R. 2007. *Style: An anti-textbook.* Philadelphia: Paul Dry.

Lederer, R. 1987. *Anguished English.* Charleston, S.C.: Wyrick.

Levy, R. 2008. Expectation-based syntactic comprehension. *Cognition, 106,* 1126-1177.

Liberman, M., & Pullum, G. K. 2006. *Far from the madding gerund: And other dispatches from Language Log.* Wilsonville, Ore.: William, James & Co.

Lindgren, J. 1990. Fear of writing (review of *Texas Law Review Manual of Style,* 6th ed., and *Webster's Dictionary of English Usage*). *California Law*

Review, 78, 1677-1702.

Lloyd-Jones, R. 1976. Is writing worse nowadays? *University of Iowa Spectator*, April.

Lunsford, A. A. 2006. Error examples. Unpublished document, Program in Writing and Rhetoric, Stanford University.

Lunsford, A. A. 2013. Our semi-literate youth? Not so fast. Unpublished manuscript, Dept. of English, Stanford University.

Lunsford, A. A. & Lunsford, K. J. 2008. "Mistakes are a fact of life": A national comparative study. *College Composition and Communication, 59*, 781-806.

Macdonald, D. 1962. The string untuned: A review of *Webster's New International Dictionary* (3rd ed.). *New Yorker*, March 10.

McNamara, D. S., Crossley, S. A., & McCarthy, P. M. 2010. Linguistic features of writing quality. *Written Communication, 27*, 57-86.

Merriam-Webster's Dictionary of English Usage. 1994. Springfield, Mass.: Merriam-Webster.

Miller, G. A. 1956. The magical number seven, plus or minus two: Some limits on our capacity for processing information. *Psychological Review, 63*, 81-96.

Miller, G. A., & Johnson-Laird, P. N. 1976. *Language and perception*. Cambridge, Mass.: Harvard University Press.

Miller, H. 2004-2005. Image into word: Glimpses of mental images in writers writing. *Journal of the Assembly for Expanded Perspectives on Learning, 10*, 72-72.

Mueller, J. 2004. *The remnants of war*. Ithaca, N.Y.: Cornell University Press.

Nickerson, R. S., Baddeley, A., & Freeman, B. 1986. Are people' s estimates of what other people know influenced by what they themselves know? *Acta Psychologica, 64*, 245-259.

Nunberg, G. 1990. *The linguistitcs of punctuation*. Stanford, Calif.: Center for the Study of Language and Information.

Nunberg, G., Briscoe, T., & Huddleston, R. 2002. Punctuation. In R. Huddleston & G. K. Pullum, *The Cambridge Grammar of the English Language*. New York: Cambridge University Press.

Nunnally, T. 1991. The possessive with gerunds: What the handbooks say, and what they should say. *American Speech, 66*, 359-370.

Oxford English Dictionary. 1991. *The Compact Edition of the Oxford English Dictionary* (2nd ed.). New York: Oxford University Press.

Piaget, J., & Inhelder, B. 1956. *The child's conception of space*. London: Routledge.

Pickering, M. J., & Ferreira, V. S. 2008. Structural priming: A critical review. *Psychological Bulletin, 134*, 427-459.

Pickering, M. J., & van Gompel, R. P. G. 2006. Syntactic parsing. In M. Traxler & M. A. Gernsbacher (eds.), *Handbook of psycholinguistics* (2nd ed.). Amsterdam: Elsevier.

Pinker, S. 1994. *The language instinct*. New York: HarperCollins.

Pinker, S. 1997. *How the mind works*. New York: Norton.

Pinker, S. 1999. *Words and rules: The ingredients of language*. New York: HarperCollins.

Pinker, S. (ed.). 2004. *The best American science and nature writing 2004*. Boston: Houghton Mifflin.

Pinker, S. 2007. *The stuff of thought: Language as a window into human nature*. New York: Viking.

Pinker, S. 2011. *The better angels of our nature: Why violence has declined*. New York: Viking.

Pinker, S. 2013. George A. Miller (1920-2012). *American Psychologist, 68*, 467-468.

Pinker, S., & Birdsong, D. 1979. Speakers' sensitivity to rules of frozen word order. *Journal of Verbal Learning and Verbal Behavior, 18*, 497-508.

Poole, D. A., Nelson, L. D., McIntyre, M. M., VanBergen, N. T., Scharphorn, J. R., & Kastely, S. M. 2011. The writing styles of admired psychologists. Unpublished manuscript, Dept. of Psychology, Central Michigan University.

Pullum, G. K. 1984. Punctuation and human freedom. *Natural Language and Linguistic Theory, 2*, 419-425.

Pullum, G. K. 2009. 50 years of stupid grammar advice. *Chronicle of Higher Education*, Dec. 22.

Pullum, G. K. 2010. The land of the free and "The Elements of Style." *English Today, 26*, 34-44.

Pullum, G. K. 2013. Elimination of the fittest. *Chronicle of Higher Education*, April 11.

Rayner, K., & Pollatsek, A. 1989. *The psychology of reading*. Englewood Cliffs, N.J.: Prentice Hall.

Ross, L., Greene, D., & House, P. 1977. The "false consensus effect": An egocentric bias in social perception and attribution processes. *Journal of Experimental Social Psychology, 13*, 279-301.

Sadoski, M. 1998. Mental imagery in reading: A sampler of some significant studies. *Reading Online*. www.readingonline.org/ researchSadoski.html.

Sadoski, M., Goetz, E. T., & Fritz, J. B. 1993. Impact of concreteness on comprehensibility, interest, and memory for text: Implications for dual coding theory and text design. *Journal of Educational Psychology, 85*, 291-304.

Sanforth, A. J., & Filik, R. 2007. "They" as a gender-unspecified singular pronoun: Eye tracking reveals a processing cost. *Quarterly Journal of Experimental Psychology, 60*, 171-178.

Schacter, D. L. 2001. *The seven sins of memory: How the mind forgets and remembers*. Boston: Houghton Mifflin.

Schriver, K. A. 2012. What we know about expertise in professional communication. In V. Berninger (ed.), *Past, present, and future contributions of cognitive writing research to cognitive psychology*. New York: Psychology Press.

Shepard, R. N. 1978. The mental image. *American Psychologist, 33*, 125-137.

Siegal, A. M., & Connolly, W. G. 1999. *The New York Times Manual of Style and Usage*. New York: Three Rivers Press.

Skinner, D. 2012. *The story of* ain't: *America, its language, and the most controversial dictionary ever published*. New York: HarperCollins.

Smith, K. 2001. *Junk English*. New York: Blast Books.

Soukhanov, A. 1999. *Encarta World English Dictionary*. New York: St. Martin's Press.

Spinoza, B. 1677/2000. *Ethics* (G. H. R. Parkinson, trans.). New York: Oxford University Press.

Strunk, W., & White, E. B. 1999. *The Elements of Style* (4th ed.). New York: Longman.

Sunstein, C. R. 2013. *Simpler: The future of government.* New York: Simon & Schuster.

Sword, H. 2012. *Stylish academic writing.* Cambridge, Mass.: Harvard University Press.

Thomas, F.-N., and Turner, M. 1994. *Clear and simple as the truth: Writing classic prose.* Princeton: Princeton University Press.

Thurlow, C. 2006. From statistical panic to moral panic: The metadiscursive construction and popular exaggeration of new media language in the print media. *Journal of Computer-Mediated Communication, 11.*

Truss, L. 2003. *Eats, shoots & leaves: The zero tolerance approach to punctuation.* London: Profile Books.

Van Orden, G. C., Johnston, J. C., & Hale, B. L. 1988. Word identification in reading proceeds from spelling to sound to meaning. *Journal of Experimental Psychology: Learning, Memory, and Cognition, 14,* 371-386.

Wason, P. C. 1965. The contexts of plausible denial. *Journal of Verbal Learning and Verbal Behavior, 4,* 7-11.

Wegner, D., Schneider, D. J., Carter, S. R. I., & White, T. L. 1987. Paradoxical effects of thought suppression. *Journal of Personality and Social Psychology, 53,* 5-13.

Williams, J. M. 1981. The phenomenology of error. *College Composition and Communication, 32,* 152-168.

Williams, J. M. 1990. *Style: Toward clarity and grace.* Chicago:

University of Chicago Press.

Wimmer, H., & Perner, J. 1983. Beliefs about beliefs: Representation and constraining function of wrong beliefs in young children's understanding of deception. *Cognition, 13*, 103-128.

Wolf, F., & Gibson, E. 2003. Parsing: An overview. In L. Nadel (ed.), *Encyclopedia of Cognitive Science*. New York: Macmillan.

Wolf, F., & Gibson, E. 2006. *Coherence in natural language: Data structures and applications*. Cambridge, Mass.: MIT Press.

Zwicky, A. M., Salus, P. H., Binnick, R. I., & Vanek, A. L. (eds.). 1971/1992. *Studies out in left field: Defamatory essays presented to James D. McCawley on the occasion of his 33rd or 34th birthday*. Philadelphia: John Benjamins.

도판 저작권

498쪽 Ryan North.

538쪽 ⓒ 2007 Harry Bliss. Used with Permission of Pippin Properties, Inc.

558쪽 Copyright 2008 by Debbie Ridpath Ohi. Reprinted by permission of Curtis Brown, Ltd..

562쪽 William Haefeli / The New Yorker Collection / www.cartoonbank.com.

564쪽 *Zippy the Pinhead* ⓒ 1997 Griffith. Distributed by King Features Syndicate, world rights reserved.

571쪽 xkcd.com.

옮긴이 후기
기계에게 의존할 수 없는 것

번역가들이 가끔 푸념처럼 서로 하는 말이 있다. 어떤 글이 정말 잘 쓰였는지 아닌지는 그냥 읽어서는 잘 모르고, 번역해 보아야 비로소 알게 된다는 것이다. 책을 술술 읽어 내려갈 때는 참 잘 쓴 글인 것 같았는데 막상 번역하려고 하면 여기저기 불명확하거나 부정확한 문장에 턱턱 걸리는 경험을 종종 한다. 왜 그럴까? 아마도 번역이 엄청나게 깊은 수준의 읽기라서 그럴 것이다. 글의 내용은 물론이거니와 문장도 구성도, 그 글을 한 줄도 빼놓지 않고 죽이 되든 밥이 되든 다른 언어로 옮겨야 하는 번역가만큼 면밀하게 파고들어 감상하는 독자는 또 없다.

20년 가까이 100여 권의 영어 책을 우리말로 옮기면서, 나는 잘 쓴 글과 허술한 글과 언뜻 잘 쓴 것처럼 보이지만 막상 번역해 보면 숭숭 구멍이 느껴지는 글을 다양하게 만났다. 잘 쓴 글은 무엇보다도 번역 과정이 명쾌하고 수월했던 기억으로 남는다. 그렇게 기억에 남는 글 중에서도 내가 첫손가락으로 꼽을 책은 스티븐 핑커의 『우리 본성의 선한 천사』이다. 『우리 본성의 선한 천사』는 한국어판이 1,000쪽이 넘을 만큼 두껍고 내용도 방대한데, 그것을 옮기는 반년 동안 전혀 지루하지 않았고 별다른 어려움도 없었다. 그것은 저자가 주제를 자신만만하고 명료하게 해설했기 때문이고, 긴 책의 적재적소에 사례와 통계를 배치해 리듬감을 주었기 때문이고, 기초적인 차원에서 문법이 틀린 문장 따위도 없었기 때문이다. 번역가로서 경험을 걸고 말하는데, 이렇게 잘 씀으로써 번역가를 도와주는 작가는 그다지 많지 않다.

그러니 스티븐 핑커가 글쓰기 지침서를 쓴 것은, 적어도 내게는, 놀라운 일이 아니었다. 핑커는 『아메리칸 헤리티지 사전』에 기여하는 '어법 패널'의 의장이기도 했으니 자격은 충분하다.

『글쓰기의 감각』에서 핑커가 알려주는 것은 논픽션 글쓰기가 지향해야 할 바람직한 스타일이다. 핑커는 글의 거시적 구성부터 미시적 문법 문제까지 두루 다룬다. 그중 어떤 글이 잘 쓴 글인지 보여 주고 왜 사람들이 나쁜 글을 쓰는지 분석한 1~3장과 5장은 언어와 무관하게 모든 독자에게 도움이 될 내용이다. 구문과 단어를 다룬 4장과 6장은 영어에 해당하는 내용이라서 영어 글쓰기가 목적이 아닌 독자라면 건너뛰어도 좋지만, 중간중간 보편적으로 적용될 수 있는 조언이 있으니 가급적 읽어 보시기를 권한다.

특히 책의 핵심이라고 할 만한 2장과 3장은 언어를 불문하고 세상의 모든 작가에게 강제로라도 읽히고 싶은 내용이다. 핑커는 가령 "수동태를 쓰지 마라."라는 조언 같은 것을 절대적 진리로 주장하는 교조주의자가 아니고(이 대목에서 한국어 번역가인 나 또한 얼마나 속이 후련했는지!), 오히려 규칙과 관습에 얽매이는 원칙주의자가 좋은 글을 망친다고 보는 실용주의자이다. 또한 명쾌함을 지향한다고 해서 때로 화려하고 섬세하게 쓰지 못할 것은 없다고 말하는데, 다름 아닌 핑커 자신의 글이 그 좋은 예이다. 정말로, 『글쓰기의 감각』은 자신의 주장에 스스로 사례가 되어 보이는 책이다. 글쓰기 지침서도 재미있고 명쾌하게 쓸 수 있다는 것을 스스로 보여 주는 책이다.

최근 인공 지능(artificial intelligence, AI)과 대형 언어 모델(large language model, LLM)이 급속하게 발전한 덕분에, 누구나 글쓰기에 관련된 갖가지 작업을 기계에 맡겨서 해낼 수 있게 되었다. 번역뿐 아니라 교정, 요약, 자료 탐색, 구성도 벌써 기계가 거들어 주고 있다. 이런 시대에 글쓰기를 공부할 필요가 있을까? 더구나 한국어도 아닌 영어 글쓰기를? 하지만 직접 기계를 활용해 글을 써 본 사람이라면 동의할 텐데, 이런 시대이기 때문에 더욱더 필요한 것이 '무엇이 좋은 글인가?' 하는 기준이다. 무엇이 좋은 글인지 판단할 수 있는 사람만이 기계에게 좋은 글을 쓰도록 지시할 수 있고, 기계가 써낸 글에서 무엇이 부족한지 가려낼 수 있기 때문이다. 글쓰기에서 마지막까지 타인에게 혹은 기계에게 의존할 수 없는 것이 있다면, 그것이 바로 글쓰기의 감각이다.

2024년 여름에

김명남

찾아보기

옮긴이 김명남

카이스트 화학과를 졸업하고 서울 대학교 환경 대학원에서 환경 정책을 공부했다. 인터넷 서점 알라딘 편집팀장을 지냈고 전문 번역가로 활동하고 있다. 제55회 한국출판문화상 번역 부문을 수상했다. 옮긴 책으로 『지구의 속삭임』, 『우리 본성의 선한 천사』, 『정신병을 만드는 사람들』, 『갈릴레오』, 『세상을 바꾼 독약 한 방울』, 『인체 완전판』(공역), 『현실, 그 가슴 뛰는 마법』, 『여덟 마리 새끼 돼지』, 『시크릿 하우스』, 『이보디보』, 『특이점이 온다』, 『한 권으로 읽는 브리태니커』, 『버자이너 문화사』, 『남자들은 자꾸 나를 가르치려 든다』 등이 있다.

글쓰기의 감각

1판 1쇄 찍음 2024년 6월 15일
1판 1쇄 펴냄 2024년 6월 30일

지은이 스티븐 핑커
옮긴이 김명남
펴낸이 박상준
펴낸곳 (주)사이언스북스

출판등록 1997. 3. 24.(제16-1444호)
(06027) 서울특별시 강남구 도산대로1길 62
대표전화 515-2000, 팩시밀리 515-2007
편집부 517-4263, 팩시밀리 514-2329
www.sciencebooks.co.kr

한국어판 ⓒ (주)사이언스북스, 2024. Printed in Seoul, Korea.

ISBN 979-11-92908-29-8 03400